廣告學
與品牌整合行銷傳播

Advertising and Integrated Brand Promotion, 8e

Thomas Clayton O'Guinn・Chris T. Allen・
Angeline Close Scheinbaum・Richard J. Semenik　著

漆梅君・張佩娟・許安琪　編譯

CENGAGE

Australia・Brazil・Mexico・Singapore・United Kingdom・United States

```
廣告學與品牌整合行銷傳播 / Thomas Clayton
  O'Guinn等原著；漆梅君，張佩娟，許安琪編譯.
  -- 初版. -- 臺北市：新加坡商聖智學習, 2019.06
    面；  公分
  譯自：Advertising and Integrated Brand Promotion,
8th ed.
  ISBN 978-957-9282-46-8 (平裝)

  1. 廣告學  2. 行銷傳播

497                                    108006530
```

廣告學與品牌整合行銷傳播

© 2019 年，新加坡商聖智學習亞洲私人有限公司台灣分公司著作權所有。本書所有內容，未經本公司事前書面授權，不得以任何方式（包括儲存於資料庫或任何存取系統內）作全部或局部之翻印、仿製或轉載。

© 2019 Cengage Learning Asia Pte Ltd.

Original: Advertising and Integrated Brand Promotion, 8e
　　By Thomas Clayton O'Guinn・Chris T. Allen・Angeline Close Scheinbaum・Richard J. Semenik
　　ISBN: 9781337110211
　　© 2019 Cengage Learning
　　All rights reserved.

　　1 2 3 4 5 6 7 8 9 2 0 1 9

出 版 商　　新加坡商聖智學習亞洲私人有限公司台灣分公司
　　　　　　10448 臺北市中山區中山北路二段 129 號 3 樓之 1
　　　　　　http://www.cengageasia.com
　　　　　　電話：(02) 2581-6388　　傳眞：(02) 2581-9118
原　　著　　Thomas Clayton O'Guinn・Chris T. Allen・Angeline Close Scheinbaum・Richard J. Semenik
編　　譯　　漆梅君・張佩娟・許安琪（依章節順序）
執行編輯　　曾怡蓉
印務管理　　吳東霖
總 經 銷　　台灣東華書局股份有限公司
　　　　　　地址：10045 臺北市中正區重慶南路一段 147 號 3 樓
　　　　　　https://www.tunghua.com.tw
　　　　　　郵撥：00064813
　　　　　　電話：(02) 2311-4027
　　　　　　傳眞：(02) 2311-6615
出版日期　　西元 2019 年 06 月　　初版一刷

ISBN 978-957-9282-46-8

(19SMS0)

目　錄

Part 1　商業與社會中的廣告與品牌整合行銷傳播　2

1 廣告與品牌整合行銷傳播的世界　3

1-1 廣告與品牌整合行銷傳播的新世界　5
1-2 什麼是廣告？什麼是品牌整合行銷傳播？　7
1-3 廣告是一種傳播過程　11
1-4 廣告的閱聽眾　13
1-5 廣告是一種商業行銷過程　16
1-6 從廣告到品牌整合行銷傳播　28

2 廣告與行銷傳播業的結構：廣告主、代理商、媒體及支援機構　29

2-1 轉型中的廣告業　30
2-2 影響廣告與行銷傳播業的趨勢　32
2-3 廣告與行銷傳播業的規模與結構　37

3 廣告與行銷傳播的社會、道德及法規層面　53

3-1 廣告的社會層面　54
3-2 廣告的道德層面　64
3-3 廣告的法規層面　67
3-4 其他推廣工具相關法規　72

Part 2　廣告與品牌整合行銷傳播的環境分析　76

4　廣告、品牌整合行銷傳播與消費者行為　77

4-1 觀點 1：消費者作為決策者　79
4-2 觀點 2：消費者作為社會成員　89

5　市場區隔、定位與價值主張　99

5-1 STP 行銷與廣告　100
5-2 市場區隔　101
5-3 區隔的選擇順序　109
5-4 對準目標　111
5-5 價值主張與品牌宣言　116

6　廣告研究　119

6-1 第一階段：廣告與品牌整合行銷傳播的發展性研究　121
6-2 次級資料來源　130
6-3 第二階段：文案研究　132
6-4 第三階段：效果研究　142
6-5 策略企劃與廣告研究　144
6-6 廣告研究的未來　145

7　廣告與品牌整合行銷傳播企劃　147

7-1 廣告計畫與行銷環境　148
7-2 說明介紹　149
7-3 情境分析　150
7-4 目標　154

7-5 編列預算	159
7-6 策略	165
7-7 執行	166
7-8 評估	167
7-9 代理商在廣告和品牌整合行銷傳播企劃中的角色	168

Part 3　創意過程　170

8　廣告與品牌整合行銷傳播創意管理　171

8-1 廣告因創意而茁壯成長	172
8-2 跨領域的創意	172
8-3 廣告代理商、客戶與創意過程	180
8-4 共創美好樂章：協調、合作與創意	187
8-5 你決定好要變得更有創意了嗎？	195

9　創意訊息策略　197

9-1 訊息策略	198
9-2 基本訊息目標與策略	200
9-3 結語	230

10　創意執行　231

10-1 創意團隊與創意工作表單	232
10-2 文案人員與藝術指導	233
10-3 文案寫作	235
10-4 藝術方向	244
10-5 電視廣告製作過程	257

Part 4　媒體程序　262

11　媒體企劃的基本概念　263

11-1 可測量與不可測量的媒體　265
11-2 基本概念與術語　266
11-3 競爭媒體評估　275
11-4 媒體效率　277
11-5 社群媒體：有何不同　278
11-6 媒體選擇與品牌整合行銷傳播　279
11-7 企劃模式　280
11-8 媒體購買與程序化媒體購買　280

12　媒體企劃：報紙、雜誌、電視與廣播　283

12-1 傳統媒體的現在與未來　284
12-2 平面媒體：策略企劃考量　286
12-3 電視與廣播：策略企劃考量　297

13　媒體企劃：數位、社群與行動媒體　309

13-1 數位、社群與行動媒體在品牌整合行銷傳播協同作用中的角色　310
13-2 消費者與品牌虛擬身分　315
13-3 數位廣告與線上搜尋的基本概念　319
13-4 品牌整合行銷傳播在電子零售中的重要性：社群電子商務與大數據的誕生　323
13-5 數位、社群與行動媒體在執行廣告與品牌整合行銷傳播活動的優點與缺點　324
13-6 與其他品牌整合行銷傳播工具協同作用　329

Part 5　品牌整合行銷傳播　334

14　促銷、店頭廣告與支援媒體　335

14-1 促銷、店頭廣告和支援媒體的角色　336
14-2 促銷定義　337
14-3 促銷的重要性和成長　339
14-4 針對消費者的促銷　344
14-5 促銷在通路商市場和企業市場的管理　353
14-6 促銷的風險　358
14-7 店頭廣告　360
14-8 支援媒體　363

15　活動贊助、置入性行銷與品牌娛樂　369

15-1 活動贊助、置入性行銷與品牌娛樂在品牌整合行銷傳播中的角色　370
15-2 品牌建立和廣告與娛樂的匯集　371
15-3 活動贊助：評量與消費者心理　372
15-4 置入性行銷　380
15-5 品牌娛樂　386
15-6 協調的挑戰　390

16　直效行銷和人員銷售的整合　393

16-1 直效行銷的演進　395
16-2 資料庫行銷　402
16-3 直效行銷的媒體應用　408
16-4 透過直效行銷與人員銷售完成銷售　413

17 公共關係、影響力行銷與企業廣告   419

    17-1 公共關係   422
    17-2 影響力行銷   436
    17-3 企業廣告   441

第一篇　商業與社會中的廣告與品牌整合行銷傳播

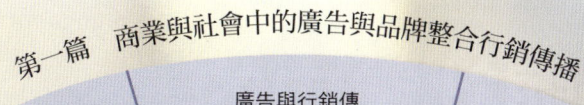

- 廣告與品牌整合行銷傳播的世界（第1章）
- 廣告與行銷傳播業的結構（第2章）
- 廣告與行銷傳播的社會、道德及法規層面（第3章）

第二篇　廣告與品牌整合行銷傳播的環境分析

- 廣告、品牌整合行銷傳播與消費者行為（第4章）
- 市場區隔、定位與價值主張（第5章）
- 廣告研究（第6章）
- 廣告與品牌整合行銷傳播企劃（第7章）

第三篇　創意過程

- 創意管理（第8章）
- 創意訊息策略（第9章）
- 創意執行（第10章）

第四篇　媒體程序

- 媒體企劃的基本概念（第11章）
- 傳統媒體（第12章）
- 數位、社群、行動媒體（第13章）

第五篇　品牌整合行銷傳播

- 促銷、店頭廣告與支持性媒體（第14章）
- 活動贊助、置入性行銷與品牌娛樂（第15章）
- 直效行銷與人員銷售的整合（第16章）
- 公共關係、影響力行銷與企業廣告（第17章）

Part 1

商業與社會中的
廣告與品牌整合行銷傳播

1 廣告與品牌整合行銷傳播的世界
2 廣告與行銷傳播業的結構：廣告主、代理商、媒體及支援機構
3 廣告與行銷傳播的社會、道德及法規層面

　　今天的廣告已不像過去僅僅是大眾媒體訊息一般，而是更加多元精彩，且是品牌整合行銷傳播（IBP）中的重要部分之一。品牌整合行銷傳播的過程運用了多種推廣技術與工具——從電視廣告到戶外看板再到數位媒體等——與消費者進行品牌傳播。再者，廣告與 IBP 也是更廣闊的社會傳播的一部分，這個過程牽涉到文化、科技與商業策略的變化。廣告躬逢其盛：這個大事業充滿大挑戰大機會，且各類品牌環繞期間有如輝映著世界風貌。

　　由本書的架構可知我們是從一個廣闊的視角——一個重要的經濟視角來看待廣告與 IBP。隨著各章節的進展，你會透過這架構逐步了解廣告與 IBP 的各個層面是如何對應到整個大局。記住，廣告與 IBP 的每一層面不是單獨存在的——而是與大環境環環相連，在商業與社會環境之下，每一層面都負有與消費者進行品牌傳播的重責大任。

1 廣告與品牌整合行銷傳播的世界

學習目標

在閱讀本章並思考其內容後,你應該能夠:

1. 了解什麼是廣告與品牌整合行銷傳播(IBP),且它們有何作用。
2. 描述一個基本的傳播模式。
3. 敘述對廣告與 IBP 閱聽眾進行分類的各種方式。
4. 了解廣告的商業過程。
5. 了解各類廣告。

廣告與品牌整合行銷傳播（Integrated Brand Promotion, 簡稱 IBP）其複雜程度由圖 1.1 中可見一斑。IBP 可說是整合行銷傳播（Integrated Marketing Communication, 簡稱 IMC）的現代版，尤其著重以品牌觀念為核心。

為什麼要側重 IBP？身為一個消費者，你愈來愈可能是由友朋或社群媒體中取得資訊，而非由報紙或電視廣告中得到。所以，如何透過廣告傳播品牌訊息給消費者已成為一大挑戰。企業一方面仍使用傳統大眾媒體廣告，一方面也使用新的傳播工具來觸及消費者，並且影響消費者對其品牌的態度與購買決策。同時，在喧雜紛擾的傳播環境中，如何精確測量廣告與 IBP 究竟觸及到多少人？又產生了怎樣的影響？也都是關切的所在。

當然，我們仍舊可以在我們愛看的電視節目中或愛讀的雜誌中看到廣告，但另一方面，如果有一支智慧型手機在手，你可能在各個手機應用程式（app）中看到廣告，甚至是在品牌的 app 中發掘樂趣或是直接購買呢！所以，廣告已是隨處不在。歡迎你來到這個愈來愈創新活躍的廣告與品牌整合行銷傳播的世界！

第一篇　商業與社會中的廣告與品牌整合行銷傳播

廣告與品牌整合行銷傳播的世界（第1章）

廣告與行銷傳播業的結構（第2章）

廣告與行銷傳播的社會、道德及法規層面（第3章）

- 廣告與品牌整合行銷傳播的新世界
- 什麼是廣告？什麼是品牌整合行銷傳播？
- 廣告是一種傳播過程
- 廣告的閱聽眾
- 廣告是一種商業行銷過程
- 從廣告到品牌整合行銷傳播

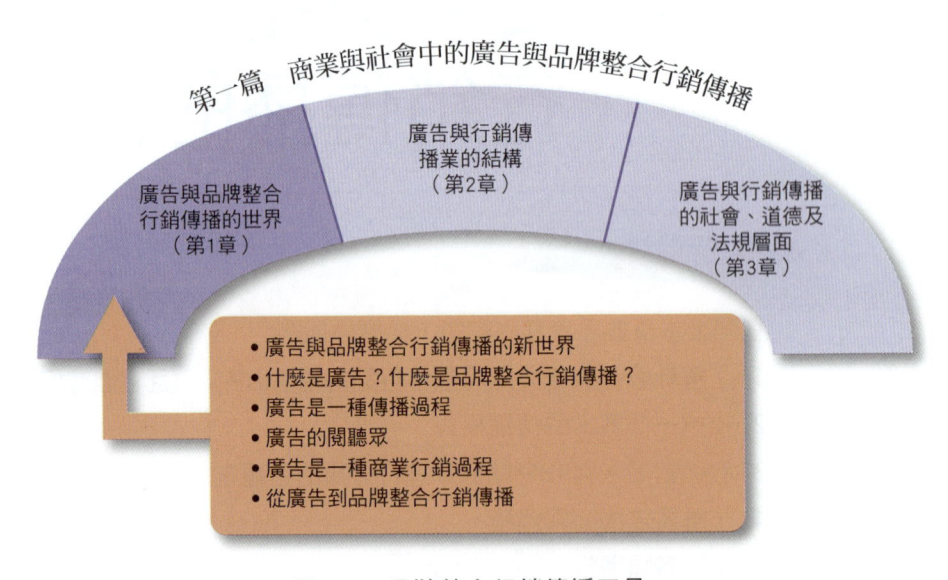

圖 1.1　品牌整合行銷傳播工具。
本章旨在綜觀廣告與品牌整合行銷傳播的世界。

1-1 廣告與品牌整合行銷傳播的新世界

廣告與品牌整合行銷傳播（IBP）的世界正經歷著巨大的轉變。行銷變得更加多樣化，人工智慧（AI）透過消費者的行為更加精確對準目標對象，使得廣告的投放也更加的優化。簡言之，消費者的喜好與新科技正重塑傳播的環境與廣告的未來。

有鑑於此，僅只是強調量化的測量與研究是不足的，企業期待對廣告的投資有實質的回報。廣告的投資包括 IBP 各項工具的創意製作與媒體投放。每一項與品牌相關的投資都必須檢驗，找出能更加精確測量閱聽眾及其反應的方法。例如內容行銷（content marketing），意味著針對目標對象在線上或是社群媒體上，以影音或文字訊息內容做行銷。如圖 1.2 所示，企業的成長運用了各種內容行銷方式。

在資訊、娛樂、社群與商業訊息之間的分野已愈來愈模糊。內容行銷與影響者行銷（influencer marketing，或稱意見領袖行銷，又稱網紅行銷、影響力行銷）也改變了數位行銷環境，使得現今企業轉向品牌化的娛樂、網路、社群影響力及其他各式傳播科技，以觸及消費者，且使其品牌訊息與消費者生活型態加以整合。

廣告與 IBP 已迅速變得更數位化、更互動性且更富社交意味。智慧型手機與行動裝置的普及，也使得品牌可透過行動行銷（mobile marketing）來傳遞訊息。然而，在這轉變中的廣告新世界，有些基本面仍未改變。我們將在下一節中說明。

1-1a 無論新舊媒體，都是關乎品牌

無論新科技如何變化，或是有多少新媒體湧現，廣告與 IBP 仍舊是以「品牌」為核心。即使廣告主提供消費者在 Instagram 或臉書（Facebook）等新的管道上跟蹤或造訪，但這些傳播工具上的新選擇並沒有改變廣告的基本挑戰──有效傳播品牌及其價值與益處。

身為消費者，我們知道我們喜歡的、想要的，而廣告，姑且不究其所使用的方法，可以幫助我們接觸到符合我們所需的品牌。若是品牌無法符合我

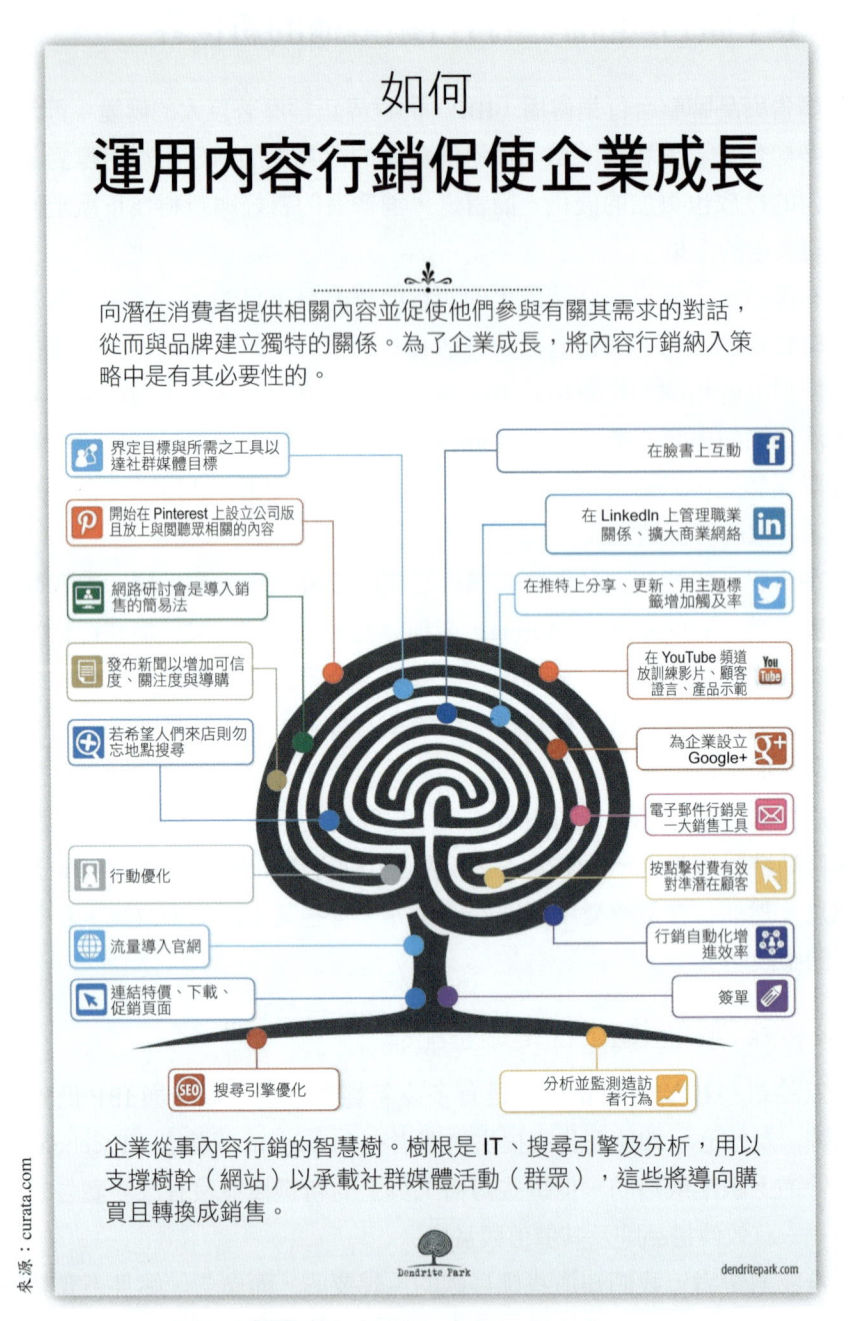

圖 1.2　內容行銷的資料圖。

們的需求,則勢必無法成功——無論是做了多少廣告,也無論是用傳統老媒體還是數位新媒體。消費者趨向能滿足其需要(needs)與渴望(wants)的品牌,以及能代表其社會識別的品牌。

LO 1

1-2 什麼是廣告?什麼是品牌整合行銷傳播?

即使想避而不見,但我們每天難免還是會接觸到形形色色的廣告,所以每個人也各自有對廣告的一番見解。

而且,對不同人而言,廣告也往往指的是不同的事。它可以是一種商業型態、一種美術形式、一個機構組織或是一種文化現象。對於跨國大企業,例如百事可樂(Pepsi)的執行長而言,廣告是基本的行銷工具,它有助於創造消費者對百事可樂的品牌知覺與品牌忠誠。對於一家零售小店的店東而言,廣告是把客人引進店裡來的法子。對於廣告公司的藝術指導(art director)而言,廣告是把想法轉化作創意的表現。對於媒體企劃人員(media planner)而言,廣告是運用媒體接觸現有或潛在顧客的傳播管道。對網站管理員(website manager)而言,廣告是驅使流量導入網址的助力。對於學者或博物館策展人(curator)而言,廣告是重要的文化再製、文本與歷史紀錄。所以,人們對廣告各有其言,然而,到底如何界定什麼是廣告?什麼又不是廣告呢?確是一件棘手的事。

即使許多公司普遍相信且依賴廣告,但也有許多人對廣告是什麼,及廣告所能為與所不能為,存有誤解。一般人視廣告是有趣的、提供資訊的、有點惱人的、多少有點幫助的且有時還蠻「潮」的。真正看廣告,其實是介於這些想法之間的。

有時,廣告具有不可漠視的經濟及社會影響力。但也有時,它又頗惹人厭的。由大處看,它在世界商務的舞台上,從小處看,它也存於你我個人經歷的生活中,且都扮演著樞紐的角色。它是我們語言、文化的一部分,也是複雜的傳播過程、靈活的商業過程,現在,又是社群互動的一部分。

1-2a 廣告的定義

基於每個人所言之廣告大不同，此處提供一個最為直接的定義：

廣告（advertising）是需要付費，經由大眾媒體為中介，帶有說服意圖的傳播。

根據上述界定，首先，廣告傳播是需要付費的，公司或機構希望藉此傳布其資訊。以廣告術語而言，付費做廣告的公司或機構稱作**客戶（client）**或**贊助商（sponsor）**。如果沒有付費的傳播就不能稱之為廣告。例如公關操作的形式之一——新聞曝光（publicity），即不能稱作廣告。譬如威爾·史密斯（Will Smith）在脫口秀節目上宣傳他的最新電影，這是公關而非廣告。然而，製片公司為此新片製作及投放電影預告影片，這即是廣告，因製片公司為此片上映的消息付費做廣告傳布出去。

第二，廣告是透過大眾媒介以觸及人群的，且通常是一大群人。這種以大眾媒體為中介的性質，使得廣告創造出一個傳播環境，無論是電視、報紙、雜誌、廣播、直接信函、戶外看板、電子遊戲還是社交平台，並非以面對面（face-to-face）的形式存在。所以廣告和業務員的個人化銷售是截然不同的。

第三，所有的廣告或多或少都含有說服的意圖。即使一則單純旨在提供資訊的廣告，骨子裡仍帶有說服的本質。廣告告知消費者某些訊息之餘，總是希望消費者喜歡這品牌，且因為喜愛這品牌更進一步有可能最終會購買此物。

至於廣告的說服性質並不侷限於某一產品或某種服務，它可為一個想法、一個人或一個機構。所以，蘋果公司（Apple）可以為其革新性產品 Apple Watch 做廣告（見圖 1.3），航空公司也可以為其服務做廣告，非營利組織可以為開車不喝酒做廣告，候選人也可以為其個人做廣告，只要在符合上述三要件的情況下。

來源：Apple Inc.

圖 1.3 Apple Watch 革新性產品廣告。

1-2b 品牌整合行銷傳播的定義

品牌整合行銷傳播與廣告極為密切相關，此處界定為：

> 品牌整合行銷傳播（IBP）是以品牌為核心，整合運用各式推廣工具，廣為擴大品牌曝光的過程。

從此一定義中，首先可知 IBP 是一個過程，且須以統合的方式加以管理。其次，IBP 廣泛使用各類推廣工具，而這種種工具皆須進行評估及安排時序。IBP 得以為品牌創造曝光，無論是一個產品品牌或是整個企業品牌，IBP 的過程皆關注於品牌的曝光。圖 1.4 即是行銷人普遍使用的 IBP 工具。

從圖 1.4 中可知，IBP 囊括了各式廣告，遠超過傳統廣告的形式。行銷人透過這些林林總總的工具，以各種形式及各式訊息來觸及目標消費者，以達到品牌的廣泛曝光。

第三，IBP 著重所有的推廣工具必須統合起來創造一致且深刻的品牌印象。如果一品牌在一雜誌廣告中展現的形象，和它在社群媒體上的貼文呈現出的形象不一，品牌可是會受損的。為求達成效益，所有的推廣工具及所有的訊息內容都必須加以整合，以傳遞清楚又統整的品牌印象。這樣的整合才能產生綜效。

最後，IBP 的定義中強調所有的廣告及推廣活動皆致力於為品牌擴大曝光。唯有透過這各類訊息的廣布，才有助於消費者對品牌的認識與評價。

1-2c 廣告、系列廣告與品牌整合行銷傳播

在了解廣告與 IBP 的定義之後，我們回頭來看看其他相關名詞的定義及差異。先從最基本的說起。一則廣告（advertisement）指的是某機構為說服某閱聽眾所製作的個別廣告訊息。而系列廣告（advertising campaign）則是指經由統合後的一系列廣告，傳遞品牌相關的共同主軸。其中各個廣告的主題或許各有其訴求點，但基本中心主軸是一致的。成功的系列廣告可以是單一廣告投放於多個不同媒體，也可以是不同的廣告但具有相似的形式、感受及訊息。

品牌整合行銷傳播（IBP）工具　　　　　＊表數位　　　－表傳統　　＃表兼或	
傳統媒體廣告（電視、報紙、雜誌、廣播、看板）	－
數位媒體廣告（行動、網路、社群媒體）	＊
贊助（金錢或其他形式）	＃
事件行銷／體驗行銷	＃
促銷（折價券、特惠、折扣、禮券卡、比賽、樣品、試用包、退費、常客計畫、展售會）	＃
店頭廣告	＃
直效行銷（型錄、電話行銷、電子郵件行銷、資訊式廣告）	＃
店員／業務員銷售	－
網路廣告（橫幅廣告、彈跳式廣告、官網）	＊
社群媒體或數位媒體內容	＊
平板／智慧型手機訊息	＊
影音廣告／部落格	＊
品牌娛樂內容（產品置入／穿插於電視節目、手機 app、網路直播、電子遊戲及影片）也稱作娛樂式廣告（advertainment）	＃
戶外標牌	－
看板、交通廣告、空中廣告	－
公共關係	－
影響者行銷（同儕、網紅）	＃
企業廣告	－
游擊式行銷／街頭行銷／突襲式行銷	－
電競遊戲廣告（廣告嵌入遊戲）	＊
名人代言	＃
內容行銷	＃

圖 1.4　IBP 工具檢核表。

　　至於 IBP 與廣告及系列廣告的關係為何？如同前述，IBP 統整運用了許多推廣工具（包括廣告），為品牌打造並延續其注意力、識別性及喜好度。當行銷人舉辦比賽、經營粉絲團、贊助活動、做店頭廣告、系列廣告或結合其他各式推廣工具時，即是 IBP 的展開。IBP 需要整合及排序各類推廣工作。

1-2d 聚焦廣告

在我們論及廣告時，IBP 是一個關鍵觀念，它對現代行銷工作而言極其重要。消費者每天接觸一大堆的商業訊息，品牌及其形象可使得消費者能快速從中鑑別並評估一個品牌與其生活或價值觀是否關聯。如果行銷人不借助廣告及 IBP 來建立品牌識別及意義，坦白說，是很容易被消費者忽略的。

本書會建構並說明 IBP 的執行，並證明廣告在此過程中的核心地位。下面章節將以廣告為主，而 IBP 的特色與應用將置於第五篇中描述。

LO 2

1-3 廣告是一種傳播過程

溝通是人類存在的基本層面，而廣告即是其中一種方式，所以，要了解廣告，就必須了解傳播，尤其是大眾傳播。

1-3a 大眾媒介傳播模式

廣告大多是透過大眾媒介來傳播的（諸如電視、大樓外牆或智慧型手機），而非面對面的型式。雖然有許多極有價值的大眾傳播模式，圖 1.5 提供一個現今普遍通行的大眾媒介傳播模式圖。此模式顯示出大眾傳播是人們、機構組織及訊息交互互動的過程。模式主要包括兩大部分：產製（藉由訊息的傳遞）及接收（藉由訊息的獲取）。介於其間的是調和與切磋的中介（詮釋）過程。

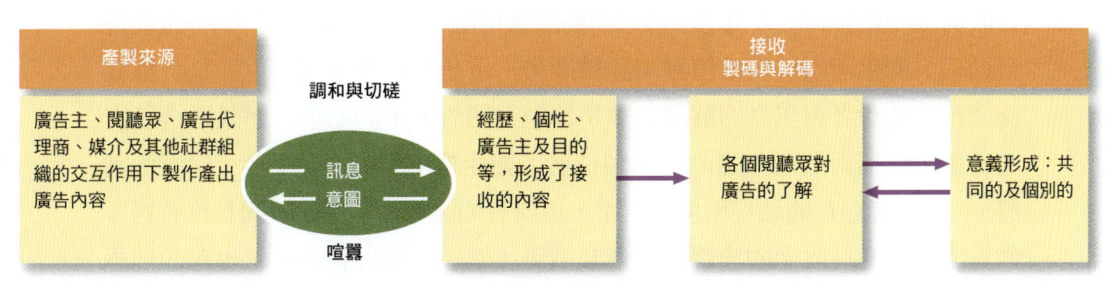

產製來源	調和與切磋	接收 製碼與解碼		
廣告主、閱聽眾、廣告代理商、媒介及其他社群組織的交互作用下製作產出廣告內容	訊息 ⇄ 意圖　喧囂	經歷、個性、廣告主及目的等，形成了接收的內容	各個閱聽眾對廣告的了解	意義形成：共同的及個別的

圖 1.5　大眾媒介傳播模式圖。

此模式是流動且非單向的。從意義的形成到閱聽眾的回饋，此一迴路顯示出我們如何了解一個品牌或一則廣告。從模式的左側到右側，我們可見到傳播製成的過程，此即大眾傳播內容的產出。

所謂**來源**（source）指的是內容的創造或產生。廣告就像其他大眾傳播的形式一樣，是機構（如企業、組織、廣告代理商或政府）交互作用下的產物（如創造出數位廣告、平面廣告、電視廣告、廣播廣告、社群媒體圖像或企業官網等）。廣告產生於複雜的交互運作下，包括公司的品牌訊息、公司預期目標閱聽眾所需的資訊、公司對閱聽眾如何詮釋廣告文案與圖案的推測、以及媒介傳遞訊息的法規等。

繼續看到模式圖的右側，在產出與接收之間的中介過程——調和與切磋。調和與切磋是消費者詮釋廣告的方式，把來源所製碼（encoded）的內容加以解碼（decoding）。各個消費者多少都了解企業希望他們如何理解其廣告（我們都知道廣告總是想說服我們買些什麼，或是喜歡某品牌，或是接受某觀念）。而每個消費者基於其經歷、體驗及個別的價值觀，而自有其所需、所思與所喜歡的詮釋。也就是說，消費者如何詮釋其所見之廣告，對其個人自有其意義，產品或品牌或是符於其需要，或是適於其個別經歷。

接收（reception）的發生亦存有潛在的干擾，如喧囂（clutter）——即每天我們接觸各個媒體所充斥著的無數品牌訊息。事實上，數位廣告人視喧囂為他們面對的最大挑戰，致力使訊息能通過重重阻礙觸達消費者。這部分我們會在第 4 章進一步敘述。

消費者接收及詮釋的傳播行進中，有趣的是常常全然和企業希望消費者看這廣告的角度不一。換言之，傳播接收者的一方須調和（accommodate）其接收的眾多意義與個人意念，然後再將意義咀嚼切磋（negotiate）——也就是根據個人的生活經驗與價值觀來詮釋廣告。這是為什麼傳播天生即是一種社交過程：消費者對訊息的解釋並非是單純封閉思考下的結果，而是融合社交的反應，包括對他所知道的訊息製造者（如企業）、其他接收者（如同儕團體）、和品牌存在的社交環境。常常，這所有的詮釋都發生在瞬間且沒有過多的思索。有的接收者的詮釋程度極其微渺（僅僅是識得牌子），也有的則極其深入（認真爬梳廣告），但不管怎樣這都是在詮釋。

第 1 章
廣告與品牌整合行銷傳播的世界

總言之，傳播模式中的要點即是：各個閱聽眾根據各自特有的經驗、價值觀與信念，對廣告各有其解讀。

LO 3

1-4 廣告的閱聽眾

以廣告的術語而言，**閱聽眾**（audience）是指接收並詮釋組織機構所發布的訊息的一群人。閱聽眾的組成可以是家家戶戶的消費者、大學生或是商務人士等任何群眾。而**目標閱聽眾**（亦稱目標受眾，target audience，簡稱TA）則是為廣告或 IBP 活動，由機構所選定的特殊群體。之所以會被挑選出來，常是因為機構發覺這群人較喜愛這類商品，所以有可能他們也會喜愛這機構的品牌。瞄準閱聽眾（targeting audience）意味著機構組織想要透過訊息來接觸特定群體。雖然企業可以區分各式 TA，但主要對準的常是以下這幾類：家戶消費者、企業組織成員、通路成員、專業人士、政府官員／公職人員等。

1-4a 閱聽眾的類型

在大多數的大眾媒體廣告中，常朝向的是**家戶消費者**（household consumer）。像麥當勞（McDonald's）、豐田汽車（Toyota）、Forever 21 服飾、蘋果公司……等，其產品或服務是為大眾消費性市場設計的，所以他們的廣告對象自然也是對著家戶型態的消費者。

但在這範圍非常廣泛的大眾消費者廣告（consumer advertising）中，廣告主會進一步做細緻的區分。例如目標對象設定在 25-45 歲居住於都會區，年收入超過百萬的男性專業人士。

瑞典酒商絕對伏特加（Absolut Vodka）多年來在廣告中突顯瓶身設計，傳遞時尚感給其目標消費者，已成為廣告中的經典（見圖 1.6、1.7、1.8）。

對於生產商業或工業性產品與服務的公司（如辦公設備、生產線機器、配件供應商、軟體商……等）而言，**商業機構的成員**（members of business organization）即是廣告的對象。雖然這一類的閱聽眾通常會需要的是業務／銷

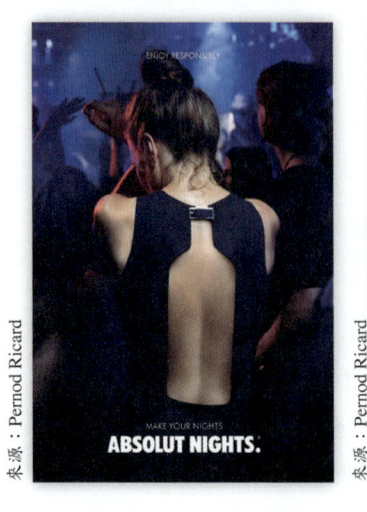

圖 1.6　絕對伏特加之夜。

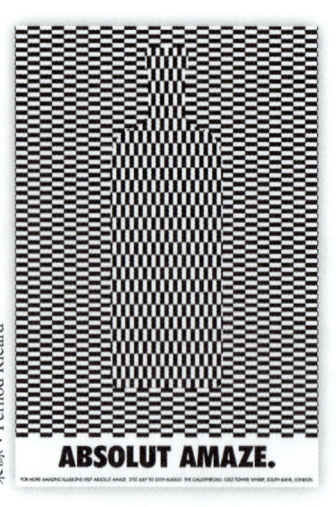

圖 1.7　在奪目的黑白線條中演繹絕對伏特加的經典瓶身。

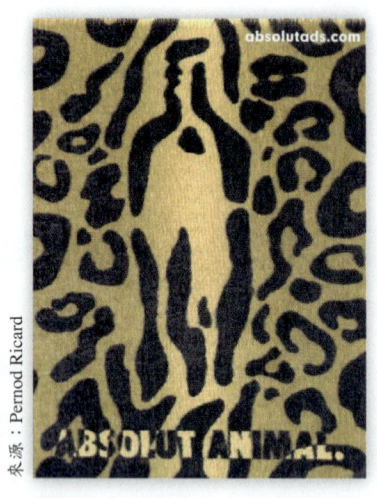

圖 1.8　絕對伏特加的野性視覺張力。

售人員的服務，但廣告可以在潛在購買者間作為提高注意與增進好感之用。例如 IBM 在美網公開賽中做品牌廣告，以接觸眾機構的行銷長或業務長，因為他們這群人在公司的軟硬體購買決策上具有影響力。IBM 也會對商業機構的決策人員做產品廣告，例如針對金寶湯（Campbell's Soup）或聯合利華（Unilever）等公司的決策人員，推廣其旗下的深度學習人工智慧系統華生（Watson）。至於非營利組織（not-for-profit organization），如大學、實驗研究中心、人道組織或文化團體等，也都是廣告的重要閱聽眾。

　　中間商成員（members of a trade channel）包括零售商、批發商、經銷商等。這些中間通路商也是一般家用或商用產品或服務的目標閱聽眾。與這群對象溝通時最常使用的推廣方式是仰賴銷售人員。其他的 IBP 工具，像是促銷，也常用來針對這群閱聽眾。

　　專業人士（professionals）是具備專業訓練或證照的專門職業者，如醫師、律師、工程師、教師、會計師等。他們之所以自成一類閱聽眾，是因為他們有獨具的需求與興趣。針對專業人士的廣告通常著眼於符合其特殊需要的產品或服務。此類廣告中的語言與視覺形象每每出現專業術語，或是只有

這一行業才熟習的獨特情境。針對專業人士的廣告常透過一行業的發行管道刊登。例如《醫界》雜誌（及其網站）的出版對象為醫界成員，其刊登的是醫療專業人士有興趣的專業文章，因此，醫療器材的廣告不會出現在大眾媒體，而是透過此類管道觸及醫界專業人士。

政府官員／公務人員（government officials and employees）也會形成一類廣告的對象，這是因為各級政府握有龐大的購買預算。政府機構從公立大學到道路維護，都需要大量採購各式各樣的產品。舉凡辦公設備、營造材料、車輛、肥料、電腦……等，商家無不以廣告朝向他們。這類型的廣告常以直接函件（direct mail）、型錄、網路廣告等行之，銷售人員當然也是重要接觸管道。

1-4b 閱聽眾的地理分布

閱聽眾可根據地理區域作進一步區劃，且文化差異也往往因地而異。很少廣告可以有效訴諸全世界的消費者，以下即以閱聽眾的地理分布來看各式廣告。

全球性廣告（global advertising）行之於全球各國，其視覺及訊息內容僅有些微差異。很少品牌採全球性廣告，除非是典型標榜著「世界公民」的品牌，且其產品的使用並無明顯的文化差異。這類企業以全球性的訴求為品牌行銷，例如三星（Samsung）電視、蘋果手機、新加坡航空（Singapore Airlines）、海尼根啤酒（Heineken）……等，他們的廣告採共同的主題，且出現於品牌銷售所在的全球各市場。其成效端賴於品牌及其訊息具有跨文化的共通訴求點。

國際性廣告（international advertising）是品牌在母國市場之外的其他各個異國市場，分別採用不一的廣告。隨產品在各國作差異調整，每一個國際市場的廣告也隨之因地制宜。例如聯合利華旗下的洗衣粉廣告，在各個國際市場幾乎都有不一樣的版本。這是因為不同的文化環境，使得消費者有不同的需求，或不同的居家使用習慣。譬如美國消費者習於使用大型強力洗衣機、烘乾機以及大量熱水洗滌。但巴西的情況則是使用極少量熱水，並且晾曬即可，無需烘乾。

全國性廣告（national advertising）觸及一國之內的所有地理區域。通常我們在國內大眾媒體上所見之廣告，即是屬於全國性廣告。

區域性廣告（regional advertising）通常是製造商、批發商、經銷商、或零售商集中火力在國內較大的區域（而非國內全境）所進行的廣告，以觸及其顧客或潛在消費者。地方性廣告（local advertising）則是針對單一地區，像是對一城市或一省份的閱聽眾所做的廣告。在某些狀況下，全國性的企業會與地方性的商家分擔一地的廣告花費，這種全國性企業與地方商家合力所做的廣告稱之為聯合性廣告（cooperative advertising，簡稱 co-op advertising）。愈來愈多的公司一方面在網上做品牌廣告，一方面與其地方上的零售合作夥伴做聯合性廣告，這些靈活調度的做法有其效率與效益。

LO 4

1-5 廣告是一種商業行銷過程

廣告不僅是傳播的過程，也是商業行銷的過程。不管對跨國大企業還是地方小商家，廣告是維繫現有的老顧客及吸引新客上門的基本商業工具。我們需要了解廣告在商業過程中的作用，這可以分三種方式來看，一是廣告在整體行銷及品牌發展計畫中的角色，其次是檢視企業所運用的廣告型態，最後，我們擴大來看在此商業過程中廣告的經濟效益。

就第一項而言，任何組織機構在行銷過程中，廣告有四個重要角色：(1) 對行銷組合的貢獻；(2) 發展並管理品牌；(3) 有效的市場區隔、差異化及定位；(4) 對獲利的貢獻。分述於後。

1-5a 廣告在行銷組合中的角色

行銷（marketing）是產品或服務之創造、傳播、遞送及交換的過程，對顧客、客戶、夥伴，甚至是社會都有其價值。

從此一定義可知，廣告作為傳播的一部分，扮演了重要的行銷角色。

在機構組織中有關行銷方面的職責與決策包括產品或服務的構想（conceiving）、定價（pricing）、推廣（promotion）及鋪貨（distributing），也就是所謂的行銷組合（marketing mix）。組合（mix）一詞意味著對消費者行銷時，著重於產品、價格、推廣（包含廣告）與通路的綜合策略，最後形成品牌的整體行銷計畫。廣告雖重要，但是只是整個行銷重責大任中的一環，也只是行銷組合所仰賴的眾多IBP工具中的一項。譬如安德瑪（Under Armour）運動鞋新上市時，曾大手筆斥資2,500萬美元推出系列廣告「未來是我們的！」（The future is ours!），然而其銷售成長仍不敵競爭對手如耐吉（Nike）、愛迪達（Adidas）及銳跑（Reebok）。所以說，單靠廣告挑大樑仍不能忽視其他行銷組合的元素，如產品的特性及通路的鋪貨等。

在圖1.9中列出了行銷組合各層面相關的策略性決策項目。從中可看到行銷組合各層面的決策都會影響到廣告訊息。重點是公司的廣告必須與整體行銷策略一致且相互支應。同時，也要支援企業更宏大的社會性目標，在本章稍後會進一步討論此點。

廣告在品牌管理中的角色

廣告在品牌發展與管理上扮演著重要角色。所謂「品牌」（brand）指的是一個名字、語詞、符號、象徵或是任何與其他賣方所銷售的產品（或服務）迥然有別的特色。品牌可說是一家公司所擁有的最寶貴的商業資產。它可使一家公司有效且一致地與市場溝通。一個好牌子的價值可是遠勝過其營業額。例如全世界品牌價值最高的品牌之一，可口可樂（Coca-Cola），它的品牌價值高達780億美元，而其全年的銷售金額是440億美元。在可口可樂旗下的20多個飲料品牌，如零卡可樂（Zero）、芬達（Fanta）、雪碧（Sprite）、美粒果（Minute Maid）……等，每年銷售數字分別都超過10億美元，所以，運用廣告與IBP建立並維護這些品牌，對可口可樂而言是一項極佳的投資。

對於任何組織機構，廣告對品牌發展與管理的影響可分下列五項說明。

產品	推廣
功能特性	廣告的型態與數量
設計美感	銷售人員的素質與數量
隨之而來的服務	業務銷售計畫的範圍與型態
使用方法	促銷——如折價券、競賽、抽獎
保證	展銷會
產品差異化	公關活動
產品定位	直接函件或電話行銷
	活動贊助
	網路傳播／行動行銷
價格	**通路**
價位：	零售店數量
高價位	零售店位置
競爭性中價位	零售店型態
低價策略	型錄銷售
付款方式：	非實體通路——網路
現金／PayPal／Apple Pay	批發商數量及型態
信用：	庫存——位置與數量
延伸	通路提供的服務：
限制	信用
利息索取	運送
租借	安裝
	訓練

圖 1.9　行銷組合的組成要素。廣告訊息、媒體投放及 IBP 技術都必須與行銷組合的其他元素相互一致與互補。

資訊與說服

　　目標閱聽眾可從廣告中了解一品牌的特色與優點。在行銷組合的各元素中，唯有廣告最能告知或說服目標閱聽眾有關其品牌的價值。

　　例如，在兵家必爭的碳酸飲料市場，可口可樂、百事可樂、樂倍（Dr Pepper）可樂及許許多多的品牌競逐其間。廣告能運用形象及情感訴求，讓樂倍可樂從眾多競爭對手中突顯出來。即使眾品牌間的功能性差異不大，但消費者的品味及品牌偏好不同。廣告基於品牌具體的功能或抽象的情感價值

來提供消費者資訊，並說服消費者，進而促成品牌脫穎而出。

介紹新品牌或老品牌的新延伸

當新品上市或既存品牌開枝散葉延伸品牌時，廣告是極為重要的。所謂**品牌延伸**（brand extension，或稱**品牌多角化** brand variant）是現有品牌的一種擴充，觸角伸及新產品領域。例如雀巢檸檬茶飲料延伸至雀巢檸檬茶口味的冰棒。當延伸性產品導入市場時，廣告與 IBP 在吸引消費者注意力上扮演要角，使得研究人員紛紛建議「品牌延伸時宜分配大量廣告預算」。除了廣告外，此時通常也相伴有其他推廣活動，像是促銷活動或店頭陳列布置。

建構並維繫消費者的品牌忠誠度

消費者對品牌的忠誠是一家公司最重要的資產之一。**品牌忠誠度**（brand loyalty）意味著消費者不顧其他競爭者而持續獨鍾同一牌子。這種忠誠或是出於慣性、或品名深印於消費者記憶、或消費者與品牌形象的連結、或是品牌對消費者具有深層意義。

即使品牌特性是建立並維繫品牌忠誠的最重要關鍵，但廣告在此過程中也扮演了重要角色。廣告可以提醒消費者這些品牌特性——無論是具體的還是抽象的。當一家企業在消費者心中建立品牌的正面連結及品牌的忠誠度時，這企業即是在發展其品牌產權。**品牌產權**（brand equity）是所有與品牌聯結的一切資產，品名、符號或視覺象徵等均屬之。廣告及整合傳播都可長期致力於成功地建立品牌產權。例如 Nike 透過廣告與 IBP 不斷提升其品牌產權，已創造了全球 500 億美元的年營業額。此外，Nike 零售通路營造的氛圍、旗艦店裡提供的獨特品牌體驗、或是邀請消費者來測試產品，再再都有助於品牌產權的增值。

為品牌創造形象與意義

在行銷組合中，廣告可以傳達出品牌如何能滿足消費者的需要與渴望，因此，可以吸引消費者注意。但不僅如此，廣告還可以把品牌的形象與意義連接到消費者的社交與文化情境。由此，廣告確實是為消費者傳遞了個人連結。

建構並維繫通路內的品牌忠誠度

或許批發商、零售商、經銷商、中間商們似乎沒有所謂的忠誠可言，但如果製造商予以適切的支持，他們還是有可能傾向某一品牌的。尤其是廣告，再加上整合品牌其他各式推廣活動，更是對這些中下游通路的莫大協助。行銷人可以提供的支助例如銷售訓練課程、聯合廣告（如小冊子、掛牌、海報等）、店頭廣告（point-of-purchase advertising）陳列品、贈品（T恤或免費的app下載等）、增進網站流量或實體來客量的活動等。

而且別忘了這些通路商（零售商、批發商、各地經銷商、仲介商等）也是新品牌上市或老品牌擴充的成功關鍵之一。如果品牌導入市場時，沒有得到通路的合作，那麼成功的機率可說渺茫。這也可見IBP的重要性，在IBP計畫中，給予通路直接的協助，無論是運用商品特殊陳列方式、競賽、提高獎勵、業務人員銷售等，再結合廣告的力量，才有助於品牌的成功。也就是說，通路商對品牌的接受與否是品牌成功的重要關鍵，而廣告與IBP又是通路商是否會接受品牌的重要關鍵。

廣告在市場區隔、差異化及定位中的角色

廣告在行銷過程中的另一個要角，即是協助組織機構執行重大行銷策略——市場區隔、差異化及定位。

所謂**市場區隔**（market segmentation）是基於消費者的特徵，把廣大多樣的市場，區分為各個異質的子市場或說區塊。市場區隔策略是有鑑於消費者的需求各有不同，即使同一消費者在不同情況下亦有所別。譬如汽車市場根據不同購買者的需要與渴望，可區劃為大車／小車、豪華車／國民車、房車／休旅車等。

除了消費者的需要與欲求之外，市場區隔也可以根據消費者的人口統計特徵來劃分，例如年齡、性別、教育程度、收入、婚姻狀態等。不僅如此，還可以根據心理特徵來區隔，例如態度、信念、個性、生活型態、價值觀等。上述這些資料與產品的喜好度及使用狀況都有關連性。廣告的角色即在於市場區隔過程中，發想能吸引不同區隔的訴求，並且透過適當的媒介，把這些訊息傳遞出去。

以福特（Ford）汽車為例，旗下有不同的車款針對不同區隔的消費者需求，而廣告與 IBP 也針對不同區隔的消費者，調整不同的訊息。像是它的超級小貨卡 Super Duty，以「美式足球國家隊專屬」為訴求重點，把「打造強悍福特」的形象與美式足球的勇健堅韌緊密連結，強化產品利益點直達目標群眾心中。至於福特另一車款野馬（Mustang）跑車，則將目標對準意在效能與設計的群眾，所以廣告中的訴求重點放在「力與美」的結合。這些廣告透過福特的社群媒體與消費者互動，詳見圖 1.10。

所謂**差異化**（differentiation）是在消費者心中創造品牌與其競爭者之間可感受到的不同。這定義裡特別強調消費者的感受或說知覺（consumer perception）。感受上的差異可以來自具體的不同、形象的不同或樣式的不同等。產品差異化的一個重要問題在於消費者是否能覺察到各品牌間的不同處。如果消費者沒有知覺到差異，則即使品牌間確存有不同，但也沒有意義了。更進一步說，如果消費者不覺得某個品牌有獨特處及吸引力，那麼也就沒有什麼特別必要去選擇這個品牌，甚或是付更多的錢來購買這個品牌。想想瓶裝水的市場，在眾多無所差異的品類中，行銷人借助廣告及 IBP 策略來強化差異點。

圖 1.10　福特汽車結合廣告和社群媒體用於 IBP 的一個例子。

來源：Ford Motor Company

為了在消費者心中創造品牌與其競爭對手的差異，廣告或是強調功能面、或是塑造獨樹一幟的品牌形象。所謂定位（positioning）是在目標消費者心中，相對於其他芸芸眾品牌，為品牌建立一個獨特且具有價值的位置。這獨特之處就得靠廣告來傳達。如同差異化一樣，定位也取決於消費者可以覺察得到的印象，無論是具體的或抽象的特性。定位的重要性就好比消費者購買產品時，所有放在考慮清單中的牌子，各有其被知覺到的位置（perceptual space），可以是品質上的、口味上的、價格上的、社交價值上的……，或任何相對於其他品牌的各種面向的特性。

通常有三種定位策略可循。一種是外在定位（external position），也就是一品牌相對於市場上其他品牌的購買利基（niche）。一種是內在定位（internal position），也就是一品牌在公司內部相較於其他自家同類產品的行銷位置。在外在定位決策上，公司就其產品特質、價格、通路、推廣等層面，建立獨特的競爭位置。例如本田汽車旗下的謳歌（Acura）NSX 跑車售價 156,000 美元起跳，定位在高檔車市場，相較於日產（Nissan）的小型房車 Versa，基本售價 13,000 美元，則是定位在低價市場。企業可經由市場區隔，進而建立品牌與其競爭者有別的獨具特性與價值，再透過廣告與 IBP 來強化這些差異點，以有效達成外在定位。

內在定位則可在公司內部的產品線上，開發不同的產品來進行。例如 Ben & Jerry's 公司的每一類冰淇淋都根據其具體特性（如口味、成分……等）而有不同定位。若產品沒有顯著的具體差異，則內在定位對廣告而言會是一大挑戰，因為得思考消費者各式各樣的需要與渴望，來延展廣告訊息。

寶僑（Procter & Gamble, P&G）公司旗下眾多的洗衣劑品牌，有效運用產品研發與廣告訊息，無論是內在或外在定位皆十分成功。例如 P&G 的洗衣粉有的品牌其廣告訴求重點在強調尤其適合洗兒童衣物，有的則強調洗後衣物色澤保持鮮明。

第三種定位指的是重新定位（repositioning），當一家公司面對的市場狀況或競爭狀況改變時，為品牌進行相對應的活化或更新。重新定位有賴於各種廣告及 IBP 戰術的助力。例如廣告訊息隨著消費行為趨勢的風向而改變訴求、產品包裝為吸引消費者注意而重新設計、或是品牌標記（logo）為增進

品牌識別作用而調整更新。

廣告在增進盈收與利潤中的角色

很多人咸信行銷（與廣告）的基本目的就是在獲益。企業中唯有行銷部門是以收益作為主要目標的。知名管理大師彼得‧杜拉克（Peter Drucker）即言「行銷與創新獲得的是『結果』，其餘皆屬『花費』。」行銷過程的規劃是本著產生銷售的，也因此公司才有收益。更進一步說，公開發行的公司不僅關注盈利，也關心顧客的滿意度──因為愈高的滿意度可是關係到愈高的股價。

幫助銷售以獲收益成為廣告的重要使命。我們了解，從產品、價格、通路等行銷組合中創造出價值，而廣告把這價值透過說服性訊息傳遞給目標閱聽眾。例如在廣告中強調品牌的特性──功效、價格、情感、價值、或購買地點等──因而吸引到目標對象。基於此，廣告對於營收可說有直接的貢獻。但要注意一點，廣告在此一創造銷售與盈利的歷程中具有助益沒錯，但不能完全依賴廣告來創造銷售與獲利。銷售的達成是品牌在整個行銷組合上，企劃構思與實際執行都妥善完備的狀況下──這中間自然包括廣告。

論及廣告能增加利潤，是來自於廣告使得產品或服務的價格具有彈性。原因之一是廣告有助於規模經濟（economies of scale），第二個原因則是廣告有助於使消費者對價格變化不那麼敏感，或說促使消費者需求穩定（inelasticity of demand）不受價格影響。當企業為品牌創造大量需求時，帶動產品大量生產，而規模經濟使得生產的平均花費減低。生產成本降低是因為固定成本（fixed cost）如房租、設備器材等費用，隨大量生產而減低平均單位成本。例如高露潔（Colgate）公司大量生產全效牙膏（Colgate Total toothpaste），並運送到倉庫中，這生產和運輸的固定成本，其平均單位成本會因規模大而大幅下降。隨著每單位固定成本的下降，則每一條售出的牙膏，高露潔可獲得更大的利潤。廣告即是透過傳遞品牌特色等訊息到目標市場，而刺激了消費者需求。繼之，促成了大量生產的規模經濟，最後又促成了每單位利潤的增加。

至於維持需求的穩定，先前我們談過品牌忠誠度，而廣告結合品牌忠誠

可促成另一個經濟效果——價格彈性與利潤間的關係。當消費者具有品牌忠誠時，通常對漲價較不敏銳，這即是所謂的需求穩定。而當消費者對價格沒那麼敏感時，企業可維持較高的價格，也因此獲得較高的利潤。由於廣告可說服消費者認同品牌的價值及提醒消費者滿意的經驗，所以可說直接有助於品牌忠誠，也進而促成了需求的穩定。

新近的研究業已證實，企業若建立堅實的品牌，則提高售價要比降價更能增加利潤。奢華品牌正是如此，雨果博斯（Hugo Boss）高檔男士服裝（一套西服在 600 美元起跳）借助廣告打造並持續鞏固品牌形象，而能享有 64%的高額營運利潤。

✎ 廣告在達成社會意義中的角色

廣告已逐漸朝向社會目的的方向發展，也致力強化企業的社會責任。且消費者也更加關注品牌與品牌之間在社會目的層面上表現的差異。廣告，作為行銷的一部分，可以協助組織機構對社會做出貢獻。所謂社會行銷或願景行銷（purpose-driven marketing，一稱善因行銷），即是在幫助組織機構達成最終具社會意義的行銷。聯合利華公司發現做好事確實可以幫助企業走得更好更穩健。聯合利華透過品牌及企業的具體行動，為拯救地球而持續努力，這種社會行動也吸引了關注生態環境的消費者們。聯合利華的首席行銷與傳播長即明確肯定「我們發現旗下那些關注社會意義與永續發展的品牌，結果在銷售上也有明顯的成長。」另一個社會行銷的好處就是企業可以因此招募到優秀的員工，還能鼓舞士氣。一位聯合利華永續發展部門的主管即說「我們發現年輕人加入我們企業的原因之一是：我們是一家具有明確社會使命的企業。」這一點可從該公司的廣告與 IBP 訊息中得以明證。

1-5b 廣告的類型

為了了解廣告，有必要熟悉一些廣告的分類。

✎ 刺激基本需求型廣告 vs. 刺激選擇性需求型廣告

刺激基本需求（primary demand stimulation）意謂著欲激發消費者對某一產品類別（product category，簡稱品類）的需求。這是極具挑戰也花費極鉅

的事。且研究證實這種做法僅對全新的產品有效，對既存產品（如成熟期產品）或是品牌延伸的效果有限。

譬如美國的鮮奶協會嘗試多年運用廣告來刺激對牛奶的基本需求，然而整體牛奶消費量仍持續衰退。對於一個存在多年的品類如牛奶，唯有社會大幅變化，諸如人口統計特徵、文化價值、或是科技等環境變化，才有辦法激起對牛奶的基本需求。

廣告的力量可以發揮在刺激消費者對一公司的某一品牌的需求，即是所謂的**刺激選擇性需求（selective demand stimulation）**。此時廣告可提供品牌相較於競品的獨特優點，這對廣告與 IBP 而言，正是可以發揮所長之處。例如美國的 Trickling Spring Creamery 乳製品公司，在廣告與 IBP 中強調其在地生產及天然有機成分，藉此刺激消費者選擇需求，有效達成其冰淇淋與牛奶製品的銷售。

即時反應型廣告 vs. 延後反應型廣告

這樣的分類是依據消費者在接觸廣告後的反應快慢。**即時反應型廣告（direct-response advertising）**要求消費者立馬行動。這類廣告常強調「馬上撥打免付費專線 0800-xxx-xxx」或是「現在就點選索取 xxx」。隨著網購的盛行，以及信用卡或行動支付（如 Apple Pay）的興起，不分昂貴或便宜的產品，熟悉或陌生的產品，也都採行即時反應型廣告。

延後反應型廣告（delayed-response advertising）並非力圖刺激消費者的直接行動，而是企圖在使消費者逐漸建立對品牌的認知與好感。通常，延後反應型的廣告逐步增進消費者對品牌的知覺度，強化品牌的利益點，萌生對品牌的喜愛，從而建構品牌的正面形象。大部分我們見之於電視、雜誌上看到的廣告多屬於此類。當消費者進入購買歷程時，從延後型廣告中所累積的資訊就會開始發酵。

企業廣告 vs. 品牌廣告

企業廣告（corporate advertising）並非推廣某一品牌，而是在打造對整個企業體的正面態度。而**品牌廣告（brand advertising）**則是一組織機構在行銷其某一品牌時，傳播品牌特性、價值或優點的廣告。當企業的股東看到企

業廣告時，可產生信心，更理想的狀況是對企業及其股票長期支持。

另一種企業廣告的形式是零售通路的廣告。例如超市、藥妝店的廣告，多半是為吸引顧客上門或上其網站購買。

1-5c 廣告的經濟效果

廣告對國家的整個經濟體系具有極大的影響力。

✎ 廣告對國內生產毛額的影響

國內生產毛額（gross domestic product，簡稱 GDP）是衡量一經濟體系中所有產品與服務的總產值。先前我們曾提到廣告在行銷組合中的角色，從中可知配合適切的產品、適切的價格、適切的通路，廣告對銷售是有貢獻的。由於這層角色，廣告有助於提高整體消費需求，因之，廣告與 GDP 是有關聯的。譬如以替代能源為例，廣告幫助此一新產品導入市場，使得對此新產品的需求增加，消費者的花費帶動零售、住房的需求開始衍生、企業在這類成品與固定設備上的投資也因應而生……，這些全是一國 GDP 的組成。

✎ 廣告對競爭的影響

廣告是否可以刺激競爭？驅動企業致力於提供更好的產品？更佳的生產方式？更能嘉惠整個經濟體系的競爭優勢？當然，在廣告成為進入新市場的助力時，整個經濟系統的競爭就開始點燃了。然而，也不盡然如此，批評家認為許多產業在競爭中，大量投入的廣告花費也會導致提高進入市場的門檻。換言之，一家公司有可能具有各方面的競爭優勢，但卻缺乏進入市場一較高下的廣告費用，因此，有些爭議在於認為廣告反倒會降低競爭。

✎ 廣告對價格的影響

另一個對於廣告的爭議是在於廣告對產品或服務售價的影響。通用汽車（General Motor, GM）與寶僑這類大企業投擲數十億美元在產品及服務的廣告上，這樣會否使這些產品或服務的售價提高了呢？並不盡然。

首先，各行各業的廣告花費金額差距頗大，由汽車業中廣告占銷售比 2%，到奢華精品業如香水，廣告占銷售比 20%，中間的幅度極大。因為廣告花費與銷售之間並無一定的或可預估的關係──這必須視產品品類、競爭狀

況、市場大小及訊息的複雜性而定。

而廣告的花費確實會編列入產品的費用，因而使得最終轉嫁入消費者的一方。但是，廣告對價格的影響不能僅看這一點，尚須考量到廣告也會使消費者省錢。首先，廣告節省了消費者花在搜尋產品或服務的時間與精力。其次，稍早我們曾述及規模經濟直接影響了生產費用，降低了成本，進而降低了價格，而「低價」這正是企業在競爭上的優勢之一。

廣告對價值的影響

價值可說是行銷成功的密碼。以行銷與廣告的角度來說，**價值（value）**指的是品牌超越實質價格，而能帶給消費者感受到的滿意。現代消費者希望每一項購買都是「值得的」。在這方面，廣告可以為消費經驗添加價值。

透過為品牌締造符號價值與社交意義，廣告影響了消費者對價值的知覺。所謂**符號價值（symbolic value）**意謂著產品或服務對消費者而言的非實質的意義。例如 Ralph Lauren 或是 The North Face 對消費者來說具有某種展現自我的象徵意義。一般說來，所有的品牌對消費者而言或多或少都有些象徵性的價值，否則，就不叫品牌，而是東西了。

社交意義（social meaning）意味著產品或服務在社交情境下的意義。譬如在不同社會階級中，使用或展示各式汽車、服飾、飲品……等，用以突顯階級識別。通常，品牌的社會階級價值反映了消費者向上流動的一種渴望。

研究人員長期以來一直爭論著，物品（包含品牌在內）從不只是物品，它們的意義是得自於文化、社會及消費者。這些意義與其物理特性（如尺寸、質料、容量）一樣，都是品牌的一部分。由於幫助建立品牌形象是廣告的一大使命，因此，消費者對於品牌價值的知覺，廣告自然功不可沒。消費者從品牌中發覺到更多價值，就更願意掏出錢包來，甚至為此付出更高的價錢亦在所不惜。譬如古馳（Gucci）手錶或是四季（Four Seasons）飯店的形象，在消費者感知中是願意以高價錢換得高價值的。

1-6 從廣告到品牌整合行銷傳播

如同在本章之始所言，廣告是說服消費者、強化消費者印象的眾多推廣工具之一。早在 1990 年，各種推廣工具的融合即是**整合行銷傳播**（integrated marketing communications, IMC）理念形成之初。進入 21 世紀後，推廣策略的重心更開始聚焦於品牌。各大企業組織已不再僅僅關注於透過廣告與其他推廣工具來和現有顧客或潛在顧客傳播，而是更積極著眼於如何透過廣告與其他推廣工具來建立品牌知覺、品牌識別與品牌偏好。

IMC 與 IBP 的差別在於 IMC 強調傳播效用以及訊息的協調統整，以達成綜效。IBP 依然重視傳播的協調統整與綜效，但更進一步強調品牌的重要。也就是說，IBP 其理念是在傳播效力之外，也同時重視品牌效力的建構。

廣告與 IBP 的未來是充滿刺激挑戰的。愈來愈多個人化的內容出現，也愈來愈能精準地瞄準目標對象。屏幕上的廣告將不見得是干擾，而是在你真正需要的時刻出現。跟著你在網路上的足跡，品牌可以透過網路與行動裝置進行數位行銷。而消費者的眼球轉動或手指鍵入都代表著新的廣告計費方式。且廣告這行業的組織結構也在變化中，隨著科技的進步，虛擬實境等製作公司也隨之而起。而許許多多商業模式的轉變，也使得廣告的獲利模式改變。但是，儘管有這麼多、這麼快的變化，對於品牌訊息策略與創意的追求仍是不變的。

2 廣告與行銷傳播業的結構：廣告主、代理商、媒體及支援機構

學習目標

在閱讀本章並思考其內容後，你應該能夠：
1. 探討廣告與行銷傳播業轉變中的重要趨勢。
2. 了解廣告與行銷傳播業的規模、結構與組織。
3. 了解廣告與行銷傳播業所提供的服務與所扮演的角色。
4. 了解有哪些主要的外在支援單位協助廣告與品牌的整合行銷傳播企劃與執行。
5. 探討在執行廣告與品牌的整合行銷傳播時，媒體單位所扮演的角色。

2-1 轉型中的廣告業

廣告及行銷傳播相關行業的競爭是無止歇的：品牌與品牌之間的競逐、廣告代理商與廣告代理商之間的競逐、廣告代理商與媒體代理商之間的競逐、大型廣告主與大型通路商之間的競逐……等。但相較於今日的競爭情勢，這些僅有如小兒遊戲般。消費者厭倦於屏幕上的廣告、店內的廣告、信箱裡的廣告……等各式廣告的干擾，甚至會想方設法來封閉阻擋這些干擾。所以，現在的競爭落在廣告公司如何能使消費者願意甚至積極去使用這些資訊。解決之道部分端賴於廣告主將廣告投資與精準數位媒體、線上廣告、社群媒體及行動媒體等加以整合，另一部分則是將這些數位內容與適當的傳統大眾媒體如電視、雜誌、廣播等加以整合，以產生綜效。

科技的突飛猛進與媒體的多元選擇，使得消費者對其所見所聞有更大的主控權。從臉書到推特（Twitter）再到閱後即焚的 Snapchat，以及各類網站，消費者自由穿梭於數位、行動媒體環境中搜尋資訊。他們自主選擇所想要接觸的訊息，而非廣告或媒體公司所能控制（圖 2.1）。回溯 2009 年時，即有許多廣告主將超過 70% 的費用從傳統媒體投向數位媒體，如社交平台、網路廣告等。

第一篇　商業與社會中的廣告與品牌整合行銷傳播

- 廣告與品牌整合行銷傳播的世界（第1章）
- 廣告與行銷傳播業的結構（第2章）
- 廣告與行銷傳播的社會、道德及法規層面（第3章）

- 轉型中的廣告業：影響廣告與行銷傳播業的趨勢
- 廣告與行銷傳播業的規模與結構

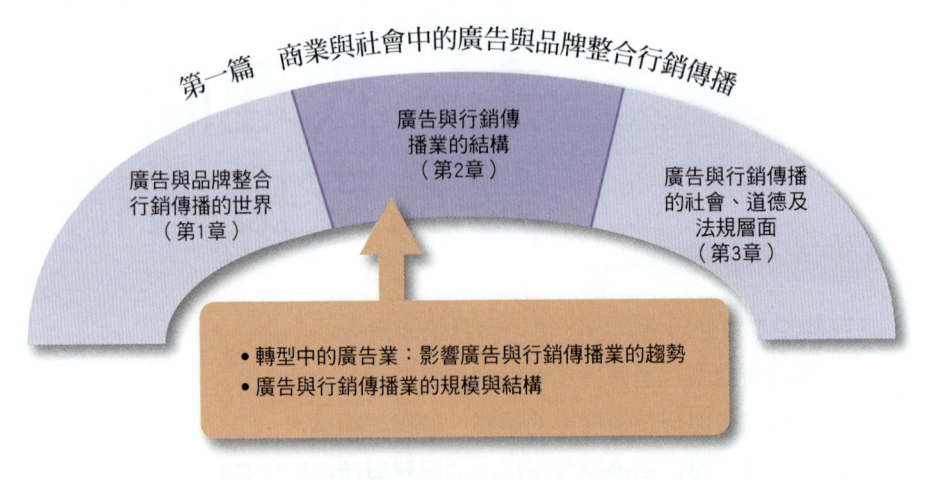

圖 2.1　第 2 章架構圖，主要聚焦於廣告業的結構，有兩大面向，其一是產業的變化與趨勢，其二是產業的規模與結構。

今天，美國的廣告主持續更加倚重運用數位媒體，包括網路展示型廣告、關鍵字搜尋廣告、品牌影音內容、社群媒體廣告，以及行動行銷等。因為數位媒體吸引且聚集了更大一群閱聽眾，能夠更有效地進行精準行銷。寶僑公司宣稱，透過仔細地對準目標對象，他們可以觸及到7、8000萬的臉書使用者，這對廣告主而言，可說是超大的規模及非常划算的投資。（見圖2.2）

過去的廣告主，譬如說Nike運動鞋或惠普電腦（Hewlett-Packard, HP），可能與一家廣告代理商合作，譬如說李奧貝納廣告公司（Leo Burnett）或宏盟傳播集團（Omnicom Group），企思有創意的電視廣告、報紙廣告、雜誌廣告、廣播廣告或戶外廣告，然後再與媒體洽商，譬如某家電視台或報社，來購買時段或版位以投置廣告，所以消費者在看電視或讀報紙時會接觸到這些廣告。這種情況現在仍有，大型媒體如電視、雜誌、廣播每年仍有數十億美元收益。但是，現在廣告主、廣告公司、媒體公司接觸消費者的方式改變了。例如，許多的媒體購買都開始採用程序化（programmed）的方式，能更加精準觸及目標對象，且可使廣告主的預算花費更有效益。

再從消費者的角度來看廣告業的結構。首先，消費者可由各式各樣的大量數位媒體中，選擇新聞、資訊或娛樂，換言之，「媒體破碎化」（media

來源：curata.com

圖2.2 寶僑公司的臉書頁面顯示已有超過550萬的消費者關注其動態。

fragmentation）對消費者來說是利多，對廣告主及廣告代理商來說卻是頭大！這群自握主控權的消費者可以輕鬆便利地遊走於筆電、平板、智慧型手機或各種隨選影音串流的平台間。

然而，即使廣告業與媒體業的傳統結構發生變化，但其目標並沒有改變──在說服傳播過程中強化品牌及其差異點。事實上，隨著消費者的變化（即握有主控權來選擇其所欲接收的訊息）與媒體選擇的分化，使得廣告與IBP在今日顯得更形重要。

改變的速度及複雜性已經使得廣告業面臨著更大的挑戰。本章將檢視廣告業的結構以及所有造成或影響這股趨勢變化的相關產業。

LO 1

2-2 影響廣告與行銷傳播業的趨勢

許多對廣告與行銷傳播業趨勢的影響都與新科技的發展有關，新科技的應用大大改變了傳播的結構與本質。此外，另一個對趨勢的影響來自於消費者文化以及消費者對傳播產生的意義。但歸根究底來看，首重之處仍是在品牌及其形象，以及在目標市場前呈現統整持續的品牌印記。下面我們將思考市場上的五大趨勢。

2-2a 消費者的主控權：社群媒體、隨選影音串流及有線電視的解約潮

稍早我們曾述及，消費者現在掌握了接收產品與品牌資訊的主控權。人們可以透過影音網站如 YouTube，自行創造內容並分享出去，這也是所謂的 Web 2.0（網路 2.0）時代，以網路為基礎，強調使用者在線上共同產製與分享的情況。不僅如此，隨著電腦、平板、智慧型手機能快速又正確地解讀數位資料，Web 3.0 也已經啟動了。

在 Web 2.0 的世界裡，消費者在網路上自由穿梭他們想要瀏覽的資訊或是購買。而社群媒體（social media）更使得每一個人或每一群體都可以彼此互相分享資訊（如 Instagram、Snapchat、FB 等），這是消費者主控資訊的創

造與傳布的明證。廣告與傳播業已體認到這股傳播勢力的崛起以及其對消費行為的影響。

每月超過 15 億人使用 FB，每月超過 5 億人使用 Instagram，每天超過 1 億人使用 Snapchat。這樣的發展速度十分驚人，即使許多公司不確定與消費者在社群平台上互動的價值與效果，但誰也不想在數位的舞台上缺席。通用汽車公司（General Motors）曾在 FB 上試做廣告一陣子，然後停了幾年，現在又再度使用這個平台，透過整合性傳播來接觸百萬使用者。例如通用汽車旗下的雪佛蘭新車（Chevy Bolt EV）上市時即用 FB Live 影音做宣告。

消費者主控資訊的另一種方式即是透過**部落格（blog）**。部落格經常聚集有共同興趣的一群人，可以貼文、發表意見或表達個人經驗。部落格儼然已成為產品及品牌資訊的另一種複雜的來源（雖然常常並不見得那麼客觀）。美國有高達 2/3 的網路使用者恆定使用部落格，所以愈來愈受到重視。廣告人自不能小覷，不僅是因為社群媒體及部落格的受歡迎程度，更由於它們的傳播力量。研究顯示，這種消費者間的口碑傳播（word-of-mouth communication）較之於傳統的行銷方式，更能吸引新客且使消費者印象深刻。

另一種消費者的主控性可見之於隨選娛樂影音串流服務的興起，像是網飛（Netflix）、亞馬遜（Amazon）等，更不用說還有數位視訊錄影（digital video recorders, DVRs），如 TiVo。消費者可依據各自的方便來看節目，甚至還有跳過廣告的選擇。美國愈來愈多的家庭取消有線電視，而代之以娛樂影音串流平台。面對消費者掌握選取資訊的大權，廣告主、廣告代理商、媒體代理商等，該如何調整步伐以因應這股趨勢變化？

創意是一個解方。廣告中的娛樂性質與資訊成分愈多，則消費者愈可能會看這則廣告。另一個方法雖然較沒創意，但也有其效果，就是把廣告訊息置於節目底端。也就是那些在屏幕一角跳出來的干擾性質廣告。因為是嵌入在系統中，即使選擇跳過廣告的觀眾還是避免不了。事實上，廣告一詞已經在新的傳播環境中翻轉了。

2-2b 媒體的增生、合併及媒體組織的多平台化

媒體業的增生與合併正同時在上演中。隨著有線電視頻道增多、直效行

銷科技進展、網路平台、行動行銷……等各式各樣的媒體湧現，已使得媒體選擇愈來愈多樣化。如何吸引廣告主投放刊播也已是許多媒體努力的目標。

媒體機構為了要擴大版圖，也開始導向多平台經營。例如迪士尼公司（Disney）擁有 ABC 全國電視網、ESPN 有線運動頻道、以及眾多的各式有線電視台、廣播電台、網站、隨選視訊、電影、電子遊戲、書籍、漫畫、雜誌等等。這些品牌的整合是迪士尼成功的一大關鍵。

網路也有其媒體集團，例如網路巨人字母公司（Alphabet）是谷歌（Google）的母公司，全球資產達 900 億美元，擁有各式平台，如娛樂（YouTube）、服務（Blogger）、系統（Chrome）、還有其他商業服務如 Google Ads、Google Marketing Platform、Google Ad Manager 等，提供廣告主及廣告代理商數位廣告管理平台，來簡化複雜的線上廣告活動。

媒體機構的著眼點在於能鋪天蓋地的有效觸及消費者。盡可能促使消費者參與，無論是透過傳統媒體——如電視、報紙、雜誌、廣播——還是有線及衛星電視、所有以網路為基礎的傳播及行動傳播等。

2-2c 媒體的喧噪與破碎化，突顯品牌整合行銷傳播的重要

媒體愈來愈多元，接觸消費者的方式也愈來愈多種。1994 年時，美國消費者可收看 27 個電視頻道，如今已經超過 200 個頻道——然而，平均每戶常看的頻道也不過 20 個。1995 年時，要觸及 80% 的女性電視觀眾，需要在黃金時段中插播 3 則電視廣告，今天，如果想要有同樣的媒體觸及效果，則要多上數倍的廣告才有可能。

從電視廣告、到數位看板、到網路橫幅廣告、到行動廣告訊息，不斷增加的新媒體選擇，使得媒體環境喧囂雜亂。想要透過單一媒體突破重圍來觸及廣大消費者，這機率微乎其微。廣告主愈來愈喜歡採用線上傳播、品牌置入於電視電影中、店頭陳列品及贊助活動等推廣方式。例如美國超級盃球季，其 30 秒廣告售價為 500 萬美元，且插播時段充斥著一堆喧噪廣告蜂擁而入。為抵禦這樣的喧囂雜亂與奇貴天價，美樂啤酒（Miller Brewing）在比賽日發放大量美樂低卡啤酒（Miller Lite）充氣椅。這作法是搭配著早先在超級盃之前的平常球季中系列廣告，這樣的結合頗有遠見，超越了超級盃的上億

觀眾,突破各式喧囂訊息的重重干擾,藉由刺激網路聲量,鼓勵在社群媒體上分享,並在社群媒體討論中貼上活動的主題標籤(hashtags),這樣的整合性推廣產生了極大的效益。

所以,廣告主及其廣告代理商重新思考與消費者的溝通方式,把過去花在傳統媒體上的費用轉向投在數位媒體上,並尋求全面性整合推廣機會,像是促銷、贊助活動、選擇新媒體、公共關係、產品/品牌置入、在電子遊戲中做廣告等。許多廣告主也開始投擲廣告預算在新科技上,例如虛擬實境(virtual reality)。

2-2d 使用者自製內容／群眾招募

使用者自製內容(user-generated content, UGC,亦稱 crowdsourcing,群眾招募),常是在網路上傳布某種任務,招募專家、積極熱心的鄉民或是消費者等響應,例如星巴克咖啡(Starbucks)的「我的星巴克點子」(My Starbucks Idea)活動,號召顧客為星巴克的新產品或服務來集思廣益(見圖 2.3)。這種「參一咖」的做法可使消費者更加有參與感,且對「品牌的建構」或廣告的形象,有貢獻己力的價值感,這不是被動看廣告所能做得到的。這些網民也會自行傳播品牌資訊,這樣的作為顯得自然又有可信度──

圖 2.3 透過社群媒體進行群眾召募,星巴克因此舉從消費者提供的想法中,為產品及服務找出了 300 個點子。

這也是廣告所未能及的。且這類有群眾自主傳播的產品通常在市場上的表現也比較好，這是因為消費者覺得這類產品能「瞭」（契合）他們的需求。

2-2e 行動行銷／行動媒體

新科技的發展使廣告主可以透過行動裝置──智慧手機或平板電腦──直接傳遞訊息到消費者。為了提供適切相關的訊息給適切相關的閱聽眾，廣告主及其廣告代理商必須充分了解消費者行為、消費者慣用的科技、以及消費者在此科技中對訊息的接收與詮釋。不要忘了消費者對資訊的流通握有主控大權，全球 22% 的手機使用者安裝了廣告封鎖機制，這是廣告人面臨的一大挑戰。所以，廣告人必須思考如何能吸引數位觀眾的眼球，避免看起來既干擾又牴觸消費者想要掌控訊息的意念。

消費者花在行動裝置上的時間著實驚人，從聊天、找行車路線、到比價及購買，幾乎任何事都在上面進行，無怪乎廣告主積極耕耘行動戰場，每年花費在行動行銷上已超過 200 億美元，且仍在不斷增加之中。廣告主嘗試著建立品牌的行動應用程式（app）、把廣告安插在消費者下載的 app 中、在遊戲或娛樂中測試品牌創意內容等，總是希望能得到消費者的參與互動。譬如億滋國際食品集團（Mondelez International）旗下的奧利奧餅乾（Oreos）藉由品牌的遊戲 app 及影片內容大獲消費者熱情青睞。該集團的全球首席內容與媒體購買長即言「消費者比以前出現在更多的地方、使用更多的媒體，他們就像坐在駕駛座上掌握著方向盤，自行決定要在何時、何處及何種方式來觀看內容。」

新科技的變化使得廣告主的思維也急遽改變。同樣地，廣告代理商與媒體代理商也要思考他們對客戶的服務方式以及對閱聽眾的傳播方式。當然，達成傳播效果的目的不變──吸引注意力且對品牌建立好感度，然而，傳播環境的快速變動會直接影響到整體目標。億滋集團即已不再只做廣告，藉由與媒體夥伴福斯（Fox）的合作，為更多的閱聽眾製作品牌的娛樂性內容，並從這樣的行銷傳播投資中獲取利潤。

2-3 廣告與行銷傳播業的規模與結構

全球廣告的市場規模驚人，總量將近有 6,000 億美元花費在各式廣告上。如果將廣告與所有形式的 IBP 花費總量合計，則每年超過 1 兆美元。廣告花費名列前十大的廣告主，投資在廣告的金額動輒破數十億美元，但是，相較於這些大型廣告主的年營業額，廣告費用就只不過是區區一小部分了。

2-3a 廣告與行銷傳播業的結構

廣告業集合了一群有才幹的人，在廣告企劃、籌備、投放等方面各司其職。如圖 2.4 所示，在廣告及行銷傳播業的執行流程中，各單位各有不同性質的責任。

在此流程中廣告主可以聘用廣告代理商的服務，廣告代理商也會將某些特殊需求的服務外包給一些外部協力商（external facilitators），這流程再進一步導向媒體機構，終而抵達目標閱聽眾。

此外，注意圖 2.4 的虛線部分，顯示出廣告主不一定需要聘僱廣告代理商，廣告主與廣告代理商也不一定要尋求協力商的服務。有些廣告主直接與媒體機構或網路內容產製商洽談廣告的投放或推廣的執行。這種情形往往發生在廣告主公司內部設有廣告或推廣部門，或是發生在媒體機構提供技術面的協助時。新出現的互動媒體及行動媒體也使得廣告主可以直接與娛樂業合作，例如迪士尼與索尼（Sony）統包了節目播映與品牌置入於電影、電視節目及娛樂活動中。此外，許多新媒體代理商也提供廣告主在創意服務與技術面的協助，以執行新媒體上的系列廣告服務。

另外一個出現的趨勢是──廣告主與其廣告代理商間的關係愈來愈密切，使得廣告主這方的人員幾乎是和其廣告代理商的夥伴們並肩工作。例如美國麥當勞與其廣告代理商宏盟傳播集團合組了一個作業團隊，麥當勞的行銷經理與宏盟公司的廣告專家一起共事，共商其電視廣告、店內的推廣及社群媒體上的活動等等。這一趨勢凸顯了一個非常重要的觀點：創意已不再局

```
                            ┌─────────────────┐
                            │     廣告主      │
                            └─────────────────┘
┌──────────────────────────────────────────────────────────────────┐
│ 製造商與服務業    中間貿易商：零售商、批發     政府及社會機構      │
│                   商、經銷商                                      │
└──────────────────────────────────────────────────────────────────┘

                        ┌─────────────────────┐
                        │ 廣告及行銷傳播代理商 │
                        └─────────────────────┘
┌──────────────────────────────────────────────────────────────────┐
│ 廣告代理商：            代理商的服務：          代理商的酬庸：    │
│ 綜合性廣告代理商        客戶／業務服務          佣金／抽成        │
│ 創意工作室              創意研發服務            附加費            │
│ 數位／互動代理商        創意與製作服務          服務費            │
│ 企業內部廣告組織        行銷服務                根據結果付費      │
│ 媒體代理商              媒體企劃、研究與購買                      │
│ 行銷傳播代理商：          服務                                    │
│ 直效行銷與資料庫行銷公司 公共關係                                 │
│ 電子商務公司            直效行銷與推廣服務                        │
│ 促銷公司                行政服務                                  │
│ 活動公司                                                          │
│ 設計公司                                                          │
│ 公關公司                                                          │
└──────────────────────────────────────────────────────────────────┘

                            ┌─────────────────┐
                            │    外部協力商    │
                            └─────────────────┘
┌──────────────────────────────────────────────────────────────────┐
│ 行銷與廣告研究公司        製作公司              其他相關傳播公司  │
│                           專家顧問                                │
│                           資訊公司                                │
│                           軟體公司                                │
└──────────────────────────────────────────────────────────────────┘

                            ┌─────────────────┐
                            │    媒體機構      │
                            └─────────────────┘
┌──────────────────────────────────────────────────────────────────┐
│ 廣電媒體                  互動媒體              媒體集團          │
│ 平面媒體                  支援性媒體            網路媒體          │
│ 媒體專家                                                          │
└──────────────────────────────────────────────────────────────────┘

                            ┌─────────────────┐
                            │    目標閱聽眾    │
                            └─────────────────┘
```

圖 2.4　廣告與行銷傳播業的結構與作業過程執行單位。

限於廣告代理商或外部協力商。在廣告與 IBP 的創意發想過程中，廣告主正深深投入其間。

下面，我們將就圖 2.4 的各個流程，再作進一步的說明。

2-3b 廣告主

從地方上的寵物小店到跨國的全球企業都可由廣告的效果中獲益。所謂**廣告主（advertiser）**可為商業、非營利事業、政府機構等，這些組織機構運用廣告及其他各種推廣方式與目標市場溝通，並刺激其對品牌的注意與需要。廣告主通常在其廣告代理商口中稱之為**客戶（client）**。不同型態的廣告主會根據其產品或服務，運用不同的廣告及推廣方式，以下將一一敘述各式廣告主以及廣告之於他們的角色。

✎ 製造業與服務業

大型消費品製造商與服務商是廣告與行銷傳播的最主要客戶，每年均投擲大筆鉅資在接觸目標對象及其零售通路的各項 IBP 活動上，例如寶僑家用品、百事可樂飲料、威訊（Verizon）通訊服務業等。這些企業雖也會運用區域性或地方性媒體，但最主要是透過大眾媒體廣告來增進目標對象對品牌的注意力與喜好度。至於區域性的製造商則會選擇涵蓋數個地方的報紙或雜誌上刊登廣告，也會與區域性的零售商合作在店頭做廣告。折價券或樣品試用等 IBP 方式也是尤其適於與區域性目標市場溝通的良方。至於地方上的製造商或服務業，如社區診所、美髮沙龍、餐館等，也可以運用廣告來吸引來客與刺激銷售。

✎ 中間貿易商

中間貿易商（trade reseller）通常是指在銷售通道中，買進產品再賣給顧客的中間機構。如圖 2.4 所示，中間商可為零售商、批發商或經銷商，網路或實體經營的通路型態均屬之。銷售範圍遍及全國甚至全球的大型零售業者，如麥當勞、梅西百貨（Macy's）等，他們會運用各種 IBP 形式，包括傳統的與數位的工具，來與顧客溝通。至於區域性的連鎖店，會依據所在的區域性市場，來使用合於區域性顧客的廣告。而地方上的零售小店則透過地方性質

的媒體，如社區報、戶外廣告及舉辦特殊活動來接觸周遭地理範圍的顧客。

批發商和經銷商則是另一種型態的貿易商。他們通常打交道的對象不是家戶消費者而是商業性質的買家。因為他們在銷貨通道的位置一是把產品賣給製造商（製造商買來加工製成其他商品），一是把產品賣給零售商（零售商把東西賣給一般消費者）。所以批發商和經銷商不怎麼需要大眾媒體廣告，而是傾向於透過業務人員和直效行銷的方式和客戶溝通，並建立良好關係。

各級政府

政府每年投資大量金額在廣告上。如果再加上手冊、展示會、業務人員等其他 IBP 的花費，則數量更是可觀。例如國防部招募軍人的廣告，包括電視廣告、雜誌廣告、招募活動、線上及社群媒體操作，如 FB、YouTube、hashtag 等。地方政府也會運用 IBP 工具，例如觀光局招攬遊客的旅遊廣告。

社會及非營利機構

例如紅十字會、自然保育團體、藝文機構等，這些組織也會透過廣告來吸引注意、尋求捐助或影響行為（如定期篩檢、垃圾分類）。

2-3c 廣告主在品牌整合行銷傳播中的角色

上述各類廣告主很少有專職的員工可以完整地策劃全部廣告與 IBP 計畫，所以，必須仰賴廣告公司及行銷傳播公司來發揮其效。但廣告主與這些廣告或傳播公司互動時，必須要了解一些事項，才能使合作無礙，有效達成使命，這也就是身為廣告主的角色，包括下列：

- 清楚了解並闡述企業的品牌為消費者帶來的價值。
- 了解並闡述品牌相較於競爭品牌的市場定位。
- 闡述企業對此品牌的近程與遠程目標（如品牌延伸、國際市場開拓）
- 鑑別對品牌最有正面反應的目標市場。
- 鑑認並處理供應鏈／通路系統，以能有效觸及目標市場。
- 確認整合廣告、活動贊助及其他推廣工具，為企業整體行銷策略的一環，以促進品牌的成長。

一旦廣告主確認上述六項準備作業，方可召集廣告代理商來有效協助品

牌發展。這些可說是廣告主與廣告代理商或其他行銷傳播專業的公司，建立良好合作的重要基礎。

LO 3

2-3d 廣告代理商與行銷傳播代理商

✎ 廣告代理商

廣告代理商（advertising agency）是提供廣告創意及業務相關企劃、籌備與投放的專業服務機構。大型廣告公司觸角遍及全球，特別是近年來併購之下形成許多超級傳播集團，如電通（Dentsu，總部位於東京）、宏盟（總部位於紐約）、WPP（總部位於倫敦）、陽獅（Publicis，總部位於巴黎）等。不僅是廣告公司與廣告公司間的併購，也有廣告公司與媒體公司或數位科技公司等的合併，例如 BBDO 廣告公司與黃禾廣告公司合併、台灣廣告公司與電通廣告公司合併後，繼而與安吉斯媒體公司合併。聯廣傳播集團與米蘭數位公司合併等。

廣告主也可以併用公司內部的廣告部門與外部的廣告代理商。譬如百事可樂的數位廣告交由其廣告代理商操作，但其本身的社群媒體則由百事可樂公司內部執手。混合並用不失為一良策。

廣告公司內部的專業人員可包括下面表列的各類員工：

策略企劃人員（Account planners）	創意總監（Creative directors）
行銷專員（Marketing specialists）	促銷與活動企劃人員（Sales promotion and event planners）
業務人員（Account executives）	文案人員（Copywriters）
媒體購買人員（Media buyers）	直效行銷專員（Direct marketing specialists）
美術指導（Art directors）	影音製作人員（Radio and television producers）
繪圖設計人員（Graphic designers）	網站企劃人員（Web developers）
策略總監（Lead account planners）	研究員（Researchers）

執行長／執行業務總監（Chief executive officers, CEOs）	互動媒體企劃人員（Interactive media planners）
財務長（Chief financial officers, CFOs）	美工（Artists）
科技長（Chief technology officers, CTOs）	社群媒體專員（Social media experts）
行銷長（Chief marketing officers, CMOs）	公關專員（Public relations specialists）

廣告代理商的主要幾種型態包括：

綜合性廣告代理商　綜合性廣告代理商（full service agency）提供全方位的廣告相關服務，以合於客戶所有推廣方面的需要。

創意工作室　創意工作室（creative boutique）通常強調在提供創意發想、文案與視覺設計等服務。廣告主為傾注精彩創意力於廣告訊息中，而聘請此類廣告代理商的服務。創意工作室可說是源源不絕的點子工廠，專精於創意是其優勢，也是其最大的責任。

數位／互動代理商　數位／互動代理商（digital/interactive agency）提供廣告主在新媒體方面的傳播服務，如網路、行動行銷、互動電視等。數位／互動代理商聚焦在運用網路、行動及社群媒體等方式，作為直效行銷與目標市場傳播。現今，許多綜合性廣告代理商也成立子公司，提供客戶在數位及互動方面的服務。數位／互動代理商甚至也跨足電子商務（e-commerce）服務。

企業內部廣告組織　企業內部廣告組織（in-house agency）通常是指一企業內部獨立的廣告組織，負責部分或所有廣告相關資料的規劃與準備。這方式的好處是在廣告與行銷傳播過程中，廣告主有極大的協調力與控制權，尤其是對顧客資訊與行銷分析的掌握——這在大數據的時代顯得格外重要。由於是廣告主的員工，所以對行銷方面的事務瞭若指掌，例如產品的發展、配銷的策略……等，這些都有助於深入洞察消費者。此外，另一個好處是此種廣告組織是企業體的一部分，不必額外付酬庸。不過，即使有以上種種好處，這種設於企業內部的廣告組織還是有其缺點。首先，受限於是在公司體制內部，可能缺乏客觀性。其次，很難網羅到一流的且經驗豐富的廣告人才投效其門。

媒體代理商　媒體代理商（media specialist）是指專責於為廣告主或廣告代理商

提供媒體策略與購買媒體時段／版面的公司。由於可供選擇的媒體愈來愈多，且廣告之外的推廣工具日益多元，使得媒體策略與購買協商愈來愈趨複雜。聘僱專業媒體代理商的好處之一是由於他們手中集中各廣告主的媒體購買預算，所以握有龐大的媒體購買量，也因此與媒體磋商時可以量制價，取得較低的媒體刊播費用。此外，這些專業媒體代理商可以預先購買一定的時段或版位，解決廣告主臨時需投放廣告時的燃眉之急。隨著科技的進步，媒體服務也更加優化，例如**自動程序化購買（programming buy）**、根據關鍵字競價等，使得媒體投放更精準，預算效益也更高。不僅於此，媒體代理商對媒體策略的規劃也有更深入的研判。

行銷傳播公司

雖然廣告主仰賴廣告代理商為其推廣工作掌舵，但在推廣過程中仍有許多專業的公司共同合作，這些即是所謂的**行銷傳播代理商（promotion agency**，譯註：本地習於通稱傳播業或行銷傳播公司）。在目前的環境下，新媒體提供了眾多不同的傳播途徑，所以除卻廣告外，各式有助於行銷傳播的推廣服務應勢而生。這方面的服務無所不包，從試用品的發送、到專案活動的執行、到零售通路的聯合促銷⋯⋯等。這一類的公司介紹如下：

直效行銷公司／資料庫行銷公司　**直效行銷公司（direct marketing agency）／資料庫行銷公司（database marketing agency）**也稱作**直接回應公司（direct-response agency）**，這類公司維護管理龐大的寄送對象資料庫。可透過 (1) 郵件或電子郵件 (2) 各式直效行銷活動，來直擊潛在顧客。他們協助廣告主建構目標對象的資料庫，合併各項資料，擬定推廣素材並執行推廣活動。這些公司也提供客戶直效行銷廣告創意與製作服務，也可為客戶企劃**資訊式廣告（infomercial）**，也就是長達數分鐘資訊完整的電視廣告，或甚至是 60 分鐘的品牌資訊節目，促使觀眾立即撥打電話直接回應。

促銷公司　**促銷公司（sales promotion agency）**為廣告主規劃並執行各項比賽、抽獎、展示、折價活動等。又可進一步細分為專精消費者促銷的業務，如減價、折扣、樣品、優惠等方案。以及專精貿易商等中間通路促銷的公司，如協助廣告主針對批發商、零售商、通路商等，企劃酬賓誘因、展覽、銷售人員競賽、店頭活動等。

活動公司　活動公司（event-planning agency）為廣告主企劃並舉辦專案活動，包括找場地、排時程、接洽相關人員（例如影音人員、外燴人員、保全人員、藝人、名人……等），以順利完成推廣活動。他們通常也要宣傳活動，且確保獲得媒體披露。如果廣告主是主辦單位，則會密切與活動公司籌商，但若是協辦的眾單位之一，則對活動的企劃與執行較無法主控。

設計公司（design firm）　雖然很少有設計師在策略企劃階段參與，但在廣告或IBP的執行階段，他們是密切投身其間的。設計人員（designer）協助廣告相關資料的視覺呈現，像是平面設計物、店頭展示品、網頁繪圖、企業標記（logo）等。尤其是logo會出現在所有地方，從廣告、到產品包裝、到企業招牌、到名片、到信封紙袋各式文具等等，是企業視覺識別（visual identity）的重要象徵。此外，美工設計人員也要支援各項傳播文宣品，如設計包裝、折價券、店頭陳列物、宣傳小冊、戶外旗幟、活動宣傳品等。

公關公司　公關公司（public relations firm）管理一切組織機構與媒體、社區、競爭者、同業及政府單位的關係。公關操作最常見者諸如新聞發布、新聞特寫、遊說、發言人、企業內部刊物等。由於公關性質需要專業技能，尤其是處於負面或危機狀態時，需要公關人員來應對群眾反應，因此，廣告主或廣告代理商會尋求公關公司的協助。此外，為擴大品牌的可見性，廣告主也可透過公關公司或製作公司置入品牌（brand placement）。

2-3e 代理商的服務

廣告與行銷傳播公司提供各式服務，有的廣告主需要大型的、全球性的綜合廣告代理商來策劃系列廣告與IBP活動。也有的廣告主尋求小型的創意工作室或數位／互動代理商來提供其所需的服務。一般而言，主要的服務項目有以下幾種。

客戶／業務服務

包括業務專員（account executive）、業務指導（account supervisor）、業務經理（account manager）、業務總監（account director）等，皆是負責與客戶共事，為品牌提出廣告及IBP企劃。客戶／業務服務（account services）工作包括鑑認品牌對消費者的利益點、找出目標閱聽眾、確立市場競爭上的

定位及完整的企劃。在某些狀況下，業務部門的人員也提供基本的行銷與消費者研究，但通常的情況是，客戶提供行銷與消費者的資訊。畢竟，了解市場區隔的目標對象、品牌的價值及定位策略，這些都是廣告主的責任所在。

業務人員也與客戶合作，提供創意人員的發想策略，轉化消費者的文化價值於廣告及行銷傳播訊息之中。此外，他們也必須和媒體人員合作，確保有效的媒體策略以觸及目標閱聽眾。所以，業務人員須協調廣告公司內部的創意、製作人員，以及對外與媒體、客戶溝通協調，在預算內與時程內有效達成任務。

✏ 行銷研究服務

研究團隊的人員協助客戶詮釋研究資料，並將研究所得傳遞給創意人員與媒體人員。如果現有的資料不齊全，研究部門也會著手進行調查。有些廣告公司研究人員會由目標閱聽眾中邀集消費者，來進行焦點團體討論（focus group discussion），藉以評估各項廣告提案哪一個傳播效果最佳（詳見第 6 章廣告研究）。

有些廣告公司設有**策略企劃人員**（account planner）來統合研究成果，進而提出策略。有些則由業務人員來研擬策略。無論由何方提出，由研究中發掘策略依據是推廣活動的成功要則。

✏ 創意與製作服務

廣告公司內的創意工作團隊負責發想創意，把品牌價值以有趣又令人記憶深刻的方式表現出來。通常包括了創意總監（creative director）、美術指導（art director）、文案人員（copywriter）、美工繪圖或設計人員（illustrator/designer）等。在某些行銷傳播業界還會有活動企劃人員（event planner）、競賽企劃專員（contest expert）、互動媒體企劃專員（interactive media specialist）等，加入創意團隊。**製作方面的服務**（production service）包括製片（producer），有時是導演（director），負責把創意製成廣告、直接函件及其他的 IBP 物件。製作經理要管理和監督各項廣告或行銷傳播製作的大小細節，以能順利完成。

📎 媒體企劃與購買服務

媒體企劃與購買服務（media planning and buying services）最主要的任務在確保客戶的訊息能有效地觸及目標閱聽眾。媒體工作人員必須要在客戶的預算內，檢視各式各樣可供選擇的媒體。且不僅只是買個時段、版面、發送折價券、開發行動媒體或舉辦活動，更要貫徹各種媒體策略。通常在媒體方面主要有三種職務，媒體企劃人員、媒體購買人員及媒體研究人員。媒體畢竟是客戶主要花費的流向，所以不可不慎。

📎 行政服務

如同一般公司行號，代理商也有人力資源部門、會計部門等。對客戶而言，其中最重要的是製管部門（traffic department），這是負責管控各項計畫能在期限內完成。製管經理須確保每一個環節都能在製作流程中不延誤，無論在創意團隊、媒體服務、網頁設計，還是零售端的推廣材料都能如期製成。

2-3f 代理商的薪酬

關於代理商的酬庸，主要有四種方式：佣金、附加費、服務費及根據結果付費等。上述無論哪一種都得經由協商確認。

📎 佣金／抽成

代理商的傳統酬庸方式是根據廣告主的媒體花費來抽取**佣金**（commission）。此種方式是由媒體費用中抽 15% 作為廣告公司或行銷傳播公司為廣告主製作廣告及推廣方面的酬勞。圖 2.5 即是抽取佣金的簡例。

代理商向廣告主收取費用	100 萬美元	用作電視播映
−		
代理商付給電視媒體費用	85 萬美元	用作電視播映
=		
代理商賺取的費用	15 萬美元	15% 的酬庸

圖 2.5　代理商依傳統抽佣金的計算簡例。

近年來在使用媒體方面的變化，使得廣告主與代理商皆對此法感到存疑。許多廣告主通常會與代理商協商抽佣的比例。多年前寶僑公司全球行銷長即對此法的適用性向美國廣告協會提出質疑，引起眾多爭論。

附加費

另外一種酬勞方式是根據代理商購買其他外在協力商的服務，來增收一定比例的附加費（mark up charge 或稱 cost-plus）。例如，一家廣告代理商外聘插畫家、攝影師、印刷廠、市調研究公司、製片公司等專業服務，代理商因此與廣告主協議，針對各項服務來增加費用。由於現在許多傳播業減少使用傳統媒體，所以這種收費方式在業界更加普遍。通常外部服務收取的附加費在 17.65% 到 20% 之間。

服務費

服務費（fee）的方式類似律師的諮商顧問費。代理商根據各式服務所花的時間來向廣告主收取服務費。至於每小時的費率可根據各部門或所有部門的平均薪資而定。

另一種收服務費的方式是採固定服務費（fixed fee），或採合約方式另議。此種方法是廣告主就代理商所提供的何種服務、何種部門及多久期間，一一詳細協商。此外，兩造雙方還要就協力商、材料、交通費、以及其他各項在固定費之外的花費取得協議。

許多代理商反對採用此法，他們認為創意的產出是無法以「工作時數」來衡量的，而應評量代理商的產出為客戶帶來多大的價值。於是有了下一種方法。

根據結果付費

廣告主與其代理商漸漸開始採用根據結果付費（pay-for-results）或說激勵達標的一種酬庸方式。過去，代理商不會同意以效果論薪，因為這「效果」常常狹隘地只看「銷售數字」。但影響銷售的因素眾多，超過代理商所能掌握，例如品牌特質、價格策略、通路鋪貨等。但如果這所謂的效果不是基於銷售數字，而是傳播目標的達成與否（例如，目標閱聽眾的注意度、對品牌的識別、對品牌特性的了解等），才是較為合理的做法。

LO 4

2-3g 外部協力商

外部協力商（external facilitator）為廣告主及其廣告代理商提供專業服務，共同協力促成推廣任務。主要的外圍協力商有下列幾種：

行銷與廣告研究公司

在廣告企劃階段許多時候仰賴市場研究公司的協助。這些公司可為廣告主執行各項研究調查，如焦點團體討論、問卷調查、或各類實驗，藉以了解潛在市場或消費者對產品／服務的認知。也有些研究公司恆定地蒐集資料，並從中進行分析，找出消費者的行為模式。

廣告主及其代理商在推廣活動執行後，也會想要了解成效如何。所以，廣告研究公司即可在廣告或推廣活動進行一定時間後，來測試消費者的回憶程度與識別程度。有的研究公司則是測試消費者對廣告訊息的了解度及吸引力。

專家顧問

各類諮詢顧問（consultant）專精於推廣過程的各個領域。例如行銷顧問協助市場區隔。創意與傳播專家對訊息策略及核心傳播主軸提供洞察見解。活動專家長於活動策劃或贊助專案。公關顧問嫻熟於新聞議題處理。

近年來有三種顧問專家興起，一是資料庫專家，可協助企業鑑別與管理資料，進而發展為整合行銷傳播計畫。從上述研究機構得來的各式資料庫也能交叉分析作出有效的傳播企劃。另一種新衍生的專家是擅長於網頁製作與管理。他們同時具有創意能力與科技能力，既可以協助網頁發想，也可以協助解決使用者介面的問題。第三種顧問專擅於整合各種消費者接觸的資訊（包括社群媒體上的活動），並且將這些資訊統整，進而助於顧客關係管理（customer relationship management, 簡稱 CRM）。

製作公司

廣告主及其代理商極為仰賴外部製作公司（production facilitator），即使是大型綜合性廣告代理商也必須藉助這類公司。以廣電廣告的製作而言，需要導演、製片經理、攝影師、燈光師、音響技術人員、詞曲配樂人員及演員

等，才能完成專業且高品質的電視、廣播或影音廣告。製片公司（production house）還可以提供道具、布景、舞台、裝備及廣電製作的專業團隊。

正如同有所謂數位廣告代理商，也有所謂數位製作公司，協助廣告主製作影音動畫等。他們可在網路媒體或傳統媒體的廣告上製作數位特效，使廣告更加有趣。

軟體公司

軟體公司也開始協助廣告主及其代理商善用媒體與科技，例如微軟（Microsoft）與甲骨文（Oracle）公司。資料庫管理程式可協助廣告主做策略決定。資料庫還可提供消費者網路行為的資料、影音視頻串流及通路夥伴的關係管理。

LO 5

2-3h 媒體機構

在廣告與行銷傳播業架構中的另一層，即是各類媒體。在圖 2.6 中列出各式廣告主可運用的媒體，例如我們接觸頻繁的廣電媒體及平面媒體，以及不一定透過廣告業操作的數位、互動、社群媒體。

有的媒體廣度大，例如全國性的無線電視台，有的媒體則特別針對某些目標閱聽眾，例如有線電視台的特定節目、或是經過精選寄送的直接函件媒體，又或是社群媒體、行動媒體等。

此外，媒體集團也是值得注意的，如維康集團（Viacom）旗下有多個頻道，像是 Nickelodeon 卡通台、MTV 音樂台、爆笑頻道（Comedy Central）喜劇台等，各式各樣的頻道提供廣告主接觸全球形形色色的觀眾。還有透過手機接觸的影音直播，也是媒體集團現正在進行中的實驗。

也有的廣告主在主流媒體或互動媒體之外，選擇家外媒體（out-of-home media），如交通類廣告（公車、捷運、計程車等運輸工具上的廣告）、戶外看版、贊助運動賽事等。

2-3i 目標閱聽眾與內容行銷

廣告與行銷傳播業結構圖中不能缺少的一塊即是閱聽眾，沒有閱聽眾就

廣電

電視
無線
有線
獨立電台
寬頻

廣播
全國聯播網
地方電台

衛星

平面

雜誌
各個地理區域
各類內容

直接函件
手冊
型錄
光碟

報紙
全國性
區域性
地方性

特製品
傳單
節目單
旗幟

互動媒體

電腦線上服務

家庭購物

互動式娛樂節目

社群媒體與行動媒體

網路

智慧型手機

平板電腦

支援性媒體

戶外
看板
交通媒體
海報

電話號碼簿
黃頁
電子黃頁

贈品
鑰匙圈
月曆
筆
印有企業識別的衣服

店頭陳列
品牌置入電影電視
活動贊助

媒體集團

AT&T 電訊集團
康卡斯特（Comcast）集團
迪士尼集團
赫斯特（Hearst）集團

圖 2.6 廣告主可運用的各式媒體，且不僅止於此圖所示。選擇範圍可由傳統的平面或廣電媒體，到互動媒體，再到媒體集團。

沒有傳播對象。我們都很習慣看到廣告中刻畫出的「我們」，即消費者。

另一方面，廣告主也開始大量投資於**內容行銷**（content marketing）──在網路或社群媒體上，當目標閱聽眾正在思考著一項購買決定時，露出或貼出相關的豐富資訊內容。重點是在於對這些做決策的目標對象，提供並分享有趣的又有價值的內容。不論是一些事實或圖表的呈現、一個產品的示範、或是如何解決某難題的背後過程等。透過各式推廣工作的整合，內容可經由各種媒體傳遞給目標閱聽眾。

例如，過去以燈泡等照明產品聞名的飛利浦（Philips），現在視自己為精密保健設備的供應商，以醫院及醫學中心為目標對象。飛利浦對內容行銷的想法是「對最終使用者持續提供高品質、高價值的內容」。在「世界睡眠日」活動中，飛利浦使用多種媒體進行內容行銷，教育及告知目標對象（醫療機構的決策者）有關睡眠呼吸中止的危險性。在此一整合傳播企劃案推出後，飛利浦的睡眠安全產品大幅成長。

3 廣告與行銷傳播的社會、道德及法規層面

學習目標

在閱讀本章並思考其內容後,你應該能夠:

1. 了解廣告與行銷傳播的潛在利弊,且能明辨廣告與行銷傳播對社會福祉的影響。
2. 了解道德面的考量如何影響廣告與 IBP 活動的企劃與執行。
3. 了解在規範廣告與行銷傳播方面,政府及消費者的角色。
4. 了解廣告及行銷傳播業自律的意義與重要性。
5. 了解 IBP 過程中,其他各類方式的相關規範。

由圖 3.1 中可知本章將廣泛探討與廣告及許多 IBP 工具相關的社會、道德、法律等議題。有些是來自於社會及商業環境的影響。想想，什麼是社會責任或不具社會義務的？什麼是道德上可接受的？或法律上認可的？又或者怎樣是政治正確？當科技發展、文化趨勢、消費行為改變時，對上述這些問題的答案也隨之改變。換言之，社會轉變，立場與價值觀亦有所不同。就像所有其他來自社會根源的牽動，廣告與行銷傳播會影響社會，也會受其影響。

第一篇　商業與社會中的廣告與品牌整合行銷傳播

- 廣告與品牌整合行銷傳播的世界（第1章）
- 廣告與行銷傳播業的結構（第2章）
- 廣告與行銷傳播的社會、道德及法規層面（第3章）

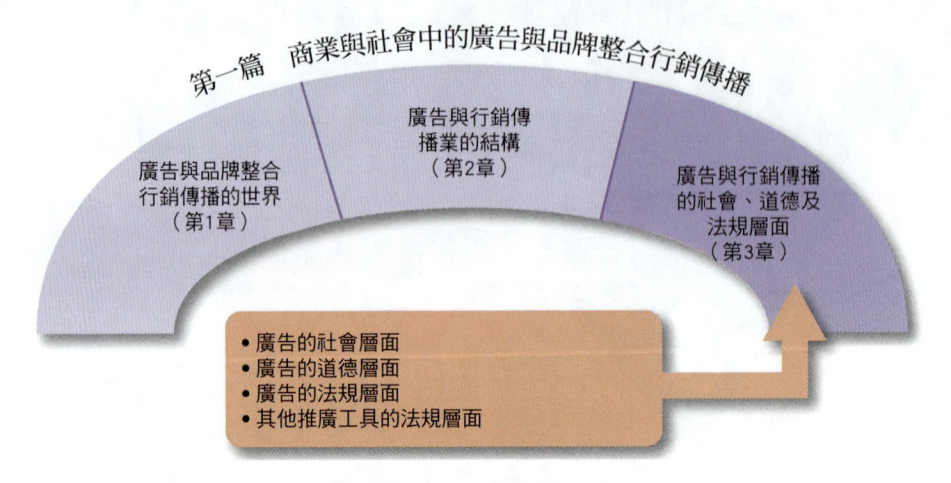

- 廣告的社會層面
- 廣告的道德層面
- 廣告的法規層面
- 其他推廣工具的法規層面

圖 3.1　商業與社會中的廣告與行銷傳播──藉由社會、道德及法規等層面加以檢視。

LO 1

3-1 廣告的社會層面

視廣告為干擾、粗糙、操縱意念的人，在這一單元可有得爭論了。本節我們將對廣告社會層面的正反立場並陳。在正向影響方面，廣告對消費者的知識、生活水準、幸福感及對媒體的資助，都有正面效果。在負向層面，我們也會檢視各種社會批判，從廣告的浪費資源、助長物質主義到造成刻板印象等抨擊。

我們針對各個爭議提出正反論證，包含批評者的意見與廣告人的爭辯。

請注意,有些意見並無截然的對與錯,而有些廣告的缺憾,事實上可藉由運用其他 IBP 形式來消弭,例如贊助活動或體驗式行銷。

3-1a 廣告教育消費者

廣告是否提供消費者有價值的資訊?抑或是處處帶來干擾?

✎ 正:廣告有告知作用

- 廣告教導消費者,使其作購買決定之前握有資訊。藉由評估這些資訊與廣告的訴求,消費者可了解產品的特色、利益、功能、價值等。
- 透過敏銳的市場決策,充分受教的消費者可提高其生活型態與經濟力量。
- 廣告是除去無知的有力工具。
- 廣告節省了搜尋產品的時間。透過廣告與網站,消費者可輕易接觸品牌的廣大資訊,而無需花費時間力氣舟車奔波貨比三家。
- 廣告擅於說故事。消費者樂於搜尋及觀看充滿創意與故事性的品牌娛樂內容。
- 廣告傳遞了重要的議題,像是環境保護或健康的生活型態。在影響公眾態度與行動上,廣告扮演了要角。例如環保節能廣告幫助呈現對環境有益的產品或作為。

✎ 負:廣告既膚淺又干擾

- 許多廣告並沒有提供確實的產品資訊,反而是對品牌有誤導的資訊。批評者認為,廣告應該包含與品牌功能效用相關的資訊,且是經得起檢驗測量的。
- 廣告具有干擾性。美國千禧世代有 2/3 的人安裝廣告封鎖機制,隔絕電腦或手機上的廣告。同樣地,在節目中半途殺出的廣告也令消費者不悅。
- 廣告的喧噪紛雜。無處不在的喧囂廣告易激起消費者的市場抵制。新媒體甚至比傳統媒體傳遞了更多的雜亂、干擾性訊息。

3-1b 廣告改善生活水準

廣告能否增進生活水準也是爭議之處。

正：廣告的經濟作用可降低產品價格

廣告的四個本質有助於降低產品價格。

- 廣告刺激需求，進而促成規模經濟，使得產品售價可低於不作廣告的價格。當大量生產時，每單位的生產與行政費用均下降，因而產品價格可下降，消費者自可獲益。
- 廣告增進了新品上市的成功機率，使得消費者在市場上有更多產品或服務的選擇。愈多成功的商品，則企業從失敗產品中遭受的損失減少，最終，也會使得產品價格降低。
- 來自競爭的壓力及力求不斷創新的品牌，會趨使企業致力生產更優良進步的產品，及導入更物美價廉的品牌。
- 廣告傳播過程的速度與範圍促進了創新的擴散（diffusion of innovation）。這意味著新的發現可以急速地傳遞到大部分市場。當廣告傳布新產品的利益點給消費者，創新的成功機會自然提高。

上述這四個因素對社會的生活水準與人們的生命品質都有正面意義。由於廣告能刺激消費者需求，又能不斷告知消費者，所以，對經濟的幫助扮演了重要一角。

負：廣告浪費資源且只對某些人提高生活水準

- 廣告既浪費又無效率，朦混了整體既有的需求量，而非擴大了需求量。廣告造成了經濟蕭條，拉低了生活水準。
- 同樣地，批評者認為品牌間的差異微渺，而不斷增生的品牌不僅不是提供消費者更多的選擇，反而是無意義的浪費資源，且造成消費者更多的困擾。
- 最後，批評者抨擊廣告只會擴大貧富差距，造成社會階級衝突。

3-1c 廣告影響快樂幸福

廣告可以為消費者帶來快樂與福祉嗎？有兩方不同的見解。

負：廣告創造需求

- 批評者普遍抗議廣告造成了消費者的需求，使得人們買了一些他們其實並不需要的東西，掉進行銷人的誘惑陷阱中。
- 廣告甚至會創造一些虛幻不實、難以蹴及的需求。例如，年輕人看了廣告後萌生妄想，渴望擁有廣告中模特兒的身材臉蛋。化妝品大廠也不斷慫恿消費者燃起需求，把其品牌視為是變美麗的解方。

正：廣告表達了人類的各種需求

- 廣告並非「創造」了人類的需求，人們需要各式產品或服務來滿足需求。換言之，需求是既已存在的，且是人類的動機所在，廣告中的產品不過是為達成滿足動機的一種工具。例如圖 3.2，麥當勞在廣告中把「飢餓」感生動呈現，這即是以產品作為滿足人類基本需求的一種選擇方式。

來源：McDonalds

圖 3.2　麥當勞的廣告創意在提醒我們餓了嗎？

- 無論我們長得是美是醜？是老是少？是貧是富？廣告中的商品是為提示我們人類的基本五大需求。這即是馬斯洛（Abraham Maslow）鑽研人類動機行為所提出的「層級需求論」（hierarchy of needs）：

1. **生理的需要**：如飢餓需食、口渴需飲，這些是身體功能的基本需要。有些飲食或保健產品廣告即是以滿足生理需求為訴求重點。
2. **安全的需要**：人們需要安全保護及舒適宜人，所以有些家居安全裝置或煙霧警測器的廣告提醒我們這層安全的需要。
3. **愛與歸屬感的需要**：無論親情、愛情、友情，這是人類情感上的需求。例如有些珠寶首飾的廣告，作為傳情達意的方式。
4. **受尊重的需要**：這是渴望獲得認可、地位、尊榮、敬重的需求。除了需要他人的尊敬，也需要自尊。在追尋受敬重的過程中，消費者也會藉由購買象徵地位的產品，如豪車名錶來彰顯尊榮。此外，有些產品也會以自信、自尊來表達這層需求，如好自在衛生棉廣告中強調女性自覺與自信。
5. **自我實現的需要**：指個人努力追求發揮自我能力，展現所長。馬斯洛指出，這是所有需求中的最高層級，只有少部分人能達成。雖難以買到實現自我，但一些教育性質產品可助於達成成就與榮耀，進而實現自我。

負：廣告助長了物質主義

- 個人的需求與渴望可能會被廣告扭曲。
- 大量廣告的社會，傾向於追逐一致性及追逐名利地位，這樣的行為既膚淺又物質導向。物慾的追求竟置於心靈與智識的追求之前。
- 廣告將品牌刻劃為地位、成功、快樂的象徵，助長了社會的物質主義及俗淺化。它激起了虛偽的渴望且以個人私利為中心。因而導致過度強調個人物質而損及公眾利益（如公路、公園、學校、社會服務等）

正：廣告只是反映了社會關注的所在

某些產品廣告反映了我們對一些特殊事件的喜愛，如足球，或是幫助我

們在一些活動或儀式上的氣氛烘托與角色扮演，如感恩節的火雞大餐或是聖誕節的裝飾，廣告在其間承載了特殊的意義。以美國而言，「消費文化」是早在現代廣告誕生以前即已存在，所以，廣告並沒有「造成」美國人的消費習性。美國主要的節慶消費文化，如聖誕節的分送禮物、復活節的彩蛋與服飾，都是長年傳統的消費慶賀方式。歷史學者與社會觀察家 Stephen Fox 即認為不該怪罪到廣告頭上，他說，

> 把美國人老早就有的傾向，像是花錢享樂，怪罪到廣告頭上是搞錯重點了……創造現代廣告的那群人並非不懷好意的想偷偷操縱你。他們只不過是顯示出美國人的生活方式，無論是好或壞的一面。

3-1d 廣告是沒格調的欺人把戲？還是巧妙的為人們解開束縛？

批判與支持者之間，對於廣告是令人觸怒不悅的？抑或是多元開放的？沒有共識。

✏ 負：廣告鞏固了刻板印象

- 廣告中的人物刻劃通常貼近於目標對象，以期人們看到廣告時感到相關且易注意其訊息。批評者認為這樣的作法會遭致負面效果——樹立了刻板印象。
- 尤其是對於年長者、少數族群及女性的刻劃。廣告中的年長者通常顯得不是無助就是患病，即使現實中許多活躍的銀髮族享受著豐沛人生。批評者也認為廣告人習於強化非裔或拉丁裔運動員的形象，猶如現代版的刻板塑型。
- 另外的抨擊聲浪來自於不滿對女性的物化或投射不真實的假象，強化了對女性的刻板印象，也影響了對個人身體的形繪。

✏ 正：廣告人比過往更加敏銳留意

- 廣告人了解世界的多樣性，也了解在廣告中應展現及幫助建構真實社會的多樣風貌。然而，許多人仍不滿於改變的速度。
- 擁護者稱廣告中的刻板印象已不風行，漸漸成為過去式。

- 廣告有助於改變年長者的刻板印象，從針對退休族的財務規劃服務廣告，到海上郵輪的旅遊業廣告，現在均呈現著銀髮族群的豐收、樂活人生。
- 廣告有助於改善對身障者的刻板印象，在許多類產品中已可見到。
- 廣告對同性戀、雙性戀、跨性別者等已變得更加包容。廣告中對這類人的刻劃愈來愈避免刻板印象———一則台灣麥當勞的廣告中，甚至突顯出父子在麥當勞喝咖啡時，兒子對老爸表白出櫃（見圖 3.3）。
- 美妝品廣告已逐漸不再侷限於女性。例如萊雅（L'Oréal）現在也開始針對年輕男性作廣告，因為使用化妝品的男性也逐漸增加了。
- 有些廣告甚至企圖打破性別刻板印象。例如多芬（Dove）的母公司，聯合利華持續透過「＃非刻板印象」系列廣告活動來打破刻板印象。其目的在使廣告中呈現出的男性與女性能「更接近今日的真實男女面貌」。
- 有些廣告正重新界定某些觀念，例如美麗這件事，多芬的「真正的美」系列廣告（Campaign for Real Beauty），即藉由真實、尋常的女性（而非模特兒）來詮釋美麗，她們的外貌截然不同於狹隘定義下的刻板印象中的美女標準（見圖 3.4）。

來源：台灣麥當勞

圖 3.3　台灣麥當勞咖啡廣告。透過杯身的對話設計，讓兒子寫出不敢直言的話「我喜歡男生」，其父在猶疑諒解下亦加上「接受你」三字，以咖啡的溫暖、對話的溫馨，帶出父子間的溫情。

第 3 章　61
廣告與行銷傳播的社會、道德及法規層面

來源：Unilever United states

圖 3.4　今日的廣告更加體認消費者真實的、多樣的風貌。這則多芬的廣告即是努力呈現各式各樣的美麗。

負：廣告常是粗鄙不堪的

- 廣告訴求常常品味低俗，令人觸怒。
- 更有甚者，有人形容美國的廣告日益流於粗俗淫穢。
- 品味是個人主觀性的，無法確保某些廣告不會觸怒某些人。令某人不悅的也許對另一人只不過是一種無傷大雅的嘲諷。許多時候廣告引燃戰火是由於部分人士，且常是一小部分人感到受侵犯了。史上不乏一些平平的廣告訊息卻引發負面反應的軒然大波。例如，美國某保險公司一則麻疹疫苗接種的公益廣告，由於廣告中出現一位綠皮膚又滿臉疤痕的醜惡巫婆，結果遭致一個女巫魔法權益組織的抗議。
- 有時一旦出現在網路上，即使出差錯的廣告人想終止或移除惹議的廣告，但往往木已成舟了。甚至即使是政府欲採法律手段來制止這類有爭議的廣告，但問題是哪些是可接受的？哪些又是觸怒惹議的？隨著時境遷移文化轉變，已是更難判斷。想想有些古早時候的廣告現在看來可是

令人憎厭不已的呢！

正：廣告促進了自由解放

- 廣告美化了消費，對社會來說未嘗不是一件好事。大部分人莫不感謝現代生活的便利性，使我們從繁瑣的日常雜務中解放出來，像是從骯髒的尿布、費事兒的手洗衣物……等麻煩桎梏中解脫。
- 現代廣告促進了商品的自由流通。現代化以前，許多產品的消費受限於社會階級。廣告與消費帶有自由解放的特質，有時，來上一杯速食店的咖啡就是一種小確幸的自在舒暢。

負：廣告透過潛意識矇混欺瞞人們

- 有關潛意識（即在知覺門檻之下）傳播與廣告的爭論未休。有人懷疑在廣告背景畫面中隱藏著性的字眼，或是在冰塊的圖形上隱含著性徵的視覺意象。但是，搞清楚一點，從沒有人可以藉此迫使你買下這產品。
- 透過無意識廣告過程，廣告人可以獲益。但是，這種效果極為短暫且只在實驗室中發生。謠傳有廣告人確實使用潛意識的廣告手法，但經過研究已證實，如果真要這麼做的話，無非是在浪費錢罷了！

正：廣告是門庶民藝術

- 廣告不僅是商業，也是門藝術。有人說廣告最好的部分就是其美術的成分。50年代末至60年代風行的普普藝術，尤其是在倫敦與紐約，即具有商業廣告文化的魅力。
- 有人一面批評消費文化又一面讚頌消費文化。領頭的是安迪·渥荷（Andy Warhol），他本身就是一位商業插畫家，大張旗鼓地宣揚藝術是為人們而存在的，而最容易接觸的藝術形式即是廣告。藝術並不限於在美術館的牆上，它可以是在金寶湯的罐頭上、也可以在救生圈牌的糖果（LifeSavers candy）上。廣告是反菁英壟斷、支持民主自由、可廣泛接近的一種美術。
- 廣告可增添美感，如圖3.5的麥當勞戶外廣告，結合路燈燈桿造型，宛如街頭藝術。

3-1e 廣告對大眾媒體的強力影響

對廣告的最後一個爭議是來自廣告對大眾媒體的影響。

正：廣告促成了大眾媒體的多元化發展，也使民眾可得以接觸

- 對於一個資訊流通的民主社會，廣告是有貢獻的。因為廣告可說是公正媒體的背後財力支柱。報紙、雜誌、電視、廣播及無數的網站都仰賴廣告費用的支持，才能使得消費者可以低價或免費接觸到各式資訊及娛樂性資源。廣告也經由社群媒體如臉書或推特來觸及消費者，這也意味著社群媒體也同樣有廣告商的資助。

圖 3.5 麥當勞廣告成為街頭一景。
來源：McDonalds

- 如果沒有廣告的支持，電視、廣播、社群網站……等各類媒體都不可能免費，要不就是大幅提高售價，要不就是大幅刪減內容。你的 Gmail 信箱能夠免費使用，還是得利於廣告。現今，平面媒體如報紙的廣告量下滑，已使得不少報社緊縮版面及面臨裁員。
- 廣告提供了許多議題的寶貴曝光機會。當非營利機構（如社會服務團體）藉由廣告發聲，會引起社會成員對重要社會或政治議題的注意並獲得這方面的資訊。例如非營利組織透過多種媒體進行禁菸反毒的廣告活動，提醒大眾毒害的危險。

負：廣告影響了媒體內容

- 廣告主在媒體投放廣告有時可能不道德地影響了媒體的資訊內容。所謂的「暗助」，即是因記者收受企業好處而使得報社在處理此一企業時失去了中立立場，暗中悄悄地偏袒該企業。

- 廣告主傾向於購買觀眾數量多的節目時段，遭致批評者認為這類大眾市場型的節目減損了電視媒體品質，因為教育文化類的節目多半曲高和寡，吸引的是小眾或特殊市場，而不受大眾青睞。
- 此外，探討爭議性主題的節目，如墮胎、AIDS等，廣告主也會因擔心商品與議題有任何牽連，所以也不作廣告於此類節目。

LO 2

3-2 廣告的道德層面

　　許多廣告的道德面問題皆與廣告過程中的社會法律相關。**道德（ethics）** 指的是判斷行為的倫理尺度與準則。誠實、正直、公平、合理等都含於倫理常規之中。此處討論廣告在三個面向的道德思考：廣告的真實性、針對兒童的廣告及爭議性產品的廣告。

3-2a　廣告的真實性

　　雖然廣告的真實與否是一個法律議題，但也含有道德面的衡量。最根本的問題在於「**欺瞞**」（deception）──也就是在廣告中造假或誤導的陳述。棘手之處是，如何算是欺騙？如果在廣告中宣稱某洗衣粉可去除污垢，但實際上並沒有那麼有效去污，那麼是否要受法律制裁？

　　再則，如果廣告中宣稱「世上最棒的洗衣粉」，是否屬誇大不實？事實上，在廣告中使用「最高級」的形容，諸如「XX之冠」、「世界至尊」等，可稱之為**膨風（puffery）**，並不違法。法庭長期以來認定此類「最高級」形容乃是廣告中的商業誇飾詞彙，消費者瞭然於胸不致誤會的。

　　除卻廣告之外，其他推廣工具也面臨著「欺瞞」的爭議。例如一些抽獎或競賽活動中，用很小號的字體印刷，難以察覺。或是數位媒體環境中的部落客及網紅收受免費產品等利益，以交換產品內容介紹，卻並沒有披露彼此的合作關係。另外如電影、戲劇、電子遊戲中的產品置入也引發爭論。

　　有許多消費者保護組織或監督聯盟持續關注此問題，認為節目或影片中特寫某些品牌，但卻沒有告訴消費者是收了錢之故，此舉有欺騙消費者之

嫌。這些組織聲明「產品置入」本身就是欺瞞，因為許多人根本不知道這事實上就是廣告！然而，各國對產品置入的規定不一，也不能一概而論，像是英國的電視節目規定在產品置入之前與之後都必須顯示「置入」一詞，以提示觀眾這些品牌是付費露出的。

有關廣告真實性的爭議也牽涉到感性訴求。由於難以針對感性訴求來訂定法規衡量，例如廣告中訴求點強調品牌提升美麗或尊榮，這些是無法用數字來量化衡量的。美麗或是尊貴，在每個人眼中是不同的，這樣的訴求方式自然也無所謂不合法或不道德。由於這類感性訴求有合法性，所以，它的道德與否也一直成為灰色模糊地帶。

3-2b 針對兒童的廣告

針對兒童的廣告受到約束是基於兒童消費者每日接觸大量廣告又極易受影響。且廣告中崇尚物質消費及膚淺表象對兒童價值觀念的建立是一層隱憂。況且，成人廣告中的色情、暴力，我們也不願暴露在無知孩童之前。

此外，兒童不是經驗老到的消費者，缺乏對訊息的認知、分析與辨別能力。研究即發現兒童對產品置入的品牌感到親切喜愛。無論在傳統媒體或數位媒體，兒童在狡獪老到的廣告手法中，可說是輕易成為獵物。從玩具到零食，處處可見廣告對兒童產品需求的影響力。

而這種對產品的需索，也成為了親子衝突的導火線。廣告不斷刺激兒童的購買慾望，父母不停地對兒童說「不行！」，這之間的拉扯未歇。甚至，兒童對成年人購買的影響之強，有可能發生在根本沒錢買的窘況。兒童心理學家早已指出在兒童早期學習技能發展中，廣告對父母威信的崩壞瓦解，不能說沒有責任。另外，研究也發現食品類廣告影響了兒童的飲食習慣，這也是為什麼肥胖問題成為許多人關切的所在。

節目廣告化也是另一個問題，早在 1990 年起即受到抨擊。時至今日，問題依舊存在，只不過換了另一批廣告明星，如神奇寶貝、海綿寶寶等。這些年來，有許多團體不斷伸張嚴格立法約束這些針對兒童的有如節目般一樣長的廣告時間。

在這些團體的努力下，為減少兒童看電視廣告的數量，美國已規定兒童

節目的廣告時間，在週間每小時不得超過 12 分鐘，在周末每小時不得超過 10.5 分鐘，且要求需為兒童製播教育性及資訊性節目。此外，美國商業局與 18 家大型食品行銷廠商，例如麥當勞、百事可樂、卡夫餅乾等，簽署兒童飲食類廣告宣言，主動承諾正視兒童肥胖問題，將投入一半的廣告費用在推廣兒童健康飲食上。

然而，也有些針對兒童廣告的不同聲音。這些異議者認為兒童成長過程中，消費本就是日常生活的一部分，他們愈早知道這些商業手法，也就愈清楚行銷人的企圖。刻意築牆保護，不如讓他們從小就了解廣告在幹嘛，養成對廣告的批判、質疑態度。

3-2c 爭議性產品的廣告

許多人質疑爭議性產品是否能作廣告，如菸、酒、彩券、博弈及槍炮武器等。批評者控訴菸酒這類易成癮的危險商品企圖透過廣告誘惑青少年們。已有研究揭露廣告促使菸與酒的消費增加──尤其是在青少年間。近期，美國廣電業者對酒類的限制鬆綁，更引發電視廣告花費與投放的戰火。

自 1950 年以來，由行銷界、傳播界、心理學界、經濟學界、乃至美國聯邦貿易委員會（Federal Trade Commission, FTC）皆做過菸酒類廣告的研究。這些研究〔包括蓋洛普（Gallup）在 1990 年代所做的調查〕發現，家人、朋友及同儕是使用菸酒產品的主要影響者，而非廣告。後續的研究又再次證實同樣的結果。幼童們雖認得菸草廣告中的代表形象，如駱駝牌（Camel）香菸的喬（Joe），但就像他們也認得勁量（Engergizer）電池的兔寶寶或綠巨人（Green Giant）罐頭的巨人一樣，孩童把這些人物都視為是大人的東西，也都知道香菸會導致疾病。在歐洲的研究也得到同樣的結論：有關廣告對使用菸酒的影響效果顯示，兒童得自於父母與友伴的影響遠勝過大眾媒體的影響。

那麼，為什麼廣告不會促使人們吸菸喝酒呢？因為，就成熟的產品品類（如牛奶、汽車、牙膏、菸、酒等）而言，廣告並不足以創造基本需求。**基本需求（primary demand）**意謂著對整個產品品類的需求。廣告可以刺激在某一產品品類內，對某一品牌的需求，或是促使品牌間的喜好轉換（比如從 A 牌啤酒轉換到 B 牌啤酒），但是無法帶動對菸或酒的整體產品需求。產品

品類的需求是來自於社會文化趨勢、經濟狀況、科技變化及其他在消費者需求或生活型態上的影響。廣告所發揮的作用是在消費者已決定要使用某一產品品類（如菸、酒）之後，在品牌（買 A 牌菸或 B 牌菸）方面的選擇。

博弈及政府經營的彩券廣告又是另一個具爭議性的產品行銷領域。這類廣告的目的何在？是鼓動賭客及投機者有哪些賭局玩法或是到哪裡去下注嗎？那就是在刺激選擇性需求（selective demand），也就是選擇某品牌的意思。又或者，這類廣告是想要驅使人們來賭一把嗎？那麼，就是在刺激基本需求。然而，對於嗜賭而不可自拔者又該如何呢？政府的責任不是該限制這類廣告投放，來保護意志薄弱的民眾嗎？

爭議性產品的問題日趨複雜，甚至食品也成了其中一項。譬如不斷有人們控告企業，認為是廣告造成了他們吃了不健康的食品而致肥。麥當勞及其他食品大廠疲於應對這些指控。美國政府也因此通過法案，禁止人們因肥胖而控訴食品業者，法案的支持者認為：這是個人的責任。

雖然本書在此歸納了三大項廣告的道德議題──包含廣告的真實性、兒童廣告及爭議性產品廣告。但難以對廣告在這些道德層面提出斬釘截鐵的論述。道德終究是個人價值觀的問題，也是各人見仁見智的詮釋。如同在其他各行各業一樣，只要世界上有不道德的人，廣告在道德面的問題也會沒完沒了。

LO 3

3-3 廣告的法規層面

消費者、產業界及政府單位，是三個規範廣告的主要組織。這三者合力塑造與約束廣告的進行。其中，政府仰賴法律來控制，消費者及產業界則採用沒那麼正式的方式管控。如同本章其他的討論，廣告的法規也帶有爭議，關於哪些應該哪些不該，意見十分分歧。

3-3a 廣告法規範圍

廣告法規有三個基本領域：不實及不當廣告的規範、競爭方面的規範、以及針對兒童方面的廣告規範。

不誠實與不正當

欺騙不實的廣告是眾所唾棄的，但問題是怎樣算是不誠實？從法律的觀點作界定，和從道德的觀點一樣不易。美國聯邦貿易委員會針對所謂的虛偽不實作出以下三種認定：

1. 有可能誤導消費者的表徵／陳述、刻意省略或操作執行。
2. 上述的表徵／陳述、刻意省略或操作執行的判定是基於消費者在合理狀況下的施作。
3. 上述的表徵／陳述、刻意省略或操作執行必須是「具體的」。若操作執行或舉動會影響消費者對產品／服務的決定或行為，即屬具體，消費者亦因此而易受損害。因為若不是欺騙不實，致使消費者錯誤認知，消費者可以選擇別的產品／服務。

上述界定在實際碰到廣告案例時，可能會有不同的見解。其中一個爭議點在於隱喻及沒有提到的資訊，是否會被視為欺瞞不實的廣告？美國聯邦貿易委員會似乎預期所有廣告中的陳述都是直白的，但是，廣告中運用隱喻、暗示、嘲諷、或是沒有把故事全本說完到底，這樣會否有欺人之嫌？

對所謂不當廣告的界定更是模糊難定。1994年美國國會在長期辯論後終於對不當廣告訂出法規。其中定義**不當廣告**（unfair advertising）為「對消費者造成或有可能造成重大傷害的舉動或慣行，這傷害是在常理下消費者本身難以避免的，且其在競爭上的利益或對消費者的利益並無法抵銷其傷害。」

競爭上的問題

由於廣告花費巨資，可能助長了競爭上的不公平，因而為維護公平競爭而有些執業上的相關法規，其中最主要者有聯合性廣告、比較式廣告及權力壟斷的問題。

上下游聯合廣告（vertical cooperative advertising）是一種合作廣告的方式，由製造商與批發商或零售商共同分擔廣告的費用。這種廣告形式常見於區域性或地方性市場，製造商希望品牌能藉此在地方經銷商的推廣活動上獲益。這種聯合作廣告的方式是合法的，已行之多年，且已從實體擴及到網路上的合作。

然而，競爭不公的問題是出在中間經銷商貌似從製造商那兒收取廣告津貼，實則這些中間商或零售商並不需出錢出力或僅只負擔些微的費用，這樣有可能反應到價格上的讓步，因此造成違法的不公平競爭。所以，如果經銷商收取了廣告津貼，就必需證明這筆錢有確實用之於廣告。

其次，企業作比較式廣告也必須適當，以免也造成競爭不公。所謂**比較式廣告（comparison advertising）**意指廣告將自有品牌與競爭者的品牌在廣告中互作比較的形式。這種比較可為明比或暗示，這是合法的，也廣泛為許多廣告主採用。但問題是，這類廣告有可能極具攻擊性而引起爭端。廣告主必須謹記，在廣告中呈現的比較必須是公平公正的，且必須有充足實證，不可蓄意欺瞞操弄。各國對比較式廣告有不同的規範，從事國際行銷時也需多加注意。

最後是**壟斷（monopoly power）**的問題。這是指某些企業在廣告花費上財力雄厚，造成壟斷獨占的局面。形成了一道難以跨越的廣告屏障，這也是一種競爭不公的問題，尤其容易出現在企業併購之後。

兒童廣告

如同先前所討論的，針對兒童所做的廣告引起很多的關注，即使政府積極設立法規，但產業界及消費者團體仍有話要說，例如稍早所提及食品廣告與兒童肥胖的問題。

美國的商業策進委員會（Council of Better Business Bureaus）即設立兒童廣告監管部門，並對兒童類廣告訂定原則。這些規章強調，廣告主必須留意兒童的認知程度以及兒童處理消費決策的複雜程度。同時，當局也力促廣告主應對兒童的社會發展作出建設性的貢獻，例如在廣告中強化正向的社會價值，如友好、仁慈、誠實、寬容等。

網路的年代也使致兒童與隱私權的問題浮上檯面。美國國會已通過「兒童網路隱私保護法案」（Children's Online Privacy Protection Act, COPPA），目前各國也都開始施行類似的保障法則。

3-3b 廣告法規的施行

本章稍早提及廣告法規的研擬包含有政府機構、產業組織及消費者團體

等的共事。多方的參與也使得法規的訂定十分複雜，此處我們討論在美國的情形，但需注意的是廣告法規在各國間的差異是很懸殊的。

🏷️ 政府規範

政府是採法律行動來管理廣告的有力單位。美國政府設有各級單位負責規範廣告，包括美國聯邦貿易委員會、聯邦傳播委員會（Federal Communication Commission）、食品藥物管理局（Food and Drug Administration）……等，其中最主要的是聯邦貿易委員會。

聯邦貿易委員會負責審理欺騙不實的廣告、不正當的競爭方式及制定各種規範廣告作業的措施。例如，為確保廣告中的陳述真實性，聯邦貿易委員會要求廣告主在廣告刊播之前，即需針對廣告中的說辭提出具體明證，譬如廣告中強調健康安全，那麼要有充分且可以信賴的科學證據，並經由該領域的專家檢視確認才行。又如，廣告中若宣稱是綠色環保，那麼也需針對產品在「節能永續」及「環境影響」方面提出實質證明。

另一方面，聯邦貿易委員會也會針對不當廣告作出補救措施。譬如，廣告被控有不誠實或不正當之嫌，聯邦貿易委員會可在廣告主認罪之前即發出中止廣告的命令。而這有問題的廣告必需在 30 天內下架，並舉行公聽會來決定這廣告是否屬不實或不當。

補救措施還包括像是隱匿重要事實的問題。廣告中若是沒有揭露有關產品的重要具體事實資訊，而致使消費者對廣告中的產品相較於競爭品牌產生錯誤判斷，此即被視為是欺騙。聯邦貿易委員會可要求廣告主在後續廣告中**具體揭示**（affirmative disclosure），補上缺漏的資訊。

對造成誤導消費者的廣告，最常做的補救辦法就是**勘誤廣告**（corrective advertising）。也就是說，證據顯示消費者因欺瞞不實或不當的廣告而產生對品牌的錯誤信念，此時，聯邦貿易委員會可要求廣告主作糾正廣告，以更正這些錯誤的認知。

聯邦貿易委員會也針對專家／名人／網紅推薦或素人證言式廣告等提出明確規章。例如廣告中運用專家來背書時，此專家的正當性需視其專業領域的地位，譬如醫生之於感冒藥。廣告中若是採一般消費者的證詞時，則廣告中顯示出的品牌效果必須是產品在典型一般的使用狀況下，而非特例。此外，廣告

若是請名流推薦，則此名人必須實際有使用產品，否則即視為是欺騙不實的廣告。至於社群媒體上的網紅或知名部落客在收受品牌金錢或產品等資助，用以交換影音、文章等內容介紹時，必須使用主題標籤（hashtag）註示，如＃付費、＃廣告、＃贊助等方式，以提醒民眾他們與贊助商間的關係。

LO 4

產業自律

自律（self-regulation）是指行銷傳播業的自我監督。支持自律的人認為政府的介入是多此一舉，反對者則認為真正的自律只發生在政府採取立即行動的威脅時。美國有許多產業組織、貿易協會、公益團體等皆自主建立該行業的推廣準則，行銷傳播業為了自身信譽也該建立自律來規範成員。然而，各行業自律是否有效，還得依賴成員們是否合作，以及監督的機制運作。

自律不單是產業組織整體的行規，各家公司企業也能進行自我管控。例如迪士尼公司即針對消費者對兒童肥胖問題的關切做出善意回應，決定嚴加監督該公司兒童節目的所有廣告，確使廣告都能符於最新的嚴格營養準則。

在廣告業方面，無庸置疑的，廣告代理商對其所產製的廣告負有法律責任，也會受到虛假不實廣告的制裁。但廣告業自律的兩難是它不僅僅要監督自己人的東西，還得要注意客戶所提供的資訊。萬一廣告客戶導引廣告公司所做的產品訴求被發現是假的，廣告公司也得負連帶責任。

美國廣告業同業協會（American Association of Advertising Agencies, 4A）對其成員並無法律上的權力或牽制作用，只能在成員未把持行業準則時施加壓力。4A 也發布廣告作業的各項規範，尤其是 4A 的創意法則（4As' Creative Code），明列了廣告的社會影響與責任，樹立誠實正派的道德標竿。

在媒體業自律方面，各媒體機構也應就其所收到的廣告，在刊播前先行評估。美國廣電業協會（National Association of Broadcasters）即分別針對廣播與電視業之廣告，訂定真實、公正及品味規範，並在維護業內遵行規範上不遺餘力。報業也長期以來對其廣告嚴加把關。許多雜誌也對其廣告訂下高標準，以維護雜誌格調與聲譽。

美國直效行銷協會（Direct Marketing Association）也積極推動成員的道

德標準與行為公約，在 40 年前即已頒布這些綱領。但對於是否應移除直接函件上的消費者大名，仍爭論不休。

縱觀各產業內部的自律，可顯見已有許多的積極作為，並獲致部分成效。雖然媒體業仰賴廣告來維持生計，但他們像消費者與執法者一樣關心廣告的品質，消費者若感到刊播的廣告虛假不實不道德的話，同樣會損害商譽及媒體的威信，所以，業內自律是一道很重要的防範措施。

網路自律

愈來愈多業界團體關注網路廣告的責任。美國數位廣告聯盟（Digital Advertising Alliance）立下網路廣告行為準則，美國數位民主中心（The Center for Digital Democracy）也持續關注這方面的研究與公民教育，不斷呼籲在數位年代對消費者的保護機制。

消費者自主監督

消費者基於己身權利也會起而約制商業行為，廣告即為其中明顯的一項。消費者享有安全的產品、合理的選擇、資訊的提供及隱私權等權利。**消費者主義**（consumerism）代表著個別或集體消費者的行動，以發揮在市場上的影響力。最早的消費者保護主義可追溯至 17 世紀的英國。時至今日，消費者運動普遍聚焦於：消費者希望在產品發展、分配、資訊傳播等過程中能有更大的聲音。消費者可藉由許多方式向企業施壓，例如社群媒體上的評論或負面的口語傳播，都可能對品牌形象造成殺傷力。或是杯葛行動，就連寶僑或金百利克拉克（Kimberly-Clark）這樣的大企業也曾因消費者的聯合抵制，而不得不抽掉引發眾怒的廣告。

還有許多消費者保護組織來監督廣告，事實上已有許多案例證實，透過有組織的團體來運作，企業是有可能服膺規範，改變作為的。

LO 5

3-4 其他推廣工具相關法規

除了廣告之外，企業整合各類推廣工具以獲綜效，因此，有必要認識其

他推廣工具的相關規範，如直效行銷、電子商務、促銷及公共關係等。

3-4a 直效行銷及網路相關法律議題

對今日直效行銷與電子商務而言，備感壓力的問題即是隱私權與垃圾郵件兩大議題。

隱私

由於科技的進步，行銷人可以在網路上跟蹤消費者的一舉一動。大型網路內容供應商，如臉書及谷歌，對使用者獲取資訊並不收費，相反地，他們藉由出售網路上的行為模式給廣告商來獲取利益。另一個侵犯隱私的途徑是經由消費者的智慧型手機。同樣拜科技之賜，廣告商透過消費者使用手機可得知其所處的地理位置，譬如說消費者在哪家飯店或接近哪家餐館，此時即可傳送給消費者某些特惠訊息，或偵測他們在社群媒體上的貼文／照片，即時提供個人化的服務訊息等。

然而，針對隱私的洩露多少有些改善，譬如推特及 Pinterest 採用了「不追蹤」（do-not-track）的選擇。有些網站也給予使用者避免被跟蹤的設定。也有些使用者自行安裝反跟蹤軟體，來阻斷廣告的干擾。

垃圾郵件

對於那些透過電子信箱不請自來的商業訊息，無庸置疑地，這些**垃圾郵件（spam）**可稱之為網路之惡。特別警惕的是「**網路釣魚**」（phishing），偽裝成銀行、財稅部門等各機構，誘騙電子信箱使用者輸入個人資料。為打擊這類惡意的垃圾信件突擊，人們紛紛安裝防毒過濾軟體，且於 2003 年，美國制定法案嚴逞那些詐欺、色情等電子郵件傳送者。

競賽、抽獎、折價、網路活動詐欺

在直效行銷活動中廣泛使用的競賽、抽獎等手法，雖然有效但也常引發爭端。美國國會即針對此類推廣方式訂下規定。現在，直接信函上的抽獎訊息必須陳述「參加者並非一定要購買」以及「購買者並不保證有更高的獲獎機會」，且在信件中必須陳述三次，在填寫參加表格中也須再次提醒。

透過直接信函、報紙、雜誌或網路提供折價優惠券等，也需要保護到行

銷業者。譬如在活動後發現消費者使用造假的票券兌獎。因此，有些防護措施，像是限制區域或增加條碼來掃描等，以防範作假。另外，在數位廣告活動中也會發生不肖消費者用機器人來模仿網路使用者不斷點擊，致使廣告主溢付的損失。為抵禦這些不法情事，廣告商也開始安裝反機器人操作軟體，密切偵測異常的行為。

電話行銷

直效行銷中另一個法律問題牽涉到的是電話行銷。美國在 1994 年開始約束電話行銷商在執行時必須清楚陳述他們的名字、所代表的公司及這通電話的目的。同法，也明文禁止在早上 8 點以前或晚間 9 點以後撥打電話，也不得於三個月內重複撥打同一位消費者。而消費者若不想接到此類電話，也可以在聯邦貿易委員會的「謝絕來電」（Do Not Call Registry）名單上註記，但並不受限於來自以下單位的電話：慈善團體、政治團體、行銷研究單位、與消費者有商業往來的公司、或近 18 個月內有販售商品給你的公司等。

3-4b 促銷相關法律議題

與促銷相關的法律議題主要包括下列：特價、中間商貿易津貼、競賽抽獎等。

特價

關於大幅降價或免費（例如買一送一、或第二件半價），行銷人必須說明該特價物品公平合理的零售價值。

中間商津貼

前述提及行銷業者不得以提供特殊津貼的方式予批發商或零售商，以藉此使商品獲折扣來吸引消費者。

競賽與抽獎

除了先前論及直效行銷與電子商務中的競賽抽獎規定外，美國聯邦貿易委員會還指出了四項違法的情況：

- 錯誤提供獎品價值（例如誇大零售價格）

- 未提供參賽獲勝條件的完整資訊（例如在比賽中需包括的行為）
- 未提供獲獎條件的完整資訊（例如對獲勝者資格的認定）
- 未確保此項競賽或抽獎非賭博行為

產品／品牌置入

消費者團體認為除非電視節目或影片製作人明示，在節目或影片中出現的品牌是有付費的，否則消費者會誤以為節目或影片中使用的產品是在真實自然狀況下的。隨著愈來愈多**內容行銷**（content marketing）在社群媒體與數位媒體擴散，有關網路上的品牌置入問題也引起了法律界的討論。

3-4c 公共關係相關法律議題

公關活動常與新聞界或公眾人物有關，所以不像其他推廣工具的法規，而多半是隱私權、著作權、公然侮辱誹謗中傷等問題。

隱私

公關公司常面臨到的隱私問題是在於未經授權許可下，擅用當事人的圖片或肖像。同理推之於提供新聞媒體發布的公關資料或是公司的公關手冊，都應得到當事人的許可才行。

著作權

如果公關公司未經同意，使用他人的名字、影音、或照片等作品，也會觸犯著作權法。

誹謗

當散播不實資訊，無論是口語上的或是透過報紙、雜誌、網路媒體上的，而致使他人名譽受損，即構成**誹謗**（defamation）之罪。當中也包括企業或員工聲譽。公關公司的職責常在保護客戶避免企業形象受到影響。在網路上或報章雜誌上對企業的錯誤報導也會吃上誹謗官司的。

Part 2

廣告與品牌整合行銷傳播的環境分析

4　廣告、品牌整合行銷傳播與消費者行為
5　市場區隔、定位與價值主張
6　廣告研究
7　廣告與品牌整合行銷傳播企劃

廣告與品牌整合行銷傳播的成功有賴於對消費者決策的了解，包括消費者是如何做成決定及這些決定背後的原因。成功的廣告與品牌溝通也植基於正確的行銷策略以及對品牌市場環境的鑽研。因此，在廣告與 IBP 企劃中，須通盤掌握對消費者與市場的了解、策略及相關研究。在本篇中，我們將分析廣告與 IBP 的環境，闡述在廣告與 IBP 企劃過程中，各式評估環境的重要方法。其中，涵蓋了對消費者行為的認識（第 4 章）、市場區隔的介紹與品牌定位的分析（第 5 章）及有系統條理地執行廣告相關的研究（第 6 章）。本篇最後則以廣告與 IBP 的企劃流程做完整連貫（第 7 章）。

4 廣告、品牌整合行銷傳播與消費者行為

學習目標

在閱讀本章並思考其內容後,你應該能夠:
1. 描述消費者決策的四個基本階段。
2. 了解消費者隨涉入程度與經驗值而採取不同的決策過程。
3. 了解廣告在影響消費者行為時,記憶程度與情感所扮演的角色。
4. 了解文化在消費者行為中以及在廣告創作過程中所扮演的角色。
5. 了解社會階層、品味及文化資產在消費行為與廣告中所扮演的角色。
6. 了解家庭、個人識別、性別及社群在消費行為與廣告中所扮演的角色。
7. 了解建構品牌文化的基本觀念。
8. 了解廣告如何透過社會文化意義來成功達成銷售任務。

由圖 4.1 中可知，我們已談過第一篇總體環境面，開始進入第二篇，首先關注的是與廣告及 IBP 息息相關的消費者行為。所謂**消費者行為（consumer behavior）**泛指消費者由獲取、到使用、再到棄用某產品或某服務或某觀念的全部歷程。了解消費者行為對廣告人而言極其重要，僅僅是對消費者如何選擇品牌的了解，就可能成就企業能否順利行銷。尤其是對所謂的低涉入度（involvement，又稱關心度）產品，像是一般**包裝消費品（consumer packaged goods, CPG）**，如衛生紙、洗衣粉、洋芋片之類的商品。

```
第一篇  商業與社會中的廣告與品牌整合行銷傳播

    廣告與品牌整合      廣告與行銷傳      廣告與行銷傳播
    行銷傳播的世界      播業的結構        的社會、道德及
      （第1章）          （第2章）         法規層面
                                          （第3章）

         第二篇  廣告與品牌整合行銷
                 傳播的環境分析
         廣告、品牌整合行銷傳播與消費者行為（第4章）
         市場區隔、定位與價值主張（第5章）
         廣告研究（第6章）
         廣告與品牌整合行銷傳播企劃（第7章）

              ● 觀點1：消費者作為決策者的角色
              ● 觀點2：消費者作為社會一員的角色
```

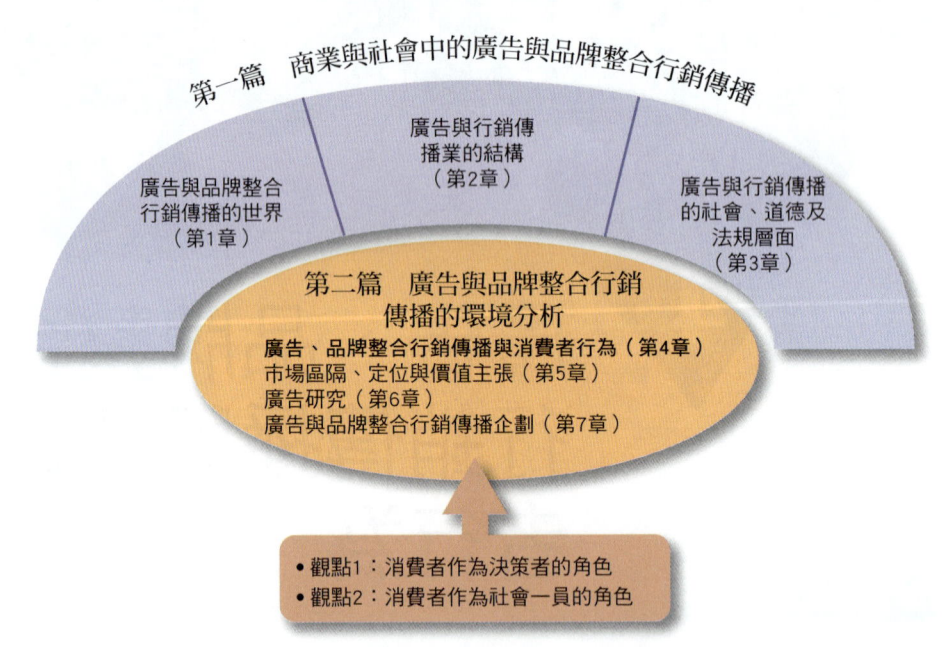

圖 4.1　廣告與品牌整合行銷傳播架構下的環境分析，其中在消費者行為方面分析的角度有二。

你能想像一家新公司砸下大錢，就能使上市的新品一舉奪下如多力多滋（Doritos）這樣的市場領導者的寶座嗎？不是不可能，但機率些微。因為，像這種消費者行為屬低涉入度的 CPG 產品，基本上是一場記憶與習慣之戰。這類產品持續投資品牌，使消費者牢牢記住，進而養成習慣。久而久之，消費者甚至根本想都不用想，連自己也沒怎麼注意就重複購買同一品牌。

這類品牌常習稱為**高心占率品牌（mindshare brand）**，又稱高聲量品牌），其實，透過廣告是可以把這種低涉入度商品推向更富有文化及社會意

義的品牌。面對高涉入度商品品類時，如汽車、服飾，不管是廣告、IBP，還是觀察消費者行為，都耐人尋味。記住基本原則一樣：認真了解你的消費者，廣告是有可能扭轉乾坤的。

本章所歸納的觀念與模式有助於對消費者行為的認識。我們將從兩個角度來解釋消費者行為，一是心理層面，一是社會文化層面。心理層面關乎到消費者腦中所思，是把消費者視為是有系統的（雖然不見得是理性的）資訊搜尋者（或至少是資訊接收者）、資訊處理者及決策者。當面對的是低價、低涉入度產品時，從心理面著手尤其有助。而這類品牌的廣告也常形容為洗腦式的，因為極度仰賴把品牌名稱及特點植入消費者記憶中。

第二種觀點則是將消費者行為視為是社會環境及文化影響下的反映。這也是建立真正永續的品牌精神所在，而非僅止於強打記憶與培養習慣。這類的品牌廣告多是帶有文化意義的，常見之於較昂貴的、高涉入度的品類。當然，也有些低涉入度品牌一樣賦予其品牌文化價值，這是明智之舉。即便有這兩種不同的思維，但同樣都對廣告或品牌的推廣極有助益。

4-1 觀點 1：消費者作為決策者

以此觀點，我們視消費者為有目的性的決策者，無論是在各項購買選擇間權衡，或是根據經驗法則來做決定，均透過產品或服務來滿足所需。

消費者的決策過程可由圖 4.2 所示。

LO 1

4-1a 消費者決策過程

了解消費者決策過程的各個階段，有助於我們從心理層面認識消費者行

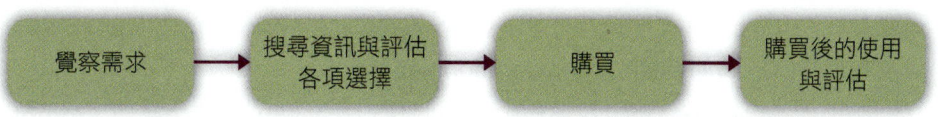

覺察需求 → 搜尋資訊與評估各項選擇 → 購買 → 購買後的使用與評估

LEE SNIDER PHOTO IMAGES/Shutterstock.com

圖 4.2　消費者決策過程。

為，自然也有利於我們為品牌發展有效的廣告。

✎ 覺察需求

從心理層面來看，消費過程起始於當人們感到有某種需要時。也就是說，當消費者的意欲狀態（desired state）不符於其實際狀態（actual state）時，乃衍生需求狀態（need state）。需求的衍生常伴隨著焦慮不安或渴望，因而引發行動。至於這種心中不快的感受可輕可重，視其對所需之物的依賴程度而定。譬如牙膏用完了較之於手機壞了。

有許多的需求可藉由消費得以滿足。廣告的作用之一就是點明並引燃需求，驅使消費者購買某產品或服務，以滿足需求，解除焦慮。而產品或服務也應提供能滿足消費者需求的利益點，因此，就這點而言，廣告的任務即在為消費者連結這兩件事──消費者的需求與滿足需求之物。在廣告的世界裡，什麼東西（或服務）都可能是消費者所需求的。

✎ 搜尋資訊與評估各項選擇

一旦消費者確認某種需求，則開始思考滿足需求的最佳方案。有時沒那麼容易找到，可能在購買前得花費不少功夫搜尋資訊，且仔細評估各種選項的優劣。在這個搜尋與評估的過程，正是廣告人可以影響消費者最後購買決定的時刻。通常消費者在找尋資訊時的第一條路就是想想個人的經驗與先前的知識，這即是所謂的內在搜尋（internal search）。當消費者對此產品先前的經驗豐富，且對各種選項有清楚的想法與情感，則可就此作下決定。

內在搜尋的資訊也可能來自於反覆接觸廣告後累積的記憶。廣告商們總是希望自己的品牌能躋身於消費者的記憶「喚起區」（evoked set）之列，這是指在某一品類中，能浮現在消費者腦中的品牌，通常也不過是二到五個品牌。譬如，當提到洋芋片時，你所能記得的品牌。這些在記憶喚起區內的品牌透過消費者的內在搜尋湧現出來，其中可能綜合了廣告、活動贊助、在店頭與品牌的接觸、實際的使用及習慣等綜合印記。記憶喚起區內的品牌可說是消費者購買的考慮範圍（consideration set）。

如果你的品牌是消費者在品類中第一個想到的品牌，也就是首認（top of mind）品牌的話就更棒了！對於低價又低風險的 CPG 而言，首認品牌占據消

費者心中的第一位置，可說是絕佳的指標。而廣告及其他 IBP 方式對建立消費者的品牌知覺，或影響消費者在實際使用前的品牌信念，都極有助益。先前在第 1 章中即已說明，延遲反應型的廣告就是在逐漸使消費者認得、記得品牌，一旦當消費者進入資訊搜尋階段，品牌就立即湧上心頭，成為滿足需求的首選。

有時內在搜尋的資訊不甚充裕，無法做出購買決定，此時，消費者會步向**外在搜尋**（external search）。外在搜尋像是實際走訪零售店家、上網瀏覽各家特色、打探親朋好友的經驗、或是閱讀產品評價指南等。此外，若是消費者處於積極搜集資訊的狀態，他們更會主動接收詳盡的、資訊豐富的廣告，無論是從傳統媒體還是數位／社群媒體。

在消費者搜尋資訊的同時，也開始對各種選擇形成了想法與意見，這也就是決策過程中評估各選項的時候，也是另一個廣告使力的時刻。廣告人必須了解消費者的想法，這會影響到消費者資訊的選擇、處理與評估。

評估選項牽涉到消費者的考慮範圍與評估標準。許多品類中都充斥著大量的品牌，消費者總有法子把芸芸眾品牌做一番篩選後放進考慮範圍內。譬如說評估買車的時候，消費者可能只考慮 25,000 美元以下的車種、或是只考慮四輪傳動的車子、或只考慮進口車、或是離家方圓 20 英哩內的汽車經銷商。而廣告的作用就是要使消費者注意到本品牌，且持續保溫，才有機會進入考慮的安全名單內。

在考慮範圍內，消費者根據產品的屬性或效能，形成了**評估標準**（evaluative criteria）。評估標準隨產品品類而異，且包羅萬象，如價錢、成分、保證期、提供的服務、顏色、味道、碳排放……等。

廣告人必須了解消費者做購買決定的評估標準，也應該知道相對於考慮範圍內的其他品牌，消費者是如何評斷其品牌的。這層了解是任何廣告活動的起始點。

✎ 購買

第三階段是實際購買。有些人以為當消費者買下產品時即是決策過程的最終點，這是錯誤的想法。無論何種產品或服務，消費者在未來仍有可能再次購買，所以，銷售之後的事是非常重要的。廣告商不僅希望你試買、還希

望你續購，不僅希望你續購，還希望你產生品牌忠誠，甚至有朝一日成為**品牌大使（brand ambassador）**，宛如品牌信徒般主動傳布品牌的理念，感染其他消費者。

✎ 購買後的使用與評估

行銷人與廣告人的目標不應只是以達成銷售為目的，而是應思及消費者的滿意，進而產生忠誠。數據顯示，一般企業的交易 65% 是來自現有的、滿意的顧客。而不滿意的顧客，高達 91% 的比率是絕不再買這家令人失望的公司產品或服務。因此，消費者在使用過程中對產品的評價成為品牌在後續購買中是否會納入考慮範圍的決定因素。

消費者滿意度（customer satisfaction）直接得自於購買後的愉悅經歷，也許是第一次就滿意，更多的情況是在持續使用中形成。廣告對於催生消費者的滿意大有助力，可以透過廣告使消費者對品牌效能產生適當的期待，也可以在消費者購買後堅定消費者對自己選擇的信心。

廣告可有效減輕消費者在購買後產生的**認知失調（cognitive dissonance）**。認知失調是在於一項艱難的決定後，所產生的焦慮懊悔，也叫做「購買人的自責」（buyer's remorse）。通常，在選擇過程中遭淘汰的選項此時卻變得頗有吸引人之處，導致消費者對自己的選擇開始有了二心。為使消費者產生滿意，就必須要解決失調的問題，導引消費者堅信自己的選擇是明智之舉。當購買昂貴物品時，或是各品牌間互有勝擅，難分軒輊時，就容易導致高度的認知失調感。

既然免不了失調的懊惱，廣告人此時更應專注關心消費者，提供其詳盡的品牌資訊來強化購買者的信心。購後強化措施包括用直接函件、電子郵件或其他個人化的接觸形式，提供購買者使用資訊與建議，來提高滿意度。現今消費者也常在購買後上網看看其他作同樣選擇的人怎麼說，以堅定其購買決定。

LO 2

4-1b 消費者決策模式

從我們自身的經驗可知，消費者不見得總是慎思明辨、有條不紊的；相

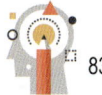

反地，有時可能倉促草率，甚至很不理性的。所以，上一節所提的四個決策階段，消費者會慢慢走，細細想嗎？那可不是常有的事。消費者花在搜尋上的時間、心力會因產品類型而天差地遠。下面，我們將以消費者作為決策者的角度，來檢視四種決策模式，幫助廣告人更加了解消費者行為的豐富與複雜。

涉入度

涉入度（involvement）是在選擇某產品或服務時，與己身的相關性與重要程度。許多因素會影響消費者在作決策時的涉入度。譬如個人的興趣，有人喜歡烹調料理，有人喜歡運動健身，自然會因此提高這些方面相關產品的涉入程度。此外，購買風險——像是高價物品或是耐久財——想當然爾也會提高涉入程度。所以購買汽車的涉入程度總是相當高。雖然有些例外，但一般情況 CPG 產品（如洗衣精、衛生紙）多半偏向低涉入度。有時，廣告人會設法將低涉入選項的產品推向高涉入。

產品與品牌帶有象徵性的意義。人們藉由擁有或使用這類商品來強化自我形象，或是昭告眾人似的宣示作用。如果某項購買具有象徵性意義——像是為你重視的人選購情人節禮物——那麼你一定會高度涉入。而對於能展現你所中意的個人識別，你也會大大涉入其間，想想你穿的衣服、拎的包包，不是如此嗎？

高涉入度也和消費者與品牌間的關係（consumer-brand relationship）有關。這是指消費者與品牌甚或是品類間的情感聯結。譬如某牌腳踏車是你第一次環島時騎的車，這時消費者與品牌間就有了某種情感關連。如果能與消費者發展強烈的品牌關係，就可朝高涉入狀態推動，這可是廣告人非常樂見之事。

涉入度的高低不僅因產品而異，也因人而異。零食通常不屬於高涉入產品，但透過廣告或 IBP 之助，可使消費者對品牌產生強烈好感。例如樂事（Lay's）洋芋片的真人夾娃娃機活動，實際把參與者吊進超大型抓娃娃機中，來挑戰能「抱」走多少包樂事，不僅使參與者、圍觀者笑聲連連，激發對品牌的好感度，且影片上傳後造成更大迴響。

此處，我們根據涉入程度及先前經驗，劃分出四種不同的消費者決策模式，如圖 4.3 所示：(1) 極度解題型式；(2) 限度解題型式；(3) 慣性或尋求變化型式；(4) 品牌忠誠型式。分述於後。

	涉入高	涉入低
經驗少	極度解題	限度解題
經驗豐	品牌忠誠	慣性不變或尋求多變

圖 4.3　消費者決策模式圖。

極度解題

當消費者對某項事物的購買缺乏經驗，而且高度涉入其間時，往往是採**極度解題**（extended problem solving）的模式。消費者循此模式會經歷深思熟慮的決策過程，從明確地覺察到有所需求，到仔細地內在與外在搜尋，再進行各種選項的評估，然後實際購買，終至購買後在使用過程中漫漫地評估。極度解題模式多發生在面臨艱難的決定時。這類產品通常不便宜或帶有風險性。譬如在我們第一次買車時，或當我們在選擇大學時。所以可知，這種模式並非常態，偶而為之。

限度解題

當消費者經驗貧乏又不怎麼關心時，容易進入**限度解題**（limited problem solving）模式。這是經常發生的情況。消費者採此模式時，決策過程是沒有條理可循的。通常就只是碰到了某個問題，這問題沒什麼大不了，或對這問題不感興趣，所以資訊搜尋也極為有限，有時僅只是試了一兩個牌子就買了。譬如當你想吃個零食時，你記得看過多力多滋新口味的廣告，或曾在超市裡試吃過，如果這新口味還可以接受，那麼，就買了唄。多力多滋在超級盃（Super Bowl）時強力放送廣告，即是不斷提醒消費者這個看球賽吃零食的絕配消費情境（參見圖 4.4）。

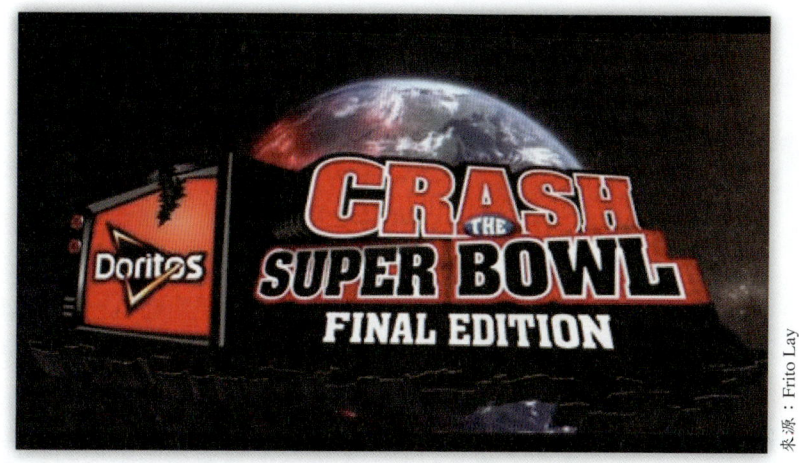

圖 4.4　多力多滋每年都邀請消費者參與美國超級盃廣告發想活動，藉以強化該品牌與球賽觀戰的連結。

來源：Frito Lay

　　限度解題多發生在購買 CPG 類的產品時，在決策過程中，消費者對購買資訊的搜尋並不以為意，因此，消費者的印象成了最決定性的因素。所以聰明的行銷人以廣告及 IBP 來加強消費者記憶。或是提供免費的試用包或折價券等方式，搶攻消費者在搜尋資訊階段中的印象分數。

✎ 慣性不變或尋求多變

　　一成不變的慣性或尋求多變的決策模式見之於消費者涉入程度不高，且經常重複購買的品類中。以比例來看，**慣性購買（habit）**是最常見的消費者決策型式。當消費者發現某牌零食或某牌沐浴乳能解決其需求，則每當用完的時候，就再買一包或一罐。這種一年數回的周期性重複購買，幾乎不用多花腦筋。尤其當消費者覺得眾品牌間無所差異時，即慣例重複買同樣的品牌輕鬆多了。何況許多日常的購買瑣事，雖然是必需的，但卻也是頗無趣的「俗務」，慣性購買決策可節省心力，大大簡化這些麻煩。

　　但要注意一點，慣性購買雖持續買同一品牌，但並不等同於具有品牌忠誠。在重複性購買時，有個有趣的現象稱之為**尋求多變（variety seeking）**，意指消費者在這些無趣的日常購買中，隨機地在數個品牌間轉換，藉由這點變化來改善乏味的一成不變。當然，這並不是說消費者會買任何品牌，而是

消費者會在能為其解決問題的這些差不多的品牌間（也許二個到五個）遊走。

尋求變化多發生在經常性購買的品類中，這類產品的使用伴隨著感官體驗，或是口味或是氣味，這不是砸下大量廣告就能扭轉得了消費者尋求感官新體驗的慾望。消費者一直重複固定的使用難免會膩了而尋求新意。這是為什麼賣零食、飲料、洗髮精等的行銷人，會不斷推出新口味、新氣味、新配方等，來顧及消費者渴望求變的心理。多力多滋甚至針對愛嚐新求變的目標對象推出3D玉米脆片（參見圖4.5）。

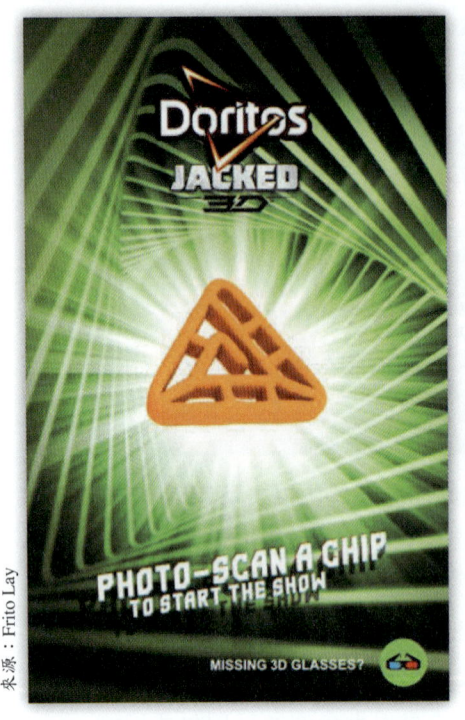

來源：Frito Lay

圖 4.5　多力多滋 3D 脆片零食廣告。

品牌忠誠

第四種決策類型是處於高度涉入狀態且先前經驗豐富，此時品牌忠誠（brand loyalty）成為購買決策的主要考量。消費者視一品牌能達成其需求，且對品牌含有某種程度的情感聯結，而持續購買此品牌，即展現出對品牌之忠誠。但這種重複性的購買與慣性購買不同，品牌忠誠是基於對品牌的情感聯結，以及每一次購買品牌的然諾。然而，慣性購買僅只是為了簡化消費決策。所以，技巧性地運用廣告與促銷手法可以輕易打破慣性購買，但若是想靠砸大錢做廣告來說服死忠者轉換品牌，無疑是白忙一場。

如蘋果手機、星巴克咖啡、海尼根啤酒（Heineken）、宜家家居（IKEA）、哈雷機車（Harley-Davidson）等品牌均有眾多鐵粉。能得到消費者對品牌的忠誠，可說是所有行銷人夢寐以求的美事，但這世上消費者愈來愈精明，產品（及廣告）也愈來愈多樣，要得到品牌忠誠也愈來愈困難。畢竟，消費者得感到品牌的優點能睥睨其他所有品牌，才有可能建立忠誠。

尤有甚者，是死忠者把品牌名稱刺青到自己身上，據稱最多的就是哈雷車迷。如何解釋這種狂熱現象？單單只是認為哈雷的性能超越其他競爭者

嗎？還是哈雷騎士騎上重機豪邁馳騁大道的深層情感呢？又或是部分品牌忠誠來自於品牌同好者之間的族群社團意識呢？還是出自於傳說中哈雷桀傲不遜的神祕教義的魅惑呢？哈雷機車的廣告總是穿梭在這些情感連結中。

研究也顯示，若消費者與品牌具有情感連結，則在解讀資訊時傾向於扭曲資訊，以正面方式看待所擁護的品牌，而以負面角度來貶抑他牌。此種情形稱之為**決策前曲解（predecisional distortion）**，會影響品牌的選擇。因此，要建立真實的品牌忠誠，方法之一是透過感性廣告，可以串連品牌與某種情感。我們將在第 10 章中進一步闡述。也有許多公司藉由社群媒體與顧客對話並維繫關係，這部分我們也會在第 13 章詳述。

LO 3

4-1c 廣告、消費行為與記憶

使消費者記住，對廣告人而言無庸置疑是一大要事，因此，我們有必要了解一些基本的人類記憶系統。

語意記憶

透過語意記憶（semantic memory）我們貯存並取用於大腦中的名稱、字句與觀念等。對低涉入狀態或攻心占率的品牌尤其重要，像是 CPG 類的商品，其廣告就是最常喚起消費者的語意記憶。

當你愈容易從語意記憶中汲取資訊，就愈容易親近它。這種**親近性（accessibility）**對廣告中的品牌名稱有加分效果。一是因為買低涉入度產品時，你最可能買的是你記得的牌子，而非你沒啥印象的牌子。第二個原因是，你愈快從記憶中汲取的品牌，你會愈相信它是最普遍、最流行的商品。試問，想到洗衣粉你最快說出的是哪一個品牌？有可能你高估了這品牌的市場占有率，而覺得它是最受歡迎的品牌，這即是**親近性紅利（accessibility bonus）**。這也是為什麼搶攻心占率的品牌會花下那麼多廣告預算來贏得你的印象。

情節記憶

情節記憶（episodic memory）是你記憶中的事件。例如你昨晚在朋友的

趴踢上幹嘛？也可以是消費經驗或某一則廣告的記憶。情節記憶不像語意記憶那麼直接了當，而且，它也不像我們所想的那麼固定。這種記憶不是錄影機般可清楚記下我們經歷的一切，相反地，這種記憶是受我們動機的驅使，而且是我們來選擇所想要記下的情節。所以，這種記憶是可輕易改變的。這一點也使得廣告人有機會塑造正面的品牌印記，有關這部分將在第 10 章詳述。

情感

先前我們已談到消費者對品牌有好感時，會扭曲資訊以擁護所支持的品牌，而貶抑他牌。繼而要做消費決策時，這也影響了消費者傾向選擇有情感連結的品牌。因此，品牌運用感性手法（包括廣告）並建構品牌與消費者的關係是有其必要的，我們也將在第 10 章中進一步說明。

資訊超載與簡化

我們周遭充斥著各式廣告訊息，隨處可見平面、電視、數位、電影……等各種媒介。消費者總是說愈多資訊愈好，但其實未必。許多消費者認為要有最足夠的資訊，才能做下正確的消費決策，所以強烈希望資訊多多益善，有的消費者更格外喜歡在眾資訊間遊走，無論是從廣告或從贊助活動中。所以，這也顯示出為何訊息需要整合。

然而研究已證實資訊超載的問題。消費者顯然有超多的資訊，且又有超多的選擇，如何能消化吸收這麼多的資訊，又一一應用到各項選擇上。於是消費者採取簡化原則，典型的作法包括購買最大眾化的品牌、最便宜的或最貴的、最常聽到的、或是上一次購買的。廣告人了解這毛病，但是在廣告的聲量戰場上，誰也不敢噤聲缺席，即使已經說的夠多了。

喧噪與注意

我們每天暴露在成千上萬的廣告中，即使你想要也不可能處理這麼多的廣告訊息，這種**廣告喧噪（advertising clutter）**的問題，在面對眾家競爭品牌提出非常類似的訴求時，就更頭痛了。試問一下哪一個品牌強調 12 小時舒緩感冒困擾？是百服寧？普拿疼？克風邪？友露安？斯斯？泰諾？伏冒？還是三支雨傘標？廣東苜藥粉？（可以分辨出上述哪一個不是感冒藥嗎？）廣

告界的學者專家認為大量的廣告反而傷了廣告本身。

廣告人借用各種技巧來攫取消費者的注意力並強化認知。像是熱門音樂、名人代言、性感超模、迅速換幕……等手法，但要注意的是，令人驚異與令人厭惡僅僅一線之隔，別玩過了頭。

廣告人在競逐消費者目光青睞時也常陷入兩難。為了吸引注意使出渾身解數，用上各種招式，結果這些為吸引注意所用的技巧卻成了消費者注意的所在，對於訊息內容卻不復記憶。譬如消費者記得好聽的音樂、美麗的景緻，卻記不得廣告訴求或是品牌名稱，所以，在這場眼球大戰中，廣告人必須小心別讓品牌及訊息失焦了。

4-2 觀點 2：消費者作為社會成員

看待消費行為、品牌及廣告的第二個觀點，是從社會及文化影響的角度。這是廣告運作的另一篇故事。廣告人長久以來一直堅信廣告與品牌的社會文化色彩。

消費者不僅僅只是處理訊息，而廣告也不僅僅是為了操弄消費**態度**（attitude）。消費者行為是具有社會意義的。此種觀點的重心是在於了解如何透過廣告及其他品牌推廣工具，來連接人們與其周遭的生活和消費。這也是為什麼廣告公司裡常僱用各類背景的專業人士，無非是為了想知道物質文化（人類學）、人口與社會影響（社會學）、品牌與消費史（史學）、傳播、文意（文學），以及藝術（美學）等。如果想要做出偉大的廣告，一定得仔細觀察文化與社會。

LO 4

4-2a 真實世界裡的消費

讓我們來看看消費者真實生活的主要風貌。

文化

如果你是在廣告業，那麼也就等於身處於文化事業。

文化（culture）是社會的遺產，是個人得自於其所屬的團體，也是人類一切的生活方式。我們怎麼吃喝、怎麼打理自己、怎麼玩樂、怎麼慶賀、怎麼溝通、怎麼表達情感……再再都是文化影響下的表述。文化可以是某一區域的，也可以是跨越疆界的。處於同樣的文化環境中，成員們一言一行十分相近，也再自然不過了，所以也不容易感到文化的巨大影響力，而當我們處於異文化環境時，則格外容易察覺文化的力量。

在某些文化中，人們特別重視金錢與物質，這樣的文化價值觀即稱為物質主義（materialism）。物質主義觀的消費者傾向於那些能彰顯地位或財富的品牌與商品。在第 3 章中我們曾提及對廣告助長物質主義的抨擊，但也有的人認為廣告只是反映了社會的價值。

文化包圍了廣告與品牌的產生、傳遞、接收以及詮釋，可說是觸碰到消費的每一個層面，無論你為哪一個品牌做廣告，你得清楚消費者為什麼這麼做、這麼吃或這麼想，譬如為什麼消費者在感恩節買火雞吃而不在其他的節日買，這就是文化的影響力。

儀式（ritual）是有象徵意義且恆定出現的規律化行為，也是文化的核心成分之一。透過儀式可以鞏固文化、表現文化及維繫文化。它也是文化得以不斷更新又永存不朽的方法。例如承載許多儀式的聖誕節，年年重複的傳統儀式是美國文化的一部分，裡面也有消費的成分（如聖誕大餐與分送禮物），全世界都一樣，儀式幫助了文化與消費的交融。對於 CPG 類的產品製造商，有必要仔細了解各種儀式。

有些儀式是日常生活的一部分，譬如我們每天的梳洗。相同的文化，成員們也許這麼做，但不同的文化，也許有不同的做法。這種恆常的每日儀式看似微不足道，且習以為常而「視如不見」。然而，當某人要改變你做這些事的方式時，你方才感到這些儀式的重要性且決不想改變。所以，產品或服務如果不能融入既存的儀式，而想藉廣告來改變，是吃力不討好的。

LO 5

✏ 階層

階層（stratification）是指社會成員因財富、收入、教育程度、權威與地

位之不同，而列入不同階級的現象。譬如有些社會成員屬於富裕階層，有些處於貧困階層，還有廣大的中產階層。

　　世界各地最常以收入作為劃分階級的依據。高收入者總視為坐擁高社會階級。然而，這兩者不是絕對的，例如，一個成功的水電工或許收入可以超越許多教授，但他的職業聲望卻不敵教授，也因此他的社會階級就不高。所以，職業威望是所屬階級的一個重要指標。此外，教育也跟社會階級有關，但也不是絕對的，例如一個教育程度雖低，但繼承了大筆財富的人，其社會階級可能會高過一個拿到 MBA 的保險公司經紀人。因此，收入、教育、職業是三個影響社會階級的重要變數，但也非絕對。

　　對行銷人而言重要的是，相同社會階層的人們常常生活方式相似、價值觀念相似、更重要的是，消費行為也相似。許多行銷人與廣告人都相信，可以從人們買些什麼及怎麼個用法，看出他們所屬的社會階級。傳統上的看法是，消費者的選擇反映了其社會階級。但這種說法現今受到挑戰，有些人認為社會階級與消費品味間的關聯性不是那麼穩固。此處我們認為兩者間是有變動的，但相信階級、地位、品味與消費者行為仍舊有指標作用，所以廣告人也依然要關注。

　　近年來收入增加不均的現象，使得富者更富，貧者更貧。貧富差距的擴大，將會如何影響到消費及廣告的作法呢？是否奢華精品對準金字塔頂端 1% 到 2% 的大戶來獲益？其餘的大眾品牌針對小資庶民則是省還要更省？有沒有同時價廉又物美的可能？美國大眾型百貨零售商家目標百貨（Target），即是灌輸銷費者便宜也有好貨。在圖 4.6 中即以貴氣時尚感作為訴求重心。

　　收入不均的現象也影響了廣告該如何去聯結品牌與社會地位呢？如果品牌一味地削價競爭，品牌不僅會犧牲利潤，也會陷於價格戰的泥沼。在這種情況下，廣告的份量變低，不是主力所在，而是滿

來源：target brands, inc.

圖 4.6 目標百貨對消費者訴求賣的不僅僅是實在而且時尚。

腦子只想告訴消費者天天低價、便宜又大碗。這也意味著更多的折價條碼、更多的店頭陳列和更多的促銷優惠。有些廣告配合著對價格敏銳的消費者，無論其處於哪一層收入水準，總不忘強調特惠。此時，採用社會壓力（一大堆人都買了）及時間壓力（季節限定）也是可以對消費者行為產生影響的。

品味

品味（taste）是消費者在美感喜好上的傾向或標準。如果說社會階級因品味不同而消費有別，那麼也會影響了媒體呈現的偏好。所以我們會覺得上層階級的人喜歡打高爾夫球勝過玩保齡球，喜歡喝醇酒而非啤酒，開寶馬（BMW）而非雪佛蘭。這是因為我們認為社會階層與品味是分不開的，即使現在沒有像以前那麼明顯。有些聰明的廣告人成功地把品味打破藩籬，營造高貴不貴的親民形象。另一個重要觀念是文化資本（cultural capital），代表著文化賦予在消費事務上的價值。比如說滑雪，對某些區隔中的人而言需要有一定的資本或價值（像是錢）才能玩。如果你擁有滑雪板（有一定的文化資本），且實際在使用（更多的文化資本），甚至使用時看起來超酷（更多更多的資本），那麼這項活動就像銀行裡的一筆文化財。一雙 Tory Burch 的皮靴或一台 Land Rover 的 SUV 也是同樣的道理。藉由擁有，消費者得到了文化資本。知道怎麼點酒、怎麼搭頭等艙、知道最新的樂團、YouTube 上最夯的影片，這些都是文化資本。

在這許許多多的文化中，某些事物的消費是格外受重視的，廣告人總設法想找出哪些是被看重的價值？為什麼特別受到重視？且如何使其產品能吻合這些價值？因為這些價值代表著更高的文化資本，當然也可以賣到更高的價格。好品味可以幫我們找到高文化資本的事物，廣告也不忘強調產品的文化資本、樣式與品味，然後再傳遞給消費者。

當一個人由一階層轉移到另一階層時，社會階級與文化資本的互動就更為明顯。譬如出身於中下階級的張三，受到高等教育又提升到高薪的工作時，社會階級向上流動。隨著張三搬遷到高級社區後，過去一些親力親為除草澆花的事，在社區鄰人的「貼心提點」下，漸漸被園丁所取代，張三起先覺得沒必要付錢找別人做的態度也改觀了，這即是社會階層與文化資本對消費者態度與行為的影響。自此以後，各類除草機品牌不再以張三為目標對

象，反倒是各種除草服務公司要對準張三了。

LO 6

📝 家庭

廣告人對家庭消費行為有極大的興趣，不僅想要了解不同型態的家庭所需，也想要知道家庭的購買決策。相較之下，後者比前者的困難度較高。比如有一陣子消費行為學者想要研究傳統核心家庭（由父母、子女所組成的家庭型態）的各式購買決策是由誰主導的，調查了半天，結果是白忙一場徒勞無益。因為許多家庭的購買活動或許是某一成員執行，但決策的背後卻是許多家人的交互影響，無怪乎消費行為學者 C. W. Park 形容是經歷一場「混沌過程」（muddling-through process）。對於最後的決定，沒人肯定是誰做的，甚至也不確定是什麼時候做的。所以，廣告人想要在這麼模糊的過程中發揮影響，實在是一大挑戰。譬如說兒童雖然不是主要的購買者，但在許多產品的購買上，兒童卻扮演了發起購買、影響購買及實際使用的角色，如購買早餐穀片、選擇渡假地點、速食餐廳、或是科技產品（電腦）等。

廣告人也注意到不同型態的家庭，需求也大不相同，會買不一樣的東西，也得用不同的媒體來接觸。譬如在雙薪家庭或單親家庭中，青少年子女往往肩負引發需求並去購買的任務，父母反倒成為提供點意見的影響者罷了。現今家庭型態愈來愈多元，除了核心家庭外，還有擴大家庭（三代同堂）、單親家庭、頂客家庭（雙薪無子女）、未婚同居、同性家庭等。

廣告人最常關切的包括家庭中最幼齡子女的年紀、家庭的大小及家庭的收入。因為從最年幼子女的歲數可推知家庭的需求（會買玩具？還是買數學補習班的服務？）當最小的孩子也離家獨立了，此時家庭的消費型態也隨之改變。廣告人追蹤最幼子女的年齡，作為企劃時的判斷依據。這也稱之為**生命階段（life-stage）變數**。

在生命階段裡，社會學裡所講的**識別（identity）**，與廣告是密切相關的。識別這件事是離不開社會情境的，人們看待自己時，是從相對於他人的觀點下，所以，在沒有別人的情況下，自我也是沒有什麼意義的。跨越人生各階段，有許多時候識別這件事是極受重視的，例如青少年階段，識別感強

烈，急於展現自我，所以也積極藉著衣服、手飾、音樂、運動、休閒等產品或服務的消費來彰顯我是誰。而隨著不同生命階段的展開，有不同的身分識別，像是第一個孩子的誕生、最小的孩子上大學等等。在這些不同的時刻，換上不同的識別，消費也有所不同。而廣告人適時協助消費者來扮演他們不同生命階段的不同角色。

性別

性別與消費是有關的，然而男性與女性消費行為真有那麼大的差異嗎？如果從性別文化來看，這答案是肯定的。只要男女性是不同社會化下的結果，那麼在某些方面就存有不同之處。不過，問題是我們沒法子確切列出男女性在消費上有哪些差異，因為性別差異在不同的情況或社會環境下，也會有所不同。1920 年代的美國廣告可是大喇喇地把女性描繪為不理性、情緒化、宛如美麗無腦的女僕一般。（有些批評家抱怨時至今日仍舊可以在廣告中出現這種柔弱的女性形象。）廣告是把社會的現實面刻劃出來，當中也包括了性別特徵。性別對消費行為的影響並不侷限於異性戀者，同性戀消費者也是一類市場，同樣地，行銷人也必需了解這市場，而不以刻板印象視之。圖 4.7 即是多力多滋為顯示對同性戀者的關懷了解，推出特別版的彩虹玉米片。

1970 年代晚期，廣告中才出現「職業婦女」。1980 年代，行銷人才注意到非裔美籍消費者及之後的拉丁裔消費者。然後，再又發現亞裔美籍消費

來源：Frito Lay

圖 4.7　多力多滋為慶祝多元與包容，推出限量彩虹玉米片。

者,而直到近期,才注意到跨性別的消費者。這些人一直都存在,這些市場也不應被忽略。

社群

在傳統社會學裡,**社群**(community)是極有份量的團體。現在更超越了地理上的界線,可以是網路世界裡的虛擬社團。社群成員有團體的歸屬感,認為彼此間在某方面相似,且有別於社群外的人們。成員間有共享的儀式與傳統,且感到對成員彼此及群體有某種責任感。

廣告人愈來愈重視社群的力量,尤其是在社群媒體上。產品既帶有社交意義,社群又是社交的場域,所以消費是沒理由隔絕於我們生活的所在及我們感到有所歸屬的同類族群。社群可以發揮極大的影響力,它可以是你的鄰居、有兄弟情感或氣味相投的一群人,如集郵的社團、高爾夫球俱樂部,或是和你一樣擁有某品牌、使用某品牌、或崇尚某品牌的一群人。

這種**品牌社群**(brand communities)的消費者們覺得自己所屬的社群是對某產品或服務有共享意義的共同體。Gogoro 的機車同好們,藉由購買及騎乘 Gogoro,有一種共同連結的感覺,形成品牌社群。停車場裡,試想兩個陌生人相遇,由於同樣騎著 Gogoro,所見略同的惺惺相惜感油然而生,而狀如多年老友一般,此即一種社群的意識。許多網路社群聚集了一群品牌鐵粉,彼此間分享品牌的擁有、使用與推崇,展現出緊密的聯結,成為行銷人非常重視的族群。

LO 7

4-2b 品牌文化與廣告

打造並維繫偉大品牌的方法之一是灌注品牌社會文化的精神,這通常靠廣告來著手。基本上的作法是在社會文化的洪流裡看看有些什麼壓力或裂縫,然後將品牌塑造為解方或說壓力的出口。前面我們提及多力多滋彩虹限量包即為一例,展現品牌擁抱多元與寬容的態度。

反叛性與廣告

消費者時而透過他們的消費選擇來突顯某種「變革」,尤其在年輕人的

市場裡特別明顯，行銷人可藉由提供服飾或相關產品來滿足這種「反骨」。普遍來看，任何時候只要有明顯的社會運動或風尚轉變，廣告人的機會就大開。我們腳下的地球不停轉動，我們也忙著尋求平衡與安心。而廣告中的商品就是一再提供我們承諾、保證與放心。百事可樂在 1960 年代就是用「年輕人的選擇」來打破可口可樂的獨霸市場。如果成功把品牌形塑成為文化圖騰、精神偶像，這簡直是廣告揮出了一記全壘打。就像哈雷這品牌，時至今日，哈雷的廣告緊扣奔放冒險的主軸，哈雷的騎士也持續奔馳在自由狂放的大道。

真實性與意見領袖

廣告在打造品牌文化時，賦予真實性是非常重要的一環。如果廣告能使消費者相信這品牌真的是其所識者的選擇，而非「演」出來的，那就再好不過了。這等於是最直接有力的品牌保證。譬如哈雷在消費者眼中就很真，連大明星蕾哈娜（Rihanna）都穿著哈雷夾克。於是，這些**意見領袖（opinion leader）**又再影響了消費者的意見與行為，繼而更強化哈雷的真實性，使廣告與 IBP 發揮加乘的效果。

LO 8

4-2c 廣告如何傳送意義

> 進入廣告公司，前輩教你的第一件事就是分辨產品與品牌的不同。
> 因為廣告要做的就是把產品變成品牌。
> ——馬丁・戴維森（Martin Davidson）

要懂得廣告，你必須得懂得文化符碼，否則廣告就沒什麼意義。譬如你看得懂某部電影，前提是在於你了解它的文化背景。所以，當我們在看某些外國影片時，不見得了解其中的隱喻與笑點，因為那不是我們所熟悉的文化。廣告會致力賦予文化意義，把一個原本具文化意義的事物，變得更有特殊意義，且當中不忘巧妙地達成銷售目的。當然，消費者可以接受這意義、否定這意義、或是根據各自需要來調整這意義。就像消費者自我認定怎樣算

是「酷」、怎樣「不酷」、怎樣對其而言具有文化價值（資本）。在這意義傳送的過程中，廣告扮演了很重要的角色。

廣告可以成功地把產品轉變成品牌。主要的作法是將產品或服務與某種意義包裹在一起──而這意義是來自於文化的。所以，把文化與廣告聯結起來是一大關鍵。人類學家葛蘭·麥克奎肯（Grant McCracken）提出了一個模式（見**圖 4.8**）來解釋廣告如何來傳遞意義。當我們在看待廣告時，可以把廣告視作是文化意義的傳送器。事實上，你可以理直氣壯的說，廣告業就是傳達意義的行業。廣告人汲取文化中的意義，然後描繪它、形塑它、再傳遞到品牌之中。

麥克奎肯的模式圖可由**圖 4.9** 多力多滋在社群媒體上的貼文作進一步的檢視。此一產品，多力多滋玉米片，存在於文化組成的世界上，但是它需要藉助廣告與 IBP 之力來連結某種社交情境，或某種生活型態，於是想到了音樂。因之，廣告人把產品與社交生活的一面（演唱會）放在一起推廣，讓兩者相激相盪，互相交融。換句話說，把這產品放在廣告或 IBP 打造的理想情

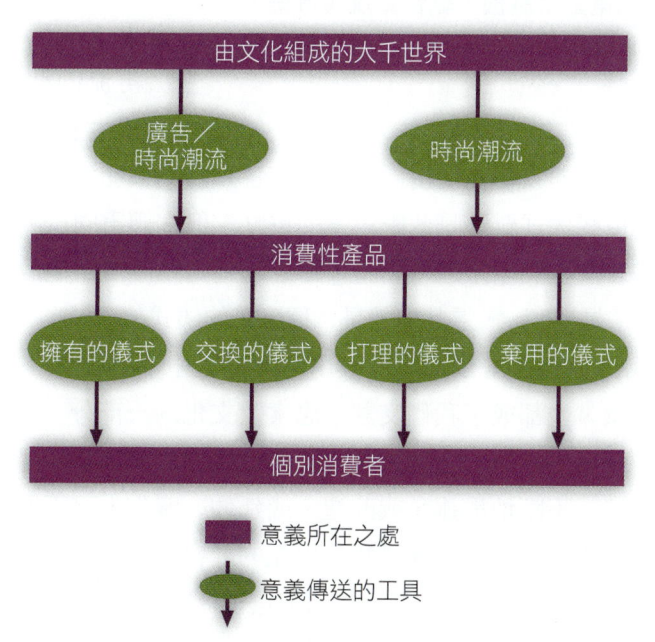

圖 4.8　意義的流動：廣告與時尚潮流如何把意義轉送到銷售的流程。

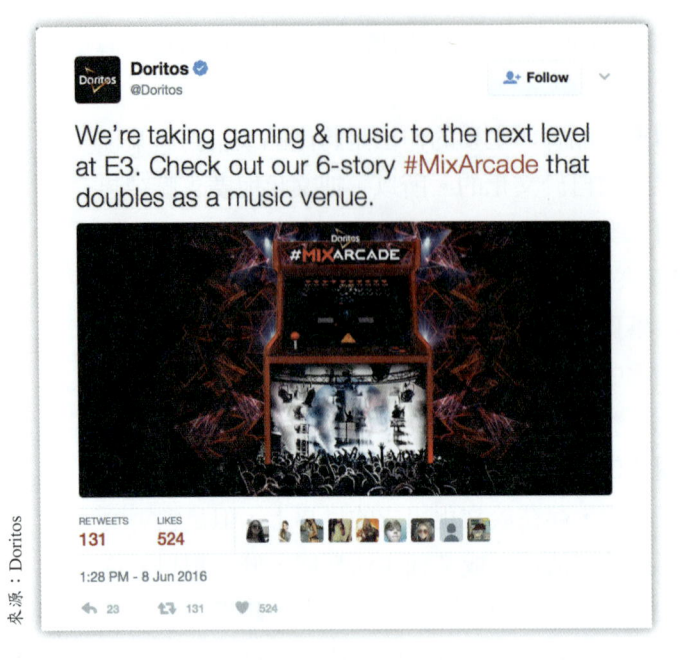

圖 4.9　多力多滋在世界最大的電競場上，打造 6 層樓高的超大多力多滋電動遊戲機，結合電玩與音樂，也使觀眾把這個零食品牌與生活的片段（音樂會）強力聯結在一起。

來源：Doritos

境下，使得產品被賦予了社交的意義。消費者也渴望在這生活片段中，也就是社交情境中來找尋自我。

根據麥克奎肯的模式，在廣告的架接下，意義由世界流向了產品（多力多滋零食），廣告企圖使其閱聽眾把兩者（文化意義與產品）無縫接軌，使兩者密不可分。當消費者購買或使用產品時，把產品納入了生活的一部分，於是，意義又流向各個消費者。這也就是意義如何從世界流向產品（經由廣告）再流向個人的過程。當消費者在使用產品時，也把這意義傳送給他人。在使用過程中還有各類儀式來加速意義從產品到消費者的流動。這些儀式雖不是此處討論的重點，但它們雷同於我們在本章稍早所述。例如，當我們剛搬進新居時，總急著到處貼貼掛掛擺放個人的裝飾品，來宣示「這是溫叼」，這其實就是一種擁有的儀式。

廣告已成為我們日常景況、遣辭用語、真實生活的一景。廣告中的人物、對白與建議，也都成了我們交談、思索及文化的一部分。大人、小孩、家人、同事，還是脫口秀的主持人，也經常把廣告中的字句、標語、點子、議題，掛在嘴邊，不斷地重述、或改造、或延伸。廣告，已不單單只是存在於社會文化情境之中，它其實就是我們現在的社會文化。如果你想要做好廣告，那就好好去了解當代文化，了解如何把它帶進廣告與品牌之中。

5 市場區隔、定位與價值主張

學習目標

在閱讀本章並思考其內容後,你應該能夠:
1. 了解 STP 行銷過程。
2. 描述行銷人用以鑑別區隔的各種基礎。
3. 了解針對一區隔來設定目標對象的基準。
4. 識別定位策略的重要元素。
5. 檢視塑造品牌價值主張的重要成分。

在前面章節中，我們學習在廣告與 IBP 環境中，分析消費者行為。本章，我們聚焦在此環境中的另一層面分析：市場區隔的過程、目標對象的設定、定位及價值主張（如圖 5.1 所示）。這些對於 IBP 的效用來說是非常重要的。

第一篇　商業與社會中的廣告與品牌整合行銷傳播

廣告與品牌整合行銷傳播的世界（第1章）

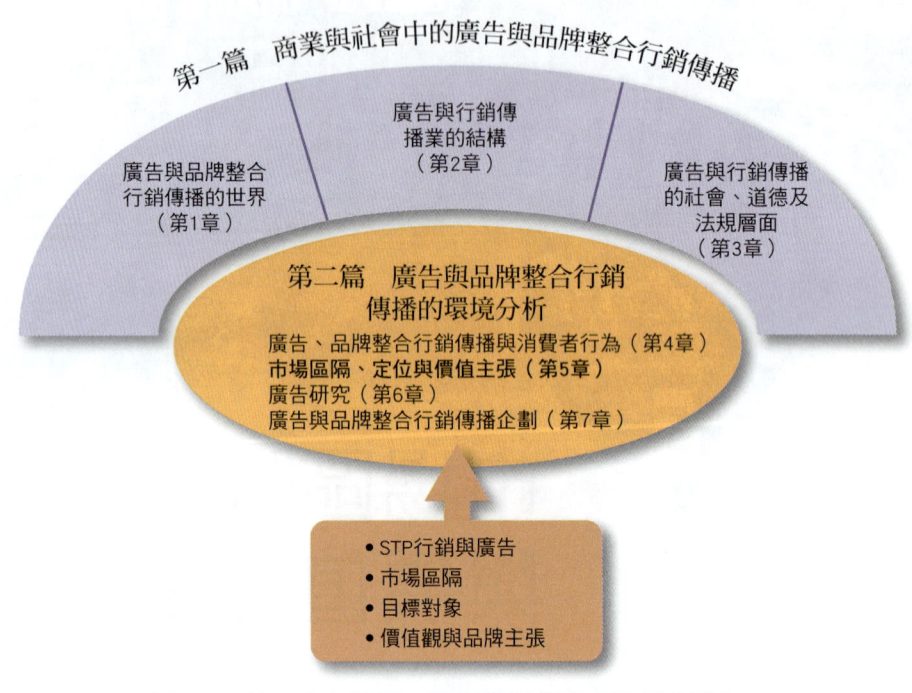

廣告與行銷傳播業的結構（第2章）

廣告與行銷傳播的社會、道德及法規層面（第3章）

第二篇　廣告與品牌整合行銷傳播的環境分析
廣告、品牌整合行銷傳播與消費者行為（第4章）
市場區隔、定位與價值主張（第5章）
廣告研究（第6章）
廣告與品牌整合行銷傳播企劃（第7章）

- STP 行銷與廣告
- 市場區隔
- 目標對象
- 價值觀與品牌主張

圖 5.1　第 5 章架構圖，顯示分析環境時的部分重心。

LO 1

5-1 STP 行銷與廣告

極少有廣告是對著所有人的，這是極浪費又無謂的。因為，並不是所有人都需要你所販售的東西或服務。所以，廣告人通常需要**區隔**（segment）市場──這也就是說，把大市場區分為一塊塊子市場，然後聚焦在這一個或數個區隔下的市場。接著，廣告與 IBP 必須對準這些區隔內的**目標對象**

（target）。繼而，再根據區隔的市場進行品牌的定位（positioning）。所謂定位意指給予品牌一個相對於競爭者的定義。連接上述的 Segment、Target、與 Positioning，稱之為行銷 STP（STP Marketing）。也就是說，市場是區隔下的；區隔內的消費者是鎖定的目標對象；且品牌是定位好的。雖說 STP 主要由行銷人來擘劃，但愈來愈多的情況是廣告人與 IBP 專業者一同與行銷人合作，畢竟，最後還是要到廣告人及 IBP 專家手上來延展訊息，傳達品牌的意義。

在許多產品品類方面，我們會發現不同的消費者會尋求不一樣的東西，所以，針對這些形形色色的不同市場需求，企業可能針對各個區隔分別開發不同的品牌。譬如希爾頓（Hilton）旅館集團即擁有超過一打的旅館品牌，有的是假期旅遊型的飯店、有的是商務或會議性質的飯店。有的是針對需要一個可負擔得起的歇腳處的年輕千禧世代，如旗下的 Tru by Hilton 飯店。有的則是鎖定追求高端奢華享受的旅客，如旗下的華爾道夫飯店（Hilton's Waldorf Astoria），提供頂級及客製化的服務，各類設施一應俱全。

LO 2

5-2 市場區隔

STP 的第一步即是把大範圍的市場打散為較易處理的子市場（submarkets）或說一個個的消費者區隔，這就是所謂的市場區隔（market segmentation）。市場區隔的方法有很多，但要謹記的是區隔出的市場必需具有某種共同特性，具有這樣的共通性才會使得區隔內的消費者對廣告或 IBP 活動特別有感。此外，區隔是否致效，廣告人還必須將品牌資訊傳遞到區隔內。這也就是說廣告人必須鑑別區隔內消費者所接觸的媒體，如此才能有效觸及到這群人。

區隔市場的方法眾多，較普遍的作法是依據使用型態與使用程度、人口統計特徵與地理區域、心理特徵與生活型態，以及消費者所尋求的利益點。在實際操作上，常並用上述數個方法來鑑別並描繪所選的區隔。

5-2a 使用程度

最常用來區隔市場的方法之一，就是根據消費者對品牌的依賴或說使用程度。對大部分的產品或服務而言，有的使用者買的既比旁人多，也比旁人勤，這類型消費者常稱為**重度使用者或大宗客戶**（heavy users, committed users, lead users）。傳統上常占據了銷量的 20%，但這數字也不是絕對的。由於重度使用者對於產品銷售具有舉足輕重的影響，所以自然成為了市場區隔鎖定的目標所在。另外要注意一點，一般而言，使用者會比非使用者（nonuser）更會記得品牌的廣告。

然而，目標對向散客（這些偶一為之的少量購買者），促使他們由嘗試一下開始，也不失為一種導引他們逐步走向品牌忠誠之策。例如美國紐約的共享腳踏車服務「城市單車」（Citi Bike）已有一群忠誠客戶，他們每年付費成為固定會員，享受自由騎乘之便。但城市單車公司把目標轉向那些只租借一天或一週的輕度使用者，希望促使他們也成為恆定的使用者。於是該公司改換每台單車租借系統上的符號，簡化租借手續，還把租借程序圖像化，來吸引首次使用者來試試。結果，這番更動後，僅僅一個月，輕度使用者即增 14%。

雖然很多時候行銷人聚焦在重度使用者的區隔上，但這樣做不是沒有潛在弊端。譬如說這些忠誠顧客即使沒有積極鼓動，他們也仍會持續購買。把資源和重心全放在他們身上，反而犧牲了那些需要鼓動來購買的一群。重度使用者他們的消費動機、對品牌的親近及品牌在其眼中的形象是迥然不同於一般使用者。這些人之所以成為重量級買家，有可能是因為品牌的價值，也有可能是因為品牌帶有社交性意味。

5-2b 品牌轉換者與嚐新求變者

品牌轉換者（switchers）是指經常因為特價或折扣等各式價格誘因而購買不同品牌的消費者。無論是基於價格誘因，還是大量廣告，品牌轉換者對競爭而言，是花費高又獲利有限的一類區隔。許多花在這群人身上的力氣，所獲得的勝利猶如曇花一現，無怪乎廣告圈中的俗諺「隨著促銷而來的生意，隨著促銷截止而去」。至於**嚐新求變者**（variety seekers）雖也常變換品

圖 5.2　多力多滋玉米脆片針對消費者嚐新的需求，提供多樣口味，也相對應有不同的 IBP。這種策略可防堵消費者想從招牌口味變換點花樣時，不至於轉至競品。

牌，但並非著眼於價格誘因，而是喜新厭舊想變點花樣。有鑑於此，許多公司不斷地在品牌內提供層出不窮的選擇。例如多力多滋玉米脆片每年推出各式新口味（見**圖 5.2**），這可滿足嚐新者追求變化的新意，而不致於轉換至競爭品牌那兒。

　　注意到目標對著不同的區隔，IBP 策略也會有所不同。譬如希爾頓飯店即採多重品牌 IBP 策略，有多重的目標區隔、多重的品牌延展，也提供嚐新求變者多重的選擇機會（見圖 5.3）。

5-2c 突現的消費者

　　這類消費者帶給某些企業重要的商機。在許多產品品類裡，有些逐漸湧現出的初次購買者，這些購買時機如大學畢業、結婚、生子、新工作、高升、或退休等。移民也是對許多產品而言，會突如其來湧入一群消費者。

這些**突現的消費者**（emergent consumers）各有許多因素使然，但共同的特點是：他們的品牌喜好正在建立中。以他們為目標時，傳播訊息能貼合他們的年紀或社交情況，雖短期效果或許不顯著，但最終衍生而為品牌忠誠者，則將帶給企業莫大的收穫。為贏得這些首購族之心的廣告活動俗稱為「**入門行銷**」（point-of-entry marketing）。以 Folgers 咖啡為例，想要打入新一代開始喝咖啡的消費者。許多人開始認識咖啡是從青少年時期，且容易受到咖啡巨人如星巴克或 Dunkin' Donuts 的吸引，但這也同時是開始在家煮咖啡的時候，Folgers 發現了在廚房裡有機可趁的機會了。

於是 Folgers 針對正要開始養成咖啡飲用習慣的千禧世代發動首波廣告，希望這些正開展其每日早晨自己煮杯咖啡的儀式中，把 Folgers 列為首選。但棘手的是，如何把一個爺奶牌咖啡連接到新世代的選擇？Folgers 和廣告公司合作，體認到早晨不輕鬆的一面，滿是無聊的電子郵件和惱人的老闆指示。宛如麻煩的「晨間人物」（morning people）似的，於是在廣告影片中把 Folgers 視作是咖啡飲用者對抗「晨間人物」的第一道防線，除了部分的平面廣告外，這支影片目的在把流量導入了品牌官網。

圖 5.3　希爾頓飯店的 IBP 行動。
希爾頓飯店集團根據市場區隔採行多重品牌策略，並靈活運用廣告與 IBP 的力量。有的廣告是為旗下某單一品牌，有的則是為眾家品牌，這些訊息各有不同的訴求方式來吸引不同的嚐新求變者，或是為商旅或是為遠離日常的放鬆尋樂之遊。

來源：Source: Hilton Hotels & Resorts

Folgers 並沒有在這支影片上投擲媒體預算，而是放在三個年輕人喜歡流連的網站，當社群媒體上年輕人開始聊到這影片後，網站點閱率開始激增，YouTube 上也湧現愈來愈多的瀏覽量。廣告公司再繼續推出新一波廣告及其他 IBP 工具，例如一個巧妙的無線裝置亞馬遜快速按鈕（Amazon Dash button），可以輕鬆簡單如按個鈕一般訂購下單 Folgers 咖啡（見圖 5.4）。

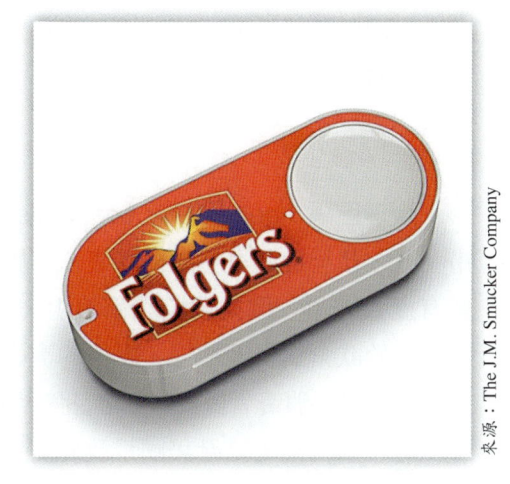

圖 5.4　Folgers 咖啡的創新訂貨裝置：亞馬遜快速按鈕。

來源：The J.M. Smucker Company

5-2d 人口統計特徵

人口統計區隔（demographic segmentation）廣泛用於市場區隔及選擇目標對象，包括年齡、性別、種族、婚姻狀態、教育程度、職業、收入等。這些人口統計資料極具價值，因為當廣告人知道區隔內目標對象的人口統計特徵，就更容易選擇適當的媒介來有效觸及目標對象。在現今大數據的時代，廣告人可以鑑別出某一群體——甚或是個別的消費者——的需求與特徵，結合了人口統計能夠更精準地區隔與設定目標對象。

人口統計常與其他變數併用，以描述或刻劃區隔。例如，先以產品的使用率來區隔市場，然後再以人口統計特徵如年齡或收入，來進一步描繪其使用者。再以希爾頓飯店為例，發現到千禧世代旅遊頻繁，對飯店住宿而言是很不錯的人口統計區隔。再進一步結合其他變數來深入了解此區隔的需求。發現到千禧世代極度仰賴行動裝置，於是希爾頓開發品牌的 app，方便目標族群來選房間及辦理入住，深受此區隔的歡迎。

人口統計也經常用作市場區隔的起始點。譬如對家庭旅遊而言，家人常一起規劃，此時，人口統計特徵就成為觀光業選擇目標對象的主要考量。像是有小孩與沒小孩的家庭就差別很多。例如昆士蘭內陸旅遊協會（Outback Queensland Tourism Association）為推廣澳洲內陸區域的觀光，針對家庭推出

了社群與數位媒體的傳播計畫，包括了旅遊網站及數位內容等，強調親子間探索荒野大地的共享經驗。

5-2e 地理位置

地理區隔（geographic segmentation）可以國內的區域、州、省、縣、市、區、甚至是鄰里為劃分基礎。氣候和地形特徵會造成某些區域的產品消費有極大差異，例如雪胎和衝浪板。但也有些地理造成的差異並不那麼明顯。至於飲食與料理習慣、娛樂的喜好、休閒活動及許多生活型態都隨著地理位置而異。消費者對全球知名品牌及廣告的反應，也是各國各有不同。

近年來行銷人結合美國戶政局的人口統計資料與民眾居住區域資料，形成了地理人口統計區隔（geodemographic segmentation）。此種區隔以郵遞區號為單位，區隔內有相同的人口統計特徵。這類系統以 PRIZM 為例，就以全美郵遞區號區劃出 66 個市場區隔，每一區隔內有類似的生活型態，譬如說在 PRIZM 系統中名為「美國夢」（American Dreams）的區隔，是由許多都會區的中產收入家庭所組成，其中超過一半以上都是各種不同的種族。此一區隔的品牌喜好與名之為「青農」（Young Rustic）區隔者截然不同。青農區隔主要是居住於鄉村的低收入家庭。PRIZM 這類的系統提供各區隔的深度描述，且又能精確鑑認出區隔的所在位置，所以應用很普遍。

5-2f 心理特徵與生活型態

心理特徵（psychographics）是廣告人在 1960 年代中期創造的名詞，是一種著重於了解消費者活動（activities）、興趣（interests）與意見（opinions）的研究形式（簡稱為 AIO）。許多廣告公司想要深入洞察消費者的動機，而人口統計的各種變項（如年齡、性別等）並無法滿足廣告人的這層需要。於是發展出 AIO，藉由刻劃心理特徵來補充人口統計資料的不足。也因為此法將重心放在消費者的各類活動、興趣與意見上，可以挖掘出各種區隔的生活型態差異，所以也衍生出生活型態區隔（lifestyle segmentation）。如果能了解區隔中目標對象的生活型態，對於創作廣告訊息是非常有價值的，能使消費者感到更加真實與貼近。

第 5 章　市場區隔、定位與價值主張

來源：Vans, A VF Company

圖 5.5　備受喜愛的品牌 Vans，把它的原創鞋以心形排列。

　　生活型態區隔或心理特徵區隔可以聚焦於單一產品，也可以是應用到許多不同產品或服務的區隔。製鞋品牌 Vans 就是以心理特徵為其休閒鞋作市場區隔。Vans 過去以滑板及衝浪運動者為其主力市場，它是以生活型態而非僅只以年齡為基礎。從心理特徵中鑑別出渴望創意表達自我的一群，於是打破年齡界限，鎖定的是以鞋子來表達個性的消費者。所以 Vans 抓緊心理特徵區隔，以不同的行銷與廣告創意吸引不同的族群。例如它的限量版工藝風格鞋是針對渴望展現創意的區隔，復刻經典滑板鞋則是為了死忠的街頭滑板區隔。由於成功的心理區隔，Vans 每年的全球銷售超過 30 億美元。圖 5.5 呈現出消費者對 Vans 品牌的喜愛。

5-2g 尋求利益點

　　另一個由廣告研究者提出的區隔方法是**利益點區隔**（benefit segmentation）。以此法進行區隔是基於消費者從各個相互競爭的產品與品牌中，各自尋求不同的利益點，因此以不同消費者渴望的各種利益來描繪所鎖定的區隔。例如每個人對車子追求不同的利益，有的人希望高效穩定的機械性能，有的人追求速度、刺激、駕馭感，也有的人想要豪華、舒適與尊榮。一個產品難以滿足這各式各樣利益點區隔下的目標對象，所以，像豐田汽車的作法是以旗下 Prius 汽車的環保永續與省錢經濟的兩大利益點，作為產品推廣的訴

來源：Toyota Motor Corporation

圖 5.6　在這則 Prius 汽車廣告中，豐田汽車以汽車的排氣量比擬綿羊的排放量，巧妙地與綠色消費者區隔傳達環保訴求。

求重點，來對準那些愛地球同時又想省荷包的區隔。事實上，豐田汽車是運用了多種變數來鑑認 Prius 的購買者，包括年齡、收入、對環境的意識、與科技面的使用情況等。豐田汽車的各式車種也是朝向不同的利益點區隔，例如行駛崎嶇路面的四輪傳動 SUV，以及氣派豪華的 Acura 房車。每一種車款的行銷都針對不同利益點區隔的目標對象，作適切的 IBP 活動。圖 5.6 即顯示豐田汽車如何與具有環保意識的所謂「綠色」消費者對話，同時又不忘帶著幽默。

5-2h　B2B 市場區隔

　　截至目前為止，我們討論的都是消費者市場（consumer market）區隔。消費者市場指的是個人或家庭為滿足所需，所購買的產品或服務的市場。這類一般消費品或家用品的行銷往往有別於企業對企業（business-to-business, B2B）的行銷。企業市場（business market）是指組織機構的購買，這類購買的項目可被用作生產其他產品或服務，也可被再售予其他企業或家庭。雖然廣告盛行於消費者市場，但許多產品或服務，如手機、快遞服務、諮商服務、商用事務機及電腦支援服務等等，更是遍及世界的企業對企業行銷。因此，市場區隔策略對 B2B 市場而言是一樣重要的。

企業市場的區隔可以採用之前所述的一些方法，例如，使用程度與地理位置。各個企業客戶的使用量與所在區域不同，所以這些變數不失為企業市場區隔的基礎。

最近美國芝加哥市區的希爾頓飯店就以商務會議及集團活動作為企業市場區隔。並因此分為五個目標產業，包括財務金融業、科技業、運動業、醫藥業及協會聯盟類組織。針對不同的產業決策者，建立不同的數位內容，就連每一頁內容所使用的語句、陳述都合於該產業的專業用語，且特別強化不同產業所尋求的利益點與特色。例如針對醫藥界設計的餐食，有特別的保健菜色可選。針對科技業則格外強調高速飆網的 Wi-Fi 環境配備等。

LO 3

5-3 區隔的選擇順序

無論是採使用狀態、人口統計特徵、地理位置、利益點，或綜合上述的多項組合，市場區隔後形成了許許多多的區塊，對廣告商而言各有不同的吸引力。在進行 STP 行銷時，廣告人必須從這各式的區隔中選出一個子集合，成為行銷與廣告計畫的目標對象。

或許，在選擇區隔時最基本的準則是思考：區隔內的消費者想要的是什麼？而本企業有能力提供的又是什麼？每一個企業組織都有其優勢與弱點，在選擇區隔時，企業組織應想清楚自己是在製造面或顧客服務上或某方面有獨具的優勢。要服務某一區隔的目標對象，企業組織則必需有能力或有實質的資源，能滿足這區隔的需求。如果要具備這能力的代價過高，則企業組織必須放棄這區隔，而選擇另一個區隔。

另一個思考點是區隔的大小以及區隔的成長潛力。區隔的大小意謂著區隔內的個別消費者、家庭或企業單位的數量，以及他們對產品的購買意願。在估算一區隔的大小時，廣告人須謹記區隔內重度使用者的數量，因為，或許這群人數量很少，但其使用量是極其驚人的。此外，也不能單單只看目前的大小，需知區隔是變動的，不少行銷人就是把資源投向有高度成長力的區隔。譬如 50 歲以上的銀髮族區隔，其購買力與成長率皆不容小覷，成為許多

公司對準的區隔。

第二個考量是投資報酬率（return on investment, ROI）。雖然這難以精確預估，但還是要好好估算。隨著愈來愈多的行銷分析工具，投資報酬的預測也會更加明朗。

第三個選擇基準是考量競爭範疇（competitive field），也就是衡量在同一區隔內競爭生意的公司。廣告商總會先打量一下競爭範疇，再決定自己是否有獨具的專擅或充裕的預算，可以更有益地服務這一區隔。我們常形容某家企業「獨攬」某一市場區隔，這也使得對於已經有競爭對手耕耘得很不錯的區隔，行銷人往往裹足不前。但這其實有可能會錯失良機呢。

利基行銷（niche marketing）就是一種「小而美」（small-is-better）的區隔法則。利基市場是存在於一區隔內相當少的一小群消費者，其具有獨特的需求，或說尋求特殊的利益點。由於利基市場的規模小，許多企業可能覺得無利可圖。但是，如果某公司可以鑑別出此利基市場的需求並進而開發商品，而其他競爭者推出仿冒品來進軍此利基的機率又並不大，所以風險比較低。

隨著大眾媒體分解為許多複雜又紛眾的多元傳播載具，廣告可以藉由社群及數位媒體精準對向目標族群，因此，利基行銷也會逐步擴大。或許在剛開始時，利基市場很小，但一段時日後，可能成長為可觀的一個區隔，吸引著更多的消費者，當然少不了也吸引了其他的競爭者進入。2007年Chobani開始販賣希臘風味的優格時，還只是一個市場量很小的利基。但當Chobani開始攻城掠地進入美國主要的各大連鎖超市，且急速開發更多新品時，競爭者們也開始嗅到了消費者對此產品的歡迎，於是也跟進推出競爭品。現在，希臘優格幾乎已占據全美優格銷量的一半，再也不是當年那個小小的利基市場了。圖5.7即是Chobani整合行銷傳播的

來源：Chobani, LLC

圖5.7 Chobani優格的廣告發揮了品牌的整合力量，一方面連結奧林匹克運動贊助，一方面也在社群媒體上靈活操作。

第 5 章　111
市場區隔、定位與價值主張

策略之一，贊助奧林匹克運動賽事。同時，該公司也不忘在社群媒體上標籤 #沒有不好的成分（#nobadstuff）。希臘優格利基市場的加大，有一部分得歸功於先來後到的眾家品牌的大量廣告與 IBP 投資。

5-4 對準目標

當決定好要聚焦哪一個或哪幾個區隔後，下一步就是如何來對準他們。雖然這牽涉到媒體企劃，我們會在第 11 章細述。但鎖定目標也跟區隔及定位有關，所以，在此我們先記住，對準目標旨在有效傳遞品牌訊息給所選擇的區隔。

LO 4

5-4a 定位與重新定位

定位或重新定位是件有趣的事，此時廣告與 IBP 專家一起共商雕琢所欲打造的品牌意義。試想蘋果與三星，他們的品牌位置有何不同？如同圖 5.8 所示，蘋果一直以來以各種實境或線上活動來突顯蘋果如何以各式革新產

來源：Apple Inc.

圖 5.8　蘋果保持其一貫現代感且革新性的品牌定位。當新創產品上市時，它以獨特的虛擬活動來接觸大群果粉。

品，如蘋果電視、蘋果手錶、蘋果支付、蘋果音樂等，來貫徹品牌精神「不同凡想」（think different）。

同時，蘋果的競爭對手三星，也整合名人、社群媒體、廣告等 IBP 計畫來定位品牌。三星將品牌定位為真實的「做自己」（#BeWhoYouAre）（見圖 5.9）。有鑑於 2016 年三星手機的爆炸事件，三星與官方合作夥伴提出了一年保證的聲明，以此來鞏固產品品質的品牌地位，在當時是確為重要的。

定位的核心宗旨是去探索品牌相對於他牌的意義。如果是新品牌的話，想一想：塑造出來的品牌意義是怎樣的風貌？如果是老品牌的重新定位或說品牌意義的改變，也同樣想一想：本品牌相較於其他品牌，究竟帶給消費者怎樣的意義？一旦確認清楚，就可以透過廣告及 IBP 將新定位（的意義）投射到消費者腦海。

來源：Samsung Group

圖 5.9　三星在追求更現代潮流感的同時，也站在一個更個性化的高科技品牌定位。

5-4b 定位的機會所在

　　InterBrand 是世界知名的品牌顧問公司之一，其最為人熟知的即是每年發布的全球品牌價值排行榜。該公司前任首席顧問，品牌專家 Anne Bahr Thompson 提出了一個定位模式（見圖 5.10），其中，有四個重疊的圓圈代表四個因素，而這四大因素的交會點即視為是品牌定位的最佳機會所在。此四大因素分別是：

- **相關性**：與消費者最強的聯結點在哪裡？消費者潛藏著的需求是什麼？
- **差異性**：品牌較之於他牌有什麼明顯的不同？
- **可信度**：消費者相信品牌立於這樣的位子嗎？
- **延展性**：隨時間變化，品牌的意義依然有所關聯嗎？有助於品牌的延伸擴展嗎？

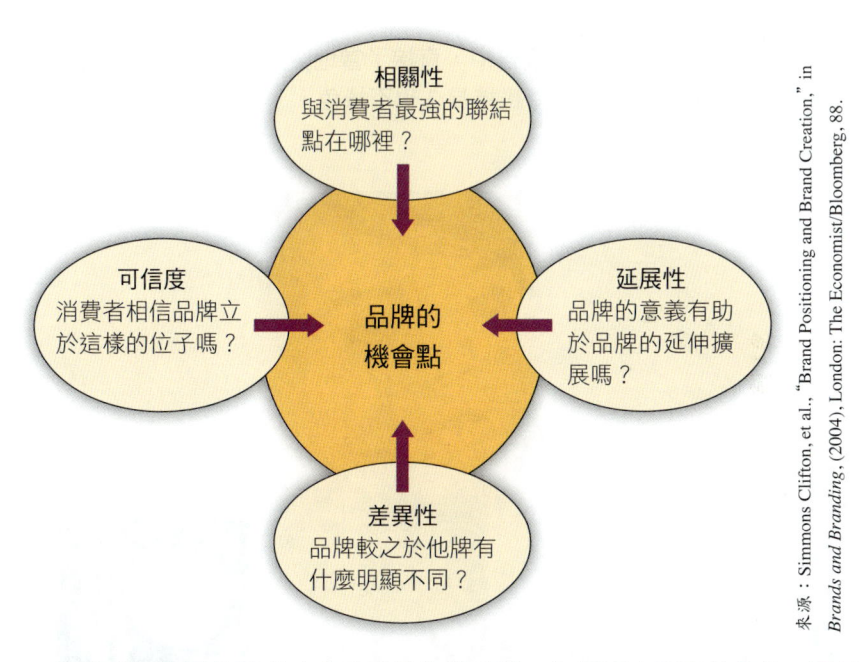

來源：Simmons Clifton, et al., "Brand Positioning and Brand Creation," in *Brands and Branding*, (2004), London: The Economist/Bloomberg, 88.

圖 5.10　此模式圖顯示品牌成功定位的最佳機會點，包括四大要素的彙集：目前品牌與消費者的相關度、消費者對品牌的信念、品牌獨具的差異點、未來與消費者持續有關聯的延伸潛力。

要確認品牌定位是否理想，則上述這四項答案都必須是 Yes，這樣的定位才適切又長久。例如亞曼尼（Giorgio Armani）口紅定位在奢華及唇彩持續長久上，其與消費者具相關度、信任度、與一般唇膏的特點均有明顯差異，坐擁此一市場之領導地位（見圖 5.11）。

至於競爭者香奈兒（Chanel）呢？一樣也站在奢華精品的位置上，但並沒有強調產品特點／利益點（見圖 5.12）。香奈兒一向擅長走形象路線，總是不怎麼著墨於產品特性，而是亮出品牌的形象。

來源：Giorgio Armani S.P.A.

圖 5.11　從這則亞曼尼口紅廣告中，直接了當地突顯品牌的奢華精品地位以及傲視他牌的產品利益點──唇彩維持長久也不掉色。

來源：Chanel S.A.

圖 5.12　香奈兒，有別於亞曼尼，打形象牌廣告來突顯其高端奢華的品牌地位，並不打算在廣告中強打產品特色或利益點。

5-4c 定位策略致效的要則

有效的**定位策略**（positioning strategy）包含了三大要素。其一是奠基於企業組織所做的具有意義的承諾，對目標區隔提供實質的價值。再者，這策略必須是前後一致，不時時變動的。而且，策略主軸必須是簡明又獨特的。一一分述於下。

✏️ 履行承諾

定位策略若想恆久有效，企業組織就必須實踐為消費者帶來實質的價值。我們稍早提及的豐田汽車 Prius 即是如此。Prius 長久以來為人所熟知的定位是一輛「綠色」車（譯注：喻環保）。從一開始 Prius 即是所謂的油電混合車，引擎同時可用汽油或電力帶動。時至今日，這樣的環保定位的承諾依然不變，甚至繼續推出更友善地球的車種，如 Prius Prime。年復一年，豐田汽車藉助廣告與 IBP 來證明它們是如何實踐「綠色車」的承諾，所以，即便有其他新引進的廠牌，在大眾眼中 Prius 始終在環保車系中保持著一哥的競爭地位。

✏️ 保持一致

定位策略必須整體一致，且持續一致。整體的一致性意謂著內部一切必須統整，以強化在消費者眼中對品牌獨具的認知。例如 Prius 汽車就從未更改過其定位，不論旗下引進多少新車種，始終緊緊擁抱著「綠色」的核心主張。這樣的鮮明旗幟也使得 Prius 清楚傳遞品牌與其他競爭者的差異。

定位的一致性之所以重要，是因為消費者有所謂知覺防禦，會刻意隔絕或忽略許多接觸的廣告訊息。要打破這層屏障來建立品牌位置是一大挑戰。如果能保持定位的一致，則這工程要容易許多。像 Prius 汽車廣告一年到頭都傳播著同樣的中心主軸，這樣的訊息設計容易撥開層層阻撓，建立消費者對品牌的穩定認知。另一個例子是 BMW 汽車，多年來的廣告標語「終極駕馭之器」（Ultimate Driving Machine）一直沒變。BMW 始終不渝透過廣告標語將品牌的定位：豪華、高性能與駕馭之樂，深植於消費者心中。

簡明獨特

簡單直接地傳遞獨具的特點是廣告的重要任務。無論產品有多少引以為傲的特色，如果消費者一個都沒知覺到，那還是白搭。在消費者每天匆匆過眼的廣告中，有多少被忽略、曲解、忘記？所以愈是複雜的、千篇一律的訊息，愈是沒有機會擠進消費者腦海。定位策略的基本前提就是要簡單明瞭又獨具一幟，才能有效地傳達到區隔中的目標對象。

5-5 價值主張與品牌宣言

品牌定位通常可歸結為品牌的價值主張、品牌的承諾、或是品牌的宣言。事實上這三者講的是同一件事。在本章中我們已就品牌的定位策略提出許多重要觀點，這些與打造及維繫品牌的廣告活動密切相關。行銷人必須審視消費者的區隔、目標的市場及相關競爭位置，如此才能制定品牌適當的廣告與 IBP 傳播主軸。

價值主張（value proposition）統整了我們先前所強調的消費者利益點，轉化為一兩句的陳述，說明品牌帶給消費者的價值。**品牌承諾**（brand promise）是同樣觀念的另一種說法，把品牌對消費者的允諾表述出來。以麥當勞為例。

麥當勞的價值主張

- **功能面利益點**：好吃的漢堡薯條、快速的服務；額外的利益如兒童遊戲區、抽獎活動、超值餐、遊戲等。
- **情感面利益點**：對兒童來說──樂趣與驚喜（如麥當勞兒童慶生會）。對成人來說──溫馨（與孩子共享歡聚的時光）與欽佩（麥當勞的眾多社會慈善義舉）。

另外一種摘述方式是「全部兜在一起」，也就是**品牌宣言**（brand platform）。

第 5 章　市場區隔、定位與價值主張

> 品牌宣言（brand platform）是品牌長久持續的核心思想，代表著與目標對象相關的品牌願景或抱負。

5-5a 開始啟動

　　廣告學者 Esther Thorson 與 Jeri Moore 提出一個策略性規劃三角形，此一模式把我們在本章中所述的重要觀點集結起來。如**圖 5.13** 所示，這策略規劃三角形的三頂點，分別是選擇區隔以作為目標對象、品牌的價值主張、與達成目標的各項說服工具。

　　由此圖可知，STP 行銷的起始點是在於找出誰是品牌的消費者或有潛力的消費者，且他們的需求是什麼。因之，Thorson 與 Moore 兩位學者把鑑認欲鎖定的區隔與詳述目標對象置於模式圖的頂端。在廣告主與廣告代理商之間，取得目標區隔的共識是極為重要的，會影響廣告的成敗。那些令人矚目的絕佳廣告總是在企劃之初，便深入洞察區隔內的目標對象，把它們作精確

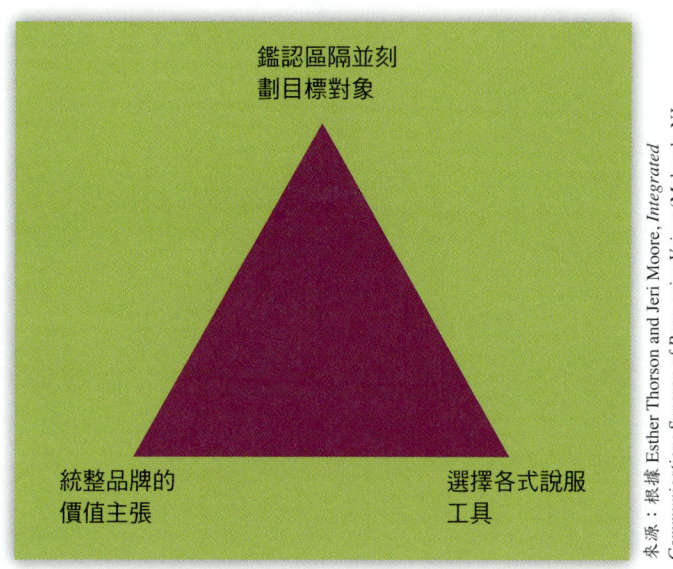

（三角形圖：頂點「鑑認區隔並刻劃目標對象」、左下「統整品牌的價值主張」、右下「選擇各式說服工具」）

來源：根據 Esther Thorson and Jeri Moore, *Integrated Communication: Synergy of Persuasive Voices* (Mahwah, NJ: Erlbaum, 1996).

圖 5.13　Thorson 與 Moore 的策略規劃三角形，有助於達成綜效。

又貼切的描繪。

策略規劃三角形的第二個重要頂點是在具體詳述品牌的價值主張。品牌的價值主張是陳述有關品牌的功能面利益、情感面利益、兼或自我展現的利益。在形成價值主張時，一方面必須思考過去品牌所處的位置及傳遞給消費者所認知的位置，另一方面也要思考未來品牌希望帶來怎樣的新價值或額外附加的利益點。對於成熟期的成功品牌，廣告與 IBP 的主要目標可放在繼續鞏固現有的價值主張上。而對於新上市的品牌，則可以透過訊息內容的整合，來逐步建立品牌的價值主張。

策略規劃三角形的最後一個頂點是詳加考量各種說服傳播工具，我們將在本書第四篇與第五篇細述。其中，第 11 章與第 12 章的重心在傳統大眾媒體工具；第 13 章則關注數位、社群與行動等新媒體的選項；第 14 章介紹支援性的媒體以及促銷；第 15 章會檢視各類活動、置入及品牌的娛樂內容操作；第 16 章將討論直效行銷與人員銷售；最後，第 17 章闡釋公共關係、意見領袖（網紅）行銷及企業廣告等。我們必須要了解區隔出的目標對象、品牌的價值主張，進而才能慎選適切的傳播工具，以有效執行品牌整合行銷傳播計畫。

6 廣告研究

學習目標

在閱讀本章並思考其內容後,你應該能夠:
1. 解釋廣告的發展性研究的目的與方法。
2. 辨識可用於品牌整合行銷傳播規劃的次級資料來源。
3. 討論文案研究的目的與方法。
4. 討論廣告刊播後可使用的基本研究方法。

廣告與品牌推廣的研究主要是在廣告的發展、執行或評估階段所進行的研究。研究是在進行環境分析時不可或缺的步驟，如圖 6.1 所示。

在這裡，我們先簡單的回顧一下研究在廣告與品牌整合行銷傳播中所扮演的角色。雖然在某些廣告公司（廣告代理商）中有所謂的研究專家或是正式的研究部門存在已超過 100 年的歷史，但真正的成長大約是在 20 世紀中期，1950 年代則是全盛時期。在這個時期中，廣告代理商設立了研究部門，主要原因是代理商想要更了解廣告究竟是如何運作的。透過科學化的廣告研究，廣告代理商才能對現代的消費者心理有更深入的了解。當然，經濟發展所帶動的消費也讓廣告代理商有能力成立研究部門。1960 年代則進入了廣告創意的年代，1970 年代仍舊延續創意的思考，但也開始考慮到消費者心理（consumer psychology）的重要性。到了 1980 年代初期，廣告代理商則開始

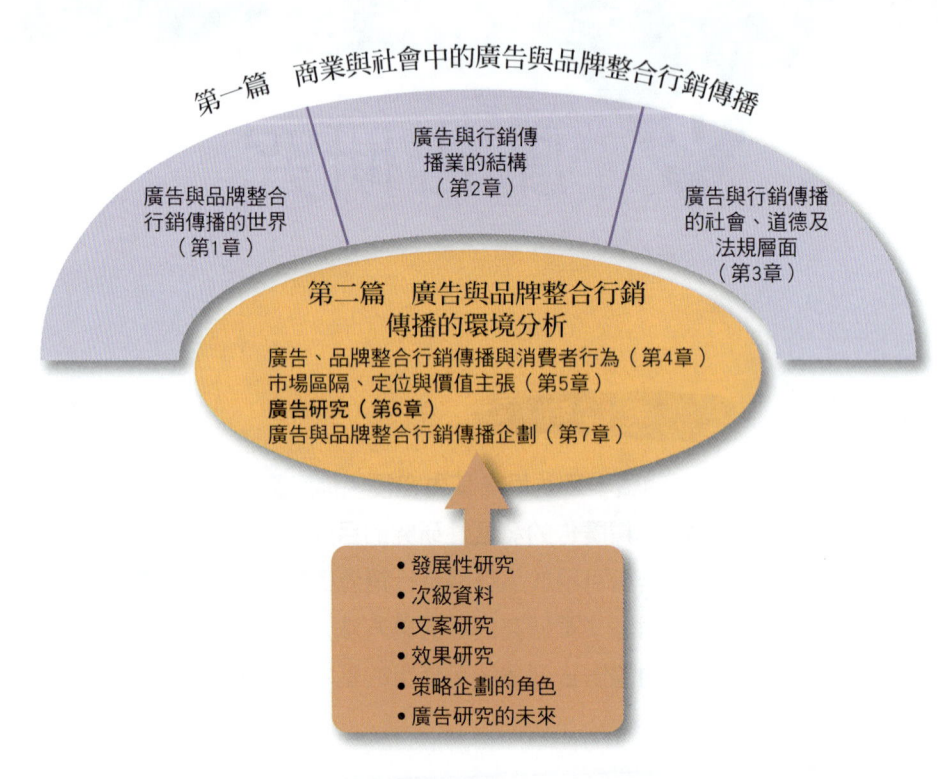

圖 6.1　廣告研究是廣告與品牌整合行銷傳播環境中重要的一環。

質疑早期使用的一些研究方法。在過去 20 年中，受到責任制度、利潤要求等因素的影響，廣告代理商不再覺得獨立的研究部門是不可或缺的要素。因此，現在很多的廣告研究是來自於顧問、學者及其他的供應商，而不是來自於內部研究部門。

目前，行銷人員進行三種類型的研究來協助廣告與品牌推廣活動的規劃：

1. 廣告與推廣的發展性研究：用於廣告製作之前
2. 文案研究：用於廣告將完成或已完成階段
3. 效果導向的研究：在廣告於市場刊播之後

6-1 第一階段：廣告與品牌整合行銷傳播的發展性研究

廣告與推廣的發展性研究主要是用來發掘機會與廣告訊息。透過廣告的發展性研究，可以協助創意人員、策略企劃人員（account planner）、數位策略企劃人員及品牌經理釐清目標閱聽眾的輪廓、閱聽眾的需求、使用期望、歷史及背景等在規劃過程中的重要議題。發展性研究提供一項重要的資訊——關於**消費者洞察 (consumer insights)**，廣告進入實際的廣告與品牌推廣訊息製作階段時，在發展性研究階段所獲得的資訊就能提供相當大的幫助。和消費者洞察相關的另一個概念是**對趨勢的偵測（trendspotting）**，也就是找出市場中新的趨勢。例如，在智威湯遜（J. Walter Thompson, JWT）這家廣告公司中就設有趨勢偵測總監這樣的職位，他們偵測到的一些新趨勢包括：人工智慧在藝術方面的運用、擴增實境及更自然、更友善的實體零售環境。趨勢的偵測以及對消費者洞察的了解，都能幫助行銷人員更整體的思考策略規劃，也就是所謂的設計思考。

6-1a 設計思考

設計思考（design thinking）是一種全新的思考方式，也就是讓行銷人與廣告人能以設計師的角度思考，無論所要進行的是研究、產品開發、廣告

或品牌推廣。設計思考是更深入挖掘消費者的需求，透過持續不斷的原型設計、測試、使用意見，並將品牌真正能提供給真實消費者的需求滿足呈現出來。設計師拋棄對產品或服務的既有成見，與使用者／潛在使用者共同創造產品或服務。例如，為什麼筆記型電腦都只能和現有筆電一個模樣呢？透過設計思考，微軟開發出「微軟 Surface Pro」的創新設計，將平板電腦和筆電融合成同一個裝置。其他運用設計思考的成功企業包括蘋果公司、可口可樂以及 IBM。對廣告人來說，設計思考可以幫助他們找出品牌對消費者真正的意義，有助於塑造後續的品牌意義。

6-1b 概念測試

概念測試（concept testing） 是透過消費者的協助，對新的概念提供使用意見。概念測試可用於篩選特定廣告的新創意，或者是評估新產品概念。

在新商品上市前，廣告主必須先對商品是否滿足消費者需求、消費者的願付價格等有深入的了解。廣告主可以運用不同類型的概念測試來了解消費者對新產品或新概念的看法。

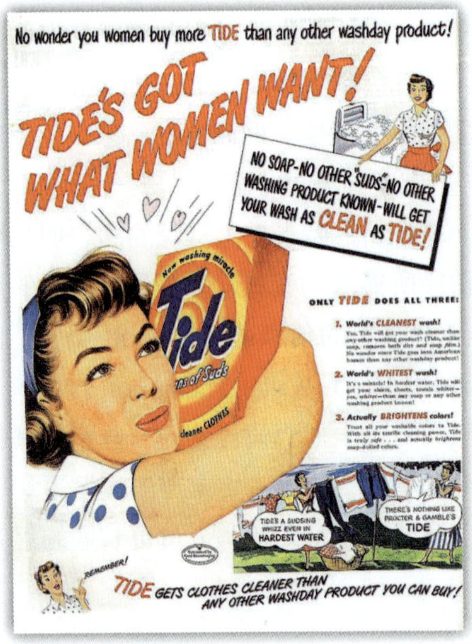

一個品牌已建立起聲譽之後，任何新的嘗試都可能帶來風險，此時就需要重新研究新產品或設計概念。以汰漬（Tide）品牌為例，幾十年來一直是家喻戶曉的品牌，如圖 6.2 所示。過往的廣告中，汰漬將女性描繪為家中使用洗潔劑的主要使用者。現在汰漬推出新的「洗衣球」型包裝洗潔劑（圖 6.3），這樣的新產品概念就必須進行概念測試來找出更現代化的定位以及要

來源：Procter & Gamble

圖 6.2　這是傳統的汰漬洗衣粉的廣告。在進行概念測試前，廣告主所推出的廣告可能無法引起消費者的共鳴，因此，在廣告推出前進行測試非常重要。

溝通的廣告訊息方向。

6-1c 閱聽眾輪廓描繪

發展性廣告研究最重要的任務應該是對目標閱聽眾的輪廓描繪。創意人員必須盡可能深入了解到底是哪些人會看到、聽到，或者是和品牌的傳播互動。這項研究可以利用許多方式來進行。其中一種方式是生活型態的研究。**生活型態研究**（lifestyle research）又稱為 AIO（活動、興趣、意見）研究，使用回答關於自己問題的消費者的調查資料來進行分析。調查的問題包含許多不同面向，廣告主可從答案中了解目標消費者的輪廓、動機與需求及消費的生活型態。舉例來說，根據研究結果，汽車品牌的目標消費者是男性、35 到 45 歲、居住在較大的城市中，必須應付找車位以及停車空間狹小的問題。因此，像福斯汽車（Volkswagen）這樣的公司，就可以根據生活型態研究的結果，描繪目標閱聽眾的心理輪廓，並推出符合目標消費者需求的廣告，例如圖 6.4 中的廣告，該廣告強調的是汽車的停車輔助功能。

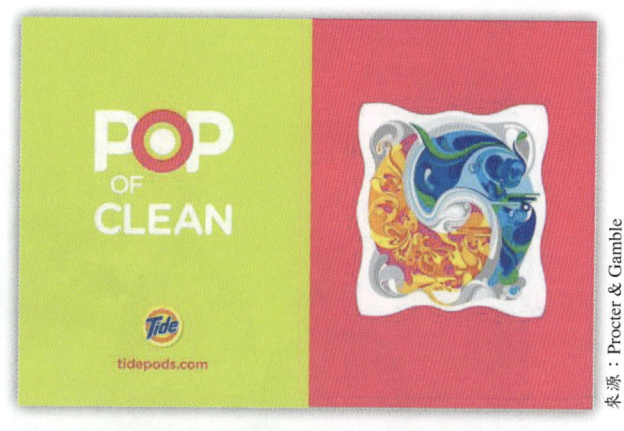

圖 6.3　這是現代版的汰漬洗衣粉的廣告。廣告主先進行文案測試，確認消費者能理解「洗衣球」型包裝這個概念。

來源：Procter & Gamble

6-1d 焦點團體

和消費者進行深度訪談所得的結果，可以和 AIO 量化研究的發現互相補充。**焦點團體**（focus group）是一種質化型態的研究。它由 6 至 10 位目標顧客組成一個座談會，透過討論找出對產品或服務的新洞察。在專業主持人的引導下，受訪者先回答一些一般性的問題，隨著訪談的進行，問題也會更聚焦在和訪談目的相關的問題，或是更深入討論品牌相關問題。訪談進行時，廣告主也可以透過訪談會議室的單面鏡觀察受訪者的反應。普遍來說，廣告

來源：Volkswagen of America, Inc.

圖 6.4　福斯汽車從消費者的 AIO 或生活型態研究中，了解到消費者對停車問題的困擾，福斯汽車開發了「停車輔助系統」，然後在廣告中用創意的方式傳達「精準停車」的概念。

主對這種形式的研究接受度是相當高的。因為，廣告文案的構想很可能從這種訪談中獲得。

　　但必須要注意的一個問題是，由於參與焦點團體的人數較少，因此，是否能代表整體目標閱聽眾就會有問題。另外，焦點團體的答案也會受到參與者之間的互動狀況（例如，受訪者可能在陌生人面前表現較害羞）的影響。因此，現在許多大型的消費性產品製造商（例如寶僑和聯合利華）都不會只依賴傳統的焦點訪談結果。他們結合焦點訪談和其他研究方法，以發掘出更具體的洞察供訊息或媒體決策。舉例來說，當雀巢（Nestlé）決定要在超級盃球賽播出旗下的 Butterfinger 巧克力棒廣告之前，就舉行兩場大型焦點團體訪談，了解受訪者對可能的創意概念的想法，透過受訪者的意見，雀巢可以更深入了解「大膽」（bold）對受訪者所代表的意義，並確認了最後要執行的廣告創意（見圖 6.5 中的電視廣告截圖）。

圖 6.5　Butterfinger 運用焦點團體訪談的結果，製作了這個廣告在超級盃球賽期間播出。

來源：Nestle

6-1e 投射技巧

廣告主必須善加運用量化數據（例如消費者的線上購物資料），並結合質化研究的資料，才能更深入了解消費者洞察。投射技巧是另一種質化研究方法。**投射技巧（projective techniques）**是運用墨漬、繪畫或其他方式的協助，讓消費者將其想法，或是情緒感受，在有意識或無意識的情況下，投射出來，像是「想像」冰塊中是否有人臉。投射技巧方式包括提供一些片段的文字或圖片，然後請消費者「完成」這些文字或圖片。聯想測試（association tests）、對話汽球（dialogue balloons）、說故事（story construction）及完成句子或圖片（sentence or picture completion）是幾個常用的投射技巧。一個最典型的投射技巧就是心理學家羅夏克（Rorschach）的墨漬測驗，如**圖 6.6** 所示，消費者解讀他所看到的墨漬，解讀的內容反映了消費者內心的想法以及解讀事物的方式。羅夏克的墨漬測驗適合用來協助診斷焦慮或憂鬱的問題，相對來說，對話汽球就比較適合用來進行品牌研究。

在**對話汽球（dialogue balloons）**這個方式中，消費者可以將對話填入像卡通漫畫的對話框中。故事的內容通常和產品的使用情境有關。這項技巧

來源：QualitativeMind

圖 6.6 心理學中最典型的投射技巧方法，就是學者羅夏克的墨漬測驗。從這些圖像中，你看到了什麼？

的基本概念是消費者通常會將適當的想法「投射」到對話框內。舉例來說，圖 6.7 就是「芬達」這個品牌使用「對話氣球」作為創意表現的廣告。

說故事（story construction）這個投射技巧也很適合用在品牌研究上。這是請消費者講述一個場景或圖片中的人物，以說故事的方式來呈現，受訪者可能被要求描繪故事中角色的個性，他們在做什麼、出現在這個場景之前，消費者在做什麼、他們開什麼車或是住在什麼樣的房子中。

隱喻誘引技術（Zaltman Metaphor Elicitation Technique, ZMET）也是一種投射技巧方式的運用。ZMET 是利用「隱喻」或「暗喻」的方式來比較本來沒有相關的兩件事物。在 ZMET 這個方式中，實際執行上，是由研究者先蒐集圖片，再給受訪者觀看並進行討論。ZMET 再運用深度訪談的方式來蒐集消費者對某項產品或服務的洞察（這就是「隱喻」的部分），從中可以

圖 6.7　這是「對話氣球」的例子。這個投射技巧協助芬達汽水了解消費者對其品牌個性的看法。

了解消費者的消費動機，所得的結論可以運用在產品開發，或是廣告活動的規劃。在 ZMET 這項技巧中，研究者從這樣的圖片中來發掘出消費者與產品之間的連結，特別是潛藏在消費者潛意識中的想法（見圖 6.8）。

圖 6.8　運用對圖像的想像力與隱喻，ZMET 這個投射技巧挖掘消費者的想法與感受。

再舉一個運用 ZMET 技巧的例子。在圖 6.9 中可以看到消費者所選擇代表「豪華」的一些事物——例如，運動型款的汽車、搭飛機以及設計師時尚品牌。圖 6.10 則是一張關於消費者對「豪華」一詞連結出來的心智圖結果。主要的關鍵字包括了：汽車、黃金、旅行、假期、聲望地位等。

6-1f 方法：實地觀察／深度訪談

實地觀察

實地觀察（fieldwork）是到消費者的家中或消費地點所進行的研究，是以質化或是量化的方式。實地觀察透過直接觀察或是在行銷活動進行的地點進行調查，從中了解消費者的消費經驗，或是了解活動的成效。實地觀察看到的是消費者的主動行為，會比在「實驗室」（或控制的場地中）所得的結果更為真實。

透過「人種誌」（ethnographic research）的研究方法，研究者在真實的場景中觀察與訪問消費者以了解其需求以及產品或消費的狀況。進行研究時，研究人員也可以拍攝過程作為紀錄，或是要求消費者自己錄下消費使用產品的歷程，研究人員再分析這些真實的消費情境。廣告人員可運用研究發

圖 6.9　這是運用 ZMET 風格研究所得到的拼貼結果。圖中顯示的是消費者對「豪華」這個詞的圖片聯想。

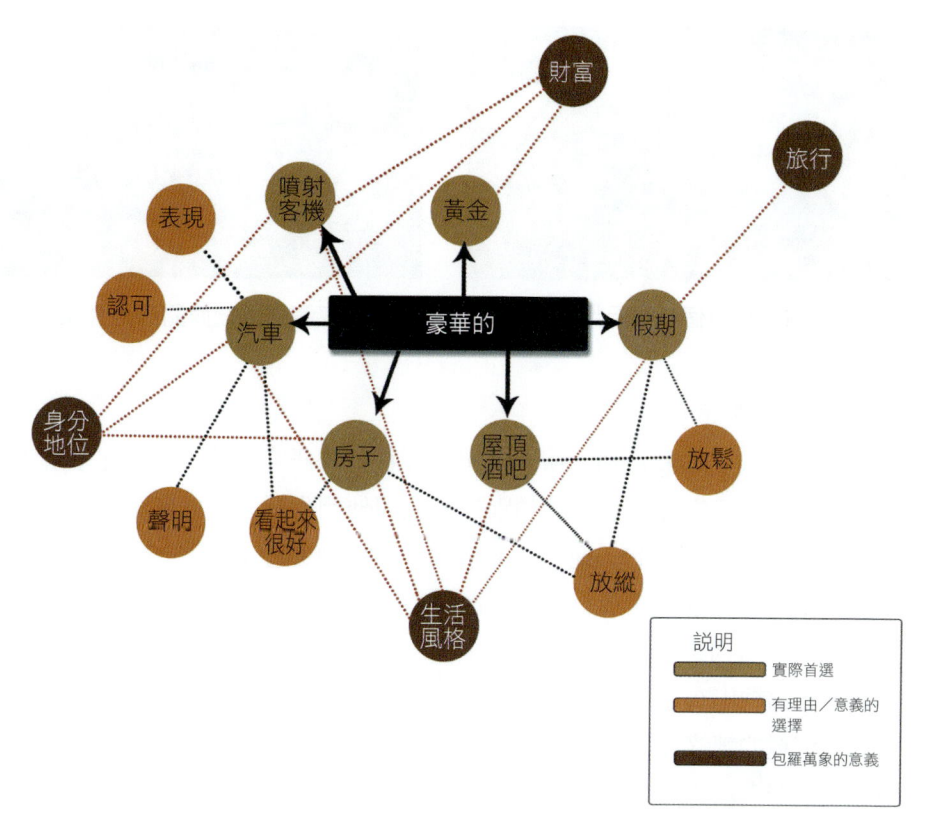

圖 6.10　這是運用拼貼結果所描繪出來的心智圖，關鍵字之間相連的線代表字詞之間的關聯性。

現更精準的鎖定目標對象、設計廣告訊息或擬訂媒體策略。

　　例如，宜家家居即對其消費者進行研究。宜家家居要求受訪者錄下他們居家的生活狀況，以及要他們回答「夢想的家」以及對宜家家居這個品牌的想法。研究人員也對消費者進行深度訪談，了解他們所重視的價值以及品牌如何融入這些價值之中。綜合各項研究所獲得的洞察，宜家家居的廣告代理商推出了一項整合行銷傳播活動，內容是描述宜家家居如何協助目標消費者在他們的預算範圍內，建造出一個夢想的居家空間，同時也能展現他們的生活風格。在進行過廣告文案測試後，宜家家居在電視、平面以及社群媒體上推出這個廣告。

來源：IKEA

圖 6.11　IKEA 這個家具品牌是成功整合運用社群媒體與傳統媒體的最佳案例。

深度訪談

　　深度訪談（long interview）是另一種質化的研究方法，也是在了解消費者的真實生活、對產品、產品類別或產品與他們生活之間的關聯性（融入或不融入他們的生活）的一種方式。深度訪談大約進行 1 小時，研究者會利用事先準備好的訪談大綱進行訪談。成功的訪談通常能讓受訪者不受拘束的講述想法，訪員則是聆聽並更深入的挖掘。訪談結束後，研究者將內容轉錄成文字，並歸納出有意義的「主題」。深度訪談的主要缺點是需要較長的時間進行訪談資料的轉錄、編碼以及發展出「主題」。但深度訪談最大的優點就是能挖掘出消費者內心深度的想法。

LO 2

6-2 次級資料來源

6-2a 網絡誌與大數據

　　次級資料是其他研究者已完成的研究，因此，研究結論重點都已經確定。但由於網路的出現，次級研究和初級研究之間的界線已經變得模糊。**大數據**（big data）是資料量非常大的資料，研究者使用程式語言找出其中的模式。運用人工智慧可以找出大數據中存在的模式或趨勢，但大數據資料的缺點是，研究者可以知道消費者過去做了什麼事，但並不知道行為發生的原因。例如，一個小孩點擊頁面上的廣告，原因只是廣告看起來像是電玩遊戲。

相較於大數據是大量的資料，網絡誌（netnography）則是用來研究網路社群或網路文化的一種研究方法。在網絡誌研究中，研究者一方面觀察與蒐集線上社群的資料，同時，研究者也會積極從線上資訊提供者那裡尋求答案，這類似於實地觀察中的面對面訪談。

透過網路和行動裝置進行調查也是現在常用的方式，以往是透過郵寄或電話來進行調查。雖然現在在網路與行動載具的抽樣上已經有比較好的結果，但普遍性及代表性仍舊是必須考慮的問題，但無論如何，透過網路與行動載具已是獲得關於品牌消費者重要資訊普遍流行方式。有些研究者透過搜尋和抽樣線上聊天室的內容，進行系統性的「品牌對話」分析（關於他們的品牌和競爭者品牌的對話），了解消費者會使用哪些字詞來形容品牌，並分析共同出現的詞語，例如品牌及描述術語如「酷」、「真誠的」。經過一段時間累積之後，這些就會變成關於品牌資訊的良好來源，可以用來協助發展新的廣告以及其他的品牌訊息。

6-2b 內部公司來源

有些最有價值的資料其實來自公司內部。通常在一家公司內會有策略性行銷計畫、研究報告、消費者服務紀錄、保證卡的註冊資料、顧客抱怨資料及不同的銷售資料（包含依地區、依顧客類型、或依產品線來區分）。這些資料都能對公司的廣告計畫提供豐富的資訊，更進一步地說，提供了改變消費者的品味與偏好的資訊。在規劃新的廣告或品牌整合行銷傳播活動時，廣告主都要仔細地檢視先前廣告活動的成效，作為未來規劃時的借鏡。

6-2c 政府來源

不同層級的政府機關都會蒐集與發布一些廣告企劃人員有興趣的事實資料，例如人口和房地產趨勢、交通運輸、消費支出、社會經濟狀況及娛樂活動支出的資訊。人口變化是許多廣告與品牌發展機會的關鍵，特別是結合心理和生活型態的分析時。

只要善加利用政府資訊，即使是小企業也可以花費極少或免費地運用這些資訊來規劃廣告。

6-2d 商業、產業與非營利組織來源

在行銷與廣告的規劃決策過程中，充分的資訊是非常重要的，因此，商業資料服務產業也應運而生，提供各種不同類型的資料服務。有些擅長於家戶調查，有些則專精於特殊市場區隔或科技產業，例如 Forrester Research 以提供關於科技產品或是數位媒體使用行為而聞名。還有一些則使用固定樣本的方式來蒐集消費者的購買、消費與生活型態的資料。這些對廣告公司來說，都是非常重要的資訊。

另外還有一些非營利的市調組織，專精於追蹤消費者對重要的社會議題、媒體趨勢及一些重要社會現象的觀點。此外，也有一些產業團體則是提供其會員相關的產業資訊或調查。當然，無論是專業的市調公司或是非營利團體，它們的資料都有專業研究方法支持。

專業出版品則是另一種可取得次級資料的來源。這些包括了由行銷或廣告專家提供關於產業趨勢或新研究發現的資訊。每一個產業至少都有一種專業的出版品，內容涵蓋產業的新聞、企業狀況及最新的產業發展等。

6-3 第二階段：文案研究

廣告與推廣研究中第二種主要的類型是文案研究（copy research），也稱為評估性研究（evaluative research）。文案研究的範圍並不僅限於對廣告中的文案進行研究，只要是用於廣告或推廣中的內容，無論是已完成，或是正在規劃中的廣告，都可以進行文案研究。因此，它的主要目的是在評估廣告與推廣。廣告主最想了解的是，和其他進行過測試的同類型廣告相比，目前正在規劃中的這個廣告在表現上是否較突出。但由於所得到的是量化的分數，因此，廣告主也必須了解這種方式比較難以評估較無形的品質與情緒感受。

另一個因素則是速度，因為廣告主和代理商都期望能保持領先於新興的市場趨勢並快速回應消費者行為的變化。例如，文案研究可能不適合用於數位媒體訊息的測試，因為，這些訊息的更新速度更快，而且也更個人化。

雖然有這些問題存在，但正確構思、正確執行及適當應用的文案研究還是能提供管理階層重要的決策參考資料。例如，樂事洋芋片（Frito-Lay）在推出大型的廣告活動前會對主要媒體活動進行文案測試，因為廣告金額的投入量相當大。對非主要且被視為實驗的數位廣告則是不定期進行文案測試，反而更喜歡快速執行並觀察發生的事情。下一節我們將介紹不同的測試方式，以及使用的時機。

6-3a 評估性的標準與方法

傳播測試

傳播測試（communication tests）主要是了解廣告中所溝通的訊息是否是廣告主所想要的。例如，廣告主想知道目標閱聽眾是否有「看懂」廣告。目標閱聽眾了解廣告訊息嗎？懂得廣告中的「笑點」嗎？或了解廣告中的主要訊息嗎？

傳播測試通常是以小組的方式進行，資料來自問卷及團體討論。目標閱聽眾的成員會先看廣告，有時是還在製作中的版本，可能會看好幾次，接下來再進行討論。進行傳播測試的理由之一是防止廣告中錯誤地傳達某些內容。這種問題在跨國或全球性的廣告中更需要注意，因為各國對廣告中的文字或影像的詮釋存在差異。

廣告訊息要重複多少次卻不會讓目標閱聽眾感到疲乏？這也是進行傳播測試的研究者可提供的另一個答案。

消費者記住什麼？

一般來說，我們會假定看到廣告的消費者都會記住廣告訊息的某些片段，可能是廣告的標題、品牌名稱、文案片段、廣告中的影像、或是廣告和消費者的生活片段混合的記憶。因此，幾十年來廣告主一直嘗試要記錄並研究消費者這些片段的記憶。但記住片段的廣告對預測實際銷售有幫助嗎？這的確是個問題，因為消費者記住了廣告，卻未必記住廣告品牌。或者，他們所記得的廣告內容是和廣告主要溝通的主要訊息完全無關，或者他們的一些想法實際上會干擾廣告主的品牌名稱與廣告本身的關聯。幽默廣告是最好的

例子，消費者只記得廣告很有趣但忘了廣告中的品牌——或者以為是競爭品牌的廣告。因此，現在有一些廣告主會堅持進行品牌娛樂推廣活動的回想測試。

總結來說，在廣告效果研究中，單純依賴消費者的記憶可能有其風險。我們會在第 8 章再深入討論這個議題。

6-3b 認知影響評估方法

通常我們會假定在廣告與推廣曝光期間及曝光後，消費者會對廣告產生一些想法（看法）。文案研究中將這種了解消費者想法的研究方式稱為「認知反應分析」（cognitive response analysis），也就是測試消費者的知識、認知影響及情感和情緒反應。這項研究可以由企業內部的相關單位進行，或是由專業的公司協助。這項研究最主要是研究電視廣告，當然，也可以研究其他類型廣告。這項研究是透過讓個人分組觀看廣告來進行，看過廣告後，研究者要求受訪者寫下看廣告時腦中的所有想法，研究者接下來再針對這些回答內容做更深入的探討。

訪談內容的逐字稿可以使用一些方式分析：例如使用簡單的百分比或計算單字的分數，例如適合與不適合想法的比率。這個概念本身是很有吸引力的：在消費者暴露在廣告的當下抓住消費者的想法。但在實際執行上，就出現問題了。這些消費者想法通常都是「回想過去的狀況」而非當下的實際想法，而且消費者也會「編輯」想法，此外，測試的環境也不是在消費者實際的觀看廣告環境中進行。當然，這些想法還是有存在價值。關鍵在於研究者是否能判斷出哪些是真正有價值的想法，而哪些只是「噪音」。其中的關鍵在廣告與測試的程序是否搭配。舉例來說，有些廣告的設計是期待消費者能夠對廣告有「深度的思考」（第 9 章會有更多的介紹）。有一些廣告則設定了一些明確的目標，那麼，這類型的廣告就適合用來進行測試了。

回想測試

回想測試（recall tests）是廣告研究中最常使用和最有爭議的測試，在於確定受眾成員記住多少廣告數量。這項研究的基本假設是，如果廣告要發揮其傳播效果，那就應該先被記住。在此前提下，進一步假設如果廣告被記

憶的效果很好，那它發揮的傳播效果就會更大。如果廣告傳播的目標是要建立品牌知名度，那麼就可以利用回想測試來測量廣告是否有達成這個目標。回想測試通常用在電視廣告的效果測量，確認（recognition）則是用在平面媒體的測量。確認是指受眾成員記得先前有看過該廣告（因此認出廣告），回想則需要更多實際的記憶（因為是從記憶中回想）。回想和確認測試也常用在數位廣告和品牌影像的效果測試中。

在電視廣告中，基本的回想測試的程序是從目標市場中招募一群人，在特定日期觀看某一特定頻道。在播出日期之前，受訪者先被告知，然後觀看節目。在廣告播出後隔天，研究公司打電話給受訪者，確認實際看到廣告的人，他們能回想到多少的廣告內容。隔日回想測試（day-after-recall, 簡稱DAR）通常為先問消費者：「你記得有看過任何洗衣粉品牌的廣告嗎？如果沒有，那你記得有看過汰漬洗衣粉的廣告嗎？」如果受訪者回答記得，會繼續詢問他記得廣告中的產品訊息內容是什麼：「廣告中在說什麼？」「廣告內容是什麼？」受訪者的回答都被記錄下來，研究者將逐字稿適當的分類，代表不同的回想程度，通常以百分比來呈現。未提示回想（unaided recall）是指在不提示消費者品牌名稱的情況下，消費者回答說他們看過且記住廣告。如果問的問題是「是否有看過汰漬洗衣粉的廣告」，這就是「提示回想」的方式。

確認測試

確認測試（recognition tests）是用在平面廣告與推廣的記憶測試。在問題的設計上不會問：「你是否有想起……」，而是：「你是否認得某個廣告？」研究者使用確認測試詢問雜誌讀者（有時電視觀眾也可使用此一方式）是否有看過某一則廣告及廣告的贊助公司是誰。在平面廣告的測試中，會給受訪者觀看真正的廣告，在電視廣告測試中，有時是給受訪者看廣告腳本搭配照片。例如，在確認測試中，研究者會詢問：「你還記得在本章前面的那一則洗衣粉廣告嗎？」相較於回想測試，確認測試對消費者來說較為容易，因為研究者提供線索來幫助受訪者，受訪者只要回答有或沒有就可以。

確認測試的進行有一些步驟。首先要詢問雜誌的訂閱者是否願意在家中接受訪談。讀者必須至少瀏覽過雜誌才能獲得資格。接下來研究者展示要測試的廣告，並詢問讀者是否記得有看到該則廣告（是否有注意到）、是否有閱

讀該廣告並注意到廣告的品牌（是否有產生連結）、是否有閱讀該廣告的文案，或至少看了 50% 以上的文案（閱讀最多）。這項測試通常是在當期雜誌送到讀者手上後幾天內進行，研究者會將「是否有注意到」、「是否有產生連結」與「閱讀最多」的分數分別記錄下來。專業的研究公司現在也會使用線上測試的方式，這樣可以更快得到測試結果。

在進行電視廣告的確認測試時，研究公司首先選擇電視觀眾的樣本，然後將品牌名稱模糊處理的照片腳本（將電視廣告畫面擷取下來）寄送給受訪者。然後研究人員提出諸如「你是否記得在電視上看過這則廣告？」這樣的確認問題，受訪者被要求識別品牌以及一些態度相關的問題。研究者將所得到的「確認分數」結果以及消費者態度資料呈送給廣告主參考。進行測試研究的費用並不高，另外因為在測試時，受訪者並不會看到品牌名稱，因此結果相當具有參考價值。

確認測試是相當有歷史的一種測試方式，因此，廣告主可以比較不同階段所進行的確認測試的分數，作為未來規劃的參考。確認測試當然也存在一些問題，例如，消費者的記憶是否真的可信？有些消費者會說他們「認出」某則廣告，但實際上他們並沒有看過。以圖 6.12、6.13 和 6.14 這三則廣告為例，如果你在一個自然情境而非實驗室環境下看到這三則廣告，幾天之後，你能確定你還能正確分辨出這三則廣告嗎？不過，相對來說，這些測試的分數還是能讓廣告主知道哪一則廣告表現較好。

另外一個問題則是，無論是回想測試或確認測試，這些測試分數和實際的產品銷售真的有關連嗎？廣告愈來愈視覺化時，回想某些字詞或訴求真的和銷售有關嗎？根據以往測試的結果，對廣告的回想程度和銷售其實沒有關聯。原因很多，包括原本該廣告的目標就不是要引發消費者產生回想。因此，對廣告主來說，在使用回想測試或確認測試前，可能要先確認自己的廣告目標是什麼？這樣，研究方法才能發揮效用。

廣告目標是要消費者記住該廣告時，使用回想測試的確是適合的測試方法。但如前所述，廣告愈來愈圖像化時，好的確認測試可能會比回想測試來得更為適當。而隨著廣告與品牌娛樂的操作愈來愈複雜與多元，無論是回想或確認測試，可能都有其不足之處。

圖 6.12、6.13、6.14　這幾個廣告，非常相似吧！它們有幫助產品產生差異化嗎？對消費者有記憶點嗎？有清楚的行銷品牌嗎？在看過這些廣告幾天後，你還能夠清楚地區分出不同品牌，或記得這幾個廣告嗎？

內隱記憶測量

在前面我們所提到的幾種測量方式，都是外顯記憶的測量，也就是要求受測者回想過去的廣告經驗。相對的，**內隱記憶測量**（implicit memory measures）則是利用單字片段，例如品牌名稱的一部分來引發消費者的記憶。受測者要正確的拚出完整品牌名稱。這種研究方式比較不嚴格（和實驗室的場景做比較），就廣告效果的測量來說，也比較有意義。但由於這種方式對研究過程的要求較嚴謹，因此，學術運用較實務運用為多。

知識

消費者從品牌廣告中所獲取關於品牌的知識包含下面幾種形式。它可能是一個品牌訴求，或對品牌的信念。例如，消費者可能相信 X 品牌的清潔力

是 Y 品牌的兩倍。如果 X 品牌不斷的在廣告與推廣活動中一直強調這個事實，那麼我們可以假設消費者已經從廣告與推廣活動中學到某些訊息，因此建立了品牌的知識。

態度改變

態度反應品牌在消費者心中的地位。消費者對品牌的知識與感受會影響態度。因此，態度或偏好是許多影響品牌的相關因素的整體評估。

在評估廣告效果時，態度也是一個值得參考的指標。例如，一個改變消費者態度的廣告，它有引導消費者往正確的方向前進嗎？雖然態度這個概念本身是否有效是受到質疑的，但態度研究還是被研究者所採用。另一個值得思考的問題則是，對廣告有好的態度是否就能引發對品牌也有良好的態度（也就是說，消費者可能喜歡這則廣告，但未必喜歡品牌）。另外，對品牌有良好的態度，也未必會有實際的購買行為。我們會在第 8 章介紹一些方法和訊息策略來協助態度改變。

態度研究

態度研究（attitude study）是廣告曝光之後所進行的研究。這項研究是以調查的方式進行，也可以使用網路調查。首先，研究者會從目標市場中招募參與者，他們對廣告品牌的態度及對競爭品牌的態度是主要的詢問重點。理想情況下會進行前—後測來觀察受測者在看過廣告之後，態度上是否有改變。不幸的是，財務限制意味著通常只應用曝光後測量，真正的事前測試變得愈來愈少。

由於態度的產生代表某些有意義且重要的事情發生，因此，這些測試也非常有用。學者認為這種態度改變的測量方式，它的效度僅限於讓受訪者在非自然的觀看環境中只看單個廣告的狀況。許多廣告主相信，在真實的觀看環境中，消費者至少要看過 3 到 4 次的廣告之後，廣告才會在消費者腦中產生記憶的效果。其他人則認為這個數字要高得多。雖然如此，看過一次廣告的確也讓消費者在態度分數上產生了一些改變，因此，消費者舒服地坐在家中觀賞電視時，也可以期待這種改變效果。但態度研究的問題是，由於它只是測量「態度」，因此，並不代表這項測試的結果也能反應到「實際的行為」上。

感覺與情感

廣告主對消費者的感覺與情感特別感興趣。商學教授 Michel Pham 和其他人的研究結果顯示,「感覺」具備三個特質,因此,它是測量消費者對廣告以及廣告的產品及服務的重要指標:(1) 消費者反應感覺的速度非常快——也就是感覺先於思考;(2) 在研究方面,學者對「消費者對廣告與品牌的感覺」比「消費者對廣告與品牌的想法」有較多的共識;(3) 感覺可以用來預測想法。因此,就廣告來說,感覺比想法更重要。此外,使用感覺與情緒來和消費者溝通的廣告,它的效果也比單用想法(理性訴求)來得好而且也較持久。

共鳴測試

共鳴測試(resonance tests)想要研究的就是,訊息在目標閱聽眾心中所產生共鳴的程度。研究者會問:「這則廣告和消費者自身的經驗是相符的嗎?」「這則廣告是有親和力的嗎?」「看過這則廣告的消費者會說:『對,我就是這種感覺』嗎?」這項研究進行的方式和傳播研究相同,消費者在看過廣告幾次之後,進行團體討論,研究者會詢問:「你對這則廣告的感覺是?」或「這則廣告讓你有什麼感覺?」

逐格測試

逐格測試(frame-by-frame tests)主要用在測試以情感訴求為主的廣告,當然,它也可以用來了解消費者的想法。這項測試透過讓消費者在劇院環境中觀看電視廣告,然後在儀器上按鈕(選擇喜歡或不喜歡)來進行。所蒐集到的數據會整理、平均,然後以線圖的方式呈現。透過線圖的高低,研究者可以了解廣告的哪一部分是受訪者有興趣或不感興趣的。研究者也可以詢問受訪者喜歡或不喜歡的原因及他們的想法。相較來說,由於需要設備,這種研究的成本較高。

生理評估與神經科學

生理評估(physiological assessment)是研究者運用腦部影像以及其他神經科學的技術來測量消費者對廣告與品牌整合行銷傳播訊息及媒體的反應。例如,研究者使用功能性的磁核共振(fMRI)設備來找出受測者在接受不同刺激

時，腦部被激發反應的區塊，並解讀是什麼原因造成反應（圖 6.15 是 fMRI 測試的結果）。

在神經科學的運用上，研究者也希望透過追蹤消費者腦部運作所得的研究結果，幫助廣告主與代理商決定適當的廣告內容與長度。例如，三星和神經科學家合作研究蘋果智慧型手機和三星智慧型手機使用者的腦部活動，目的在設計出能吸引蘋果手機使用者的廣告訴求。

眼動追蹤

眼動追蹤系統（eye-tracking systems）可用來監控消費者在觀看平面與網路廣告時，眼睛移動的方向。在測試時，受測者會戴著特殊的眼鏡，記錄瞳孔放大、眼睛移動方向及廣告不同位置被觀看的時間長短。透過研究結果，廣告主可以知道廣告的哪一部分會吸引消費者的注意、哪些要素會讓消費者停留及停留的時間。研究的結果也可以讓廣告主了解，數位的廣告訊息必須在電腦螢幕上出現多長的時間才足以吸引消費者的注意。圖 6.16 是眼動追蹤研究的例子，綠色部分代表該區塊較少受到視覺的關注；紅色部分代表

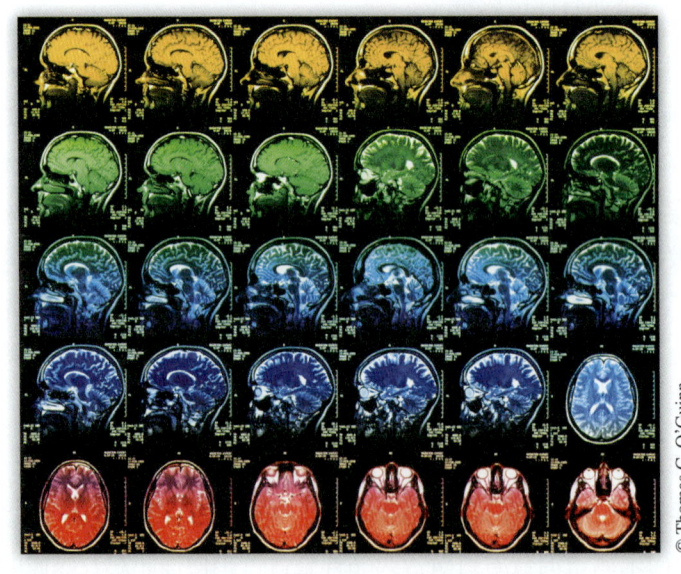

圖 6.15　這是 fMRI 的圖。現在這項技術也被運用在廣告的研究。

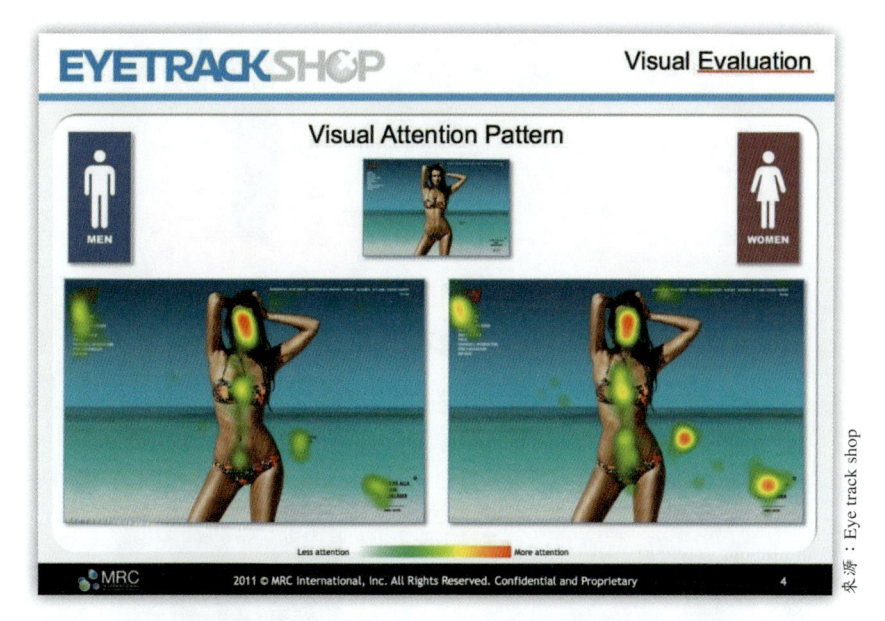

圖 6.16 這是眼動儀呈現的影像。比較有趣的是男性和女性的注目焦點是不是有差別？

受到較多的視覺關注。你也可以比較一下圖 6.16 中男性與女性的視覺關注焦點。

行為意圖

基本上，這就是消費者所說他們打算做的事。例如，如果在觀看了某個品牌的廣告後，消費者打算購買該品牌的意圖提升，代表廣告的確產生了某些效果。當然，必須注意的是，意圖和真正的購買行為不同。但研究結果還是能提供廣告主一些參考。例如，貝禮詩（Baileys）以及其廣告代理商想要運用品牌整合行銷傳播活動來鼓勵全年消費時，他們從研究中發現，消費者在觀看過「咖啡加酒」的廣告訊息之後，未來考慮購買的意圖有 80%。因此，貝禮詩和廣告代理商合作規劃了整合行銷傳播計畫，運用廣告、社群媒體及試喝活動來傳達訊息。如圖 6.17 所示，在貝禮詩的品牌整合行銷傳播中，其平面廣告使用了「#DontBlushBaby」的主題標籤，強調該產品是送禮的好選擇。

圖 6.17　這是運用品牌整合的另一個成功案例。貝禮詩設計了一個可以測量社群媒體成效的主題標籤。

LO 4

6-4 第三階段：效果研究

廣告在這個階段已經播出或刊登，廣告主想要評估廣告是否真的有效果。這裡再提醒一下，要證明廣告和銷售的關聯實際上是困難的，部分的原因是，消費者長期下來，已接受到太多的品牌整合行銷傳播活動，要把單一廣告的效果區分出來是有難度的。

6-4a 方法：追蹤研究

追蹤研究（tracking studies）是最常用的廣告與推廣研究方法之一。追蹤研究是在廣告活動進行前、中、後，追蹤廣告與品牌娛樂活動對態度變

化、知識、行為意圖及消費者自述的行為所產生的影響。這項研究是用調查的方式進行。雖然消費者的行為受到許多因素的影響，但追蹤研究是長時間的評估，因此，所提供的研究結果也相當有參考價值。

6-4b 方法：直接反應

直接反應（direct response）廣告就是目標閱聽眾看到廣告之後（可能是平面廣告、網路廣告或廣播廣告），利用網站、回函卡或免付費電話來詢問或回應廣告。這類型的廣告進行的是**直接回應的效果測量**（inquiry/direct response measures）。這類研究進行的方式相當簡單，就是將測試的廣告所產生的回應和歷史基準數據相比，較高就代表效果好。另外也可以將回應數和銷售數相比。例如，廣告主可以在不同的平面廣告中印上不同的免付費電話號碼，這樣，廣告主就可以知道哪張廣告的效果比較好。直接反應廣告是比較不一樣的廣告型態，因為，廣告的目的是建立長期品牌形象或品牌識別，直接反應廣告屬於激發短期的反應。在數位環境中，測量對某一廣告與品牌整合行銷傳播活動的反應也變得比較快速且容易。例如，廣告主可以從消費者下載品牌 app 的數字或是品牌在某智慧型手機中置放的活動廣告訊息的下載數（例如下載折價卷），了解消費者對廣告的反應。有關數位媒體的測量會在第 13 章中做更詳細的介紹。

6-4c 方法：估算廣告所產生的銷售量

有些廣告主期望可以看到新推出的廣告活動真的引發實際購買行為的證據。但如同前面所提，影響銷售的因素非常多，要用實際的銷量來測量廣告效果，有其缺點。但在網路上，因為可以比較容易排除一些干擾因素，因此，也比較容易將銷售數字拿來和廣告效果做對比。有些研究者則嘗試使用一些複雜的統計模式來將廣告所產生的效果獨立出來做比較。無論使用什麼方法，基本上來說，廣告在產品生命週期的初期、推出新改良或新產品時，對銷售的效果是比較明顯的。在那之後，廣告的效果就下降了。

使用模式進行研究的另一個缺點是，模型的建立相當費時，甚至可能已經執行廣告活動、也都發布銷售數據了。但如果所建立的模式有非常強的基

礎，那可以應用的範圍就非常廣。有關消費者的行為資料也可以利用市場測試的方式取得，這是在廣告進行全國性的推出之前，選擇某些地區進行測試銷售，並搭配適當的廣告活動進行。雖然進行測試銷售的費用可能較高，但所提供的資料很有價值。現在有一些網路廣告主則是和搜尋引擎以及社群媒體網站合作來進行實地測試，因為，網路廣告主也有感興趣了解廣告活動如何影響消費者的購買行為。

6-4d 方法：單一來源資料

專業的研究公司現在可以提供單一來源的研究，這類研究可以追蹤消費者從電視螢幕到商店結帳櫃檯的行為。**單一來源資料**（single-source data）將消費者的電視收看資料和店家掃描數據結合，提供的資訊包括個人或家戶的品牌購買、折價券使用及電視廣告曝光的數據。廣告主和廣告代理商可以透過單一來源資料所提供的數據來評估廣告與推廣活動對消費者購買行為的真正影響。這並不是一項便宜的研究方式，而且，要了解廣告的哪個組成要素對消費者產生哪一種具體的影響也還是很困難。在提供單一資料研究的專業公司中，最著名的公司是 IRI。

6-5 策略企劃與廣告研究

策略企劃（account planning）和廣告研究不同之處有三：首先，策略企劃是廣告代理商指定一位策略企劃人員給一位客戶〔就像業務人員（AE）一樣〕，來負責所有的企劃，研究部門則是需要進行研究時才投入，他們同時也會服務好幾位客戶。其次，由於組織架構的關係，研究人員的角色在整個廣告研究過程中是比較主動而且影響力較大，特別是在進行發展性研究階段。第三，在廣告代理商中，策略企劃所負責的研究類型多為質化性質。

媒體代理商現在也有策略企劃人員來負責了解消費者洞察。例如，在某個銀行更換新名稱的廣告活動中，負責此一客戶的企劃人員發現，要讓這家

百年銀行的重新命名廣告活動產生效果,廣告訊息必須要能夠不斷重複地觸及到 4 萬名顧客,而且要持續一段時間。在訊息和媒體的規劃部分,也必須先了解銀行顧客的實際媒體使用習慣,其中包括電視、平面與社群媒體等。在廣告活動推出後,銀行也持續監測消費者的反應。

6-6 廣告研究的未來

在本章中所介紹的研究方法,沒有一個完全無缺點。有時候,廣告主會想像消費者看廣告的態度是和看新聞或電視節目一樣,但在真實生活中,我們看廣告的同時,可能是在工作、聊天、吃飯或做其他的事,或者,把廣告當背景聲音。有時候,我們可能是處在多螢幕、多工的狀態,用手機傳簡訊的同時,電腦螢幕在播放電視節目。

在當今快節奏和競爭激烈的商業環境中,在內容共享和群眾外包,全天候媒體和品牌傳播的時代,廣告與品牌整合行銷傳播研究應該要有一些改變。我們對廣告的想法改變了。廣告的視覺化趨勢也讓以訊息訴求的接受度或逐字稿記憶的測試的適當性受到考驗。數位媒體的出現以及人機互動也讓傳統對閱聽眾、反應及相關的測試的概念受到挑戰。這些都需要重新被定義。

廣告的創意和媒體企劃都需要研究輔助。另外,行動廣告的研究也是一個新領域。再來就是全球市場的問題,我們也需要更多研究來了解不同文化中對創意的接受度和媒體的選擇。干擾廣告的因素是另一個大問題,現在也有愈來愈多人使用廣告阻隔器來擋住廣告訊息。因此,我們更加需要新的以及有效的廣告測量方式來了解廣告究竟能產生什麼效果。

最後一個議題是,廣告究竟是藝術還是科學?在廣告中,產品或服務會透過文化的包裝來賦予品牌意義。但現有的研究中,似乎缺乏以文化或社會為基礎的研究方式,這也是研究者未來可以努力的方向。

7 廣告與品牌整合行銷傳播企劃

學習目標

在閱讀本章並思考其內容後,你應該能夠:
1. 描述構成廣告計畫的基本要素。
2. 比較和對照設定廣告目標的兩種基本方法。
3. 解釋編列廣告預算的不同方法。
4. 探討代理商在制定廣告計畫時的角色。

準備和執行綜合的廣告與品牌整合行銷傳播計畫具有相當的複雜性。本章將會看到，行銷團隊和參與的代理商，根據數個行銷計畫的主要特色，進行建立廣告行銷的詳細過程。廣告行銷計畫是全部分析的結果，分析包含了解消費者行為、區隔市場和品牌定位及執行廣告行銷的研究，以支持傳遞有創意、有效益的廣告與品牌整合行銷傳播活動（圖 7.1）。

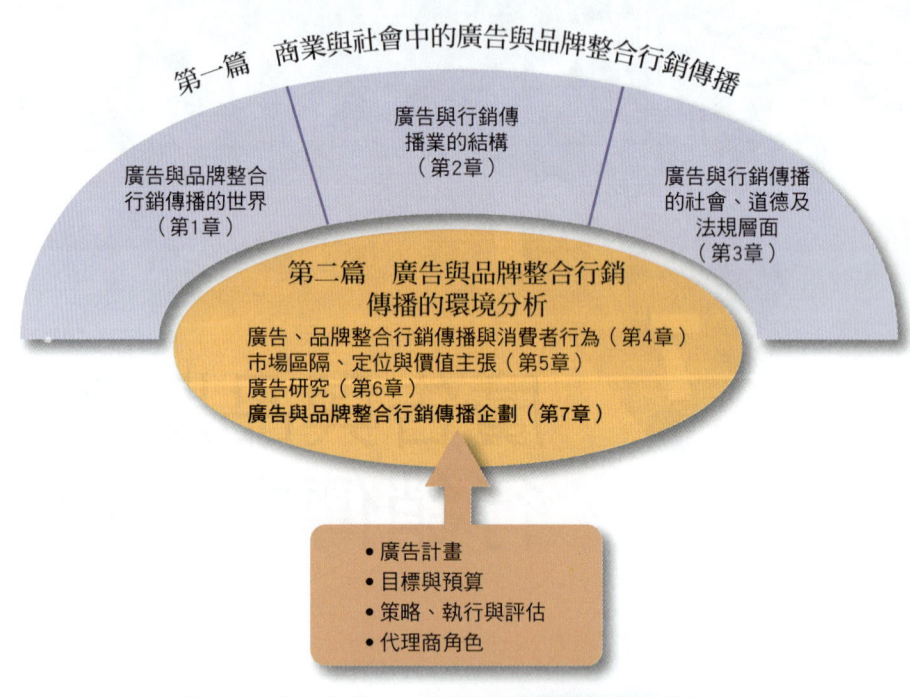

圖 7.1　廣告計畫是一項對環境全面分析的結果。

LO 1

7-1 廣告計畫與行銷環境

廣告計畫應該是公司行銷計畫的直接延伸。在第 5 章的結尾建議，一種可以清楚連結行銷計畫與廣告計畫的工具，是品牌價值的主張。一種說明品牌在目標區隔市場中所代表的聲明，源自於公司的行銷策略，並將引導所有的廣

告計畫的活動。廣告計畫，包含品牌整合行銷傳播全部的活動，是較大型行銷計畫的子計畫。品牌整合行銷傳播的每一個部分必須以無縫和綜效的方式建構於整個計畫中。所有事情也須統合在一起，不管這個計畫是針對全球的客戶，像是蘋果，或是擁有極少資源的小型客戶。在蘋果公司，史蒂夫‧賈伯斯（Steve Jobs）曾說，在建構吸引人的廣告和行銷計畫時，代理商和客戶之間良好的團隊合作是無法比擬的。

一個**廣告計畫**（advertising plan）要詳細載明計畫的想法、工作和時間表，來表明和執行有效的廣告。蘋果公司就是一個很好的例子，因為它說明了有廣泛的選項，能夠創造消費者的興趣並與他們溝通品牌如 iPhone 的價值定位。在發行一項新產品時，蘋果和它的多個代理商共同詳細計劃公關活動、促銷和活動、合作廣告、廣播廣告、置入性行銷、看板廣告、數位媒體廣告等，以建立消費者的期望並增加需求。蘋果公司和它的代理商也共同計劃企業廣告與品牌整合行銷傳播，主打知名的被咬一口缺一角的蘋果品牌標誌，來維持對整體品牌的偏好和正面的品牌反應。

如本書一貫強調的重要想法——想要突破現在市場的混亂傳遞訊息給消費者，最好的方法是超越傳統廣播媒體和數位媒體。蘋果做到這一點是藉由了解消費者、商業採購和媒體消費行為，駕馭電子媒體傳染的力量和運用創意去吸引目標消費者。當你採用了一切都是媒體的哲學，就比較容易將你的訊息貼近消費者的周圍，並且使品牌與消費者建立一個更深的連結關係。

圖 7.2 展示廣告計畫的構成要素，雖然細項會依照廣告商各有不同，一個好的廣告計畫會有圖 7.2 所示的七個構成要素：說明介紹、情境分析、目標、預算編列、策略、執行與評估，每一個要素討論如下。

7-2 說明介紹

廣告計畫的說明介紹包括執行摘要和計畫綜覽。執行摘要篇幅是兩小段到一頁，說明計畫中最重要的層面，也是讀者應該記住的部分。計畫綜覽篇幅從一段到幾頁，訂出計畫涵蓋的內容和強調計畫的環境。運用摘要和綜覽來製造良好的第一印象，幫助與需要同意這份計畫的人溝通更簡潔，包含策略的方向和財務的考量。

圖 7-2 廣告計畫

說明介紹
- 執行摘要
- 計畫綜覽

情境分析
- 文化環境
- 歷史環境
- 產業分析
- 市場分析
- 競爭者分析

目標
- 數量分析標準
- 測量分析方法
- 成功的標準
- 時間架構

預算編列
- 方法
- 數量
- 公平性

策略
- 清楚和正確的敘述計畫如何達到目標

執行
- 複製策略
- 媒體計畫
- 品牌整合行銷傳播

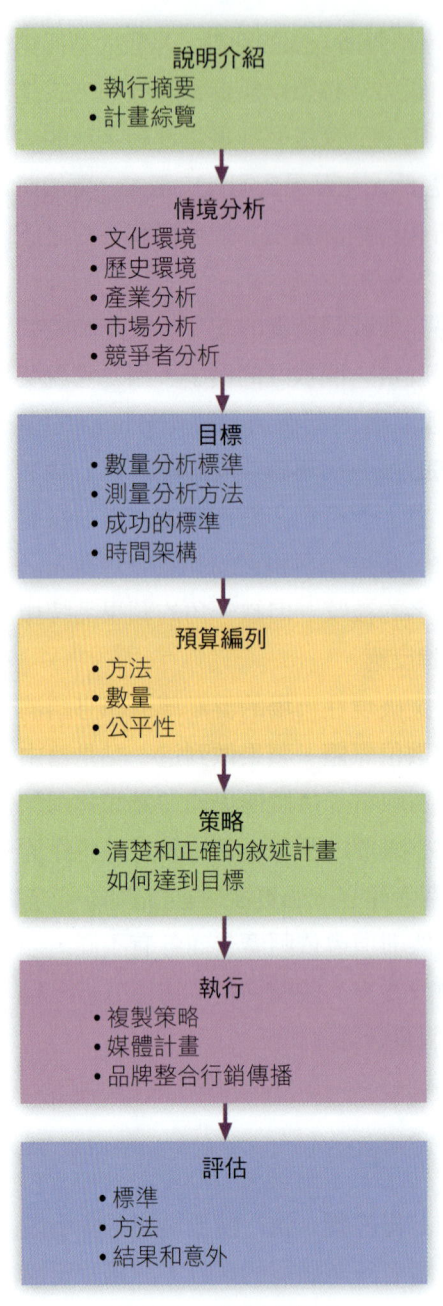

評估
- 標準
- 方法
- 結果和意外

7-3 情境分析

情境分析（situation analysis）是計畫中的一個部分，在其中客戶與代理商列出定義市場和消費者狀況最重要的因素，然後去解釋每一個因素的重要性。這可能包含會影響品牌情境的人口統計、科技、社會文化、經濟和政治／管理因素。當你準備擬定一項計畫時，你的想法不必是詳盡的或是像百科辭典般，而是要聚焦在最重要的因素，據以描述現在的狀況，以及計畫中在廣告與品牌整合行銷傳播決策中這些因素的關聯性。例如，市場區隔和消費者研究提供有價值的洞察力能用於情境分析，就如第 5 章和第 6 章所見。

在廣告計畫中，人口統計與心理分析趨勢通常是重要的情境因素。不論是嬰兒潮世代或千禧年世代的人們，人們所在的地方就是銷售的地方。人口的分布隨著時間變化，可以創造也可以破壞新的市場。在情境分析中，了解你的目標設定應該包括哪一個（些）世代和其他相關要素是至關重要的。

7-3a 文化環境

國際性的廣告是一種跨越國家和文化藩籬的廣告。採取國際觀點對於行銷人員而言常常是困難的，也是建立廣告

計畫中的一項重要挑戰。其原因是經由職涯與一生的經驗會形成一個文化的「舒適圈」。也就是，一個人自己的文化價值觀、經驗和知識會成為引導決策和行為的潛意識，這可能會帶來無意中的偏見。

管理者需要克服相關的兩種偏見，才能成功地打進國際市場。**民族優越主義（ethnocentrism）**是從自己文化的觀點去看待和評價事物的傾向。此外，**自我參照標準（self-reference criterion, 簡稱 SRC）**是一個人不自覺地以自己的文化價值、經驗和知識形成決策的偏見。在執行一個需要跨文化觀點的行銷和廣告計畫時，這兩種密切相關的偏見會成為成功的主要障礙。

決策者的自我參照標準和民族優越主義，會抑制他（她）去感受市場中重要文化差異的能力。這使廣告主對於所創造出來的廣告當中擁有自己文化的「指紋」視而不見。有時這些會有冒犯，或者至少以「外人」的角色帶來了一些影響，就算是熟知市場者，在發展他們的廣告計畫中也可能會忽略文化上的細微差異。

想要真正了解文化環境，花時間去研究你作為目標的任何地理市場的消費者，這是相當重要的。有幾家這麼做的公司非常聰明又成功地使他們的品牌適應進入大型的國外市場如印度和中國大陸。當企業願意花時間仔細地研究國際市場，他們就可以調整使自己的品牌適應，避免民族優越主義和自我參照標準所帶來的嚴重錯誤。

7-3b 歷史環境

沒有市場狀況是全新的，但是每一種狀況都具獨特性。一間公司是如何到達目前的狀況是很重要的。廣告代理商和品牌管理階層必須熟悉產業歷史與競爭動態、品牌、公司文化、它過去的失敗與成功。事實上，無論現在做出什麼廣告決策，過去的歷史都會有相當深遠的影響。至少你應該知道先前的廣告活動為什麼特別有效，或是為什麼失敗，因此可以從中學習寶貴的教訓，運用在新的計畫上把活動辦得更好。然而，也應該記住過去有用之處，現在可能無法產生效用，因為企業和社會或其他因素在廣告整體環境上改變了。運用廣告計畫的這個部分，不僅解釋歷史的環境，也解釋這個背景的重要性，作為今天或是未來實行品牌整合行銷傳播決策的基石。

7-3c 產業分析

產業分析（industry analysis）聚焦在整個產業內的發展和趨勢與可能對廣告主進行的廣告計畫產生影響的其他因素。產業分析應該列舉並討論產業中最重要的方面，包含供—需平衡的供應端。大部分的產業分析都是單以需求端做分析——要達成多少市場占有率和能賣出多少單位的產品？但是當廣告過度刺激需求，供應方卻無法配合時，結果會產生許多不開心的消費者並偏離品牌的定位。

沒有其他產業比食品產業面對更戲劇化的消費者口味趨勢與擺動。最近幾年，不含麩質食品的趨勢挑戰幾家大型的食品商（從聯合利華到家樂氏），紛紛開發新產品和改良舊產品，以滿足消費者關切吃得健康的需求。不含麩質食品的販售一年有超過 10% 的成長，這樣的大型市場區隔，無論是大型或小型的廣告商都將之列為目標。假如你的品牌要在食品產業中競爭，當你分析產業以及塑造它的規模和方向的動態時，你將會看到這一點與其他的趨勢。

7-3d 市場分析

市場分析（market analysis）與產業分析相得益彰，強調平衡的需求端。在一個市場分析中，廣告商檢視在整體市場中哪些因素會驅動和決定一項產品或服務種類，並在其中推出一個品牌（或多個品牌）。首先，廣告商需要決定產品種類是什麼樣的市場。不能單單注意現有的使用者，因為這樣的方法會忽略以後可能會因為生活方式、年齡、科技、文化或態度改變而成為這個市場一份子的消費者。

取而代之，藉由找出該產品種類的現有用戶群開始，確定用戶群的大小和為什麼這些人是現在的使用者。消費者使用這個產品或服務而非另一個的動機，可以給予未來市場的洞察力。如果有具影響力的事物表明該產品種類的需求可能會增長，那麼該公司在市場上也有機會增長。廣告商在市場分析中的工作是去發現影響市場最重要的因素，以及這些因素如何對整體市場需求產生影響，例如，如果是文化因素像是科技或是潮流時尚的改變影響需求時，就必須要在市場分析中加以解釋。

7-3e 競爭者分析

一旦經過產業與市場分析，你需要進行**競爭者分析**（competitor analysis），在這裡，你必須找出公司品牌的競爭者並探討它們的優勢、劣勢、趨勢和每一間公司可能帶來的威脅。對於現在的競爭者不可自我設限，應該考慮到不同產業的潛在競爭者或是新創公司，以及這些即將浮現的品牌，對你所設定的目標閱聽眾有什麼可能的吸引力。這使你在激烈變化的市場的競爭中，能夠建立有彈性、真實且強而有力的廣告計畫。

當主要的競爭者開始做正面對抗，企圖贏得消費者的忠誠度，常見的是他們會採取競爭定位策略的廣告，就如第 5 章所討論的。有時廣告商會注意到競爭者的廣告或是品牌整合行銷傳播活動很有效果，因此他們會嘗試類似的方法。這個案例的重點：蘋果公司的得獎廣告，透過看板和其他媒體刊登「iPhone 相片」廣告，這些主打 iPhone 使用者可以拍出引人注目的照片引起消費大眾注意，因此，三星公司開始名為「Galaxy S7 捕捉」的活動，展示它能拍出令人屏息的相片。其他的競爭者摩托羅拉（Motorola）和華為（Huawei）也開始進行他們的手機拍照相片的廣告。這個得獎的廣告活動特別盛大，因為它使用其他行銷方式效果也很好，像是看板廣告和體驗行銷。

圖 7.3　蘋果 iPhone 的廣告品質。

7-4 目標

廣告目標臚列出廣告計畫系列工作的基本架構，它有許多不同的方式。目標是廣告商用具體的詞彙來確立所列的目標。廣告商在廣告活動中，多半會有至少一個以上的目標，一個廣告的目標可能是：

1. 增強消費者對品牌的認識和好奇心。
2. 改變消費者對品牌的信念和態度。
3. 影響消費者和潛在消費者的購買意願。
4. 刺激消費者對品牌的體驗使用。
5. 轉變一次性使用品牌的消費者為重複購買者。
6. 將消費者從競爭對手的品牌轉換到自己的品牌。
7. 增加銷售量。

讓我們分別思考這些目標。創造或維持品牌知名度，是廣告的一個基本目標，品牌知名度（brand awareness）是消費者對於品牌存在的認知的指標，以及這個認知容不容易從記憶當中存取出來。例如，市場研究人員可能會請一位消費者說出五個保險公司名稱，首認意識（top-of-the-mind awareness）代表第一個被說出的品牌，容易從記憶中存取出來是很重要的，因為有許多產品和服務，容易存取出來的程度就是預測的市場占有率。

以美國家庭人壽保險公司（American Family Life Assurance Co., Aflac）的案例為證，保險公司在廣告中採用一隻堅定的鴨子嘎嘎叫（aaa-flack）來建立它的品牌知名度和正向的聯想，那隻鴨子幫助美國家庭人壽保險公司成為美國最主要的保險公司之一，而且它仍是公司廣告計畫中不可分割的一部分。用幽默的訊息把目標放在千禧世代上，美國家庭人壽保險公司用鴨子抓住觀眾的注意力並傳遞有關保險的重要觀念。

社群媒體為品牌策略提供巨大的機會來經營消費者和創造品牌知名度。社群媒體是一個很棒的、可測量的數位經營平台，如我們所見的，有多少點閱率、按讚、評論、分享或其他線上消費者行為是從廣告直接獲得的結果。舉例而言，有些廣告在社群媒體上甚至看起來就像貼文和消費者的照片，採

用本土行銷方式。當你在試圖搜尋相關商品時，這種微妙的操作能夠使最重要的意識變高。

　　廣告的另一個重要功能是創造、改變和強化態度，所以它是一個常見的廣告目標。就如第 4 章談到有一種方法可以改變人們的態度，就是給他們被設計的訊息來改變他們的信念。有很多的方法可以達成這個任務。有一種方法是給他們很多的訊息，藉由建議消費者到特定的地方得到更多的訊息，譬如可以問醫生。處方箋藥物廣告在有限的空間下，不可能提供很多詳細的醫藥訊息（圖 7.3），因此，這就是為什麼要從醫生得到比從廣告商來得更多的訊息很重要。相反地，廣告能經由一張相片敘述整個品牌的故事與形象，如圖 7.4 由代表性的品牌香奈兒所做的廣告。注意廣告中有多少字，以及產品

來源：Salix Pharmaceuticals

來源：Chanel

圖 7.3　對於處方箋藥物的廣告，訊息要比消費者的形象更重要。消費者應該時刻注意廣告中的呼籲，廣告中小心地說：「向醫生諮詢這種藥物，因為某些形式的廣告不能總是提供所有在健康方面真正需要的資訊。」

圖 7.4　像香奈兒的知名廣告商，當產品在廣告中處於領先和中心地位時，並不需要向消費者提供大量訊息。

的凸顯。不論是經由直接、邏輯辨證或是刺激思想的視覺圖像，廣告通常是設計來達成信念組成及改變態度的目標。

　　購買意願（purchase intent）通常是廣告商設定的另一個目標。購買意願是藉由詢問消費者在不久的將來是否願意購買一個產品或服務來測定。影響購買意願的吸引力在於意圖接近真正的購買行為，比態度更接近理想的銷售目標。簡單來說，運用廣告與品牌整合行銷傳播來影響購買意願，關乎提高消費者心中認定的品牌價值，因此，在下一次購買時，公司的品牌可以更靠近消費者心中的選擇。

　　試用法（trial usage）反應真正的行為，通常也會被當作廣告的目標。許多時候，我們對廣告最好的要求是鼓勵消費者嘗試我們的品牌。在那個時候，產品或服務必須符合廣告給消費者的期待。對於一個新產品來說，刺激試驗性的使用非常重要。在行銷領域裡，當新產品或服務的初始購買率高時，天使都歌唱了。當然，試用法需搭配品牌整合行銷傳播的許多工具——折價券、折扣券、免費樣品及優惠方案（買一送一）。

　　重複購買（repeat purchase）或轉變，目標對準有多少百分比的消費者使用新產品，然後在第二次時會再購買。第二次的購買值得大大歡慶。當這個百分比很高時，長期產品成功的機會隨之升高。在購買初期，包裝內的折價券和折扣券，是很適合這個廣告目標的品牌整合行銷傳播工具。

　　品牌轉換（brand switching）是最具有競爭性和侵略性的廣告目標。某些產品類別，轉換是司空見慣的事，甚至是標準形式——像是垃圾袋或紙巾。其他類別就比較少——如牙膏產品。在設定品牌轉換目標時，廣告商必須不要期望太多，也不要因短暫成果而太高興。說服消費者轉換品牌是長期且代價昂貴的工作，要有詳細的預算來使投資損益平衡。雖然如此，品牌轉換仍常是電信公司的目標，因為美國的手機服務市場是成熟的。

　　為何不藉由廣告與品牌整合行銷傳播，設定「增加銷售量」為目標？因為這是行銷計畫目標而不是廣告計畫目標。為什麼呢？首先，要有好的產品、有策略性的定價、適當的通路、然後要有有效的廣告和促銷支持，才能有增加銷售量的潛能。其次，敘述「增加銷售量」的目標而無任何策略性的過程和目的，完全是空談，接下來將會詳細的討論。

7-4a 溝通目標 vs. 銷售目標

有些廣告分析專家認為溝通目標是廣告唯一合理的目標，因為廣告在行銷矩陣中只是一個變數，不能單獨承擔銷售的責任。廣告應該負有創造品牌的知名度、溝通產品的特色或可得性的資訊、或是建立一種喜好的態度，引導消費者對品牌的偏好。這些結果都是長期性的，並且建立在溝通的影響上。

在設定廣告目標時維持嚴謹的溝通觀點有幾個主要的好處，首先，透過將廣告視為主要的溝通努力，行銷人員才能夠考慮更寬廣的廣告策略。其次，他們會因為複雜的整體溝通過程而獲得較佳的評價。設計一個以銷售為單一目標的整合溝通計畫，會忽略將訊息設計、媒體選擇、公關或銷售人員配置這些該有效整合進公司跨層面的溝通。使用廣告訊息來支持銷售人員的努力及／或驅動人們到你的網站，是良好的整合不同溝通工具發揮綜效的例子，然後最終達到銷售的目的。

然而，組織中總是會在某些地方聽到一種強而有力的呼聲，說只有一個規則就是「廣告必須銷售」的觀點。溝通與銷售目標的緊張關係，最好的例證就是在超級盃球賽的廣告花費中，每年爭論這麼大筆的錢到底讓廣告商獲得什麼。每年超級盃出現的廣告都伴隨大肆宣傳，以及比賽後對各種令人印象最深的廣告做民調。但這些民調往往不過是人氣競賽——以百威啤酒（Budweiser）為例——享受所有的樂趣。問題仍然存在：受喜愛等於銷售嗎？

雖然擁護銷售目標和推動溝通目標的人之間自然形成拉扯的緊張關係，但是不能阻止行銷人員使用這兩種方式一起建構一個品牌的整體計畫。確實，結合行銷計畫的銷售目標，諸如市場占有率和家庭滲透度，以及溝通目標像是認知和態度改變，這會是激勵和評估計畫的最佳方法。聯合利華公司尋求在溝通目標與銷售目標之間取得恰當的平衡，採用行銷長（CMO）稱為「魔術與邏輯」的策略。聯合利華公司有贏得創意廣告獎（坎城）的歷史，但發現消費者產品市場占有率逐漸縮減，它的行銷長重新在銷售與創意溝通之間強調平衡，結果銷售成長達到 7%，接近設定的競爭目標。再向前看，聯

合利華公司更加全面整合它的行銷、數位廣告及促銷活動，不僅能刺激消費者，也能實際促進消費者在實體商店和網路上購買。

目標能讓公司做出有智慧的資源分配的決定，它必須具體地在廣告計畫中被陳述。廣告計畫者能更容易明確地敘述目標，如果做到以下事項：

1. **建立數量化的基準**（establish a quantitative benchmark）。廣告目標只有在量化的變數當中才是可以測量的，廣告計畫者應該要先量化現有市場占有率、知名度、態度和其他廣告可能影響的因素，要用量化的方法測量效果，需要有廣告之前與之後的興趣程度的知識。例如：用量化的方法陳述的目標可能是：「增加產品類別中我們品牌的重度使用者市場占有率從22%提升到25%。」

2. **明確的測量方法和成功的標準**（specify measurement methods and criteria for success）。被衡量的因素與所追求的目標直接相關是相當重要的。假如預期銷售會改變，那麼就要測量銷售。假如目標是要增加品牌知名度，那麼測量消費者認知的改變就是合理的衡量成功的方法。這看來很明顯，但在一個經典的廣告目標研究案例中，發現號稱成功的廣告居然有69%的案例與最初的目標敘述是不相關的，在這個研究中，公司引用增加的銷售量來證明廣告的成功，而原本設定的目標相關因素有：品牌知名度、轉向品牌的說服力或是產品使用訊息。

3. **確立時間表**（specify a time frame）。廣告目標應該設定達到預期結果的時間。以溝通為目標的廣告，測量消費者回應發生的頻率可能會在活動期間，但是最終的結果一直要到幾週的活動結束之後才會決定。重點是目標完成的時間和相關的測量時間都必須要在廣告計畫裡面事先聲明。

這些設定目標的標準，能夠幫助確保計畫策劃的過程是有組織又有好的方向。藉由量化的基準，廣告主對於未來做決策有了指導方針。連結測量標準與目標，提供一個公正的準則來評估廣告的成功或失敗。最後，用來判斷結果的明確時間表，可以維持規劃過程向前推進。然而，和所有事物一樣，適度是一件好事。若單單著迷於觀察數字可能是非常危險的，因為它降低或

完全忽略了質化和直覺相關因素的重要性。

7-5 編列預算

編列廣告與品牌整合行銷傳播的預算是最具挑戰性的工作之一。在一間公司裡，編列預算的建議是經由各個層級提出的，譬如，從品牌經理到產品經理，最後到負責執行的行銷主管。然後，這個順序會反過來做資源分配和經費的花費。在小型公司裡，如一個獨立的零售商，前面描述的這些順序僅由一個人扮演所有的角色。在大型公司裡，行銷長一般放眼在重大方向的規劃，委派傳播通訊副總或品牌策略級經理負責編列預算。

在某些案例中，公司會依靠廣告代理商來建議廣告預算的規模大小。完成之後，負責該品牌的代理商業務企劃會針對該公司的目標、創意需求、媒體需求做分析並提供建議。業務企劃可能會和品牌、產品經理密切合作，共同決定適當的支出預算。

為能明智而審慎又負責的管理廣告與品牌整合行銷傳播的花費，行銷人員依賴各種不同方法設定廣告預算，這些方法各有優點和缺點。

7-5a 銷售百分比法

銷售百分比方法（percentage-of-sales approach）指用計算前一年的銷售額或計劃今年的銷售額來編列預算。這種方法既易懂又容易執行。預算的決定者只要指定去年銷售額或今年預計銷售額的一定百分比，分配給廣告支出。產品類別各有不同，但常見的花費是 2% 到 12% 之間的銷售額，分配在廣告與品牌整合行銷傳播上。

雖然簡單在決策過程中的確是個優點，銷售百分比法也有缺點。首先，當公司銷售量減少時，廣告預算就會自動被降低。在銷售減少時，可能正是公司需要增加廣告預算的時候；如果使用銷售百分比預算方式，這將不會發生。其次，這種預算方式很容易造成花費過多廣告預算的狀況。一旦預算金額被標記，就會出現想辦法來消化預算的傾向。第三，從策略的觀點來看，

最嚴重的缺點是，銷售百分比法讓廣告與品牌整合行銷傳播的經費和廣告目標之間無關。根據過去或未來的銷售編預算，假定廣告與銷售之間是原因—結果的關係，銷售導致廣告，這是不智之舉。

一種銷售百分比法的變化，是根據「歷史支出水準」來編列現在的預算。在這裡提出這觀點的原因，是因為當經理人被問及如何分配廣告預算時，有將近70%回答：「根據歷史水準」。我們懷疑他們是在指銷售百分比法或是一種更沒依據的「我們所能得到的」方法來達成預算，我們是想警惕你在討論預算時會聽到這種言語。

7-5b 市場占有率／廣告量占有率

運用這個方法，公司觀察不同的重要競爭對手，看他們在廣告預算上花費多少，然後分配與競爭對手相等的金額或與競爭對手現有市場占有率的比率相當的金額。這提供廣告主一個**廣告量占有率（share of voice）**或廣告在市場上的曝光率，也就是與競爭對手相等或是比競爭對手多的廣告占有率。

在新產品初入市場時，這種方法常會運用在分配廣告預算上。傳統智慧建議，要花費第一年預期產品市場占有率的好幾倍，通常是2.5到4倍的金額在廣告量占有率上。例如，如果一位廣告主第一年想要有2%的市場占有率，他就需要花費產業總預算的8%。邏輯是新產品需要有較大的廣告量占有率，才能在現有市場或知名品牌當中獲得關注。

雖然廣告量占有率方法強調競爭對手的活動是合理的，有幾項挑戰需被考慮：第一，獲得競爭對手正確的廣告預算支出訊息是很困難的。第二，我們沒有理由相信競爭對手會很有智慧地支出廣告費用。第三，從創意—執行的觀點來看，這個方法在邏輯上的缺陷，是假設每一個廣告計畫的品質與效果是一樣的。當人們試圖比較今天各種廣告形式的支出時，這樣的假設尤其不可靠。以多芬為例，比較它在超級盃的廣告與在YouTube上的短片，這個短篇影片廣告所產生的最高流量是超級盃廣告的3倍以上，播出YouTube廣告的支出是零，而播出超級盃廣告的支出是200萬美元。無疑地，這個短篇影片廣告對廣告量占有率是相當有貢獻的，但預測創新執行的效果，對於傳統模式永遠是一項挑戰。

7-5c 回應模型

在協助編列預算的過程中，較大的公司廣泛地運用回應模型已有許多年。這信念是回應模型可以維持更大的客觀性。無論是不是這種狀況，但是，回應模型確實提供公司的廣告回應功能有用的訊息。**廣告回應函數**（advertising response function）是廣告支出的金額與銷售產生的金額之間的數學關係。在某種程度上，過去廣告預測未來銷售，這個方法是有價值的。利用邊際效益分析，只要邊際銷售超過邊際支出，廣告主就可以繼續在廣告上支出。邊際效益分析給予廣告主問題的答案，「如果增加廣告的支出，可以在銷售上增加多少？」當廣告花費的回報率下降，增加支出的看法將被挑戰。

理論上，這個方法引導出最佳化的廣告支出，引導出最佳化的銷售水準，也就是最佳化的獲利。圖 7.5 呈現銷售、利潤和廣告支出之間的關係。

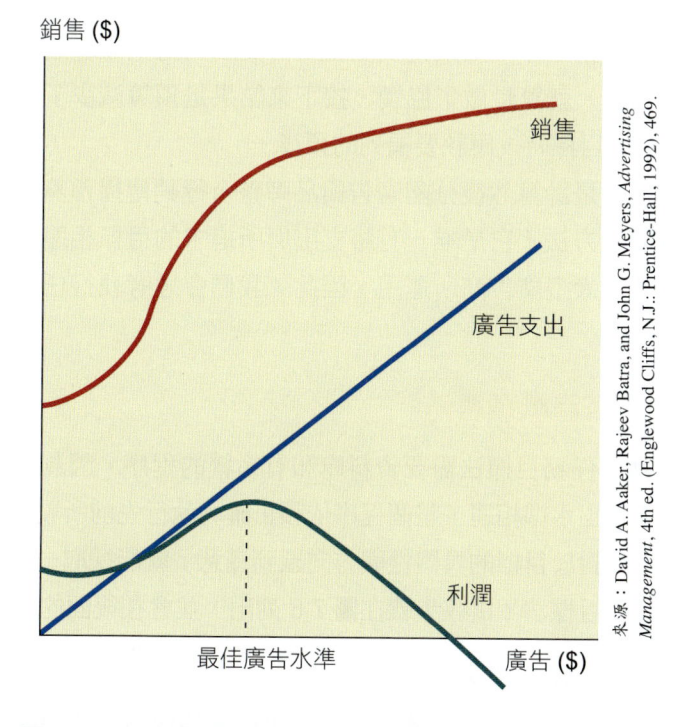

來源：David A. Aaker, Rajeev Batra, and John G. Meyers, *Advertising Management*, 4th ed. (Englewood Cliffs, N.J.: Prentice-Hall, 1992), 469.

圖 7.5　界線邊際利潤分析——銷售、利潤與廣告的曲線。

銷售、之前的廣告支出和消費者認知資料是典型會以數字輸入這種量化的模型中。

不幸的是，儘管除了廣告還有其他因素直接影響銷售，它假設廣告與銷售之間的關係是簡單的因果關係。然而，有些人覺得使用回應模型比起猜測或用銷售百分比法或其他曾經討論的方式仍是較佳的預算編列方法。

7-5d 任務目標法

以上討論的建立廣告預算的方法面臨同樣的基本缺陷：預算支出與廣告目標之間缺乏明確的關聯性。唯一聚焦在支出與廣告／品牌整合行銷傳播目標之間關係的方法是**任務目標法（objective-and-task approach）**。這個方法由陳述廣告活動的目標開始，目標關於生產成本、接近目標閱聽眾、訊息效果、行為效果、媒體置入和持續努力的時間等。然後，廣告預算經由要達成這些目標需要完成的特定任務來制定。

關於這個預算的程序，有很多建議。公司先確認它認為與達成廣告目標相關的所有任務工作。如果完成任務所需支出的總金額超過公司的財務能力，就需要協調。就算是做了協調，接下來結果是預算減少了，至少公司確認出在追求它的目標時，應該要編列的預算。

任務目標法是計算然後分配廣告與品牌整合行銷傳播預算，最合乎邏輯也最站得住腳的方法。它是唯一有將支出與所追求的目標相連的編列預算方法。它廣泛地被大型廣告商所運用。因此，我們會思考執行任務目標預算法的特定程序。

7-5e 執行任務目標預算法

正確的執行任務目標法需要資料庫和有系統的程序。因為這個方法將特定廣告目標與支出水準相連，整個程序依賴正確的執行先前所設定的目標。一旦公司和代理商對於目標的具體性與方向感到滿意，就能採取一系列定義好的步驟來執行任務目標法。這些步驟在圖 7.6 列出，並會在後面的部分概述。

✎ 累加分析法決定成本

確認特定的廣告目標後，廣告主現在可以開始決定達成目標需要有哪些

第 7 章 廣告與品牌整合行銷傳播企劃

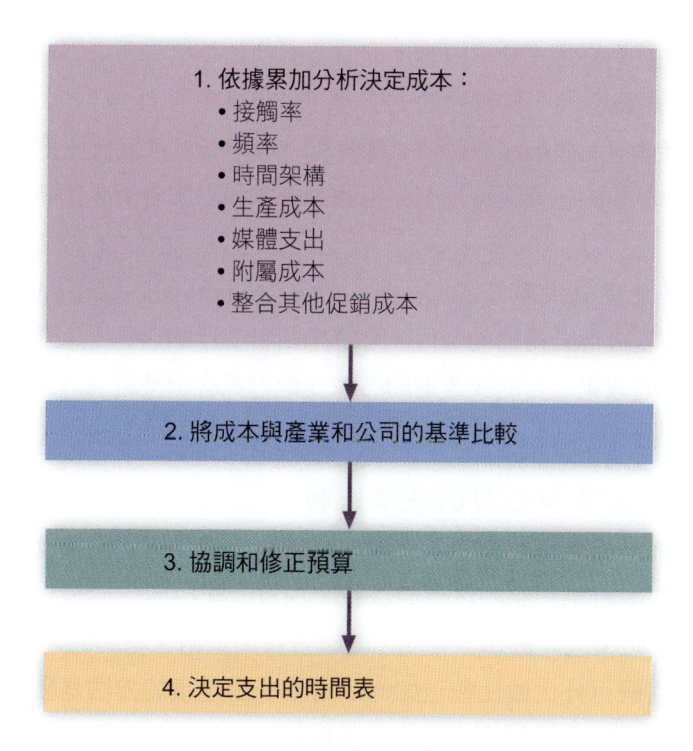

```
1. 依據累加分析決定成本：
   • 接觸率
   • 頻率
   • 時間架構
   • 生產成本
   • 媒體支出
   • 附屬成本
   • 整合其他促銷成本
         ↓
2. 將成本與產業和公司的基準比較
         ↓
3. 協調和修正預算
         ↓
4. 決定支出的時間表
```

圖 7.6　執行任務目標預算法的步驟。

任務。使用**累加分析法**（build-up analysis）建構任務支出的水準，要考慮到下面有關成本的因素：

- **接觸率**（reach）：廣告期望曝光到達的地理和人口範圍。
- **頻率**（frequency）：達成設定目標所需的曝光次數。
- **時間架構**（time frame）：預估溝通將會發生的時間點。
- **生產成本**（production costs）：決策者可以依賴創意團隊和廣告製作人預估執行廣告計畫相關的成本。
- **媒體支出**（media expenditures）：根據前面這些因素，廣告主現在可以決定適當的媒體、媒體組合以及達成前面設定目標的播出頻率。進一步，必須要考慮到地理分配的差異性，注意區域媒體策略或地方媒體策略，數位媒體策略和行動媒體策略也都必須要考慮到。例如：如果廣告

主想要鼓勵病毒式分享內容,則需要編列預算給有影響力的社群媒體使用者來啟動分享。跨媒體的支出分配策略將在第 11 章到第 13 章討論。

- **附屬成本（ancillary costs）**：還會有一些不屬於前面因素的相關成本,這其中重要的包含與貿易廣告相關的成本和對廣告活動獨特性所做的特別研究。

- **整合其他促銷成本（integrating other promotional costs）**：在這個廣告與品牌整合行銷傳播的時代,有時是創新的促銷活動,以最小的支出帶來最大的效果。新的或改進的品牌促銷方式必須被視為計畫和預算過程的一部分。

將成本與產業和公司的基準比較

經由累加分析彙整所有成本之後,廣告商會想要儘速回歸現實面。透過檢查預估的成本占銷售額的比率與該產業別會分配給廣告的銷售額比率基準來比較完成。如果大多數競爭者支出的廣告費用是銷售總額的 4% 到 6%,現在的預算與這個百分比做比較是如何？另外一個建議的方法是驗證公司預算在產業別廣告中所占的部分。另外一個相關的參考點是將先前的預算與現在的預算做比較,如果預算總金額與前幾年相比特別高或特別低,這個變異就必須根據所追求的目標提出正當的理由。在企業和公司內部使用銷售百分比僅為提供相關基準,來判斷預算金額是否異常而需要重新評估。

協調和修正預算

任務目標法的設計是為了確定公司實際需要花費多少,才能達到預期的影響。為了避免廣告預算重大的修改,在開始設定目標和計畫任務時,熟悉公司的政策和財務資源是相當重要的。對提案的預算做修改很常見,但在提案的預算上大刀闊斧會有破壞性的影響。

決定支出的時間表

編列預算時必須了解何時應該為任務提供資金。出差費用、生產費用、媒體時間和空間都與特定的時間日期緊密相連。例如,媒體時間和空間通常是在完成廣告前,就要提早購得並支付的。為能順利地執行計畫,必須了解何時付費和要付多少費用。請記住,現在變動的商業世界和媒體的快速發

展,會需要有彈性的預算,不論是在支出水準或支出分配上。但為了究責性的目的,預算應包含購買和付款的明確時間表。

就像其他商業活動,行銷人員必須明確清楚說明廣告要達成的目的。在制定目標的過程中,廣告的意圖和期許都需包含在內。從行銷計畫獲得充分的訊息和評估所需的廣告型態,才能設定廣告目標。在決定廣告預算、開始創意工作之前,目標就要設定完成。再次強調,這不總是工作的順序,雖然它應該如此。這些目標也會影響媒體置入的計畫。

7-6 策略

回顧圖 7.2,在廣告計畫中,策略是在預算編列之後的下一個重要構成要素。策略代表完成事情的方法、完成目標的工具。每一個計畫都應該清楚和精準地陳述達成理想結果要實行什麼策略。廣告策略有很多種可能性。

奧運會通常是廣告與品牌整合行銷傳播活動的背景,根據許多有關優越運動品牌的策略。例如,安德瑪公司贊助最近的夏季奧運會的運動員,使他們成為鎂光燈的焦點,部分的策略是展現真正的品牌運動精神。安德瑪並不是奧運會的官方贊助單位,因此不能冠有「Olympics」官方字樣,或在活動中放上知名的五色環。取而代之,「武裝自己」(Rule Yourself)活動以準備競逐更高階的身體和心理的運動水準為重點。安德瑪的麥可・費爾普斯(Michael Phelps)「武裝自己」廣告,由品牌的代理商(Droga5)製作,在社群媒體平台病毒式擴散蔓延,在奧運會之前、之間和之後提高品牌的能見度。每當被它贊助的運動員獲得獎牌,安德瑪公司很快地在社群媒體發布恭賀訊息,透過真正運動員的運動精神,擦亮品牌的真實性。

比較複雜的目標需要更縝密的策略。你只會被你的資源條件所限制:財務、組織和創意。最終,策略的形成是創意的努力和不同資源的投入。許多廣告代理商會指派一位負責的企劃人員來綜合所有與品牌相關的消費者研究,得出推論,可以幫助代理商和廣告主發展適當又有效的策略。我們將在第 9 章學習更多關於廣告目標和創意策略選項之間的關係。

7-7 執行

執行計畫就是真正去做，製作和播送橫跨所有媒體的廣告，以及協調品牌整合行銷傳播活動以達成綜效結果。執行廣告計畫有兩項要素：決定文案策略和策劃一個媒體計畫。

7-7a 文案策略

文案策略涵蓋文案的目標和方法或戰術。目標是廣告商敘述想要在大標、副標和主文案達到的，而方法是描述目標將要如何達成，第 10 章將會廣泛討論這些執行的問題。

7-7b 媒體計畫

媒體計畫具體指明廣告將要被放置的地方，和在這背後的廣告策略。在整合溝通的環境中，這會比它剛出現時要複雜許多。以往僅有三個電視頻道，就已經有超過 100 萬種的置入組合。現今媒體和推廣選擇暴增，它的排列組合方式幾乎是無限。

就在這一點——設計媒體計畫——可以花費許多經費，也可以節省很多。這是決定許多代理商會不會獲利的來源。媒體置入策略會導致獲利或虧損的巨大差異，在第四篇會做更深入的討論。此外，數位裝置在媒體計畫中的動態影響是第四篇另一個強調的重點，這讓廣告商設計更精準的目標訊息並在精準的時間傳遞，能更有效率地控制媒體成本。

7-7c 品牌整合行銷傳播

有許多不同形式的品牌促銷可以伴隨廣告來開創或維持品牌；這些應規劃在整體計畫中。所有的溝通工具應該完全整合於制定計畫中（第五篇會看到更多）。例如，億滋集團為奧利奧做的廣告計畫包括電視廣告、平面廣告、社群媒體訊息和其他品牌整合行銷傳播活動，用來增強品牌偏好和介紹新口味與延伸品牌。億滋國際的情況分析指出公司面臨要在不熱烈的全球經濟中達到利潤成長與高度競爭市場的挑戰，而歷史環境也指出奧利奧有廣泛的品牌知名度。市場分析顯示在巧克力消費量高的地方開發奧利奧品牌的新產品

有顯著的機會。再者，文化環境在不同國家是一個關鍵因素，包括中國和日本。

奧利奧廣告計畫的整合活動，針對特定產品和季節節慶（如萬聖節和聖誕節）有詳細的預算和行程表。他們還有制定目標和特定的工作為成功地推出持續性產品，如中國的奧利奧糖果棒、奧利奧雙層享受餅乾及罐裝奧利奧節慶餅乾。公司詳細評估結果，並調整計畫或採用不同的方向，觀察哪些有用或無用。如果一則特別的訊息或有創意的方法特別有效，奧利奧就尋找機會將它運用在其他的廣告計畫部分。

7-8 評估

評估在廣告計畫中是重要且持續的要素。這是廣告商決定如何測量計畫的廣告與品牌整合行銷傳播活動的結果。評估廣告與品牌整合行銷傳播活動的度量不同，取決於所設定的目標以及創意和媒體的選擇。假如有外部的代理商，這部分的計畫也可以解釋為代理商的表現績效的標準和達成雙方同意的目標的所需時間。在一個對公司短期獲利壓力持續增加的世界，代理商也在逐漸增強的壓力下，被迫要展現出所有廣告與品牌整合行銷傳播活動被同意的量化結果。許多大型廣告商也試圖縮減使用代理商的數目，不僅是節省經費，也為了精簡並加速計畫和執行的流程。因此，代理商的績效表現更被詳細地檢驗。

即使當代理商表現良好，但公司改變了它的廣告與品牌整合行銷傳播的策略時，它就可能選擇一個新的代理商來以一個全新的眼光看這種情況。廣告代理商麥肯錫（McKinney）與全美互助保險公司（Nationwide Insurance）合作了七年，當客戶決定要「朝另一個方向發展以符合我們有創意的工作」時，麥肯錫就失去了這個生意。奧美集團（Ogilvy & Mather）已在某些廣告計畫與全美互助保險公司合作過，然後就成為最重要的代理商。數月之內，全美互助保險公司的最新廣告在傳統和數位媒體廣告播放反應保險公司在財務方面的各項服務。

7-9 代理商在廣告與品牌整合行銷傳播企劃中的角色

既然我們已經涵蓋廣告計畫過程的主要層面，另外一個議題還需要被考慮。因為大多數的行銷人非常依賴廣告代理商的專業知識（或創意和媒體任務的專業代理商），了解代理商在廣告計畫過程扮演的角色是非常重要。不同的代理商會用不同的重點來處理它們的業務。雖然不是所有人都會有一樣的做法，但這樣問還是很重要的：廣告主在廣告計畫中應該和能夠對代理商的貢獻有什麼期望？

廣告主在外部環境中，應該要能夠清楚地確認可以用廣告處理的機會和威脅，也應提供品牌價值定位清晰明確的陳述，與行銷組合的要素，期能獲得並維持競爭優勢。在一些案例中，廣告代理商會採取主動的角色協助客戶制定行銷計畫。確實，當事情都進展得很順利時，很難確實地說哪裡是客戶工作的結束和代理商工作的開始。代理商的關鍵作用是詮釋公司現在的市場和行銷的地位，從廣告目標進入廣告策略，最後，完成廣告與品牌整合行銷傳播的素材。在這裡，廣告的訊息策略和手段與有效果又有效率的媒體廣告的置入，需要與廣告主磋商並被同意，如此，代理商才可以使用設計和創意的執行，將行銷策略付諸實行。

廣告主通常有兩個重要的領域需要代理商的協助，第一是有關整合的問題。在動態媒體的環境中，客戶期望代理商是一個廣泛選擇的專家，能將訊息傳遞給目標消費者。代理商需要有不同的部門處室，在一起工作如一個團隊，想出品牌整合行銷傳播的解決方案，在多個通路當中獲得綜效。第二，客戶需要代理商提供新的構想和方法，以突破現今存在市場不斷增加的雜亂現象。在一項調查中，問了一個簡單的問題，「客戶想要什麼？」，結果是最優先的前四名分別為：創意（92.7%）、數據和分析（92.0%）、工作效率（91.4%）及財務管理效能（89.4%）。

如本書中的探討，客戶期望投資在廣告上能得到真正的結果。對代理商

而言，掌握這個關鍵問題，要在廣告計畫的過程中花更多的時間和注意客戶的業務，讓每個人都清楚地知道活動的目標與評斷成功或失敗的指標。大多數的客戶都不會期待有奇蹟發生，他們可以接受偶爾的失敗，如果代理商學習運用這些教訓，為客戶改進工作。假如這個活動沒有如計畫的效果，客戶就應該被告知原因，並在下一次獲得更好結果的具體構想。

　　從代理商的觀點來看，他們想要被視為夥伴，而不是供應商。代理商也需要時間和資源才能做出最好的工作。但是當然，時間永遠都不夠，預算也永遠都不夠多。面對資源問題，這裡有兩件事是客戶應該要做的。首先，代理商應該要及早涉入計畫的過程，讓代理商清楚完整被告知時程和完成的期限。其次，代理商必須事前誠實評估預算，以避免最後關頭的干擾，阻礙廣告與品牌整合行銷傳播的執行。

　　最後，因為代理商知道客戶將以結果為導向，他們止在尋找能夠為他們取得成功的客戶。代理商喜愛明確清楚地說出期望結果的客戶，並提供有建設性和及時性的回饋。代理商喜愛客戶尊重和肯定他們的專業，並信任代理商如一個夥伴。

Part 3

創意過程

8　廣告與品牌整合行銷傳播創意管理
9　創意訊息策略
10　創意執行

　　創意，以消費者為基礎的策略是廣告與品牌整合行銷傳播真正的靈魂。以消費者為基礎的策略是從事商業與廣告的一種方式，而起點則是對消費者心理的了解。首先，我們要了解消費者對產品或品牌的看法、使用的方式，然後運用消費者洞察來協助建立或修正創意策略。沒有創意策略以及真正能和消費者產生共鳴的執行，沒有人會注意廣告訊息，而企業主也無法運用任何媒體來告知娛樂或和目標閱聽眾互動。我們首先介紹創意概念（第 8 章）。創意是什麼？它有何不同？它的優點是什麼？什麼使創意人有創意？接下來，我們將從主要目標以及不同創意策略角度，對訊息創意做深入介紹（第 9 章）。最後，我們將介紹如何運用訊息文案寫作、藝術方向及製作，將創意概念實踐，當然，也包括策略企劃與媒體企劃的參與及投入（第 10 章）。

8 廣告與品牌整合行銷傳播創意管理

學習目標

在閱讀本章並思考其內容後,你應該能夠:
1. 描述偉大創意思維的核心特質。
2. 區分廣告代理商中,創意部門與客戶管理／業務人員所扮演的不同角色。
3. 評估廣告與品牌整合行銷傳播規劃中,衝突管理與創意推廣團隊的角色。
4. 檢視你自己對創意的熱誠。

8-1 廣告因創意而茁壯成長

　　創意在廣告業中為何如此重要？首先，我們要先了解廣告的環境是非常擁擠的。為了讓廣告訊息能被消費者看到、聽到，廣告主創造了許多廣告，但同時這也讓廣告訊息更為充斥，有效的廣告就是能從這樣的擁擠環境中脫穎而出的廣告。因此，如果廣告主希望自己的廣告能脫穎而出，這時候，好的，甚至是偉大的創意就很重要。當然，這個原則在設計企業廣告訊息時也是適用的。對得獎廣告所做的研究顯示，得獎廣告的主要利益是，這些有創意的廣告能從擁擠的廣告環境中脫穎而出，並且被消費者記住。當然，創意廣告也是必須不斷地透過不同媒體重複進行溝通。但廣告中的創意不只是希望引起消費者注意而已，創意也是在協助廣告或其他品牌溝通的努力讓消費者能理解、設定議題並創造品牌的意義。由於品牌是由許多面向的「意義」所組成，因此，在塑造品牌的過程中，創意扮演重要的任務。在策略規劃上則是要從了解消費者心理開始，並讓消費者（企業消費者或家庭消費者）對推動品牌的品牌策略產生熱愛（參見圖8.1）。

　　偉大的品牌能和消費者產生有意義的、情感上的連結。想一想是否有一些品牌是你所愛或是不能缺少的？許多消費者對能與其產生情感上共鳴的品牌都有極高的品牌忠誠──例如，蘋果、Nike等。當以消費者為基礎的品牌整合行銷傳播策略規劃良好時，透過感官的體驗和感性生活片段的串聯，品牌就能和消費者建立情感上的連結。廣告以及不同型態的品牌整合行銷傳播，都是在協助品牌創造這種連結，但這都必須透過偉大的創意執行才能將其真正實現。

8-2 跨領域的創意

　　創意思維的馳騁猶如和心中所愛一道共遊。

　　　　　　　　　　　　　　　　　　　卡爾・榮格（C. G. Jung）

　　在開始說明創意在廣告與品牌整合行銷傳播的世界中如何運作之前，

第 8 章
廣告與品牌整合行銷傳播創意管理

```
第一篇　商業與社會中的廣告與品牌整合行銷傳播
```

- 廣告與品牌整合行銷傳播的世界（第1章）
- 廣告與行銷傳播業的結構（第2章）
- 廣告與行銷傳播的社會、道德及法規層面（第3章）

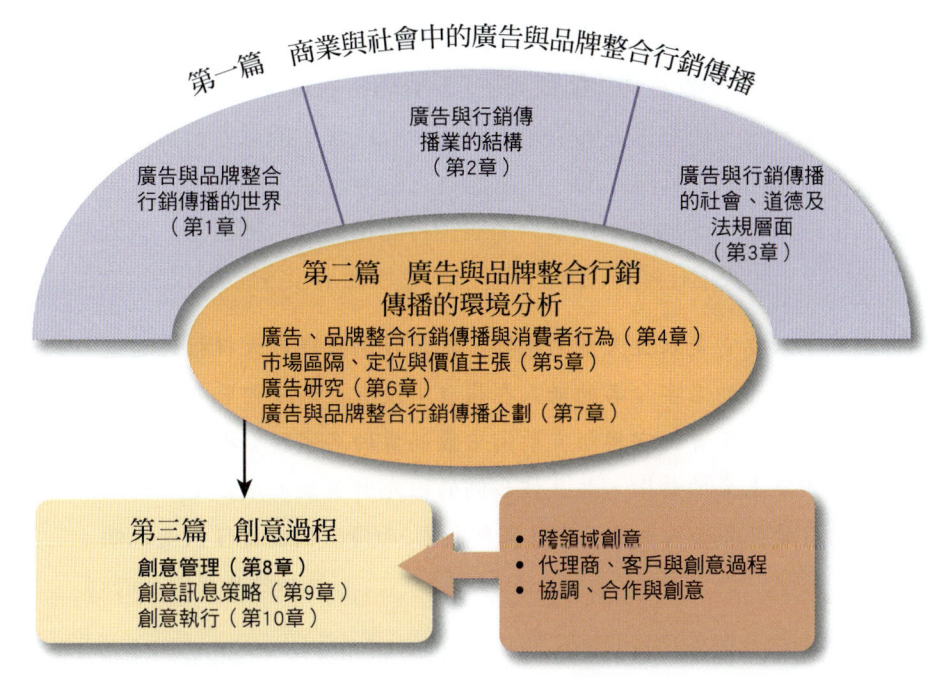

第二篇　廣告與品牌整合行銷傳播的環境分析
廣告、品牌整合行銷傳播與消費者行為（第4章）
市場區隔、定位與價值主張（第5章）
廣告研究（第6章）
廣告與品牌整合行銷傳播企劃（第7章）

第三篇　創意過程
創意管理（第8章）
創意訊息策略（第9章）
創意執行（第10章）

- 跨領域創意
- 代理商、客戶與創意過程
- 協調、合作與創意

圖 8.1　如此架構圖所示，廣告與品牌整合行銷傳播的環境分析為創意過程中的創意管理設定了基礎。

我們先來看看創意在其他領域中的表現。在本質上，創意無論在哪個領域中都是一樣的。創意，無論是小說創作、攝影、思考組成宇宙的分子物理、寫詩、作詞作曲、舞蹈或創作廣告，還有很多其他類型的創作，都是創意的呈現。偉大的廣告是真正偉大的創意成就。

　　創意（creativity）是一種能力，它能將看似不一致的元素或力量，透過思考將其加以結合，建立新的連結。這個能力是能夠跳脫日常的邏輯，將自己從日常慣用的「這件事是這樣」或「這件事必須是這樣」的思考框架中跳出來，讓創意人員能將事件加以組合，當我們看到、理解後，產生興趣，那就是創意。如果我們能夠像超現實主義畫家薩爾瓦多・達利（Salvador Dali）一樣，認為愛與恨是相同的實體、或看到「圓的方型」、或是想像時間能如熔融的鋼水般彎曲，那我們就具備了創意的能力。源自創意的想法顯露了它們

自有的邏輯,然後,我們就會說:「喔,我懂了」。

你或許聽過這個名詞「創意天才」(creative genius)。創意通常被視為是一種天賦——一種看世界的特別方式。一直以來,創意人員被視為是特別的、值得尊重、或是被唾棄的。創意也有它的黑暗面。創意天才被當成有力的政治工具來使用(無論好或壞),他們可能被排斥、被囚禁、或因為其創作而被殺害。即使遠在蘇格拉底的時代,創意也經常和各種瘋狂的行為連結。

> 瘋狂,只要它是來自天堂的禮物,就是我們獲得最大祝福的通道。那些以自己的名字命名的老人在瘋狂中沒有看到任何恥辱或責備;否則他們就不會把它與所有藝術中最高貴的名字聯繫在一起,這是一種辨識未來的藝術,並且被我們的祖先所召喚,瘋狂是一種比清醒的感覺更高尚的東西。瘋狂來自上帝,而清醒的感覺僅僅是人類。
>
> 蘇格拉底(Socrates)

創意反映了早期的兒時經驗、社會狀況及認知風格。在心理學家霍華德・加德納(Howard Gardner)所撰寫的 *Creating Minds* 這本書中,他分析了20世紀七位具有最偉大創意心靈的人,包括:佛洛伊德(Sigmund Freud)、愛因斯坦(Albert Einstein)、畢卡索(Pablo Picasso)、作曲家史特拉汶斯基(Igor Stravinsky)、詩人艾略特(T. S. Eliot)、舞蹈家瑪莎・葛蘭姆(Martha Graham)及甘地(Mahatma Gandhi)。他的著作中透露出這些偉大創作者之間極有趣的共通性。這幾位創作者,無論是物理學家或是現代舞舞者,他們都是極度自信的、機敏的、不守舊的、努力工作,甚至是狂熱地投入工作。社交生活或嗜好對他們來說一點都不重要。很顯然地,對自己技術的全然承諾似乎是基本原則。雖然這樣的承諾看似正面,卻也有負面的意涵存在:

> 自信與自負、自我中心、自戀相融合,不僅完全投入他或她自己的計畫,而且可能以其他人的代價來追求它們。

然而,這些偉大的創意心靈在他們個人的生活上都遭遇重重困難,更別說像平常人一樣有時間來陪伴他們的家人了。如同加德納所說,他們通常對他們周遭的事物都不太擅長。同樣的情形也出現在聖雄甘地的身上。這七位偉大的創意天才也

是非常擅長於自吹自擂的。知名的創意人通常很樂意讓自己的創作能有很多的管道曝光。在創意的世界中，謙虛和膽小是無法讓你成名的。

這七位偉大的創造者，嚴格來說，其實都是像孩子般一樣的單純的。他們具備了像孩子般看事物的能力。在愛因斯坦革新物理的生涯中，他用了大部分的時間來追求一項在他兒時就想到的一個想法：沿著一束純淨的光移動的感覺會是怎樣的呢？畢卡索在評論他自己的作品時，也提到他的偉大是來自於他能像小孩般作畫的能力（當然搭配了驚人的繪畫技巧）。佛洛伊德對他兒時夢境的執著與解釋，對他最著名的著作《夢的解析》（*The Interpretation of Dreams*）有絕對重要的影響。詩人艾略特的作品也展現了驚人的想像，而這些想像力通常在成長後就會消失。同樣的情況也出現在瑪莎．葛蘭姆的現代舞蹈中。即便是聖雄甘地所領導的社會運動，也是源自於一個簡單、單純的邏輯。這些藝術家與創意思考者不同之處，在於他們具備從平凡中看到不平凡的能力，而他們的想像力也不因長大而消失。難怪有研究顯示，玩樂高積木對成人的創意力是有幫助的。

當然，這種如孩童般思考的方式的問題就是他們生活上的行為也是像小孩一樣的。他們的社會行為通常是自私的。他們期待他們周圍的人在祭壇需要獻祭的時候能夠犧牲自己。加德納是這麼說的：「圍繞著一個偉大的創造者的大屠殺不是一個美麗的景象，這種破壞性發生在無論這個人是在孤獨的追求還是表面上是為改善人類而努力。」當一切狀況和這些人的野心相符合時，這些人看起來也會格外的迷人。他們在家時可能是惡魔，但在外執行工作時卻是萬人迷。

很顯然地，創意心靈也是可望邊緣化的。他們喜歡當局外人。對這些人來說，這種邊緣化似乎是必要的，而且提供了他們一些必要的能量。情緒上的穩定也不是創意生活的指標。除了甘地之外，其他人在他們生涯的某些階段中都曾經歷過心理上的崩潰，但甘地也至少經歷過兩次嚴重的憂鬱狀況。正如流行的迷思所暗示的那樣，極端的創造力似乎伴隨著心理上的代價。

8-2a 廣告產業中的創意天才

雖然可能無法像甘地或佛洛伊德這些人對世界有巨大的影響力，但在廣告產業中，還是有一些人因其創意天分在生涯上有卓越的發展。其中值得一提的是 Lee Clow，他是 TBWA/Chiat/Day 這家廣告公司的創意重量級人物。他的作品包括勁量電池的兔寶寶、Nike 的廣告看板，以及為蘋果 Mac 電腦上市時所製作經典的「1984」廣告。Google 則是另一個有趣的例子。Google 運用芝麻街中的角色「餅乾怪獸」（Cookie Monster）來為其 Google Play 數位化應用發布平台做示範教學。這個例子提供了一個絕佳的示範，透過「酷酷的」餅乾怪獸，讓原本無聊的線上教學示範變得有趣，而且會被記住。為了創造更大的綜效，Google 原本的標誌也做了調整來和芝麻街的人物有更完美的結合。Google 在其標誌的變化運用上一向都是非常有創意的；你應該有注意到 Google 在節慶或特別假期時，它的標誌都會有一些調整來配合這些特別的日子。

Lee Clow 可說是當代廣告產業中的創意大師之一。他最為人稱道的作品是絕對伏特加，他為該品牌的平面和戶外廣告所設定的藝術方向，堪稱經典之作。圖 8.2 是其代表作之一，簡單的藝術方向和簡單的文案創作，創造了經典廣告。*Ad Age* 稱 Lee Clow 是「有不凡思考的貴公子」。

但與 Lee Clow 一起合作的創意夥伴，認為他最大的天賦其實在他是一位「整合者」。要創造品牌的綜效，創意人員必須要能夠將創意策略中各種不同的元素整合到廣告以及各種不同形式的品牌整合行銷傳播之中。在寫滿

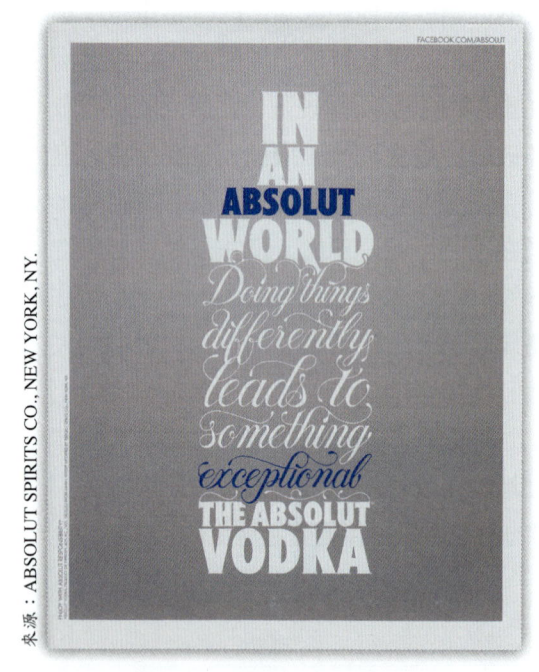

來源：ABSOLUT SPIRITS CO., NEW YORK, NY.

圖 8.2　絕對伏特加廣告。

了粗略創意概念的牆上，Lee Clow 就是能將其重新分類、整理，並找出關鍵創意的那個人。一個簡單的行銷概念必須是最可能和消費者產生共鳴的，例如，愛迪達的「Impossible is Nothing」，或日產汽車的「Shift」。有人說他對偉大的創意是充滿熱情的；也有人說他是脾氣火爆甚至對看法和他不同的人會刻薄相待。現在看看，這和我們前面提到的偉大創意者是否有似曾相識的感覺呢？

8-2b 商業世界中的創意

在藝術世界中，誰有創意或誰沒有創意，或者，什麼是創意、什麼不是，這樣的問題在商業世界中也是存在的。當然，不管這項特質如何定義，在商業世界中，創意是員工的一項正面特質。在商業世界中，創意人員的地位是最神祕的。每個人都需要他們，但沒有人知道或確定他們究竟是誰或是什麼。另外，和創意人員一起工作絕不是輕鬆的，但結果卻是值得而且刺激的。無論是在廣告公司或是企業主，都必須要能在組織文化和相互尊重之間找到適當的平衡點，這樣創意天賦才能獲得支持，並有發揮的舞台。管理階層也要願意核准真正的創意想法的執行，而不是只走安全路線或墨守成規。在 Priceline，這家協助消費者找到划算的旅館和旅行的網站中，我們可以看到其以消費者為基礎的創意策略是如何跳脫傳統的思考框架。他們選擇了名人擔任「談判家」，幫助消費者和旅館商量划算的交易。這項策略讓這品牌在競爭激烈的旅遊市場中，能有成功的表現。

在現今關於消費者、購買及成效表現的資訊愈來愈多的情況下，也是促成運用創意來解決商業問題的契機。如同 DDB 廣告公司加拿大分公司負責人 Melanie Johnston 所說：

> ……每一則訊息的設計都必須要能夠引發消費者的注意並有足夠的動力想採取行動。創意在當中扮演重要的角色。創意概念必須要能激發消費者的感受並推動購買歷程向前進。正是這種數據和創意合作夥伴關係美麗的結合將需求轉變為特定的品牌購買。

在發展與執行有效的廣告與品牌整合行銷傳播訊息以滿足全球組織的商

圖 8.3　Hotels.com 的訊息運用「熟悉」作為創意元素。在左圖中，呈現的是來自「發言人」的推薦。在右圖中，點擊「略過廣告」，呈現的是人物角色從影片中略過。這樣的訊息創意是如何吸引以及與閱聽眾互動的呢？

業需求的過程中，創意是不可或缺的原料。參考圖 8.3，看看 Hotel.com 是如何運用創意使其能在競爭激烈的旅遊服務市場中脫穎而出的。

8-2c 你能成為創意人員嗎？

畢卡索或愛因斯坦的天分或許是一個非常高的標準，大部分的人應該都是達不到的。但我們是不是真的能成為創意人員，其實是取決於我們對所謂創意的定義。一個人能產出一個創意結果就代表他／她有創意嗎？或者是，一個人的思考方式，讓他／她是有創意的？雖然有些人可能真的比較有創意，你還是可以找到一些方法讓你潛藏的創意能力釋放出來。還有，誰可以決定什麼是創意、什麼不是呢？對我們來說，創意是一種智慧──可能是最好的一種。電腦可以做驚人的數字計算，但只有人類具有創意。

8-2d 一點小提醒

在結束對優秀傑出創意人員特質的討論之前，我們還有一些小提醒要提供給大家。首先，即使你現在從事「創意」工作，也不代表你真正的有創意。第二，即使你現在是在客戶管理或商業端工作，也不代表你就是平庸的。有時客戶也會提出有創意的想法！傾聽客戶的想法、認真看待他們所提出的概念，因為即使客戶付錢讓你來進行廣告規劃，他們對自己的品牌的認

識也是比你深的。很多時候，一個巨大、引發關注的創意，都是經過不斷演化的過程，這中間包含了許多人的參與，包含消費者、廣告主及客戶。在創造偉大廣告的過程中，客戶與創意人員之間的緊張與衝突是絕對不缺乏的。以正面的態度預測並管理這些衝突，將會獲得好的結果。尊重他人的想法、從他人的觀點來思考、互相協助，都會對創意的發想更有幫助。

有時一些看起來看似怪異、不尋常的想法，卻可能轉化成經典的創意作品；例如，Taco Bell 速食廣告中會說話的吉娃娃，說著："Yo Quiero Taco Bell!"，就是一個好例子（圖 8.4）。

另一個例子則是蘋果 iPod 的經典廣告，改變了音樂產業。當 Apple iPod 上市時，簡單而又色彩豐富的創意作品中，畫面中只看到戴著 Apple 耳機的人形剪影隨著音樂擺動身體（圖 8.5）。廣告文案很短，以非常小的字體寫著：「歡迎來到數位音樂革命」。這些廣告究竟是如何創造出來？廣告代理商或內部小組是如何與客戶合作及創意的過程？這都是非常有趣的議題。接下來，我們要討論一個重要議題：廣告代理商與客戶之間如何合作產出最有效及鼓舞人心的創意過程。

圖 8.4　Taco Bell 廣告。

圖 8.5　Apple iPod 廣告。

8-3 廣告代理商、客戶與創意過程

身為廣告代理商創意部門的一份子，你可能有大半的時間是把腳翹在桌上，同時做你的工作。隔著一張桌子，同樣把腳翹在桌上的，是你的合作夥伴——在我的例子中，是一位藝術指導。但她只想聊電影。

事實上，如果可以知道真相，在你的生涯中，你大概有 1/4 的時間都是把腳翹在桌上，聊電影。再過兩天，廣告就要交出去了。媒體的版面已經買好了，錢也付了。壓力開始累積。而你的繆斯正在某個地方的垃圾箱後面喝醉了、睡死了。你的筆放在桌上，無用武之地。所以，你又開始聊電影。

負責流程控管的人開始出現。流程控管的人就是在掌控工作的進度，這也意味著他們也在掌控你。他們會提醒你，那些沒有按時完成作品的創意人員會發生可怕的事情⋯⋯

你試著想要開始動筆。你開始工作；而在這行業中工作，代表你要盯著你的合作夥伴的鞋子。

這幾乎是二十年來，我朝九晚五所做的事。從我停在桌子上令人作嘔的網球鞋，盯著隔著一張桌子上我的合作夥伴腳上令人作嘔的網球鞋的底部。這是廣告代理商生活的總和及內容。

文案兼作家 Luke Sullivan

雖然在廣告代理商的業務中，隨著轉向數位，許多事都改變了，但有一件事是不變的——好的創意需要時間與不同的觀點。相當多的時間都花在要產出一個想法，或正確的想法。正如於奧斯汀大學教授創意課程的老師 Chad Rea 告訴他的學生的：「先思考。稍後執行」。這是聖人的智慧。一個想法在你腦袋中不斷地翻轉，試圖看到光明。你試圖透過一種方式來看待它，使它全部到位。但有時候，它就這樣發生了，簡單輕鬆。奇蹟。每一個創意的追求都包含了這些過程。

然而，和所有創意的追求一樣，廣告與品牌整合行銷傳播也有其獨特之處。廣告與品牌專家都是在時間壓力下嘗試解決問題。通常的狀況是問題的定義不清，或有一些「角力」問題存在。他們工作的對象似乎都是沒創意可言，或努力讓他們創意無法發揮的人。他們聚集在「創意部門」中，感覺像個創意倉庫，需要的時候可以去那裡找。我們認為創意不應只侷限在一個部門；創意應該滲透在這個行業的每個層面當中。

8-3a 油與水：創意人員／管理人員之間的衝突與壓力

有時候，創意與廣告商業面／客戶面之間的衝突，可能源自於觀點上的差異：創意人員認為廣告是一種形式的藝術，或是贏得創意獎的方式，而非將其視為品牌傳播中協助銷售產品的策略。從圖 8.6 由 Team One 廣告公司所創作的這張有趣的廣告中，我們可以看到能激勵創意人員創作的關鍵因素，

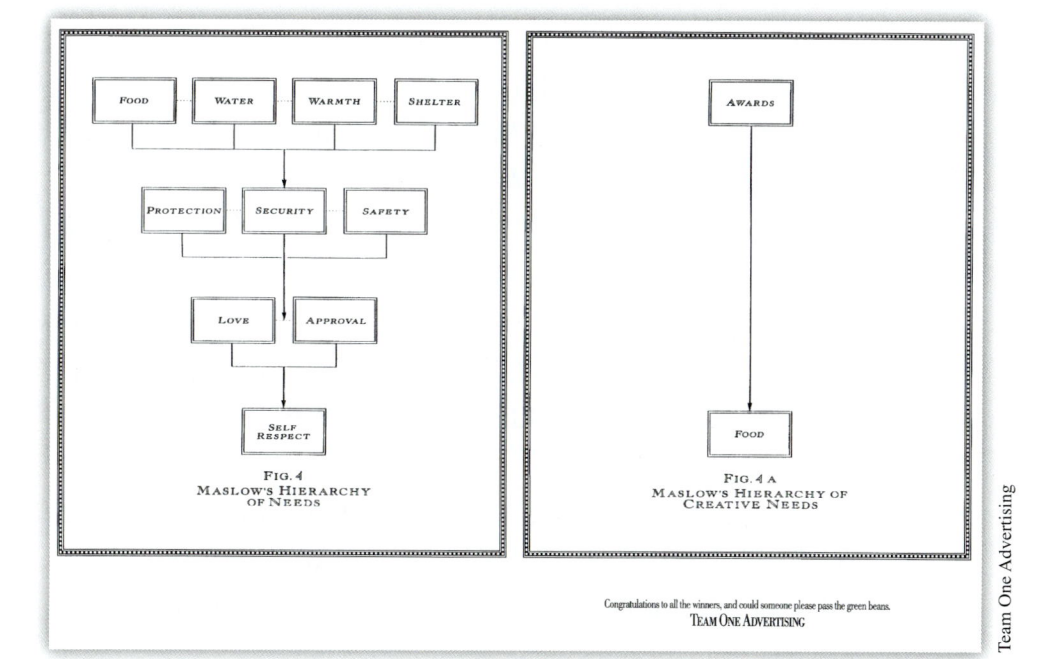

圖 8.6　Team One 廣告公司對如何激勵代理商的創意人員提供了一個有趣的觀點：廣告中，Team One 廣告公司運用了馬斯洛需求層級來表達其觀點。

只有兩種：就是得獎和食物。

我們向你提出挑戰：身為未來的廣告專業人員，眼光放大，認清創意人員及策略企劃人員與客戶是一個團隊的事實！舊式的思考方式已經過時了，而且這種思考方式造成的歧異要比共識來得多。下面是廣告業中兩位大老人物對管理與創意的一些想法：

> 大部分的商人都無法有原創性的思考，因為他們無法從理性的束縛中掙脫出來。他們的想像力被阻塞了。
>
> William Bernbach
>
> 如果你不夠壞，如果你不是別人眼中的麻煩，那麼，在這個產業中，你就只是一坨……
>
> George Lois

如你所見，這個話題很少會產生溫和、委婉的評論。廣告的產製是經歷一個社會過程的。正因為是一個社會過程，因此，部門內、部門間及廣告代理商和客戶之間的控制和權力的爭鬥，就是每天的日常了。

大部分廣告代理商內部爭議環境的研究中，都將矛頭指向創意部門。可能的解釋之一是和創意部門的產出不確定性有關的。創意部門在做什麼啊？從表面上來看，當其他部門的人都必須穿著正式服裝忙著和客戶及／或股東進行業務討論時，「創意人員」（例如，藝術指導、文案）好像只是忙著到處閒逛而已。這種「到底是誰在工作」的想法，就會造成創意部門和客戶服務部門之間的緊張狀態。要注意的是，在廣告與品牌整合行銷傳播中，策略性創意與品牌規劃是由許多不同類型的工作與角色所串聯起來的，每一個任務都值得尊重。

除此之外，這兩個部門在廣告與品牌整合行銷傳播中所擔負的目標也是不太相同的。創意部門重視得獎以及作品被肯定；作為客戶和廣告代理商之間聯絡角色的業務人員，他們認定的目標則是和市場有關的，例如協助客戶品牌市占率的成長。

另一個造成衝突的來源，則是因為創意部門和客戶服務部門成員不同背

景知識所造成的觀點的不同。客戶經理必須是通才，對廣告代理商以及各種業務方面的知識有廣泛的了解，創意人員則是專才，對專精領域有專業性的認識。首先，創意必須融入當代文化。

不管創意部門在衝突環境中的角色為何，我們必須同意的是，創意部門在任何廣告代理商的成功中都是不可或缺的一部分。當潛在客戶選擇廣告代理商時，這是他們必須注意的主要特質。要發展正面的客戶—代理商關係，創意部門扮演絕對重要的任務。

然而，許多客戶並不了解自己在扼殺廣告創意中所扮演的角色。在廣告公司創意部門待過一段時間的創意人員，大概都有一堆驚心動魄的故事可以說，劇情大概是這樣的：客戶想為他的冰淇淋公司製作一支 30 秒的廣告。創意人員產出了一個創意概念，大家一致同意這支廣告是符合策略的，同時也讓後續廣告活動有延續性，更棒的是，這支廣告很好笑。這是一支你很期待在電視上看到的廣告。在和客戶提廣告腳本時，客戶在每個笑點都笑得很開心，也稱讚說創意有符合策略。然後，他就決定把預算放在全國性的折價券發放上，不做廣告了。

把創意的焦慮和挫折都怪到客戶頭上是很容易的，有時也是有趣的，特別當你是在創意部門工作的話。你是可以隨意批評客戶的，反正他們也不在你的辦公室中，他們也聽不到。但是，儘管創意部門在產出優秀廣告時是有風險存在，但有哪一位創意人員（花自己的錢）投資 1,000 萬美元在廣告活動上嗎？

的確，你不能總是責怪客戶。有時阻擋精采創意作品的衝突和問題，是來自廣告代理商自己本身。這就是原因。當客戶不開心時，它會開除廣告公司。費用和收入都下降。預算被砍、人員開始被解僱。難怪會有衝突發生。由於工作受到威脅，很難不參與控制創意產出的爭鬥。

業務人員（account executive, AE）是廣告代理商和客戶之間的聯絡人。想在 AE 生涯中有好的發展，他們必須在客戶的照顧和餵養方面表現出色（見圖 8.7）。這個工作必須要能和客戶作磋商、激發客戶的手法要溫和、同時也要保有自己的尊嚴。想在創意人員生涯中有好的發展，他們的作品必須是被挑戰的。創意作品要能吸引注意、挑釁，有時候，也要夠震撼。它必

大概有 25 年的時間，我一直擔任「專案執行」這份工作，但最終我成為創辦人、總裁、主席，現在則是 Borders, Perrin, and Norrander 公司的榮譽退休主席。

在這許多年中，我一直問自己這個問題：為什麼有些廣告公司不斷地創作出偉大的創意作品，為什麼有些則是永遠平庸呢？答案只是「僱用偉大的作家與藝術指導」這麼簡單嗎？不可否認，這些也很重要。但我想建議，在創意成功的方程式中，還有一個重要的成分。

優異的廣告作品需要廣告代理商中的每位成員強烈的承諾，但其中，專案執行人員的承諾是最重要的。頭銜是什麼——客戶服務、客戶經理或客戶總監並不重要，重要的是工作職責，特別是獲得客戶同意的時候。是的，我就是在說經常被詬病的 AE，這些「穿西裝」的人通常就是引起創意部門不開心的人。

那要怎麼認出這個稀有物種、這個不尋常的人類，他要對創意過程謹慎對待，同時也能捍衛廣告公司所提出的建議呢？的確是不容易，但有一些訊號、一些測試可以用來當作診斷的工具。

首先，我們要找的是能夠臨危不亂的人。去年在澳洲的時候，我偶然聽到一位小伙子的對話，他說回家時發現自己的床鋪下面「有點小問題」。一條八呎長的蟒蛇溜進了他的房間，他的寵物小狗也被蟒蛇捲住。聽到小狗的哭聲，他把蟒蛇拉起來扔出房間，丟到花園裡。他有感到害怕或苦惱嗎？並沒有，他說：「我還見過更大隻的」，說完後，他繼續喝啤酒。嗯，這就是專案執行該有的態度。

Wes Perrin, "How to Identify a Good AE," *Communication Arts Advertising Annual 1988* (Palo Alto, CA: Coyne and Blanchard, Inc., 1988), 210.

圖 8.7　如何辨認好 AE。

須做一件精彩的藝術品必須做的所有事情。然而正如我們之前所說的那樣，這樣的作品就是讓客戶緊張、業務人員惡夢連連的原因。

讓 AE 惡夢連連的廣告，就是讓創意人員得獎的作品。得獎的創意人員能被大家認識：他們的作品會被刊登在 *The One Club*、*Advertising Age* 雜誌與網站，或出現在 Clio 廣告獎。他們變得搶手、競爭對手也可能想要他們。他們變得有名氣，是的，從廣告標準來看，他們變富有了。

所以訣竅是，你要如何讓創意人員願意去追求「酷」而且能銷售產品的廣告？理想上是由 AE 找到一個能讓創意人員和客戶都開心的方法——不太容易但很重要。因為 AE 的工作就是作為客戶和創意人員之間的橋梁，解決彼此間認知上的差異，因此，強調 AE 的重要性是減輕代理商與客戶間潛在

摩擦的選項之一。

評估廣告是否有效果是一項艱難的工作，但這也可能引發創意與研究部門之間的摩擦。某位權威人士指出，在創意部門與研究部門之間「喧嘩的」社會環境，反應的正是「長期以來科學與藝術之間的衝突……在這兩端的人對此議題的探討，就像唯心主義與唯物主義，或理性主義與經驗主義之間的哲學探討」。在廣告的世界中，研究部門的人處於一個令人討厭的位置，對創意提出批評。「科學」批評「藝術」再次出現。創意人員當然不開心，特別是研究並不是很嚴謹或根本也算不上是研究的時候。研究人員有時候自己也是創意人員，他們通常也不喜歡對創意部門的人再有額外的壓抑。

那麼，在這個人力密集但充滿壓力與衝突的環境中，有什麼可行的解決方法嗎？圖 8.8 中，廣告創意產業中一位真正的專家，John Sweeney，提出了一些建議——當創意是目標的時候，那你應該怎麼做。當然他也建議了一些我們可以做的事。Sweeney 教授指出，壞的創意作品有時候是結構問題而不是才能問題。廣告產業匯集了許多人才，我們應該提供一些結構讓他們能夠真正發揮才能，做出好的作品。創意類型、AE、行銷經理及廣告研究人員要合作找出如何演奏出美好樂章的可行之道。

作為一位業界轉學界的老師，我最大的優勢就是有機會能和許多廣告公司互動。有點像中立國瑞士，廣告公司認為學者對公司目前的業務是中立的態度，同時也不會被懷疑是競爭對手派來的。

因此，我有機會可以觀察不同的廣告代理商產出好的和壞的廣告作品。此外，身為前副創意指導，我也想分享一下我所觀察到在發展壞創意的趨勢。啟示：壞的作品通常是結構問題而非才能問題。如果你想讓你的廣告代理商成為壞創意製造中心，下面是 12 點小提醒：

1. 把你的目標閱聽眾當作是統計數字。
用數字來顯示消費者真實的生活，是產製壞作品的第一步。它讓你可以很直覺地說：「女性 55-64 歲」，而不用費力去真正地了解人的生活。堅持使用統計數字的好處就是，當創意變得很可怕的時候，你還是可以宣稱說你有完成你份內的工作。

圖 8.8　如何創造爛創意。

2. 大雜燴。

好的廣告只有一個主要訊息，一個。讓創意變成糟糕作品的策略通常都不只說一件事。所以，如果你只是想讓大家對策略開心，然後告訴創意人員說想辦法讓每件事都包含進去的話，保證你一定會收到爛的作品。

3. 缺少哲學。

廣告代理商如果今天是一種風格，明天又換成另一種的話，是會造成混淆的。**William Bernbach** 的作品堅持一種風格。為他工作的人效仿他的創意哲學並產出風格一致的作品，因此也成就了一家偉大的公司。因此，要注意那些有創意哲學並且堅持的公司，他們可是不同意爛作品的。

4. 像做研究報告一般的分析創意。

冷靜、擅長分析的頭腦是擅長於摧毀不舒服、超乎期待的作品的。冷靜、擅長分析的頭腦會要求每個細節都要呈現在每個創意作品中，並且會說這是縝密。在你的冰風暴之後還存活的創意作品，會是膽小的、妥協的，而且不會讓人感到驕傲。

5. 讓創意過程變得專業。

「創意人員每兩週領一次薪水。他們最好現在就開始工作。畢竟，這是一門生意」。如果你要製作單調的平面和電視廣告，這種企業式的績效要求方式可能是個好辦法。如果你要用裝配線生產產品的概念來對待創意產製過程的話，保證你會摧毀人員的冒險精神和士氣。你的作品會像灰色西裝一樣很好辨認。更重要的是，保證準時。這兩者都是業界要求的優良的品質，而這是一門生意，不是嗎？

6. 說一套做一套。

每一家壞的廣告代理商都會說願意冒險、熱愛偉大創意、尊敬偉大創意這些話。這似乎是一種強制要求：說一套、做一套。這會讓那些真正有才能的創意人員士氣低落、流動率提高。在他們離開一段時間之後，你真的會感覺好多了，因為你真的愛這些強大的創意人員——只要他們的防禦性不是那麼強就好了。

7. 給你的客戶一家糖果店。

為了要證明你真的認真工作，讓客戶看一些構思還不成熟的概念。最後核准的廣告活動會有一堆大家都沒想過的問題，最終的作品也是個災難。

有強大概念的廣告活動是稀有品種，這是需要經過深思熟慮的。所以，如果堅持要產出許多的廣告，那你最後得到的是一群麻雀，而不是老鷹。

8. 混搭。

你給客戶看三個創意概念，然後，他會要求混搭。這邊一點、那邊加一些，更慘的是，他自己做。這就像把紅、藍、綠三種顏色混合。這些顏色都很美，但紅色缺少

圖 8.8　如何創造爛創意（續）。

第 8 章　廣告與品牌整合行銷傳播創意管理

藍色的冷靜。不能都加一點嗎？混搭的結果就像一坨爛泥。

9. 在製作的時候修理。
現在，根據創作程序，你已經到了創意過程的一半，而且也混搭了其他的概念，你可以告訴創意運用好的後製來讓作品起死回生。

10. 把責任推給創意人員。
畢竟，你已經告訴過創意人員要怎麼做了。（「要超乎尋常、但要出現企業總裁和舊的廣告歌」）。真正的問題在你再也找不到好的人才了。對有些創意部門的流動率和薪水都比你的要低的事，也不用放在心上。

11. 模仿。
「Chiat/Day 公司為 Apple 所製作的 1984 廣告贏得廣告獎和創造銷售，那我們的音響產品客戶也那樣做吧。」這種方式如果有用的話，會是個奇蹟，因為模仿所缺乏的是原創原本具有的驚奇感。你的模仿也可以再跟其他的模仿作品混搭，但在這奇異的作品中，完全缺乏策略性思考。

12. 當後測分數不錯的時候，相信它。
當你那脆弱的、與眾不同的廣告得到低於標準 20 分的分數時，你會被你的客戶宰殺。而當初你的另一支普通的廣告得到不錯的後測分數時，所說的好話也不能收回來了。如果你想要有好的作品，客戶多少還是會使用一些研究工具。如果你想製作壞的作品，去吧，然後心裡相信後測會有好的分數。
當然，造成壞創意的原因可能是自大、懶惰、沒信心或客戶很難搞──但這種狀況真的很少。我發現，壞的作品通常是結構問題，讓有才華的人無法發揮，或只是一味要求努力工作、全意付出，最後產出的只是平庸的作品。

John Sweeney, a former associate creative director at Foot, Cone & Belding, Chicago, teaches advertising at the University of North Carolina—Chapel Hill.

圖 8.8　如何創造爛創意（續）。

LO 3

8-4 共創美好樂章：協調、合作與創意

　　隱喻幫助我們理解事物。這裡我們借用一個隱喻來讓大家理解執行一個複雜的廣告與品牌整合行銷傳播活動所要面對的挑戰。執行品牌整合行銷傳播活動就像交響樂團演奏一樣。要演奏出好的音樂，每位演奏者都要盡全力

演奏他的樂器，但只有好的指揮家能將所有的樂器整合出美好的聲音。

廣告的世界也和演奏交響樂一樣。準備與執行品牌整合行銷傳播活動是一項人力密集的工作。這項工作需要不同類型的專業人才分別扮演不同的角色。但必須要有一個指令來規範這些演出者。通常，指揮家要介入工作來提醒演出者一個共同的主軸或工作的方向。TBWA 公司的 Lee Clow 就是一位傑出的指揮家。對於「指揮家」這樣的角色，他曾說過這樣一段話：「當我加入樂團的時候，我是一位優秀的獨奏者，但我想我在指揮上的表現要比在獨奏上更傑出。如我們能一起合奏出美妙的樂曲，我會非常開心。……不同的人最後都能表演獨奏，並且得到掌聲。」

協調與合作是執行任何廣告時的基本要求，是的，廣告是一項團隊運動。此外，透過良好的團隊協調，廣告活動中的創意成分會有更好的提升與表現。在許多任務中，團隊所產生的綜效都會比個人的各自表現來得更好（是的，團結力量大）。所以，即使在我們之中並沒有史特拉汶斯基、畢卡索或瑪莎‧葛蘭姆，一群各有所長且受到激勵的人，還是能產出偉大的作品並且付諸執行。

偉大的廣告和偉大的團隊合作是密不可分的，當然，我們不能只是坐在那裡「夢想」著夢幻團隊出現，我們要實現它。偉大的團隊合作是需要縝密的規劃和推動的。接下來，我們會介紹一些關於團隊的概念和洞察，讓你在團隊合作上更能融入。此外，你也會懂得欣賞在產出大家所追求的「夢幻逸品」：創意時，團隊合作的重要性了。

8-4a 我們對團隊的了解

在學校中你一定有選修過一些要求小組作業的課程。學校的小組作業其實和現實世界中的工作環境很像，人際技巧是很重要的。事實上，很多研究結果也都顯示團隊已經是現代組織效率的基本成分了。在 Jon Katzenbach 與 Douglas Smith 合作撰寫的《團隊智慧》(*The Wisdom of Teams*) 這本書中，他們檢視了許多關於團隊重要性的見解。下面我們介紹書中一些主要結論。

✏ **團隊為王！**

無庸置疑的，在不同類型的組織中，團隊合作已經是完成工作的主要方

法。隨著顧客要求日益增加、科技的進步、政府法規的要求及激烈的競爭環境，企業在追求績效時也面對更多的挑戰，而在完成工作上的速度與品質上的要求，也非個人單獨所可以承擔的。多倫多大學管理學院院長 Roger Martin 指出，今日企業所面臨的複雜商業問題，只有透過合作才能完成。在大多數情況中，團隊是完成工作的唯一選項。在廣告業中也是如此。

一切和表現有關

研究顯示，組織中的領導階層能夠很清楚地讓團隊知道要對其表現負責任時，團隊效率就會提升。團隊合作的結果要能讓客戶滿意，也要能幫組織增加財務上的收益。

透過團隊產生綜效

現代組織需要不同的專業人才來完成工作。要組合不同的專業人才來產出解決方案，並產生綜效的可靠方法，就是透過紀律的要求。研究顯示，在各種不同的商業問題中，如果融合來自不同紀律的專業人才，通常所提出的解決方案也是最有創新性的。

個人主義讓位？

鮮明的個人主義是美式風格。我們並不是說在工作中對團隊的日益依賴，就代表了個人價值不再受到重視，同時也要更加遵從團隊的思考。完全不是這樣。事實上，團隊和個人優異之間不是不能相容的。有效的團隊能找到方法讓每位成員發揮其獨特的貢獻。當個人沒有獨特貢獻可以提供時，成員是可以質疑這個人對團隊的價值是什麼。正如有句話是這麼說的：「如果你的想法和我的一樣，那我們當中有一個人是不必要存在的」。

團隊推動個人成長

團隊合作的一項附加利益是它能推動團隊成員的學習。在團隊中，透過團隊工作，個人了解到自己的工作風格，也同時觀察到別人的工作風格。這樣的學習幫助他們在下一份工作中能成為更有效率的成員。當團隊的原則形成時，團隊動力就形成了。許多廣告代理商透過提供下班後的團隊活動，例如贊助足球活動，來鼓勵工作時的團隊合作。

團隊中的領導

團隊成功的重要元素之一是領導。領導者為團隊成員做許多事來幫助他們成功。團隊最終還是要達成目標，以證明其價值，這也是領導者工作開始的地方。領導者的第一個工作是協助團隊成員對其所要達成的目標以及達成目標所要使用的方式建立起共識。如果對目標沒有清楚的了解，團隊註定失敗。當對目標有清楚的共識，領導者要扮演的角色就是確認團隊的工作是和策略或計畫一致的。這在創造品牌整合行銷傳播活動內容時也是一樣重要的。

最後，團隊領導者必須幫助完成團隊真正的工作。團隊領導者要貢獻他的想法，但又不能獨攬大權。有兩件事是團隊領導者絕對不能做的：他們不應該責備或允許特定的個人失敗，他們永遠不對團隊績效的不足找藉口。團隊的責任超越個人的表現。

客戶團隊應用

把廣告代理商的客戶團隊（account team）想像是一個腳踏車車輪，團隊領導者就是車輪的軸心。軸心向外將今日廣告與品牌整合行銷傳播規劃中所需的各種專業人才貫串起來。團隊中的成員包括直效行銷、公關、廣播媒體、圖像設計、互動、創意、會計等。軸心和輻條連結，這樣車輪才能順利地轉動。為了說明在品牌整合行銷傳播中團隊組成的複雜性，每一位客戶團隊的成員也可以想像自己是其各自專業小團隊中的軸心。舉例來說，在客戶團隊中的直效行銷成員也是他自己所屬的直效行銷這個專業中的領導者，專門負責與直效行銷相關的業務。透過這種多層次的「軸心與輻條」的架構，就能達到有效規劃品牌整合行銷傳播活動所需的協調和合作了。

透過創意工作表單促進合作

創意工作表單（creative brief）是一張簡單的文件，但在推動良好的團隊合作與促進創意過程上，扮演非常重要的任務。團隊成員依據工作表單中的規範，向相同方向邁進，但又不會限制各種可行解決方案的提出。「創意工作表單」提供基本的規範，創意人員有充足的空間可以發揮創意。準備「創意工作表單」是由客戶和 AE 共同合作。「創意工作表單」準備得好，後續的許多衝突都可以避免。圖 8.9 是「創意工作表單」範本。

客戶：　　　　　　　　　　　　　　日期：　　　　工作號碼：
準備人員：

產品或服務是什麼？
簡單說明產品或服務的名稱。

誰／什麼是競爭對手？
簡單說明品牌所面臨的狀況，包括在品類中目前的位置、品牌的挑戰、競爭的威脅與未來的目標。

我們和誰說話？
從人口統計變數和人口心理變數來清楚地界定我們的目標對象。愈清楚的說明目標對象是誰，也愈能幫助創意能以更引人注目的方式來連結品牌與目標對象。

我們要強調的消費者需求或問題是什麼？
描述產品或服務所能滿足消費者的未滿足需求是什麼，或這項產品如何以獨特的方式來處理這項需求。

消費者目前對我們的看法是什麼？
發掘目標消費者關於特定品類以及品牌的態度與行為的洞察。判斷現有洞察是否足夠，或是需要進行新的研究。

我們想要消費者相信的是什麼？
愈專一愈好。寫下產品的好處：功能上、情感上或自我表達上。列出差異化……同類中目前沒有其他品牌做得到。

還要說什麼讓消費者可以相信我們？
不要列出一堆支持點，只要幾件能夠清楚支持「我們要讓消費者相信的這件事」的支持點就好。

廣告的調性是什麼？
列出一些能表現出廣告調性或個性的形容詞或句子。

特別要注意的是：
以消費者的語言來撰寫，而不是商業用詞。
字字斟酌，簡單、明確。
愈能創造聯想愈好。把創意工作表單當作是第一則「廣告」。創意工作表單要讓創意人員感到興奮，並開始動手做。

圖 8.9　創意工作表單格式。

團隊合作讓決策自由

客戶團隊中有了正確的專業組合、加上經過詳細規劃的創意工作表單，以及能讓團隊有合作精神的領導者，就算是靈光乍現的決定，也有可能變成有突破性的決策。這是好的團隊合作的最大好處。一個由互相信任的成員組成的團隊，能夠在創意上有更大的發揮，因為他們不用擔心自己的想法會被別人拿去用，或者只是為了老闆的面子做事。這種「安全」的團隊環境讓每個人能發揮所長，並創造出更大的綜效。

8-4b 當火花飛揚：透過團隊合作點燃創意

無論是客戶團隊、創意團隊、或是由客戶和代理商人員組成的混合團隊，都可以在整合廣告活動的規劃與執行中扮演重要的角色。另外，值得一提的是，採用主動的方式管理時，團隊合作能創造出更有創意、也有效的想法來協助品牌的建立。管理創意是一件嚴肅的事，好的團隊合作也是一樣的。但這件事不用搞得很複雜，當然，吵吵鬧鬧也還是會發生的。建立團隊的方式，就是選擇正確的專業人士、包容不同的想法、讓團隊成員接受挑戰、建立在彼此的想法上以形成更好的想法，再適時的增加一些壓力，火花就會飛揚。

認知風格

根據刻板印象，商業類型的人偏好左腦思考，而廣告類型的人（特別是創意）偏好右腦思考。商業類型的人喜歡談測試、數據和投資報酬率，廣告類型的人則喜歡談電影和坎城影展。雖然這種刻板印象歪曲了個人的差異，但它還是提醒我們，每個人解決問題的風格是不一樣的。

這種不同的解決問題的偏好反應的是一種**認知風格**（cognitive style）。舉例來說，有些人喜歡邏輯性、分析性的思考；有些人則喜歡直覺、非線性的思考。根據不同的認知風格，學者也將其作了許多不同的分類。心理學家卡爾．榮格（Carl Jung）是認知心理學中最早的先鋒。他根據認知風格的三個面向，指出了個體之間的區別：感知與直覺、思考與感受及外向與內斂。對團隊和創意來說，這裡的重點是，當團隊成員的認知風格愈相近的時候，

他們對問題解決方案的想法也就會愈狹窄。簡單來說，多元的想法可以滋潤創意，並讓廣告代理商對目標閱聽眾有更好的了解。通用磨坊（General Mill）的首席創意長是這麼說的：「你不需要是一位母親也可以製作 Cheerios 的廣告，但如果在製作 Cheerios 的廣告團隊中，我們有很多位母親參與的話，我們就更有可能製作出能和母親們建立更多、更深、更有力、更有意義的連結的廣告。」

創意磨擦

團隊合作不是在公園裡野餐。當團隊中聚集了各種不同認知風格的人，而且他們又全心投入努力的工作，摩擦是難免的。摩擦有好有壞。一方面來說，我們會有**創意磨擦（creative abrasion）**，也就是創意的衝突，但從其中，新的想法和突破性的方案可能被提出來。另一方面來說，我們會有**人際上的磨擦（interpersonal abrasion）**，也就是人之間的衝突，溝通會停止、新的想法被扼殺。這顯然是它的缺點。因此，如我們先前所提醒的，團隊必須要有一位領導者來創造一個安全的環境，讓創意的磨擦能被獲得發展，同時也能化解人際上的磨擦。這是一條界線，但做對了，就能製造創意並解決紛擾。

腦力激盪與外星訪客

我們都有過這樣的經驗，一群人坐在會議室中討論，經過一小時後，我們一致決定，我們浪費了一小時。如果沒有主動的管理，團體會浪費很多的時間，而要讓團體或團隊產生創新想法的一個方式，就是透過「腦力激盪」的過程。**腦力激盪（brainstorming）**是在團體狀態中一個激發想法的有組織的過程。圖 8.10 介紹這個過程。

在團體中增加更多元想法的人是激發創意的好方式。有時候，好的團隊也有陷在泥沼中的時候。要提升創意磨擦，可能需要藉助於外星人的來訪。如果你真能從火星上找來一位外星人也是不錯的。但比較可能的是，這位外星人只是團隊成員以外的人。可能是或／不是你公司的人。或許團隊成員需要一起外出去拜訪一些外星人。如果團隊拒絕這些外來影響力的灌注，一段時間之後，他們可能就會失去他們的火花。一灘死水和千篇一律是創意的敵人。

> **#1—界定問題**。對你的創意狀況，問對的問題——這個問題是可以被回答的，即使你還不知道問題的答案是什麼。
>
> **#2—彼此建立起來**。產出創意的一個好方法是以現有的想法為基礎；不要只是一直想新點子，將自己的點子建構在別人的點子上。
>
> **#3—恐懼驅除創意**。如果成員相信他們在團隊中會被嘲笑、矮化或羞辱，那根本就不用進行腦力激盪。不會有用的。
>
> **#4—使有所準備**。鼓勵成員在團體討論前和結束後都去了解問題；個人獨特專長如果能夠發揮，團隊都會受益的。
>
> **#5—實現它**。偉大的組織會發展一種腦力激盪文化，每個人都會知道其中的規則並加以尊重；要建立這樣的文化，在腦力激盪中所發展出來的想法能付諸行動是很重要的。我們不能只是談大創意，我們也要使其付諸行動。
>
> **#6—這是一項技能**。帶領一場有生產力的腦力激盪不是業餘者的工作。推動腦力激盪的技能是經年累月累積下來的。沒有具備技能的領導者帶領，不要進行腦力激盪。
>
> **#7—擁抱創意磨擦**。如果你的團隊成員組合正確，那團隊中應包含有不同認知風格的成員。多元性是件好事，歡迎每位成員的加入，讓火花飛揚吧！
>
> **#8—聆聽與學習**。由於團隊是由不同認知風格的人所組成，好的腦力激盪會議也能促進這些人的學習。信任建議，懷疑退出。
>
> **#9—時間**。不要急著進行腦力激盪。把時間放在一邊，好好的思考。
>
> **#10—遵循規則**，要不然就不是腦力激盪。

圖 8.10　有效腦力激盪的 10 個原則。

8-4c 關於團隊和創意的最後一點想法

在準備品牌整合行銷傳播活動的過程中，信任與開放溝通的團隊是推動創意的基礎。但不可否認的，突破性活動的創意有時也是個人努力工作的結果。無論是個人或團隊創意，在廣告活動規劃中都是同樣重要的。而這項艱鉅的任務通常是由創意指導來負責。

在任何的廣告代理商中，創意指導的位置都是很特別的，因為，就和樂團指揮一樣，創意指導必須激發個別人員的潛能，但同時又要要求團隊的績效。我們訪問了一些資深的創意指導，了解在激發團隊創意能量的過程中所

會面臨的挑戰。眾所周知的是，創意是一種非常個人的特質，創意的激發有時是為了個人的自尊心或自我的滿足，但除了這種個人的因素之外，團隊合作絕對是優先的。

在指揮創意團隊時，我們提供下面一些原則：

- 分配工作時要小心。要注意成員手上現有的工作量，成員的專業也要有所長，適合進入此一客戶團隊。
- 了解每位成員的認知風格。仔細聆聽。因為創意是一種非常個人的特質，領導者必須知道什麼時候要讓成員自己動手做，什麼時候要一起團隊合作。
- 要求團隊成員負責任。無論個人或團隊，當被賦予權力的時候，他們也要對績效表現的結果負責。要注意個人與團隊之中的對抗和競爭關係。這種現象出現的時候，很容易就會產生不信任，夥伴關係和綜效也就不會出現了。
- 如果同一群人同時要負責不同團隊的工作，有時要調整任務的分配，這樣可以激發新的想法，或者找外星人。

這裡我們再強調一次——溝通、信任、互補的專長及領導，才能創造出理想的表現。沒有其他替代方案，因為廣告是一項團隊運動。

8-5 你決定好要變得更有創意了嗎？

這裡我們用 3P 創意架構（3Ps creativity framework）來為促進創意的元素做個總摘要。「人」是第一個 P（People）。如我們在本章開頭就提到的，廣告是一個擁抱創意心靈的產業。但我們也知道在發展創意作品的「過程」（Process）以及工作的環境（Place），都對創意的產出有絕大的影響。正如某位產業大老所說：「我們賣的是創意，但如果你的員工不快樂，那你也是得不到什麼好點子的」。這些都沒錯，但現在，重點回到「你」身上。

我想我們大多數人都沒想要以畢卡索或瑪莎・葛蘭姆的人生作為模範。即使有這些模範來激勵我們是很棒的，但夢想成為下一位甘地或愛因斯坦也可能有點不符合實際。但我們都可以努力充實自己的技能，並誠實地評估自己的優勢和劣勢。例如，用一個我們在前面提到的概念——認知風格——我們可以評估自己並和其他人做比較。如果你想增進自己的創意能力，搜尋關鍵字「創意測試」或「創意評估」，會有很多有用的資訊出現。開始去了解自己、了解自己的獨特技巧和能力，絕不是壞事。如果你對廣告生涯感興趣，那現在開始讓你自己變得更有創意吧。雖然每個人的起點可能各不相同，但以變得更有創意為目標絕對是不錯的。耶魯大學心理學家 Robert Sternberg，他以研究能力與創意為終身學術目標，給他的學生下面這樣一段建議：

> 要讓自己更有創意，現在就開始：
> 重新定義問題，從不同於他人的角度來看問題；
> 當第一位分析與批評自己想法的人，因為想法總有好有壞；
> 當你真的有一個有創意的想法的時候，準備好接受批評；
> 認清一件事，沒有充足的知識是不會有創意的；
> 認清一件事，過多的知識會讓創意窒息；
> 找出標準、安全的解決方案，然後決定好什麼時候要違抗它；
> 保持成長與體驗，挑戰你自己的舒適圈；
> 相信自己，特別是周遭的人都不相信你的時候；
> 學會珍惜模稜兩可，因為那是新創意的來源；
> 記住，研究顯示，當人們做他所愛的事的時候，他們特別有創意。

這是好建議。

9 創意訊息策略

學習目標

在閱讀本章並思考其內容後,你應該能夠:
1. 確認創意訊息策略的 10 個目標。
2. 確認達成每一個創意訊息目標的方法。
3. 討論用來執行每一個訊息策略目標的不同方法的策略意涵。

9-1 訊息策略

如圖 9.1 架構所示，本章的主題是訊息的創作。你希望你的廣告和其他品牌訊息完成的目標是什麼？你要如何運用廣告與品牌整合行銷傳播來達到行銷目標並賦予品牌意義？另外值得注意的是，創意訊息在消費者廣告和企業對企業的廣告中是同等重要的。

訊息策略說明了廣告主的目標。在本章中，我們將介紹 10 種基本的訊息目標，以及說明達成這些目標常用的方法。圖 9.2 列出本章中所介紹的 10 種訊息目標。當你看到一則廣告時，你可以思考一下：這則廣告想要說什麼？以及它用什麼方式來說？

第一篇　商業與社會中的廣告與品牌整合行銷傳播

廣告與品牌整合行銷傳播的世界（第1章）

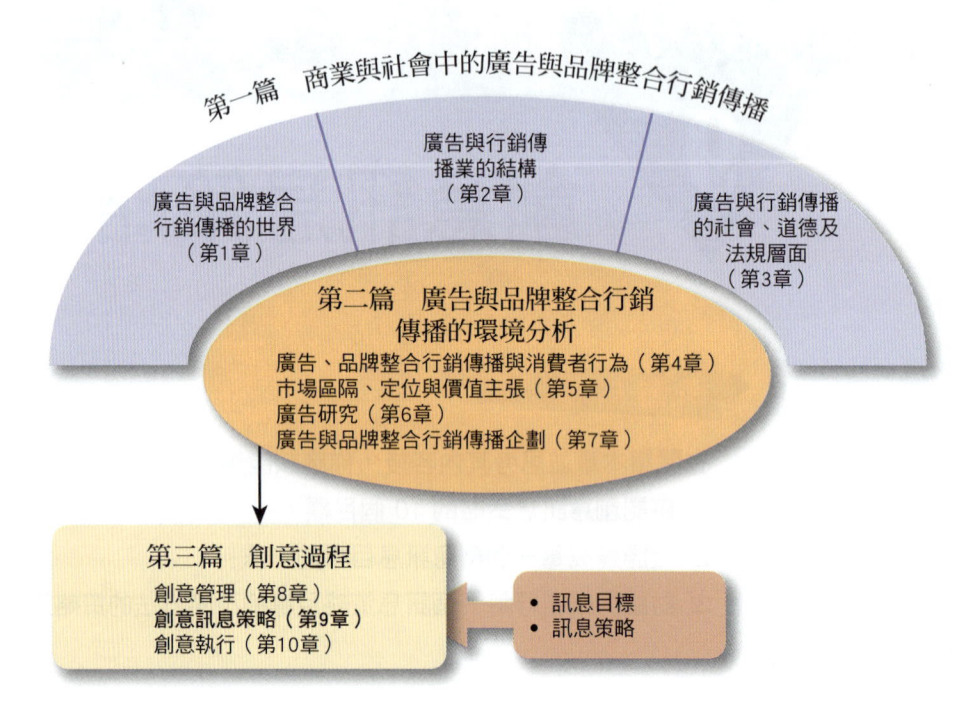

廣告與行銷傳播業的結構（第2章）

廣告與行銷傳播的社會、道德及法規層面（第3章）

第二篇　廣告與品牌整合行銷傳播的環境分析
廣告、品牌整合行銷傳播與消費者行為（第4章）
市場區隔、定位與價值主張（第5章）
廣告研究（第6章）
廣告與品牌整合行銷傳播企劃（第7章）

第三篇　創意過程
創意管理（第8章）
創意訊息策略（第9章）
創意執行（第10章）

- 訊息目標
- 訊息策略

圖 9.1　這是第 9 章的架構和背景，重點在於創意訊息策略。

目標：廣告主希望達成什麼	方法：廣告主打算怎樣達成目標
促進品牌回想：讓消費者能先想起品牌名稱；也就是在任何競爭品牌之前	重複 廣告標語與廣告短歌
將主要特性與品牌名稱連結：讓消費者將主要特性和品牌名稱連結，反之亦然	獨特銷售主張（USP）
說服消費者：透過提高消費者投入的論點來說服消費者購買產品或服務	理由式廣告 硬式銷售廣告 比較廣告 薦證廣告 示範 廣編稿 資訊式廣告
情感連結：讓消費者對品牌產生好感	感覺良好廣告 幽默廣告 性訴求廣告
驚嚇消費者來採取行動：激發恐懼感來讓消費者購買產品或服務	恐懼訴求廣告
引發焦慮來改變行為：玩弄消費者的焦慮讓消費者進行購買決策；有時候，焦慮是一種社會狀態	焦慮廣告 社會焦慮廣告
定義品牌形象：運用視覺而非透過文字和論點來創造品牌形象	形象廣告
運用社會分裂與文化矛盾：運用社會分裂與文化矛盾轉換成品牌的優勢。讓消費者視品牌為解決這些緊張和矛盾的方法	將品牌與社會／文化運動連結，視品牌為解決這些文化矛盾的方法
賦予品牌社會意義：提供品牌一個社會意義	生活片段廣告 產品置入／網路短片 啟發夢想的廣告
轉換消費經驗：創造對品牌的感受、形象或情緒，在消費者使用產品或服務時被啟動	轉換式廣告

圖 9.2　訊息策略目標與方法。

9-2 基本訊息目標與策略

10 則訊息目標呈現的順序如下：從最簡單的到最複雜的、從社會、文化品牌到廣告與整合行銷傳播（IMC）。我們會介紹每一個策略背後的邏輯、基本的運作機制、它是如何運作的、如何判斷是成功或失敗，最後並對這些方法提供策略性摘要。

9-2a 目標 #1：促進品牌回想

即使在現代廣告出現的初期，促使消費者記住廣告品牌的名稱就已經是廣告的目標了。基本的概念就是，如果消費者能記住品牌的名稱，並且可以很容易地回想起品牌，那購買產品的可能性也就會提高。雖然消費者可能不會購買產品，當一切都平等的時候，記住品牌名稱至少讓購買機率提高。

雖然人的記憶是一個複雜的議題，但重複和回想之間的關係則是很早就被了解。我們知道重複通常會增加回想的機率。因此，透過不斷地重複品牌的名稱，廣告主也讓消費者回想品牌的機率提高。

但廣告主不只是想讓消費者記住品牌名稱；他們希望消費者記住的第一個品牌名稱是他們的，這就是廣告主所稱的「首認」（top of mind）。或者，至少，品牌是在消費者的喚起集合（evoked set）中，也就是提到一個產品或服務類別的時候（例如，提到「碳酸飲料」，就會想到可口可樂、百事可樂，或提到「牙膏」，就會想起高露潔），腦中會列出的品牌名稱清單（通常 5 個或更少一些）。因此，如果有人提起「碳酸飲料」時，可口可樂這個品牌就會希望你最先想起的是「Coke」，或至少是在前幾名之中。

成為「首認」或在喚起集合中的機率，也會因為回想而增加。在平價產品（就是品牌之間客觀差異很少的產品，例如，洗衣肥皂）或其他「低涉入」的商品或服務的情況中──消費者記住的第一個品牌通常也就是他們會購買的品牌。第一個記住的品牌通常也是最受歡迎的。事實上，消費者也會從品牌是否容易回想來推斷品牌的受歡迎程度、吸引程度，甚至是優異程

度。最容易被想起的品牌通常也會被認為是領導品牌（最受歡迎、市占率最高），即使實際狀況並非如此。認知心理學家也指出，人們會根據某件事是否容易被記住來推斷某件事是否是常見的。因此，消費者會相信，因為某品牌很容易被想起，因此，這個品牌的市占率也是高的。如果消費者相信某個品牌是領導品牌，那它可能真的就可以變成領導品牌。對經常性購買的商品來說，你不能期待消費者會深入地去考慮產品的特性。相反地，在廣告與品牌推廣的世界中，你是依靠品牌名稱的回想，或是對先前所做的判斷的回想（例如，我喜歡汰漬），來決定哪一個廣告品牌要放到購物車裡面。有時候最簡單的策略就是最好的策略。

很顯然地，在例行性購買的商品類別，例如消費性包裝產品中，簡單的品牌回想是有很大的優勢的。因此，廣告主要怎麼做才能促進回想呢？兩個受歡迎的方式：重複與記憶輔助——如使用廣告標語、廣告短歌及店頭廣告。

LO 2

方法 A：重複

一個行之有效的方式是重複，重複讓品牌名稱可以更容易從消費者的記憶中被擷取出來。作法是購買很多的廣告時段或版面／或在廣告中重複品牌名稱很多次。這項策略適合用在電視或廣播媒體中，但在電視節目或電影的置入，或在網路或社群媒體中也都可以採用。基本的概念就是：常說（或常展示）的事就比較容易被記住。因此廣告主會不斷地重複品牌的名稱。然後，當消費者站在洗衣劑的貨架前面的時候，有廣告的品牌名稱就很容易從記憶中回想起來。

品牌名稱愈容易被記住，愈容易、也愈快從消費者記憶中被擷取，被購買的可能性也會提高。品牌名稱能進入消費者的喚起集合中，讓你朝實際被購買接近了一步，如果能成為「首認」，那又是更進一步了。重複一定有用嗎？不一定。有時候消費者記住 A 品牌名稱卻購買 B 品牌，也有可能他們討厭那個容易記住的品牌名稱，因此不會購買。這種廣告玩的是一種純粹的機率遊戲——廣告很容易被回想，因此也很有可能購買，有利於願意用重複來創造回想的廣告主。

重複策略對許多品牌整合行銷傳播活動都是重要的。例如，使用視覺圖像，像 Nike 的「勾勾」就不斷重複出現在其各類商品上。又如，在電視或串流影音上不斷看到品牌名稱，或根據媒體特性（例如：活動贊助公告、電視、廣播），藉由重複來創造品牌認知與回想，都是很重要的。

視覺的重複也很重要。例如 Geico 壽險公司使用名為 Gecko 的圖像，再搭配常用的幾個字詞，使其成為近年來相當成功的廣告活動之一。它運用了重複、口語─視覺的搭配，難怪消費者會記住它。雖然心理學家對重複出現的圖像在回想時所扮演的功能不如對字詞回想的效果來得了解，但，可以肯定的是，這些都是有相互關聯的。例如在 Geico-Gecko 這個例子中，圖像就和文字連結，而且效果不錯（圖 9.3）。

方法 B：廣告標語和廣告短歌

相較於重複，廣告標語比較複雜一些。廣告標語和廣告短歌的目標也是增加品牌名稱被回想的機會。基本的運作機制也是和記憶有關。廣告標語是運用簡單的、有韻律的、押韻的……等語言形式將品牌名稱和某個記憶點連結起來。廣告短歌也是一樣，只是短歌是以旋律方式呈現。例子太多了，

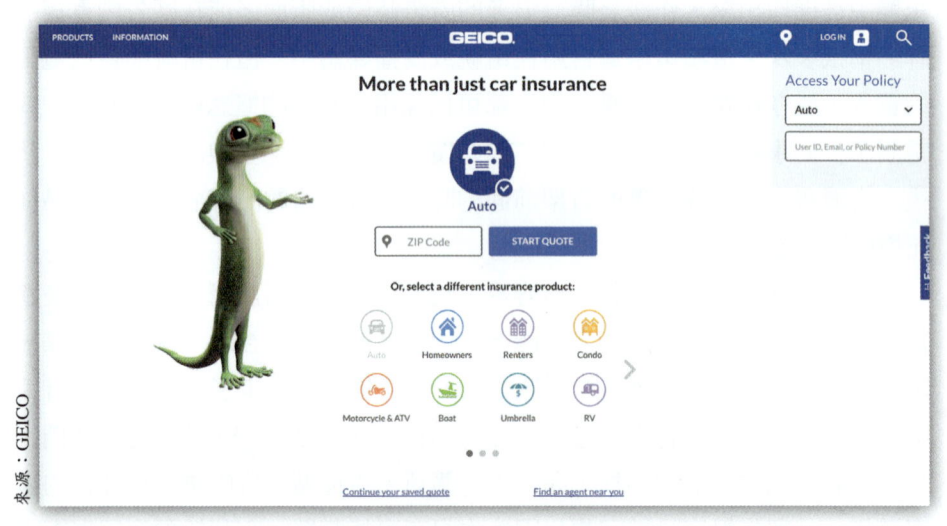

圖 9.3　這是 Geico 保險公司的網頁截圖，主要在展示品牌名稱與其吉祥物 Gecko 之間的文字遊戲。這也是該公司整合品牌／IBP 策略的關鍵。

來源：GEICO

「You're in Good Hands with Allstate」、「Like a Good Neighbor, State Farm is There」、「It Keeps on Going and Going and Going」或「Always open, 7-11」、「全家就是你家」。廣告標語和廣告短歌因為動聽且易記，因此產生一種「默述」的效果，消費者會重複默述這些廣告標語和廣告短歌，因此，也為品牌名稱的擷取創造了一條線索。

品牌有時會因為新的目標對象或建立新的連結而更新廣告短歌。例如圖 9.4 中寶僑的家用清潔品牌「清潔先生」（Mr. Clean）最近就發表了一支新的廣告，其中的廣告短歌就用了一個比較現代的版本。由於在北美地區的消費者是由不同的消費族群所構成，因此，廣告短歌也翻譯了西班牙文與法文的版本。

另外也可以運用消費者行為中一個想要「完成」或「結束」一個句子的傾向，例如，當廣告中說：「Always open」，消費者可能就禁不住想說：「7-11」。你知道的，廣告標語和廣告短歌是很難從你的腦袋中抹除的。這就是廣告主所希望的效果。

圖 9.4 「清潔先生」運用廣告短歌來讓它的品牌能夠與時俱進。廣告短歌與其他品牌整合行銷傳播形式能妥善整合的話，會創造極大的效果。

來源：Mr. Clean

方法 C：店頭的品牌活動

在現代的廣告與品牌整合行銷傳播世界中，行銷人員也會運用店頭的展示來觸發消費者想起記憶中的品牌名稱（或廣告）。這是店頭廣告的主要目的——提供記憶的線索。店內的視覺展示物引發品牌名稱或廣告的擷取，更重要的是，消費者已經在購買地點了，接下來就是買或不買。

貨架本身（外觀、味道等）或包裝，也都可以引發對產品類別的連結。也就是說，在購物者經常來回的走道中，貨架本身或商品包裝會引發對產品類別（例如，洗衣粉）的回想，這時，廣告最多的品牌（例如，汰漬）的名稱就會被激發。

關於重複、廣告標語和廣告短歌的效果，是採用隔日回想測試，或強調回想的追蹤研究（例如，請說出三個洗衣粉的品牌名稱）來進行。換句話說，這些廣告是採用傳統廣告文案中的簡單回想來做效果評估。

LO 3

重複、廣告標語和廣告短歌的策略意涵

- 對「遺忘」有很好的抵抗力。這些方法讓你很難忘記品牌名稱。一旦記住了，廣告活動所產生的延續效果是很大的。即使有些廣告主已經不再播放廣告，你還是會記住它的廣告標語、廣告短歌和品牌名稱。

- 對消費者來說是有效率的。對例行性購買的商品來說，消費者不會花太多的心力去做品牌決策，所以，就買記住的品牌。因此，在重複購買與低涉入的品項中，這些方法是很有效的。

- 長期承諾／支出。要達到適當的回想程度，廣告主必須投放相當多的廣告，特別在一開始的時候，需要很多的重複，或者是非常有記憶點的廣告標語和廣告短歌。但一旦到達足夠的回想程度時，廣告主就可以調整廣告預算，讓預算能維持一定程度的回想。但，萬事起頭難，而且也不便宜。

- 競爭的干擾。這對重複是一個比較小的問題，但可能的問題是，消費者把廣告標語或廣告短歌和其他的品牌連結。舉例來說，「It keeps on going, and going, and going…」是「金頂電池」對不對？不對，可能是

「永備電池」？嗯，不確定耶？嗯，這樣很不好耶。這也是為什麼品牌名稱和廣告標語間要有正確且強力的連結的原因，你可不想幫你的競爭對手成功吧。

- 創意人員抗拒。創意人員通常很討厭這種類型的廣告。你可以想到原因嗎？因為這類廣告很難被稱作是「有創意」，而且很少得到廣告獎。所以，有經驗的創意人員很少有興趣參與這類廣告的製作，而客戶最後碰到的就是較資淺的創意團隊。

9-2b 目標 #2：將品牌名稱與主要特性連結

有時候廣告主希望消費者或企業客戶將品牌和一或兩個產品特性產生連結。這類型的廣告也可以稱做是**獨特銷售主張**（unique selling proposition, USP）廣告，廣告中強調該品牌的獨特特性。這比簡單品牌回想要複雜一些，也比較有挑戰性。和目標 #1 相比較，目標 #2 較複雜，需要更多的想法和學習。這類廣告中提出一個購買產品的理由，但不要求消費者去思考購買理由，只是要將其和品牌名稱做連結。基本的運作機制和記憶與學習有關。廣告訴求可以用文字（文案）或視覺（畫面）來呈現。圖 9.5 中，Angel Soft 這個品牌運用文案與畫面告訴你為什麼廁紙柔軟是很重要的。

✏️ 方法：

獨特銷售主張──USP。只強調一個，而且只有一個品牌特性是很好的方式──有時候，如果互補的話，說兩個也可以，例如，「溫柔而強韌」。如果目標是建立回想，那一次想講好幾個產品特性的廣告通常會失敗，因為會造

圖 9.5　品牌與特性。Angel Soft 廁紙將品牌名稱和一個主要特性連結起來（它的柔軟程度「剛剛好」），並將其他品牌比擬成「鐵絲網」。

成消費者混淆，而且一次提供太多資訊。評估 USP 的效果測定方法是使用回想測試、傳播測試及追蹤研究。消費者有記住廣告中所提到的 USP 嗎？有時候，產品的 USP 是價格，但因為很多廣告主都會以價格作為訴求，你可以想像結果會是什麼。

USP 方法的策略意涵

- 遞延效果。USP 廣告非常有效。當這個連結成功地被建立起來，效果是可以持續很久的。如果你能投資在這類型的廣告上，它可能幫你撐過景氣黯淡的時光。
- 抵抗力強。這類型的廣告可以抵抗競爭者的挑戰。當第一個提出某項產品特性的品牌是有絕大的優勢的。專家們會說：「品牌 A 占有某個位置」（代表具有某項特性）。例如，「Google 在搜尋引擎市場中占有位置」。
- 長期承諾／支出。如果廣告主要採用 USP 這個方法，那就要持續下去。你不能一直轉變策略還期待有好結果。挑出一項特性，堅持下去。
- 一些創意人員抗拒。和重複相比，創意人員比較不討厭這個方法，但它看起來確實很快就會過時了，不要指望最棒或最有經驗的創意團隊。

9-2c 目標 #3：說服消費者

　　這類型的廣告是和論點有關。在這類型的廣告中，我們從使用柔性的邏輯與簡單的學習將一或兩個產品特性與品牌名稱建立連結，進階到真正的提出一或多個合理的論點來和投入程度高的消費者溝通。這是高涉入的廣告。因為，基本的假設是我們認為，投入程度高的消費者會注意並考慮廣告中所提出的論點。廣告的目標是透過論點來說服消費者此品牌是正確的選擇。在廣告中，廣告主會說：因為 A、B、C 這三個理由，你應該購買我的品牌。在以往，這類論點通常是以文字（文案）形式呈現，但近年來，以視覺手法呈現的廣告愈來愈多。接下來我們會介紹其中幾種方式。

　　這類型的廣告如果要發揮效果，消費者必須思考廣告主在說什麼，了解其中的論點，通常要同意廣告中的論點。在純說服型的廣告中，基本假設是廣告與消費者之間在進行對話，而其中的對話內容包括消費者不同意或反

駁廣告訊息中所提出的論點。如同在第 6 章中提到的，有些研究顯示消費者對這類廣告最常出現的反應就是提出反駁。事實上，最常出現的反應是沒反應。消費者根本忽略廣告。此外，廣告中那些華麗修飾的辭藻、老派的風格，以及它現在對話的對象是史上最不專心的消費者，這些因素加起來，都讓這個廣告類型變得不受歡迎。

方法 A：理由式廣告

在理由式（reason-why）廣告中，廣告主用理由和潛在消費者溝通。廣告向消費者說明為什麼這個產品會提供滿足和利益的理由。在使用這個方法時，廣告主持續強烈的向消費者提出各種理由。首先，廣告主提出一些主張，例如：「購買品牌 A 的七大絕佳理由」，接下來，將七大理由一一做說明，最後以要求購買（明示或暗示）做結束。有時候，要求消費者使用產品的理由也可以靈巧地呈現。心理學家指出，消費者比較重視他們自己達成的結論，而非在廣告中幫他提出結論。因此，真正好的理由式廣告，通常是提出理由，然後讓消費者自己做出「這商品真的棒」的結論。但這類廣告最大的訣竅在於：所提出的理由要合理，而且是消費者真正在乎的。有時在理由式的廣告中也會提出為什麼這項選擇很重要的理由。

價格廣告是一種理由式的廣告。價格廣告其實可以用很多角度呈現，因此，很難有很獨特的訴求。有些聰明的廣告主認為訴求「價值」比「價格」好；有些廣告主認為「低價」就可以擊潰其他對手，但你還是可以訴求你的品牌有較高的價值。**圖 9.6** 中的 Geico 廣告，提出一些理由來說服消費者該公司為什麼是消費者的好選擇。同樣地，**圖 9.7** 中，Kia 這個汽車品牌也使用理由式的廣告來說服消費者購買 Kia 汽車的優點和缺點。廣告中以視覺方式列出一個「缺點」，對照一整頁購買 Kia 的「優點」。

理由式廣告的策略意涵

- 同意購買。給予消費者購買產品的理由。
- 社會可接受的正當理由。有時我們要向朋友與家人對我們的購買決策提出一些說詞。這類廣告中有一堆說詞。
- 涉入程度高。這些廣告要發揮作用，消費者要投入注意力。但你覺得這

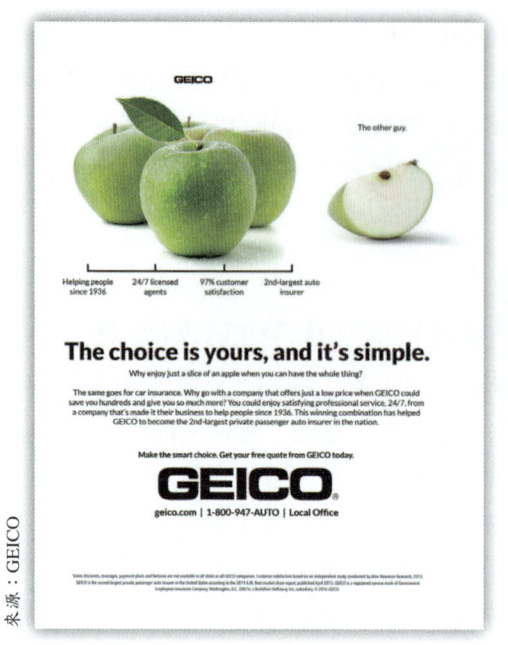

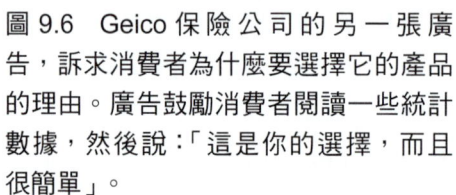

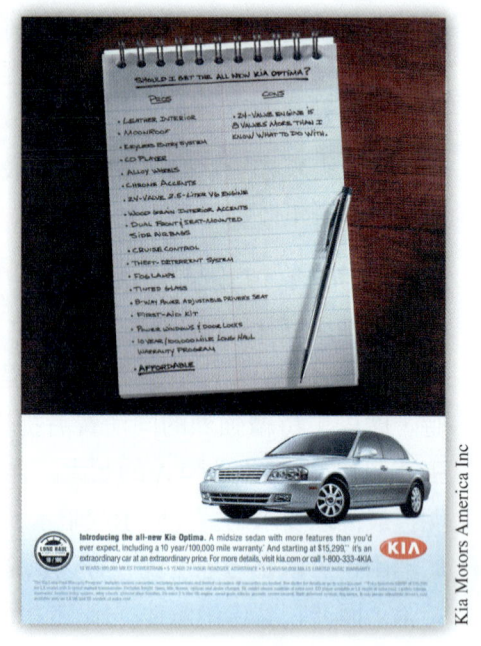

圖 9.6　Geico 保險公司的另一張廣告，訴求消費者為什麼要選擇它的產品的理由。廣告鼓勵消費者閱讀一些統計數據，然後說：「這是你的選擇，而且很簡單」。

圖 9.7　Kia 汽車的理由式廣告。

樣的情況常發生嗎？很多時候，消費者被淹沒在太多的資訊中，因此，需要購買產品的時候，不是買上次買過的品牌，要不就是買朋友推薦的產品。

- 反駁。這類型的廣告也可能變成說服消費者不要購買廣告中的品牌。別忘了，消費者喜歡反駁廣告中的說詞。
- 法律／法規上的挑戰／揭露。這類廣告常會引起法律上的爭議。要注意你的理由式廣告在法律上要站得住腳。
- 有些創意人員抗拒。創意人員對這類型的廣告通常不感興趣。

✎ 方法 B：硬式銷售廣告

硬式銷售廣告是理由式廣告其中一種類型：加上催促的理由式廣告。廣告中傳達出一種急迫、有壓力的感覺，因此是「硬式」的。廣告中會使用「現在就採取行動」、「限時搶購」、「最後機會」這些字詞。基本的概念是希望創造出一種急迫感，讓消費者趕快行動。有時在一些品牌整合行銷傳播中也會使用「現在就打電話或點擊」的文字。當然，消費者也學會了忽視或不全相信這些訊息。我想大家應該都看過「結束營業」的布條掛在店外，但店家繼續營業很久的狀況吧。

硬式銷售的策略意涵

- 「現在就可購買」。銷售要結束了。
- 社會可接受的正當理由。「我現在就應該要下手」，「產品只有今天有特惠」，「太划算了」。
- 可信度低。多數消費者都知道這只是個騙術，而且「最後機會」通常都不是字面上的意思。
- 法律／法規上的挑戰／揭露。和理由式廣告一樣，這類廣告也常會面臨法律上的爭議。
- 有些創意人員抗拒。這類型的廣告也不是創意人員搶著想要的。

✎ 方法 C：比較廣告

比較廣告（comparison advertisements）是另一類的說服廣告。比較廣告是透過與競爭產品特性的比較來展示自己的品牌更能滿足消費者需求。在資訊很多的時候，比較廣告以更清楚、有趣，而也有說服力的方式來進行溝通，因此，比較廣告可以是有效率且有效果的。但有時也可能造成混淆及產生資訊超載的狀況，最後是市場領導品牌勝出。傳統上，便利性商品，如止痛藥、洗衣粉及家用清潔劑的品牌比較會採用此種方法。其他不同類型的廣告主也都有嘗試過使用此一方式。圖 9.8 是微軟以幽默訴求的手法來比較自家的 Surface Pro 與蘋果的 MacBook Air 的廣告。

比較廣告的效果是使用追蹤研究的方式來了解消費者在態度、信念與偏好上的改變。使用比較廣告時，廣告中可以直接地指出競爭品牌的名稱，或

圖 9.8　比較廣告。微軟 Surface Pro 的廣告，內容是和蘋果 MacBook 做比較。

來源：Microsoft Corporation

間接地說「領導品牌」或「某品牌」。下面幾點是從消費者研究中蒐集到的一些規則：

- 低市占率的品牌直接和高市占率的品牌進行比較，會增加訊息接受者的注意，並可能增加購買低市占率品牌的購買意圖。
- 高市占率的品牌和低市占率的品牌直接進行比較，並不會讓高市占率的品牌吸引更多的注意，反而可能是幫了低市占率的品牌。
- 當目標閱聽眾並沒有特別的品牌偏好時，直接比較的效果會比較好。

基於以上理由，知名的市場領導品牌較少使用比較廣告，而知名度較低的品牌則想利用此方式來贏得關注。舉例來說，如果蘋果是電腦產品類別中的領導品牌的話，微軟可能就想使用比較廣告來和蘋果做比較。

比較廣告的策略意涵

- 對低市占率品牌有利。
- 可以為購買較不知名的產品時提供藉口。
- 提供購買許可。讓消費者自己閱讀資訊，然後自己做出結論。（消費者

自己歸納得出的結論要比廣告主說的有效)。
- 法律／法規上的挑戰／揭露。競爭對手可能會提出抗議。造成法律上的問題。
- 美國之外,其他國家很少使用比較廣告。原因包括不合法、雙方無法有共識或覺得比較廣告缺乏品味。
- 不適合市場領導品牌。
- 和非比較廣告相比,消費者覺得比較廣告讓人討厭,也比較無趣。有時會把消費者趕走。

方法 D:薦證廣告

薦證廣告也是另一種說服廣告。一種常見的訊息呈現手法是透過一位發言人來指出品牌的優點,而不只是單純地提供資訊。當廣告中的發言人是以擁護品牌的姿態出現時,這就是一種薦證廣告(testimonial)。薦證廣告的價值在於使用一位權威性人物來提出品牌的特性與利益。薦證廣告的訊息策略又可以再分為三種:

最引人注目的薦證廣告是使用名人做薦證。薦證者從運動明星到超級名模都被廣泛採用。基本的概念是名人做薦證可以吸引注意以及引起崇拜者的模仿。例如,圖 9.9 中,DC 這個品牌的鞋子以越野自行車賽事中的超級巨星戴夫·米拉(Dave Mirra)當薦證者,因為他的風格和該品牌目標消費者的生活風格相一致。使用名人做薦證時,除了必須真實可信、符合目標市場輪廓外,在品牌的整合行銷傳播,如活動、贊助及數位廣告中,也都要有一致的呈現。

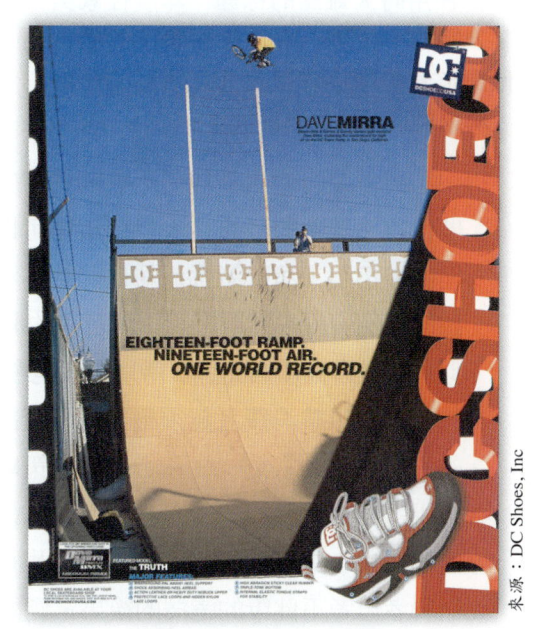

圖 9.9 越野自行車的巨星戴夫·米拉。哪一類的消費者會認為這樣的薦證廣告是有說服力的呢?

來源:DC Shoes, Inc

此種說服方式，除了運用在品牌傳播上，也可用在社會議題的推廣上，例如，推廣健康食物。圖 9.10 的廣告中，某健康協會仿效名人證言的「明星力量」向青少年與兒童推廣健康飲食的概念。廣告活動中邀請了許多青少年們的偶像來做代言。

專家代言人的方式則是由具有專業產品知識的人來做代言。廣告中出現的可能是醫生、律師、科學家，或其他和品牌專業有關的專家，目的是希望能藉此提高訊息的可信度。廣告中的專家可能是由演員扮演，也可能是真的專家，另外，名人也可以是專家。例如，NBA 球星麥可．喬丹在運動上的傑出表現，讓他成為 Nike 運動鞋的終身代言人。

來源：People Magazine

圖 9.10　結合幽默元素與名人的力量，這則廣告使用時人雜誌的標題「年度性感男士」為訴求。這則「最性感甜薯」的廣告是健康飲食美國協會整合 IBP 活動的一部分，溝通對象是兒童與青少年。

另外還有使用一般使用者的代言方式，也就是產品的一般使用者為品牌做代言。基本的概念是，目標市場可以和這個人建立連結。在參考群體這個理論中指出，消費者會信賴他們認為和他們相似的人的意見或薦證，而非客觀的產品資訊。簡單來說，消費者的邏輯是這樣的：「廣告中的代言人和我類似，而且喜歡那個品牌，所以，我也會喜歡那個品牌」。從理論上來看，這樣的思考邏輯讓消費者無須嚴格檢視產品資訊，他們只要相信參考團體所提供的資訊即可。當然，實務上，這項策略的執行可不是那麼簡單的。消費者在檢視這類的說服訊息時是相當有經驗的。薦證廣告的評估是使用追蹤研究與傳播測試。更重要的是，薦證廣告也可以運用在社會議題上，協助受驚嚇的消費者思考不健康的選擇的後果。例如在圖 9.11 中的廣告，這是一位真正的老菸槍向目標消費者展示抽菸對健康危害的真實薦證。

薦證廣告的策略意涵
- 受歡迎的人物可以幫助品牌受歡迎。
- 消費者認知廣告中的代言人和他們類似，或者是專家時，可以對產品產生相當大的推薦力。
- 消費者常會忘記誰喜歡什麼產品，特別是該明星代言很多產品或服務的時候。
- 受歡迎的可能是明星，而不是產品。

圖 9.11　真實的抽菸者分享他們的故事。
來源：CDC

和卡通人物角色相比，真人明星可能不太好管理：想想家樂氏玉米片的東尼老虎和高爾夫球明星老虎・伍茲（Tiger Woods）。經常存在的風險可能是名人會失寵，這就有可能會傷害到他所代言的品牌的聲望。

方法 E：示範

電動刮鬍刀可以多貼近臉部？草皮的肥料可以多環保？運動器材使用上到底有多簡單？這些產品的特性都可以透過示範（demonstration）的方式來呈現。「眼見為憑」是這類廣告的基本概念。如果妥善的執行，結果可以是很驚人的。你可以將圖 9.12 中的兩種示範方式做對照。廣告中以與眾不同的方式來呈現 Blendtec 食物處理機的驚人功能。Blendtec 也將許多的示範影片上傳到社群媒體網站上，吸引了數百萬的消費者觀看。示範廣告的評估方式是使用追蹤研究來測量態度、信念與品牌偏好的改變。Blendtec 追蹤影片的觀看次數來評估廣告效果，這和分析銷售趨勢一樣重要。

示範廣告的策略意涵
- 具有「眼見為憑」的信用。
- 社會可接受的正當理由。消費者可以拿來作為購買產品決策的正當理由。

- 提供了購買許可。(我看過產品示範,這個是最好的)。
- 嚴厲的法律／法規上的挑戰／揭露。

方法 F：資訊式廣告

運用資訊式廣告（infomercial）時,廣告主要購買 5 到 60 分鐘的電視時段,播出一個資訊／娛樂節目,但實際上整個節目就是廣告。不動產投資節目、減重與健身產品、勵志性節目及廚房用具產品,都非常喜歡使用資訊式廣告。資訊式廣告中通常有一位主持人負責提供產品資訊,然後由受邀的來賓提供他們成功的產品使用心得與薦證。大部分的資訊式廣告都是在有線電視或衛星電視台播出。現在資訊式廣告也進入數位時代,在網路上播出,長度大多是幾分鐘,目的在節省成本,但也考慮接觸率。新型態的資訊式廣告更強調幽默性,以增加銷售產品時的娛樂性。

資訊式廣告的策略意涵

- 較長的格式讓廣告主可以有充分的時間來提出對產品有利的論據。
- 可以當作是娛樂節目來觀

圖 9.12 Blendtec 使用一些瘋狂的產品示範與實際的示範（消費者的實際使用場景）來展示其食物處理機的威力與多樣用途。這兩種示範方式的優缺點分別是什麼呢？

來源：Blendtec

賞，但實際上是廣告。
- 這類廣告有些負面的公眾形象，對廣告品牌建立信用或信任沒有幫助。
- 除了在電視播出外，有些資訊式廣告也在網路上播出，有些則只出現在網路上。

另外還有其他型式的說服廣告，例如刊登在報紙或雜誌中的「廣編稿」（advertorials），但基本的機制都是一樣的——這是你為什麼應該買這項產品的理由——為購買提供支持性的論點。

9-2d 目標 #4：情感連結：讓消費者對產品產生好感

廣告主希望消費者喜歡他們的品牌，相信廣告並進而購買產品。但除了提供一些理由讓消費者喜歡品牌之外，這類的廣告是透過情緒來發揮效果，複雜度較前面所介紹的方法要高一些。

下面我們會介紹一些眾所周知的方法。先從比較一般的方式開始，之後是如何將這些再做一些微調，創造更好的效果。

方法 A：感覺良好廣告

基本的概念就是創造有正面情緒的廣告，透過廣告中的正面情緒，消費者與廣告中的品牌產生連結，也讓購買的可能性提高。運作的方式有二：一是將廣告所產生的好情緒和品牌產生連結（情感連結），或是利用人類扭曲資訊的傾向（決策前扭曲），忽略其他資訊，轉向喜歡廣告中的品牌。

但，從喜歡廣告到喜歡廣告中的品牌，中間還有許多要努力。研究結果顯示，當消費者帶著正面的情緒想到某個品牌時，是會有一種增強的效果發生的。消費者在做進一步的認真考慮之前，消費者會忽略其他資訊，轉向支持這個給他正面情緒的品牌。而消費者甚至並不知道他有這樣的轉變。因此，如果你可以讓一個品牌被喜歡，即使喜愛程度只是增加一點，而且是在消費者潛意識中造成這樣的轉變，你可能就增加產品的購買量。但是否一定有效，也不是絕對的。有可能正面的情緒轉移到品牌上，也有可能這種情緒會對記住訊息或品牌名稱造成干擾。

從廣告與品牌整合行銷傳播的角度來看，要怎樣使用這個方法才能獲得

好的結果呢？關鍵是不要讓廣告被喜愛，而是要讓品牌被喜愛。喜歡廣告不一定代表喜歡品牌。但喜歡廣告可以提高購買的可能性。我們相信，你必須讓情感和品牌名稱及／或形象有清楚的連結。很多廣告沒有完成這項任務。你可能喜歡百威啤酒的廣告，但卻是台灣啤酒的粉絲。你可能會想：「這廣告不錯，希望它們的啤酒也不錯。」

但有些感覺良好的廣告的確有發揮作用。有時候，這類的廣告的目的是希望消費者不要想起某些事。例如，聯合航空的廣告可以以航班的準時起降做訴求。但在它的廣告中，則是出現成功的商務會議，或是家庭成員歡聚的畫面，這讓廣告訊息內容更豐富，也有更多共享的意義。這些情感都轉化成產品特性並和品牌產生連結。

由於感覺良好的廣告可以發揮效果，因此，我們發現，思考和情感基本上是兩個分開的系統。情緒是我們頭腦的某一部分對來自環境中的刺激的快速回應。例如，一個巨大的聲響嚇到我們（情緒），即使我們不知道巨大的聲響到底來自何處，或是由什麼原因所造成（思考）。因此，情緒感受更快發生，也更強烈。另外，隨著媒體環境中充斥愈來愈多廣告訊息，也有研究顯示，情感性（情緒）廣告可能會比要讓消費者思考的廣告有更好的效果。情感性廣告的評估是透過前—後測、追蹤研究及傳播測試來評估態度的改變。

感覺良好廣告的策略意涵

- 創意人員有興趣。創意人員靠這類廣告來贏得廣告獎，以及職位的升遷。
- 在充滿廣告訊息的媒體環境中效果可能比較好。
- 可能創造互斥的想法或連結。

一個訴求家庭與商務旅行的情感廣告可能讓消費者想起他們的生活或旅途中的點滴——但和品牌並沒產生任何持久的連結。這支昂貴的情感性廣告可能讓消費者變成更好（或有愧疚感）的父母，但不會變成你的顧客。圖9.13 是一個沐浴用品和寢具品牌的廣告，廣告中訴求的是父子之間的愛。想看看，如果是用產品特性或利益來做訴求的話要怎麼表現。

方法 B：幽默廣告

幽默廣告的目標是要讓訊息接受者產生愉悅的感覺，並和品牌間有可記

憶的連結點。但研究結果顯示，幽默所產生的正面影響力，可能不像對這訴求方式的直觀反應那麼強。以相同廣告來說，幽默廣告版本並沒有比非幽默廣告來得更有說服力。好笑的廣告的確有娛樂性，但對商業投資來說未必有效果。另外，男性與女性對廣告中的喜劇成分的反應可能不盡相同，這也是為什麼閱聽眾研究對有效訊息策略發展是很重要的原因。

如果你只記得廣告中的笑話，但記不住品牌，那它就不是好廣告。為什麼你會想起有趣廣告中的品牌而想不起其他的呢？差別可能在於，在你所回想起來的廣告中，幽默所產生的效果，正是訊息策略的重要部分。因此，幽默和品牌間要產生記憶上的連結。如果廣告沒有讓笑點和品牌名稱產生連結，那廣告主可能花大錢買了個笑話，但對銷售沒幫助。幽默廣告的效果評估是進行前一後測與追蹤研究來了解態度、信念與偏好的改變。

圖 9.13 Martex Bath & Bedding 品牌感人的廣告。這是一則「感覺良好」廣告。

幽默廣告的策略意涵

- 如果笑話是訊息的重要成分，那麼幽默就會很有效。如果不是，那就是昂貴的娛樂。
- 創意非常有興趣。創意喜歡創作有趣的廣告。有趣的廣告可以得獎和升遷。
- 幽默的訊息可能對情感的理解是有害的。幽默可能會干擾記憶過程：消費者不記得廣告中的品牌是什麼，這種狀況經常發生。
- 非常有趣的訊息的效果可能很快就耗盡了，看了也笑不出來。情況就像你聽過一百遍的笑話。使用這種方式的廣告主要不斷地更新笑點，當然，這很昂貴。

方法 C：性訴求廣告

性訴求廣告也是一種以情感為基礎的廣告。因為廣告的對象是人，因此，廣告中也常以性為訴求。以性感為訴求的廣告通常不希望你做太多思考，只要有情緒激發和情感就可以了。但對銷售有幫助嗎？

從字面意義來看，答案是否定的。因為沒有任何事，甚至是性，會讓消費者購買某項產品。但是，性感訴求會引起注意甚至情感激發，這可能會影響到消費者對品牌的感受。廣告主就是希望能引起注意，並將某種程度的性的激發和正面的情緒感受與品牌產生連結。有時候，這真的有用，但，也有無效的時候。另外值得注意的是，女性的態度在改變。今天，即使是女權主義者，對廣告中出現的性感畫面也抱持正面態度的。當產品是和浪漫氣氛有關的時候，性訴求的廣告並不會降低女性對產品的偏好，而當產品是和性有關的時候，浪漫氣氛的畫面並不會降低男性對產品的偏好。

Calvin Klein 和許多廣告主都運用性感的畫面來塑造品牌的形象。但這些廣告的產品都是和衣服、香水有關，都是在強調人們的外觀、感覺和聞起來的味道。性訴求的內容要適當，和產品相合，就合理。這種訴求方式適合用在汽車或檔案櫃產品上嗎？一般來說，答案是否定的。在廣告業傳統的思維中，認為使用性訴求是「業餘的、一知半解的，而且是想挽救下沉的銷售的糟糕、而且無效的做法」。研究結果顯示，當性訴求廣告的內容適當的時候，就會有效，但內容不適當的話，就會分散注意，或更糟糕。內衣品牌維多利亞的秘密（Victoria's Secret）就希望透過廣告讓你將性與品牌產生連結，而且非常成功。

性訴求廣告的效果測定是使用傳播測試、焦點團體訪談、前—後測與追蹤研究來測量在態度、信念與偏好上的改變。在使用性訴求的時候，客戶都會做比較多的焦點團體訪談或傳播測試，來確保廣告訴求不會太過頭或惹惱了消費者。圖 9.14 是 Guess 這個品牌使用性做訴求的廣告。

性訴求廣告的策略意涵

- 可以引起較高的注目。
- 可以有較高的情感激發。如果可以和品牌意義建立連結，就是好的。

- 由於在廣告曝光時引發干擾，對品牌的記憶可能沒幫助。也就是說，消費者看到廣告的時候想的是別的事。
- 產品和主題要一致，不是每種產品都適用。
- 可能因為刻板印象或目標對象的關係，在法律、政治或倫理上可能引發關注。

圖 9.14　性訴求對 Guess 這個品牌的銷售有幫助嗎？請從 Guess 品牌的角度來說明性訴求在廣告中所扮演的角色。

來源：Advertising Archives

9-2e 目標 #5：透過驚嚇讓消費者產生行動

這裡的策略就是透過驚嚇讓消費者產生行動。恐懼訴求就是要引發特定的感受（恐懼）以及特定的想法（購買 X 以避免 Y 發生）。恐懼是一種非常強烈的情緒感受，可以運用它來激勵消費者採取某些重要的行動。但要讓恐懼訴求發揮作用，除了恐懼之外，也要搭配一些想法讓消費者可以思考。因此，這項策略也是較為複雜的。基於它的複雜度，要讓此訴求真正有效是相當困難的，在運用上也有它的侷限。只有少數產品與服務有使用此一策略。

方法 A：恐懼訴求廣告

恐懼訴求廣告中，強調的是如果沒有使用廣告中商品或採取建議的行動的話，可能會造成受到傷害的風險或負面的結果。通常，在廣告中會提出「一點」恐懼成分，以期消費者會進行「一些」思考，然後採取行動。但怎麼平衡這些元素就是最大的挑戰。這種訊息策略運作的方式就是，讓訊息接受者直接感受到恐懼、因為恐懼因此激勵消費者購買可以減少或除去可能威脅的產品。

生產與安全相關產品的製造商，例如，家庭警報器、網路攝影機或與安全有關的 app，都可以借用這些大環境有關安全的議題來做訴求。還有其他廣告主也使用恐懼訴求。美國疾病管制局就推出了一個長期的廣告活動，使用

非常真實的圖像，廣告中訴求抽菸所會造成的疾病與對身體的傷害。搭配其他的行銷活動，這個廣告在降低抽菸人數上相當有效果。

傳統上認為強烈的恐懼訴求只是一種短期的效果，而且對廣告中的品牌會產生負面的態度。但也有一些研究認為這種作法對廣告主是有利的。在最新關於神經科學的研究顯示，如果執行成功，即使是抽象的威脅也可以變得具體，並引發恐懼的感受。我們認為，無論廣告中所呈現的恐懼程度有多少，恐懼訴求要成功，廣告中要提出一個採取行動可獲得的清楚的利益，讓訊息接受者可以依此行動。恐懼訴求廣告中要提供一個避免傷害的「出口」。理想的恐懼訴求廣告必須是完全可信的，並提供一個簡單清楚的方法來避免廣告中可能造成的傷害。恐懼訴求廣告的評估方式是使用追蹤研究、前—後測與傳播測試來了解態度、信念與偏好的改變。

恐懼訴求廣告的策略意涵
- 威脅必須是可信的，消費者才會被激勵。
- 威脅的解除與廣告中的品牌必須要有清楚而且簡單可確認的連結（例如，公眾健康議題中，避免威脅與改變行為間的連結）。
- 有些恐懼廣告根本不合理，因此能產生的影響也很小。

9-2f 目標 #6：藉引發焦慮來改變行為

焦慮和恐懼不盡相同，但它是一種不舒服的狀態，而且會持續一段時間。雖然要讓人處於完全恐懼狀態有點困難，但感覺焦慮會持續比較長的時間。我們會避免這種焦慮感，想辦法減少、中和或緩解焦慮。人們會找出各種可能的機制避免在想法上或行為上出現焦慮。購買或消費各種東西是解除焦慮狀態常用的方式。廣告主也知道這種情況。廣告主利用這種想法上或行為上的焦慮狀態，運用「引發焦慮來改變行為」的機制來達成其目標。「飢餓行銷」也是這類型的廣告，廣告中訴求的是產品的稀有性；或是因為產品需求量高，或數量有限而鼓勵消費者趕快行動。當消費者預期產品數量有限時，訴求稀有性的確有效。但如果消費者並未預期產品數量有限時，這種廣告就沒效果了。

方法 A：焦慮廣告

廣告主會利用許多的情節背景來向你示範為什麼你應該感到焦慮，同時可以採取什麼行動來解除焦慮。社交、醫療、個人用品都常使用焦慮訴求。廣告中的訊息是這樣的：(1) 很顯然有一個問題出現了，然後，(2) 避免問題的方式就是購買廣告中的商品。焦慮廣告中提醒消費者可能被香港腳、體味、心臟疾病等這些問題擊倒的焦慮。基本的概念就是告訴消費者說這些引發焦慮的狀況都在那裡了，你應該採取一些行動來避免這些問題影響你。例如，圖 9.15 中 Body Alarm 這個產品廣告在文案中寫道：「當你脖子被掐住的時候，你要怎樣尖叫求救呢？」將焦慮和產品連結，並說明產品可以解除這種焦慮。

圖 9.15 Body Alarm 這個品牌在廣告中注入了一些焦慮，廣告文案寫道：「當你脖子被掐住的時候，你要怎樣尖叫求救呢？」並將產品與如何降低焦慮做連結。

方法 B：社會焦慮廣告

和生理上的威脅不同，這類廣告中訴求的是一種負面的社會判斷。例如，寶僑這個品牌就常在其家用產品與個人清潔用品中使用這種訴求。大多數的個人清潔用品都有使用過這種訴求方式。

焦慮訴求廣告也常用在一些強調重要社會角色的廣告中，例如，廣告中訴求母親在照顧小孩子技巧上的不足，或父親對家庭的照顧上的不足，然後，廣告主就會提出解決問題的方法。

這類廣告將存在於消費者生活中所扮演的各種角色時，一眼可見或稍微挖掘就可以發現的焦慮突顯出來。對我們所關注的事，或對那些如何才是「適當」的行為標準不了解的時候，我們都會表現出擔心的態度，例如，要怎樣做才能成為好媽媽、好爸爸等？廣告中直接挑明了這類的焦慮，然後提供解決問題的方法。焦慮廣告的效果評估方式是使用追蹤研究及傳播測試來了解態度與信念的改變。

焦慮廣告的策略意涵

- 可以製造一種威脅無所不在的認知（因此，也關係到個人），並激發行動（購買與使用廣告中的產品）。這類廣告的效果不錯。
- 廣告中的品牌可以成為解決問題的方法，因此，也建立了對品牌的長期承諾。當消費者找到了解決方案（廣告中的品牌），消費者就不用再考慮其他解決方案了。
- 有效。一點焦慮就可以發揮效果。
- 如果這種製造焦慮的威脅沒有和品牌產生緊密的連結，你可能就會幫品類增加需求，同時為競爭對手，通常是產品類別中的領導者創造商業機會。如果整個產品類別的銷售提升，市場領導者通常是得到最多的。但，如果創意夠好，而且和品牌的連結夠強的話，這對不同規模的廣告主來說，還是一個好方法。
- 倫理上的爭議。要焦慮的事已經很多了，不用廣告主再特別提醒。
- 這類廣告傳統上都以女性作為主要的訴求對象。批評者認為這是不公平而且性別歧視。

9-2g 目標 #7：為品牌形象下定義

品牌形象代表品牌的意義，是一種印象，也就是對品牌所產生的立即的觀感。之所以稱為「品牌形象」，主要是因為消費者在看到產品的視覺呈現時，會對產品建立立即的印象。真正的經典品牌也能夠透過一個視覺標識（例如，Nike 的勾勾），或特別的書寫風格（如 Google）來傳遞品牌真正的內涵與精神。毫無疑問的，品牌形象是透過視覺來塑造的。品牌形象之所以重要的理由如下：第一，這可以讓品牌在擁擠的媒體環境中進行有效的溝通。Nike 的勾勾就傳遞了很多品牌意義。第二，品牌形象一旦建立（並妥善維護），就能和其他品牌產生明顯的差異化。最後，因為是以視覺為基礎，因此，對跨國品牌來說，這是一個理想的方式。

方法 A：形象廣告

形象廣告是運用大量的視覺元素來傳遞品牌的重要意義。無論使用何種媒體，形象廣告中都不會包含太多的產品資訊。廣告中會使用畫面、圖像來

展現品牌的品質或特性，或是喚起對品牌的特定感受。但無論是情緒或想法或兩者兼具，基本概念都是希望運用有效的視覺圖像來建立品牌的意義。如圖 9.16，Skyy 伏特加酒的廣告，廣告中都沒有任何的文案，唯一出現的文字是瓶身上的品牌名稱。從這個案例也可看到，許多有效的廣告中都會同時運用好幾種訴求做搭配，例如運用性訴求及呈現社交場合的情境。

形象廣告的效果評估通常是採用質化的研究方法，有時會使用聯想測試，並搭配特性相關的態度追蹤研究。如前面章節曾經提到，視覺傳播的效果評估還在進步當中。此外，這類廣告通常都是圖像式而非文字式，使用 ZMET 隱喻技巧會是較適合的研究方法。這類廣告也

圖 9.16　這則以品牌形象為基礎的廣告，也運用了性訴求，以及與社交場景做結合，為 Skyy 這個品牌創作了一則有效的廣告。

必須要能和當代文化緊密的結合，如此，訊息接受者才能「看懂」廣告所要傳遞的訊息。這種和社會與文化緊密的結合與運用，也是品牌能成為成功、甚至成為經典品牌的重要原因。

品牌經理要和廣告專業人員密切的合作，以確保：(1) 所有相關的參與者對要達成的品牌識別都有清楚的認識，以及 (2) 文字的描述要能轉化成視覺。想想世界上最成功的那些品牌。它們幾乎都是「圖像式」的，也就是透過視覺圖像精準的傳遞出品牌的涵義。蘋果公司、Nike、可口可樂、麥當勞都是經典的例子。要維持經典的地位，與文化之間持久的連結是重要的關鍵。

形象廣告的策略意涵

- 通常消費者不會有太多反對的意見。
- 通常不會有太多法律爭議。很難就圖片的真偽提出訴訟。
- 有成為經典的可能。

- 在某些產品類別中常使用，如：時尚、香水產品。產品形象可能因此被淹沒。
- 如果直接體驗後，消費者認為產品形象「不實」或和消費者對品牌現有的看法不符合，可能很快就被拒絕。
- 文案測試的結果通常不太好，因為傳統的文案測試是以文字為主，而非圖像。
- 客戶通常希望有更多的文字出現在廣告中。
- 創意人員通常喜歡這類型的廣告。

9-2h 目標 #8：賦予品牌社會意義

廣告主每年花費許多經費在品牌社會意義的塑造上。也就是除了產品的功能、特性之外，產品（或服務）也要賦予社會意義。運作的方式是這樣的：廣告的品牌被呈現在一個情境中，或產品被置入在電視節目、表演、電影或電玩中，這些背景也塑造了品牌的意義。

每隻手錶都很準時。但勞力士和泰格豪雅就是不一樣。被賦予了品牌意義的手錶就不只是一隻手錶。手錶是傳達社會地位、財富、時尚及自我的一種方式。對男性來說，手錶是大家都認同的一種社會象徵。在手錶這個產品類別中，這類型的廣告相當普遍，因為品牌需要這類的社會意義。執行妥當，廣告主的品牌就能和某個社會意義建立連結。

方法 A：生活片段廣告

生活片段廣告描繪品牌理想的使用情況。品牌所在的社會情境附加到品牌上，被賦予了品牌意義。當然消費者可能會拒絕品牌所被附加上去的意義，但通常都是會被接受的。例如，Mars 糖果英國分公司為其 Maltesers 巧克力所做的廣告中，就以身障者描述其每日生活中輕鬆愉快的生活小片段，並一起分享 Maltesers 巧克力為訴求（圖 9.17）。這種坦誠、獨有的生活片段廣告不只贏得廣告獎的肯定，也讓 Mars 糖果廣告贏得在英國殘障奧運轉播時免費播出的機會，當然，Maltesers 巧克力的銷售也提升了。

生活片段廣告的效果評估是使用追蹤研究來評估態度、信念與偏好的改變；另外，也可使用前—後測與傳播測試。

圖 9.17　Maltesers 這則廣告，透過生活片段的運用，將消費者的多樣性呈現。通常在廣告中很少會出現身障人士。

生活片段廣告的策略意涵

- 一般來說，消費者比較不會有意見。
- 法律／法規上的優勢。圖片真偽的判斷一般來說較文字要困難。
- 可能成為經典象徵。廣告主都夢想自己可以成為另一個蘋果或可口可樂。透過生活片段來為品牌塑造意義是一個方法。
- 你可能可以幫品牌創造一個完美的社會世界，以及品牌在其中的位置。
- 相當常見的手法。除非創意非常傑出（特別是在視覺上），而且你也願意花大錢讓廣告不斷播出，要不然，很可能就淹沒在一堆廣告之中。在某些產品類別（例如時尚）中，很多這種類型的廣告。
- 這些廣告文案測試的結果通常不太理想。因為文案測試主要還是在測量文字的效果。
- 創意人員喜歡這類型的廣告。

方法 B：品牌娛樂：產品置入

在這新媒體興起的時代，除了將產品置入於電影及電視節目之外，將品牌訊息傳播給消費者的方式也愈來愈多元，範圍也更廣泛。這些方法都統合在一個名稱之下，稱為「Madison & Vine」，基本上就是結合了電影業與廣

告業的合作方式，在這個名稱之下，包含許多非傳統的品牌整合行銷傳播。唱片、遊戲、甚至手機產業也都陸續加入。比較重要的是，許多大型廣告主現在都開始在其品牌推廣中運用這些方式，和消費者溝通的管道變得更多元了。廣告以不同形式出現在各種媒體中。我們會在第 15 章作更深入的介紹。在這裡，我們介紹一個常用的策略：產品置入與整合。

要將產品或品牌整合到一個預期的情境中的方式是將其置入到電視節目、電影或線上娛樂之中。節目中的演員拿起一罐可口可樂，廣告主期待這樣的畫面可以協助創造正確的品牌印象。愈來愈多的企業主也開始發展品牌娛樂，為其產品或服務設定場景。例如，萬豪酒店（Marriott）就拍攝了一些網路短影片介紹該公司旗下的旅館品牌。影片中的主角是兩位門房，透過情節的發展，品牌名稱自然的置入其中。這幾支影片都獲得百萬的線上收看量，透過影片，品牌與消費者之間也建立起情感的連結。正如該公司的創意與內容行銷副總所說的：「如果你傳遞的是對消費者來說有價值的東西，而且他們也想要看，那他們就會真正的投入。」

廣告主都希望他們的品牌可以在不被察覺的情況下自然的融入環境中。當代有關記憶的研究認為，就長期來說，這的確是個好結果，因為品牌已融入正常的環境中，和訊息來源的連結已經脫離（也就是消費者會自然想起品牌）。但近年來的一些研究結果也顯示，產品置入的效果對所謂「低涉入」的產品是最好的，也就是那些價格較低、消費者會迅速做購買決策的產品。當消費者需要投入心力來做一些重大購買決策時，產品置入的效果就比較弱，甚至可能有反效果。

品牌娛樂的策略意涵
- 如果產品置入不是太明顯，不太會引起反彈。
- 消費者的防衛心下降，例如忽略訊息來源。
- 可能會讓消費者思考其他人是否真的有使用該品牌，造成一種品牌似乎很受歡迎的現象。
- 和昂貴的無線電視節目相比，有價格上的優勢。
- 沒有標準收費價格，很難定價，都是個別議價。

- 對高涉入產品類別不是很有效。
- 還不是很了解背後的運作機制。

9-2i 目標 #9：運用社會分裂與文化矛盾

我們現在已經進入「複雜」的策略階段。運作的方式是這樣的：找出社會中的一個「破口」（通常是性別、種族、年齡、政治、勞工、經濟等），然後告訴消費者說你的品牌「懂」這件事，這個品牌就是非官方認可的支持者。

大部分的廣告主都傾向不對重大的社會分裂問題表態。因此，有些品牌可能成功地運用了這項策略，但大部分廣告主還是不採用。因為廣告主擔心品牌會和一些不愉快的議題產生連結。

方法：建立品牌與社會／文化的連結

這是一個複雜而且相當困難的方法。困難的原因不在執行部分，而是因為要和社會文化同步，因此必須對現有環境中各種不同目標市場中的衝突有清楚的了解，然後找出品牌可以介入的點。這和追逐趨勢不一樣，廣告主必須清楚了解社會化轉移的方向，並在別人發現之前就先採用。你想說的是現在正在進行的一些大議題：例如，貧富差異的擴大、性別認同，或是其他的文化趨勢呢？想一想，你的品牌可以怎樣運用這些議題，讓它轉化成品牌的優勢。

例如，化妝用品品牌就在其廣告與品牌整合行銷傳播中運用了「多元運動」的議題和消費者建立連結。例如，Cover Girl 和媚比琳（Maybelline）這兩個品牌在社群媒體操作上，就使用了年輕男性擔任品牌大使，運用這些品牌大使在 YouTube 受歡迎程度來推廣產品與介紹新面孔。Cover Girl 也在其廣

圖 9.18　Cover Girl 也將多元性透過廣告來呈現。這也為品牌開闢了新天地──廣告中出現一位穆斯林裔的美國女性，頭戴頭巾，在其廣告與社群媒體擔任該品牌的品牌大使。

告中出現男性的封面人物。這個品牌也開闢了新天地——廣告中出現一位穆斯林裔的美國母親，本身也是一位 YouTuber，頭戴頭巾，擔任該品牌的品牌大使。這些「率先」都可以幫助品牌增加知名度並與多元運動中的文化元素產生連結。

9-2j 目標 #10：轉換消費經驗

我們認為這是所有策略中最為複雜的一種。同時，要做得好也很難。

有時候，我們很難清楚地告訴別人為什麼自己經歷過的某個經驗是很特別、棒的。因為不是其中某個部分特別棒，而是整個經驗加總起來的結果。有時候，這種感覺可能和你的期待有關，或和先前的經驗有關，原因很複雜。

有時候，廣告主想要在廣告中提供這種期待或經驗，創造對廣告或其他品牌傳播的正面記憶，在消費者消費時啟動這種經驗，並在體驗結束後能有正面的回憶。是的，廣告主希望在消費者真正使用產品之前就先創造正面的記憶，並將實際使用產品的記憶和廣告主所創造的記憶「結合」，這樣廣告就能塑造消費者對品牌使用的記憶了。透過這樣的機制，無論是在進行消費或在消費者記憶中，廣告或推廣活動中所呈現的經驗就「轉換」了實際的消費經驗。

方法：轉換式廣告

基本的概念是，轉換式廣告可以讓消費經驗感覺更好。轉換式廣告希望創造一種品牌的感覺、期待或心情，並在消費者使用產品或服務時被啟動。轉換式廣告是將廣告中所呈現的經驗和品牌經驗緊密的結合，當消費者想到該品牌的時候，就會情不自禁地想起廣告的內容。

安德瑪就運用了轉換式廣告，來和運動品牌中的領導者 Nike 競爭。在其廣告與品牌整合行銷傳播中，冠軍選手與傑出的運動員出現在畫面中，但安德瑪述說的是成功背後所需要的努力與承諾及決心，而這些都是消費者認同而且了解的真正的運動精神。安德瑪的標語：「武裝自己」（Rule Yourself），鼓勵不同年齡、不同類型運動的運動員都要達到自己設定的要求。研究結果顯示，這支以游泳金牌選手麥可·費爾普斯為主角的廣告，在 2016 年夏季奧運之前就造成轟動，因為消費者都被他對游泳運動的付出以及嚴格的訓練紀

圖 9.19　麥可‧費爾普斯是安德瑪「武裝自己」廣告活動中的名人之一。作為獲得最多奧運獎牌的選手之一，麥可‧費爾普斯的運動精神和安德瑪所要溝通的訊息是一致的。這則廣告也是奧運廣告中被分享最多次的廣告。

來源：TODAY

律所感動。安德瑪的訊息不只是要贏得獎牌而已——它建立了品牌與真正的運動精神之間的橋梁。**圖 9.19** 是安德瑪「武裝自己」的廣告（注意廣告主角胸前的 logo）。

　　假設你現在購買了一個體驗服務的行程。在真正體驗發生前，你看到了關於這個體驗的廣告，完美的經驗。看到的廣告可能變成記憶的一部分。在你完成這次旅程之後，你可能得到了和廣告中類似的體驗，但這次旅程你也可能拍了一些照片，美好的時刻。這些都會成為長期記憶的一部分。如同先前研究結果所顯示，消費者會對品牌創造一些錯誤的記憶，因此，是不是有可能，在經過一段時間之後，廣告的內容和實際的經驗融合在一起，消費者記住的，除了他們自身的體驗之外，也包括了廣告主期待他們記住的內容。這讓你對品牌的感覺、你向別人做推薦以及增加重複購買的可能性，都是有幫助的。而且這也有可能讓未來真正的消費經驗被「轉換」。在電影和電視節目中置入、或其他形式的品牌娛樂及社群媒體也可以達到這樣的效果。傳統廣告也有這樣的效果。使用經過細密思考的廣告與品牌整合行銷傳播來操縱消費者的記憶和感受，之中有多少是「操縱」，倫理的界線在哪裡？這才是我們要考慮的。轉換式廣告與其他類型的品牌整合行銷傳播的效果評估是使用

實地研究、追蹤研究、人類學（質化、實地進行）及傳播測試來進行。有時也可以進行小規模的實驗。

轉換式廣告的策略意涵
- 整合了廣告與品牌經驗，可以很有效果。
- 促進長期的承諾。
- 如果沒做好，可能造成錯誤並傷害品牌。
- 倫理爭議。有些人認為某些類型的轉換式廣告目的就是要操縱消費者的經驗，因此是不道德的。

9-3 結語

　　訊息發展是決定廣告與品牌戰爭真正輸贏的關鍵。這是廣告創意所在之地。在這裡，廣告代理商也要夠聰明地能夠將客戶的期待轉化成有效的廣告。在這裡，創意必須深入了解消費者的想法，了解不同人對訊息的理解方式是不同的。在這裡，廣告主將文化、心靈及品牌結合起來。能夠從目標消費者的想法（以及文化）來思考，並能預測消費者的反應、進而產生最好的結果：銷售產品，這樣的人才能創作出偉大的廣告訊息。

10 創意執行

學習目標

在閱讀本章並思考其內容後,你應該能夠:
1. 認識創意團隊的成員,了解創意工作表單如何引導創意工作。
2. 說明平面媒體的文案寫作要素,包括標題、副標與主文案。
3. 說明電視、影音媒體、廣播與播客廣告的文案寫作要素。
4. 描述數位、互動與行動廣告的共同文案寫作技巧。
5. 說明平面廣告創意執行中藝術指導方向的基本要素。
6. 說明電視廣告的製作過程。

創意是廣告的靈魂，創意也塑造了品牌的形象，並讓消費者認識品牌。第 8 章（廣告與品牌整合行銷傳播創意管理）與第 9 章（創意訊息策略）介紹了創意的過程，以及企業在廣告與品牌整合行銷傳播創意部分所做的努力。如圖 10.1 中所顯示，在這幾個章節中，我們也介紹了一些訊息目標與策略，以及用來達成這些目標的一些方法。在本章中，我們將這些整合起來，讓你清楚了解創意執行的過程。

LO 1

10-1 創意團隊與創意工作表單

在廣告公司中，負責廣告與品牌整合行銷傳播創意的團隊中通常也會包括媒體企劃人員（media planner）與／或策略企劃人員（account planner）。

第一篇　商業與社會中的廣告與品牌整合行銷傳播

廣告與品牌整合行銷傳播的世界（第1章）

廣告與行銷傳播業的結構（第2章）

廣告與行銷傳播的社會、道德及法規層面（第3章）

第二篇　廣告與品牌整合行銷傳播的環境分析
廣告、品牌整合行銷傳播與消費者行為（第4章）
市場區隔、定位與價值主張（第5章）
廣告研究（第6章）
廣告與品牌整合行銷傳播企劃（第7章）

第三篇　創意過程
創意管理（第8章）
創意訊息策略（第9章）
創意執行（第10章）

• 創意團隊與創意工作表單
• 文案寫作
• 藝術方向
• 製作過程

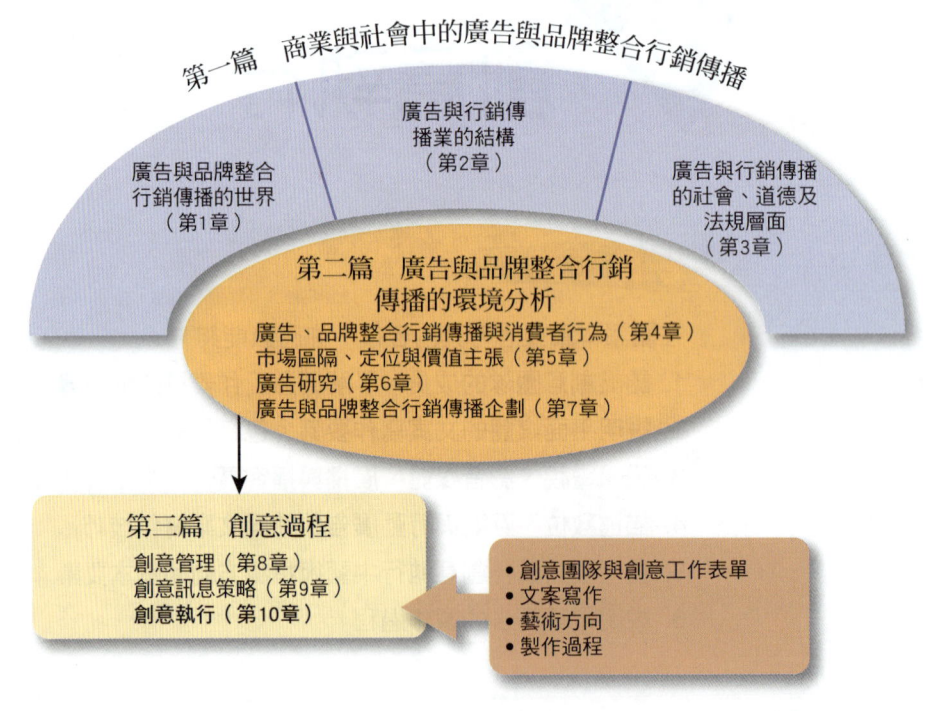

圖 10.1　這是品牌整合行銷傳播中創意策略執行時所用的架構圖。

媒體的變化非常的快速，此外，隨著社群媒體網絡與各類行動行銷快速的興起與發展，媒體對訊息策略與創意執行的影響也愈來愈重要。客戶管理人員在創意團隊的創意企劃與執行過程中，扮演的是代表消費者發言的角色。

創意團隊（creative team）——包括文案人員、藝術指導、媒體企劃人員，與策略企劃人員在進行創意工作時，創意工作表單引導其創意方向。你可以將創意工作表單視為「點火器」，它是廣告活動背後的獨特的創意想法。在創意規劃的過程中，文案人員除了負責文案寫作的工作之外，有時也對視覺畫面提供一些想法。同樣的，藝術指導有時也會提出一些標題或標語。媒體企劃人員負責提出各種媒體選項。在創意策略與執行的企劃過程中，策略企劃人員則關注研究的數據與目標消費者輪廓。

10-2 文案人員與藝術指導

文案寫作（copywriting）是將品牌意義透過文字來呈現的過程。文案寫作不只是將產品描述以有條理的句子串連起來而已。對文案寫作一個較適當的描述是：它是一個對創意想法，以及如何將這些想法以新而又與眾不同的方式呈現出來的無止盡搜尋。文案寫作也要能符合媒體的類型，而在媒體類型呈爆炸性成長的今天，文案寫作的內容可以從精心編排的雜誌廣告到品牌娛樂影片中的一句對話，或只是在社群媒體中發聲。即使你並不打算成為文案人員，了解文案寫作也是了解廣告的重要一部分。

成功的文案人員是具備了創意天分，同時見多識廣、敏銳的廣告決策者。文案人員有能力理解複雜的行銷策略、消費者行為及廣告策略，並將這些整合成有力的傳播，並以清楚的訊息呈現出來。在進行這個步驟的時候，文案人員也要注意文字與畫面之間的互補，而非互相干擾。

聰明的廣告主會對所要達成的廣告目標盡可能地提供文案人員充分的資訊。提供文案人員充分資訊的責任是由客戶的品牌經理負責，廣告公司或品牌公司中的策略企劃人員或藝術指導則負責資訊的篩選。缺少資訊的提供，文案人員就缺少了指引與方向，他們只能憑自己的直覺來判斷哪些資訊是相關的及對消費者有意義的。成功的品牌傳播必須要有好的創意工作表單的指引。

創意工作表單是文案寫作過程中的指引，具體說明文案準備過程中那些訊息元素間要如何相互協調統合（如圖 10.2）。這些元素指的是主要品牌訴求、創意手段、要使用的媒體、品牌特定的創意需求，以及我們期望消費者接收到訊息時對訊息的反應。文案寫作的挑戰之一就是如何讓無趣的產品特色變得生動刺激。

在擬定創意工作表單時要考慮的幾個主要元素包括：

1. 你希望目標消費者從廣告中帶走的最重要的想法。
2. 廣告中要強調的產品特性。
3. 目標消費者從這些特性中所能獲得的利益。
4. 要使用的媒體、播出的時間長短（這部分愈來愈複雜）。
5. 廣告或推廣的調性的設定。
6. 廣告或品牌推廣的製作費預算。

但有時候，這些考慮因素可能會被修改或根本不考慮。舉例來說，一個

創意工作表單

代理商	Creative Stupor, Austin
客戶	Jake's 炸雞
品牌	Jake's 炸雞餐廳
專案	最好的炸雞
作者	Blake N. Milton
目的	提醒炸雞愛好者 Jake's 炸雞的獨特銷售主張（USP）：高油脂而且對此感到驕傲
創意機會	操縱並影響市場中需求未被滿足的區隔：「我不在乎我的心血管狀況，給我真正的食物」……真正療癒的食物
媒體組合	開放
訊息目標	品牌回想 USP：真正的炸雞；不要有罪惡感。
調性	在你臉上，往下巴流下
主要消費者機會	允許消費者放縱自己享受 Jake's 炸雞
訊息	你想要，去吧
相信的理由	你已經知道了，知道你得到許可，還有，Jake's 炸雞告訴你這麼做

圖 10.2　創意工作表單範本。

高明的創意可能要透過不同的媒體來表現，或者，某個創意想法可能要用不同於創意工作表單中描述的調性來做表現。因此，創意工作表單最好被當做進行創意規劃的起點。

10-3 文案寫作

文案寫作在執行創意工作表單的目標時，必須是有策略性的。

LO 2

10-3a 平面廣告的文案寫作

在準備平面廣告文案時，文案發展過程的第一步驟是決定如何使用（或不使用）組成平面文案的三個要素：標題、副標與主文案。（廣告口號和標語也是文案寫作的一部分，但我們將在稍後的章節中再做介紹。）前面所提到的各項元素適用在各種平面廣告上，包括出現在雜誌、報紙或直接信函上的廣告。這些原則也適用在其他類型的「平面」媒體上，例如廣告看板、交通廣告、廣告贈品、網站廣告、數位與社群媒體及行動裝置廣告。

✎ 標題

廣告中的**標題**（headline）是廣告「最前頭的」的句子，通常在廣告頂端或底端，用來吸引注意、傳達主要重點（賣點），或作為品牌的識別。許多標題都沒有達到吸引注意這個目標，廣告本身也變成消費者生活中另一團嘈雜的聲音。枯燥無味的標題沒辦法迫使讀者去檢視廣告的其他部分。簡單來說，標題可以讓讀者繼續看廣告，或者讓讀者捨棄廣告。事實上，有些特定類型廣告的創意執行完全依賴標題，整則廣告都依賴標題來傳達訊息。許多當代的平面廣告，例如**圖 10.3** 這則 BMW 的廣告，並沒有運用傳統的標題和副標，像這樣的廣告看起來很乾淨而且美觀，但可能的風險是，小的字體和廣告底端的長文案通常都不會被閱讀。

✎ 副標

副標（subhead）通常是幾個單字或句子，通常出現在標題的上面或下

面。副標通常是說明標題中沒提到的重要品牌資訊。副標的作用和標題一樣——快速地傳達主要賣點或品牌資訊。副標的字體通常比標題小，但比主文案字體大。通常，副標要比標題長一些，因此可以用來說明比較複雜的賣點。副標應該用來加強標題並激勵讀者看完廣告。

主文案

主文案就是廣告的文字部分，將品牌故事做更完整的說明。成功的主文案是能進一步的強化標題與副標，並運用前二者產生的力量，搭配廣告視覺部分的相互補充與輔助，讓讀者產生興趣。但主文案是否有趣，其實是文案人員和其他團隊成員能否正確評估所有相關元素，以及文案人員是否夠優秀的結果。如果主文案偏離了策略，再精心製作的主文案也是不成功的。廣告如果對策略沒幫助，再怎麼巧妙也是無效的。但更大的問題是，沒有人會閱讀主文案。

圖 10.3　在這張平面廣告中，BMW 挑戰傳統的版面格式，標題和副標並不特別的顯著。

主文案可以運用好幾種技巧來呈現。「直線式」文案（straight-line copy）就是直接點出讀者為什麼可從產品使用中獲得利益。這項技巧常和強調品牌利益的訊息策略搭配。「對話式」（dialogue）則是廣告中運用人物角色來傳達品牌的賣點。對話也可以是廣告中出現兩個人來對話，這項技巧常用在「生活片段式」的廣告中。「薦證式」（testimoial）則是以代言人單向和讀者進行對話。

「敘事式」（narrative）主文案則是呈現關於品牌的一些敘述。人物角色不一定要出現。這項技巧的運用有其難度，很難讓讀者覺得主文案是生動有

趣的，因此，無趣廣告出現的可能性就更高了。圖 10.4 是萬事達卡（MasterCard）「敘事式」廣告的例子，此品牌在運用此一寫作方式上有一些優秀的作品。

「直接回應式」文案（direct response copy）是最不複雜的一種寫作技巧。在撰寫直接回應式文案時，文案人員要強調立即採取行動的緊迫性。因此，這也限制了直接回應式文案可運用的範圍。此外，許多直接回應式文案要和折價券、競賽和折扣等促銷方式相搭配，目的在刺激消費者行動。提出「截止時間」也是直接回應式文案中常用的一種方式。

圖 10.4　萬事達卡善於運用「敘事式」的文案寫作風格，這張廣告是其中一個範例。

來源：Mastercard

LO 3

10-3b 電視與影音廣告的文案寫作

和平面媒體相比，電視則是另一種截然不同的挑戰。電視與影片所具備的聲音和視覺特性提供了文案人員不同的機會。但和平面媒體相比，影音媒體本身即有一些限制存在。在使用平面媒體時，文案人員可以撰寫較長、內容更深入的文案來傳達複雜的品牌特性。對於汽車或家庭娛樂系統這類消費品來說，品牌的競爭性差異化和定位都是以複雜、特定的功能性特色為基礎的。在這種情況下，平面媒體讓文案人員有充足的版面來溝通這些細節，並和畫面相搭配。此外，這些印刷物也讓讀者能以自己的速度、在時間充足的

情況下,慢慢地閱讀文案。這些優勢在大部分的影音或廣播電視媒體中都不存在。

電視(影音)文案撰寫

> 偉大的平面廣告可以讓你有名。偉大的電視廣告可以讓你有錢。
>
> 無名氏

對文案人員與藝術指導來說,電視一直是個巨大的創意討論場所。在社群媒體蓬勃發展的年代中,線上影音也提供了類似的機會。本節所討論的內容,也適用在出現在社群媒體網站和行動裝置的廣告中。電視和影片最大的特性是它們能夠創造一種氛圍或是展示品牌的價值。因此,電視是一種視覺媒體,不要讓廣告文案妨礙了視覺的溝通。

電視本身的特性也讓文案人員面對不同於其他媒體的挑戰。某方面來說,電視所具備的特性讓文案變得更加生動。但電視畫面的播出方式也製造了一些問題。首先,文案人員要記住的是,文字不是單獨出現的。視覺、特效,再加上音效的配合,傳遞訊息的效果都要比單純玩文字技巧來得更好。此外,電視廣告的時間選擇對文案人員也是一項挑戰。因此,文案和視覺的密切配合是非常重要的。如果視覺部分是連續的畫面,文案所面臨的已經是很困難的挑戰。但在現代風格的電視廣告中,畫面更是快速的切換,這對文案人員來說,更是一場惡夢。文案人員除了要能將所有必要資訊包含在廣告中(根據創意工作表單和策略決策所提供的方向),另外,所有的資訊也必須和每個畫面有意義的結合一起。

為了達到精確地呈現,負責電視廣告的文案人員、製作人及導演要密切的合作,確保文案能支持並加強視覺元素的部分。提供這項合作方向的基本指引就是所謂的故事腳本。分鏡腳本(storyboard)就是將每一個重要鏡頭中所要呈現的畫面和配合的文字逐一呈現的一份劇本。我們將在電視製作這一段落中,詳細介紹如何運用分鏡腳本將視覺和聲音部分作緊密的結合。

電視文案撰寫指南

下面介紹撰寫電視廣告時的一些基本原則:

- **運用影像**。讓廣告的影像部分能強化與美化聲音的部分。讓電視廣告中的視覺部分發揮它的力量。
- **支持影像**。要注意文案不是只是搭便車。如果文案只是將觀眾所看到的畫面用聲音描述出來，那麼文案扮演輔助影像，或提供額外資訊角色的機會也被浪費掉了。
- **聲音和影像相互協調**。除了要有策略性地運用影像外，要注意聲音和影像講的是同一個故事。
- **銷售品牌的同時也要娛樂觀眾**。電視廣告有時比電視節目還有娛樂效果。文案人員和藝術指導會面臨的一個可能誘惑是創造出一個非常刺激的視覺作品，但忘了主要目的是要傳遞有說服力的訊息。你應該看過很多娛樂性很高、但忘了品牌主是誰的廣告吧。
- **要有彈性**。為了配合媒體排期策略，電視廣告的長度通常是 10、15、20、30 或 60 秒的型式。文案人員必須要確定廣告的聲音部分在不同長度的廣告中都是完整而且可以理解的。另外，也要考慮的是廣告在行動裝置這樣小的型式中播出的效果。Amazon 製作了許多 10 秒的電視、線上及社群媒體廣告，目的在展示消費者詢問 Alexa 人工智慧系統時會問的有趣問題。10 秒長度的廣告將 Alexa 的反應速度以及幽默感展現的淋漓盡致。
- **明智而審慎地運用文案**。如果電視廣告文字太冗長，可能會造成資訊超載，並干擾了視覺的衝擊力。要確定每個字都有其作用，並且對訊息的衝擊力有幫助。
- **能反映品牌個性和形象**。廣告的每一項元素、文案和視覺，都要和廣告主要建立或維持的品牌個性與形象相統一。
- **發展成廣告活動**。在撰寫一則廣告的文案時，評估其可以發展成一個持續的概念的可能性。廣告中的基本訴求可以發展成可在其他媒體中播出的不同版本嗎？這樣就形成廣告活動了。

10-3c 廣播與播客廣告的文案寫作

有些作者認為廣播是文案寫作創意的終極戰場，因為廣播只能透過聲音

來呈現，文案人員可以免去影像部分的挑戰。但也有一個說法是，廣播其實是「影像的」。文案人員必須讓文字在廣播聽眾腦中產生畫面。廣播媒體最大的特性就是能激發一個「心靈劇場」，這讓文案人員可以為閱聽眾創造出一種氛圍或形象，而這也是其他媒體無法提供的。

除了這些創意上的優點外，廣播媒體的缺點也是不可低估的。很少廣播聽眾是全神貫注地聽廣播的，插播在其中的廣告也就更別說了。有些人可能認為廣播是「心靈劇場」，但有些人可能認為廣播只是「音效壁紙」──只是閱讀、開車、做家事或做作業時的背景聲音。

播客（podcast）是近年來在聲音娛樂上的一項創新。新的媒體提供了新的創意機會，讓創意和有魅力的廣告能觸及到這些下載播客的收聽者。許多播客廣告的內容都只是品牌的通告或只是播客主自己的即興發揮，但也有一些是有事先規劃的。

文案人員必須了解廣播廣告的特點，並發揮其優勢。首先，廣播讓基本的文案加上了聲音這個元素，而聲音可以成為文案創作的主要工具。其次，廣播可以在聽眾腦中，將單調的產品資訊轉換成一種想像。因此，廣播的文案寫作，就是要能激發聽眾的想像力。

廣播文案的寫作程序和平面廣告的撰寫是一樣的。文案人員檢視創意工作表單，掌握並運用品牌的行銷與廣告策略方向。下面我們介紹廣播廣告的一些寫作原則。

✎ 廣播文案撰寫指南

下面是撰寫成功廣播文案的一些建議：

- **抓住注意力，儘快提出重點**。前5秒可能是關鍵──抓住聽眾的注意力。接下來進入重點。
- **用常用、熟悉的語言**。在廣播中運用聽眾易懂的文字和語言甚至比在平面廣告中還要重要。深奧的用語只會嚇跑聽眾。
- **短的單字和短的句子**。在口語溝通時，使用簡單、簡短的句子可以增加溝通的效果。冗長、複雜的口語描述，會讓聽眾無法聽懂文案。
- **激發想像力**。能激發聽眾想像力並在腦中描繪出畫面的文案，對之後

的廣告回想是有幫助的。
- **重複品牌名稱**。因為廣播廣告所產生的印象是短暫的，因此，在消費者能記住之前，品牌名稱可能需要重複好幾次。如果是零售商的廣播廣告，那麼店所在的位置可能要重複好幾次。
- **強調主要銷售賣點**。廣告文案的撰寫都要以創意工作表單為中心。如果品牌的主要賣點就只是短暫的帶過，那聽眾似乎也沒理由要相信或記住它們。
- **小心使用音效和音樂**。毫無疑問地，文案人員必須善加利用廣播媒體所具備的各種優點，包括使用音效和音樂。這些工具都有助於吸引和抓住聽眾的注意力，但要小心這些效果不會蓋過文案，而影響了廣告的說服力。
- **文案要配合時間、地點及特定的聽眾**。善加利用廣告的每項組成要素。如果廣告是要在某個特定地理區播出，那麼訊息可以加入一些地方特色來吸引注意。同樣地，廣告播出時間和受眾的特性也都是在撰寫文案時值得注意的。

LO 4

10-3d 數位／互動媒體的文案寫作

和傳統（非互動）媒體的閱聽眾相比，數位和互動媒體的閱聽眾是主動地透過他們的筆電、桌電，或行動電話裝置來搜尋廣告或其他線上品牌整合行銷傳播訊息的。此外，在瀏覽網頁時，數位廣告也是可以隨時跳出到螢幕上的（我們會在第13章做深入介紹）。相較於平面、電視或廣播，數位媒體──電腦與行動裝置──是更使用者導向。這表示消費者接觸（和閱讀）數位廣告的方式和其他廣告可能有所不同。此外，數位和互動媒體的廣告文案通常（不是絕對）是直接回應式的，因此，這也支配了文案風格。值得注意的是，數位和互動媒體的文案人員要符合的是各類不同閱聽眾的需求，以及即時的媒體創作（例如「推特」）。好的平面與廣播的撰寫原則也適用在此類媒體上。但文案必須注意在此類媒體上的閱聽眾是更活躍的、也更投入

的,另外,載具的規格和即時性的要求也是在創意工作表單中要注意的。最後還有一點,就是接受者不是在那裡等著接收你的訊息。

數位／互動媒體廣告文案寫作常見方式

數位／互動媒體廣告是平面和廣播廣告的混合體。從某方面來看,閱聽眾在網站、電子郵件、部落格或社群媒體網絡上接收到的訊息則是以平面的形式呈現的。從另一個角度來看,訊息則是透過和電視或廣播類似的電子裝置傳送。無論如何,創意才是重點。下面介紹一些基本的撰寫原則:

- 在**長文案的登陸頁面**(long-copy landing page)中,網站的目的是要直接銷售產品,對潛在顧客來說,文案就像長度4到8頁的信件。品牌和產品利益會做詳盡的描述,並穿插視覺來輔助。

- **短文案的登陸頁面**(short-copy landing page)中,消費者可能是透過關鍵字搜尋進入這個網頁,頁面長度和內容的呈現和1頁雜誌廣告類似。頁面的內容也和雜誌廣告類似,有標題、副標和主文案。

- **長文案的電子郵件**(long-copy email)是提供訊息接受者購買產品的各類誘因,通常也會出現一個連到短文案登陸頁面的連結。

- **預告式電子郵件**(teaser email)則是短的訊息,吸引消費者連結到長文案的登陸頁面,並直接訂購產品。

- **彈出式廣告**(pop-up/pop-under ad)如第13章中介紹,這是在瀏覽網頁時會跳出的一些小型廣告。彈出式廣告的內容很像一連串的標題和副標,沒有或只有很少的主文案。這類廣告通常是在提出特別的優惠或吸引消費者連結到一個網站中。

- **社群媒體文案**(social media copy)很少使用標題或副標,通常只有主文案。在為某些特定的社群媒體撰寫文案時,例如,推特,主題標籤的作用是要用來聚集關於該主題或品牌的資訊,並可以用來衡量數位媒體的效果。在推特上「推」一個品牌或在部落格上做產品介紹,對品牌知名度和正面連結的建立來說都是一種很微妙的關聯,因為,廣告主對這些文案完全沒有掌控權。即使是由公司發出的推特,發文者還是提供一種「自由討論品牌」的空間,部落格也是類似的狀況。

10-3e 廣告／標語

文案人員常被要求幫產品或服務寫出好的廣告口號或標語。**廣告口號（slogan）或標語（tagline）**是一個簡短的句子，某部分的功能是幫助建立品牌或企業的形象、識別或定位，但最主要的目的是要建立品牌主要利益點的記憶度。透過公司的廣告、其他大眾傳播工具、銷售人員及活動推廣的不斷重複，廣告口號就被記住了。有時在平面廣告中，廣告口號被當作標題或副標來使用；在廣播或電視廣告中，則被用在結束時當標語來使用。廣告標語通常直接出現在品牌或企業名稱的下方，在品牌網站上，或在廣播廣告中播出。

對品牌或企業來說，好的廣告口號或標語可以適合好幾項重要的目的。首先，廣告標語是品牌形象或個性的重要部分。其次，如果廣告標語可以適當地發展與維護，它就可以變成品牌的快速識別，並傳遞品牌重要的利益。最後，在跨媒體溝通或在廣告活動之間，好的廣告標語變成不同活動之間的連結，建立品牌溝通活動之間的統一性。例如，Nike 的「Just Do It」口號就是一個共同的概念，各類的活動或推廣都以其為基礎。因此，廣告標語可以作為企業發展品牌整合行銷傳播主軸時的工具。

10-3f 文案核准過程

文案寫作的最後步驟是讓文案獲得核准。在整個過程中，文案會經過許多人的手，包括客戶和代理商，其中很多人還沒準備好來評斷文案的品質。其中也有一些人認為這樣的過程扼殺了創意，而創意團隊則努力求過關而不是在追求卓越品質。在這個階段所面臨的挑戰是要如何讓創意的潛力不受到損傷。正如大衛·奧格威（David Ogilvy）所說的：「委員會的成員們可以批評廣告，但他們不會寫。」

文案核准過程通常從廣告公司的創意部門開始。文案人員將文案交給資深文案或創意指導（或兩者都要）。經過修改的文案接著再交給客戶管理團隊。這一階段主要要注意的是文案是否有法律方面的問題。在經過客戶管理團隊的建議之後，文案以及搭配的視覺畫面就要呈現給客戶的產品經理、品牌經理及／或行銷人員。當然，客戶這邊也會提供一些修改建議。這些建議

有時是讓文案更符合產品的行銷策略目標，但有時可能完全是外行的。從文案人員角度來看，這當然是不受歡迎的。

根據工作內容、客戶，或代理商本身的傳統，創意團隊也可能提議進行不同類型的文案研究以解決來自不同團隊對文案的歧異。可進行的文案研究包括發展性的或評估性的。發展性文案研究（第 6 章）是在文案發展的早期階段進行，可提供文案人員了解閱聽眾對擬訂中的文案所做的解讀與反應。評估性文案研究（第 6 章）則是對完成的文案進行評估。在這階段，閱聽眾會反應是否接受此一廣告文案。文案人員不喜歡這些評估報告。當然，評估性的文案研究方法也還在進步之中。

最後，文案要送交廣告主的資深主管做最後的決定。有時候，這些廣告計畫評估是由中階管理者來負責的。但有些公司的高階主管也會參與最後的決策。圖 10.5 說明整個文案核准的流程。對廣告主來說，他們應該了解的是，文案人員也和其他創意人員一樣，應該引導他們的創意發展而不是干擾他們。文案人員為原本枯燥的行銷策略帶來能量、原創性，以及獨特性。

LO 5

10-4 藝術方向

現在，我們將焦點轉向藝術方向這一部分。在前面討論文案寫作部分時，我們一直強調文案和視覺部分要相互協調的重要性。接下來，我們開始介紹廣告與品牌整合行銷傳播素材中視覺元素部分的發展過程。

在數百年前，廣告主主要都是運用文字來說服消費者。現在，廣告大部分都是視覺了。視覺運用的普及有幾個原因。包括：(1) 科技的進步，無論在品質或價格上都能提供更好的插圖，而在數位媒體上更能即時的抽換廣告；(2) 圖片能更迅速地展現品牌的價值；(3) 視覺能協助建立「品牌形象」；(4) 和文字相比，圖片的真偽較難區分；(5) 雖然和文字一樣都有文化上的意涵，但視覺有一種全球化的共通性；(6) 廣告主可以運用視覺將品牌和特定社會情境相結合，如此可將重要的社會意義轉移到品牌上。

代理商

↓

策略企劃

↓

文案人員

↓

資深文案
創意指導

↓

客戶管理團隊
法務部門

↓

客戶

↓

產品經理
品牌經理
行銷人員

↓

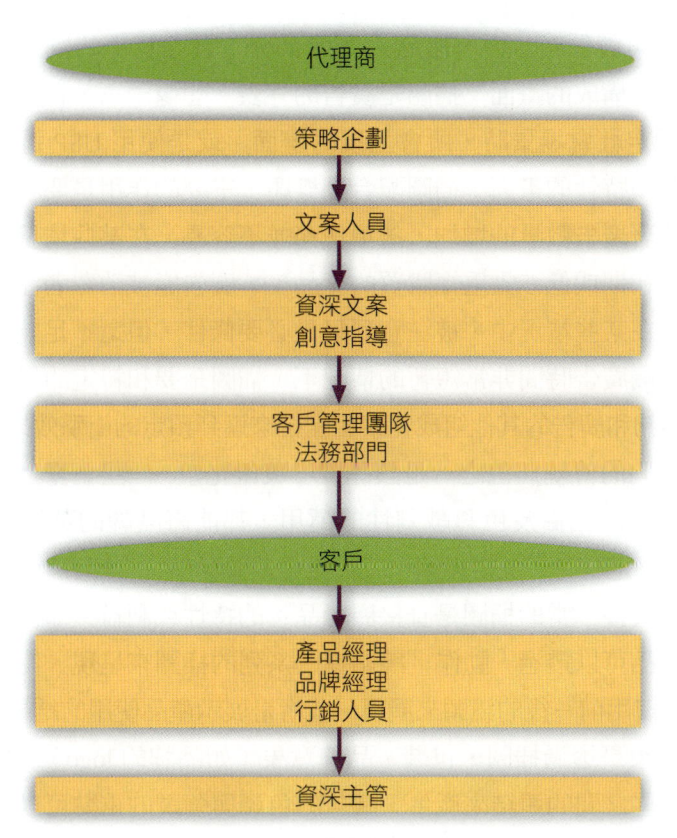

資深主管

圖 10.5 文案核准流程。

10-4a 插圖、設計和版面編排

　　平面或數位／互動廣告的三項主要視覺元素是插圖、設計和版面編排。廣告主必須理解整合這些元素的相關技術、版面的編排設計及後續的製作和網絡配置。現在，專門的軟體可以協助藝術指導和設計師們很快速地設計出用在各種新興媒體上的廣告。

　　一開始，是由創意團隊決定廣告視覺部分的目的和內容。接下來，藝術指導搭配平面設計師一起合作將原始的概念更進一步視覺化。藝術指導再將廣告的設計和插圖做進一步整合。創意總監負責監督整個流程。文案人員則還在等待文字和畫面整合。

在平面與數位廣告中，插圖（illustration）就是實際的圖形、圖畫、照片或電腦繪圖構成的畫面。插圖是廣告的外表。想像一下，在使用生活片段這個方法設定社會場景時，所會呈現的畫面。或是使用 USP 這個方式來呈現品牌的某項特性的畫面。插圖配合上標題，主要的作用是要吸引並維持注意力。但隨著廣告數量的增加，這項任務並不容易。在某些情境中（例如新產品上市的初期或低涉入重複購買的產品），廣告能被消費者注意到可能就足夠了。但在某些情況中，被注意到只是必要條件，但還不足夠達成目標。在消費者接觸廣告時間非常短暫的情況下，插圖是要和特定的目標閱聽眾溝通，並要能夠和廣告的其他組成元素相配合來達到預定的衝擊效果。

藝術方向的傳統角色之一是讓品牌「英雄化」。一些視覺上的技巧，例如逆光、低角度拍攝及色彩戲劇性的運用，都能將品牌的英雄部分凸顯出來。專業上，這稱為「英雄鏡頭」或「美化鏡頭」。

或許最直接了當的插圖是直接展示品牌的特性或利益。即使平面廣告是靜態的，產品可以透過「動作」鏡頭或一系列的插圖來呈現。使用產品的利益可以透過使用前—後的鏡頭來展現，或者是展示產品使用的結果。

品牌形象是透過插圖、包裝、品牌意象（如品牌的 logo）、被喚起的情緒，以及這些之間的連結來產生。廣告的色調與強調的重點可以塑造廣告的「情緒」。但廣告是否能達成這些目標是和插圖的技術執行有關的。光線、顏色、調性與質地都會產生影響。廣告標識的設計以及在整體視覺設計中的位置都會影響對風險的認知，以及購買意圖。

廣告的標題可能激發消費者檢視插圖，而插圖也可能激發消費者進一步閱讀主文案。因為主文案包含了重要的銷售訊息，因此，任何能鼓勵閱讀的策略都是有幫助的。要引發閱讀興趣，插圖和標題要能互相補充與搭配。但要小心的是，不要玩過頭了。在選擇插圖時，如果只是賣弄聰明而非把事情講清楚，消費者反而會混淆，主文案也可能就被忽略。如同某位專家所說，這樣的廣告會得獎，但產品利益點被隱蔽起來了。

如同之前提過，廣告主經常想將其品牌置放在某些社會情境中，藉此來讓品牌和特定「類型」的人或生活型態產生連結。現代藝術方向在這方面有相當不錯的表現。

✎ 設計

關於平面廣告的美感與風格的結構以及結構背後的計畫,就是所謂的設計(design)。設計是創意團隊對平面或數位／互動廣告的所有元素進行安排,進而達到一種次序與美感。所謂的次序是指插圖、標題、主文案以及廣告的一些特別元素是容易閱讀的;美感則是廣告在視覺上是讓人愉快的。即使是網路廣告(稍後我們會有詳細的介紹),除了互動機制的設計之外,視覺美感也是重要的。在圖 10.6 和 10.7 中,可以看到在廣告藝術方向與設計上所投入的心力。

廣告的設計感和傳播效果是息息相關的。下面介紹平面廣告的設計原則。

圖 10.6　這張 POLO 的廣告目的在將品牌塑造成「英雄」。

圖 10.7　這張 Beck 啤酒廣告希望運用不尋常的藝術方向來引導你閱讀主文案。這樣的方式有吸引到你嗎？

設計原則

這是設計平面廣告的基礎。就像文字要考慮文法和語法，視覺呈現也有一些設計規則要遵循。設計原則（principles of design）主要和廣告中的一些基本元素以及各元素之間的安排有關。下面是一些原則：

- 設計必須平衡。
- 廣告中的比例應該讓觀眾感覺愉快。
- 廣告中的組成元素要有次序以及方向性。
- 廣告中必須要有一個統一性的力量。
- 廣告中要特別凸顯某項元素。

接下來我們將針對上面各項元素做更深入的介紹。當然，有原則必有例外。有經驗的設計師了解這些原則，也知道什麼情況下可以適當的打破以達到更好的創意結果。

平衡

平衡（balance）是廣告中的元素整齊而協調地呈現。平衡可以是形式上或非形式上的。形式上的平衡（formal balance）強調的是對稱——廣告中的元素無論在大小或形狀上都維持統一，並整齊排列。形式上的平衡創造一種嚴肅感與方向性，並提供觀眾一種有次序、容易跟隨的視覺呈現。

非形式上的平衡（informal balance）強調的是不對稱——各種不相似的大小與形狀。廣告中的非形式上的平衡並不是「不平衡」。不同的大小、形狀，以及顏色以一種較複雜的關係呈現，讓廣告呈現出一種不對稱的平衡，而讓觀眾產生視覺上的衝擊。例如圖 10.8 中哈雷機車的廣告，即運用了這種非形式上的平衡來呈現。

比例

比例（proportion）和廣告中使用的不同元素之間的大小和色調有關。當兩個元素鄰近一起擺放時，就形成比例。在運用比例時，要考慮廣告的寬度

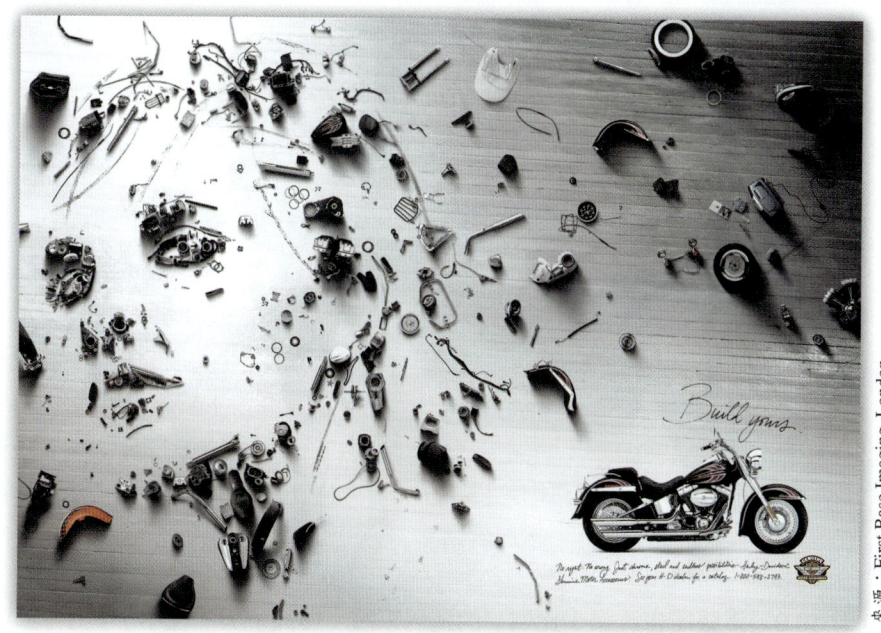

來源：First Base Imaging, London

圖 10.8　這張哈雷機車的廣告使用「不平衡」的手法來展現其創意。

與深度之間的關係、各元素的寬度與各元素的深度、各元素的大小及相對大小、兩元素之間的空間與另一個元素之間的關係，以及明、暗空間的大小。理想上，各元素的比例要做調整以避免單調。另外，比例的分配也要注意美感而不是數學上的比較。一般來說，不相等的大小和距離搭配可讓廣告畫面更為生動活潑（如圖 10.9）。

次序

從讀者的角度來看，次序（order）可以說是一種「視覺動線」，設計師的目標是要建立各元素之間的關係，引導讀者觀看廣告內容的順序。設計師可以將視覺元素有邏輯的呈現，如此可以控制眼睛的移動動線。人類的眼睛有一種「自然」的移動順序：由左至右、由上至下、由大到小、由亮到暗及從有色到無色。次序也包括引誘讀者從廣告的一個空間轉移到另一個空間，創造出動態的感覺。這種設計方式的基本概念是在廣告上創造出一個或數個視覺焦點。

來源：Parmalat

圖 10.9　這張廣告透過「比例」的運用來將「極大」與「極小」做了很棒的對照。

統一

　　統一（unity）就是將廣告中的元素綁在一起，並且看起來有關連。統一可以讓廣告中的不同元素：標題、副標、主文案與插圖相互調和。在創造統一時，還可搭配其他的技巧。例如，圍繞廣告的飾邊可以讓各元素不會外溢到其他廣告中，或與廣告旁邊的其他內容相混。

　　和統一有關的另一個概念是軸線。軸線（axis）是一條真的或想像的線條，呈現在軸線上的元素受到注目。一幅廣告中可能有一條、兩條或甚至三條軸線，水平或垂直地呈現。大塊的文案、插圖的擺放位置或插圖中的元素，例如模特兒手腳擺放的位置和方向，都會造成軸線。廣告中的元素可能違反了軸線，但如果有兩個以上的元素使用共同的軸線當起點，統一性就增強了。三點式版面設計構圖或平行式版面設計構圖都可以創造出統一性，並讓畫面更有力量。在三點式版面設計構圖（three-point layout structure）中，廣告中的三個元素是主要重點。這種設計的概念主要是要創造出眼睛移動的動線。圖 10.10 是採用三點式版面設計構圖，廣告中要凸顯三項主要的元素，而圖 10.11 則是平行式版面設計構圖（parallel layout structure），右

圖 10.10　這是一張三點式版面設計構圖的例子；注意到廣告中的三個重要元素了嗎？

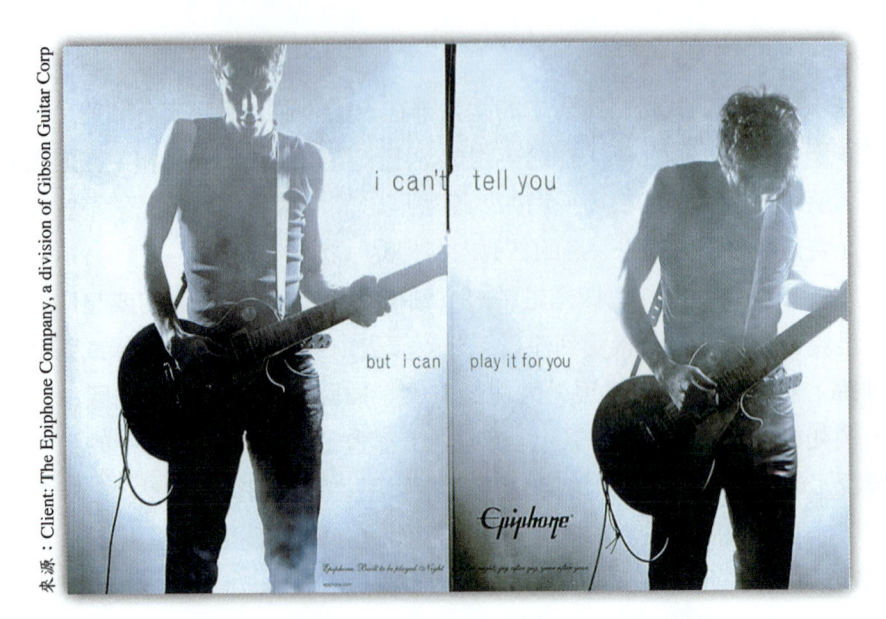

來源：Client: The Epiphone Company, a division of Gibson Guitar Corp

圖 10.11 這是一張平行式版面設計構圖的廣告。

邊的畫面重複出現在左邊。這也創造出統一性。

強調

在決策過程中，決策者必須決定哪一項要素——標題、副標、主文案或插圖，要做強調。設計中一項重要的原則是，廣告中只有一個主要焦點要做強調。但如果只強調一個重點卻完全忽略其他元素，這樣的設計也是有問題的，而在傳播效果上也會出問題。

平衡、比例、次序、統一、強調都是設計的基本原則。設計師的目標不只是要符合策略與訊息發展的要求，更重要的是美感印象的傳遞。當設計師了解標題、副標、主文案與插圖中所要溝通的內容之後，接下來他就要根據這些設計原則來安排這些元素的呈現。

版面編排

版面編排是平面廣告背後的結構，設計的技巧部分——也就是設計概念的呈現。版面編排（layout）是將平面廣告中各項元素的位置以繪圖或電腦繪圖方式呈現出來。藝術指導運用版面編排將各種可能的呈現方式描繪出來，並

以其為範本一直到廣告完成。這是成功的廣告設計過程中不可或缺的一部分。

在廣告設計過程中，通常藝術指導會參與每個階段。下面是版面編排發展的不同階段，依詳細度和完整度依序做說明。

草稿

草稿（thumbnails）是版面編排的草圖階段。藝術指導會提供好幾個版本的草圖，將廣告大致的樣子描繪出來。創意團隊會琢磨創意概念，但草圖則是呈現標題、圖片、主文案與標語所要擺放的位置。標題通常用之字形的線條表示，內文則是直的平行線。草圖的大小通常是最後完成的廣告的 1/4 大小。

初步構圖

接下來是初步構圖（rough layout）。和草稿不同，初步構圖的大小和廣告實際尺寸一樣，通常是用電腦軟體來完成。這可以讓藝術指導可以實驗不同字體的標題以及圖片的尺寸和要擺放的位置。

詳細版面設計圖

詳細版面設計圖（comp）是精美版的廣告，但還不是最後的版本。由於現在都是使用電腦繪圖，因此，可以從這個版本看到最後的廣告會是怎樣的呈現。在這個階段，標題的字體已確定，所要用的照片或圖片也數位化並放到適當的位置，真正的內文也放到廣告上。如果最終的廣告是要彩色印刷，這個版本也會用彩色印刷出現。詳細版面設計圖可以方便客戶檢視最終版本廣告的樣子並做判斷。在送印刷廠之前，客戶會再做最後一次的確認。由於是電腦繪圖，因此在修改上也方便許多。此處所討論的版面編排發展流程可讓你了解平面廣告的畫面設計流程。

平面製作的排印

和排印有關的包括標題、副標與主文案字體的選擇，以及和字體有關的相關細節（高度、寬度及長度）。字體的選擇對設計師來說是一項極大的挑戰，因為會影響到閱讀性以及整體視覺的感受。因此，我們認為對排印有一些基本的了解是很重要的。

🔖 字體類型

　　字體有獨特的個性，不同字體傳遞的氛圍和印象也是不同的。字體（type font）就是一組字母。在我們平常使用電腦處理文書作業時，我們可能不會太去考慮字體的選擇，但在選擇廣告的字體時，藝術指導可以選擇的字體是非常多的。

　　基本的字體類型包括六組：blackletter、roman、script、serif、sans serif，以及其他類。這些字體家族是以字體的個性和調性來做區分的。blackletter又稱 gothic，是以華麗的字母設計著稱。最早出現在修道院中僧侶們手寫的手稿。現在比較常出現在非常正式的文件中，例如畢業證書上。roman 則是內文中最常使用的字體，因為容易識別。roman 的字體特色是字母線條有粗細之分。script 的字體就像手寫體，在結婚邀請函或要展現優雅、高品質的文件上，會使用這樣的字體。serif（襯線體）字體的重點在於每個字母的結尾的線條，這樣的字體適合長時間閱讀，也不會跳行。sans serif（無襯線）字體，也就是沒有襯線的字體，比較適合用在標題，不適合出現在內文。還有很多其他無法歸類的字體，如 garage，或一些新奇的字體，這些字體的主要目的都是要吸引注意，是否易於辨識不是主要考慮的問題。

🔖 字體尺寸

　　字體尺寸包括字體的高度〔點（point）〕，從 6 點到 120 點，但在數位環境中，則可以從 2 點到 720 點。pica 則是線的寬度。一個 pica 是 12 點寬，每一個 pica 是 1/6 英吋。藝術指導可以使用排版軟體將字體大小調整，讓文案看起來更美觀。

🔖 閱讀性

　　閱讀性很重要。字體是用來協助溝通進行的。下面提供字體選擇時的一些參考原則：

- 大小寫的運用，不要都是大寫。
- 文字由左向右排，而不是上下。
- 字體水平呈現，而不是垂直。
- 字母和單字之間距離一樣。

不同字體和風格都會影響廣告傳遞的氛圍。優雅、力量、現代、美麗、簡單，看廣告要傳遞的氛圍，選擇適當的字體。

10-4b 數位／互動／行動媒體的藝術方向與製作

在前面章節中我們有提到數位／互動媒體的藝術方向與製作。一般來說，電視或廣播廣告也都可以在網路上播出。因此，前面所提到的製作原則在這裡也是適用的。但如果廣告中所運用的元素是標題、主文案與插圖，而且是要以電子郵件、橫幅廣告、彈出式廣告、網站或 app 的形式呈現時，那麼這些數位／互動廣告的設計原則是和平面廣告比較類似的。雖然藝術方向（設計與概念）是類似的，但消費者使用與回應數位、互動與行動裝置的方式各有不同，這些差異也是製作數位廣告時所面臨的挑戰。

在大部分情況中，數位的製作和平面廣告的製作是沒有差異的，但主要差別在數位製作中還要考慮和程式語言的結合，例如 HTML。串流影音媒體的發展讓藝術方向面臨更多挑戰，所有媒體都要找出自己的特色。這不只是美感問題，設計師必須找出哪些是有效的呈現，而這和設計有關。資訊如何呈現是很重要的。在電視廣告的年代，廣告就一直重複播出，廣播的內容也是一樣。同樣地，線上與行動廣告不能只是平面，它們必須要有互動機制，並依各種螢幕尺寸來做調整，更要妥善運用視覺、音效、動作及科技（如虛擬實境、擴增實境）。還有，最重要的，行動廣告的傳輸速度必須要夠快，免得不耐煩的消費者很快就跳過廣告了。

有些品牌會鼓勵消費者的參與，同時也鼓勵其參與創意的過程，方式之一是提供「消費者自製內容」（consumer-generated content, CGC），也就是人們為他們所喜愛的品牌拍攝自製內容的廣告。YouTube 是其中一個播放這類廣告的管道。多年來，多力多滋這個品牌都在超級盃球賽期間播放消費者自製內容的廣告，為了增加刺激感，同時還搭配了競賽與線上投票票選的機制，當然，這樣也增加了一些公關的效益。另外，零售商目標百貨也採用了另一種消費者自製內容的手法來鼓勵消費者的參與，他們邀請兒童提出故事腳本、設計背景幕，並在一些開學季廣告活動中演出。圖 10.12 中的品牌 logo 就是其中一項創意。

來源：Target

圖 10.12　目標百貨的開學季廣告活動，廣告內容是由兒童們所創作的「消費者自製內容」。

10-4c 電視廣告的藝術方向與製作

從許多角度來看，電視可說是為廣告而生。電視無所不在，是每日生活中的背景。但就像背景一樣，電視常被忽略或只是稍微注意其內容。如果你還記得第 9 章中所介紹的 10 種訊息策略，使用電視作為媒體可能要求不同的策略。有時候，你需要高的注意度，但這可能很難達成；在有些策略中，你可能希望消費者不要太注意，也不要提出太多的反駁。有時候，廣告只是要留下一些印象、設定情緒或讓你注意到。有時候，廣告則是在說故事。但不論目的是什麼，視覺是最重要的──不管它是主要特色或只是扮演輔助角色。

✎ 電視廣告中的創意團隊

電視廣告製作需要不同類型專業人才的參與。因此，需要有組織的規劃。團隊成員組成包括媒體企劃人員，及／或策略企劃人員，確保電視廣告內容與呈現在其他媒體的內容是一致並能相互輔助。策略企劃人員則是在確保消費者的價值與興趣有在廣告中呈現。

到這階段，創意過程更要求緊密的合作。影片導演負責實際的拍攝。創意團隊（藝術指導、文案人員、媒體指導與策略企劃人員）還是緊密地掌控整個計畫，雖然導演可能比較喜歡自己掌控。電視廣告製作過程需要許多不同專業人才的參與，因此，不免有所衝突，因此，創意總監必須掌控全局。

電視廣告創意原則

和平面廣告一樣，電視廣告也有一些基本的規範。這些原則不是絕對的，但基本上還是一些好建議，同時也讓整個工作更有結構。下面是這些建議。

- **開場要引起注意並與消費者相關**。電視廣告的前幾秒非常重要，因為觀眾可以很迅速地判斷廣告產品和他的關聯性以及是否感興趣。開場不是讓觀眾跳過廣告，要不就引起注意繼續看下去。廣告很容易就被忽略過去，廣告主必須要有一些好的情節（或花招）來吸引消費者並維持注意力。消費者不會花太多時間去讓廣告醞釀效果，有一種說法是，能讓消費者花時間去醞釀效果的廣告也會被記住比較久。所以，如果你有很充足的預算，那麼這種慢慢累積效果的廣告會是個選擇。如果沒有預算的話，那就要想辦法讓消費者趕快上鉤了。
- **強調視覺**。電視的重點在視覺，因此這部分必須被強調。當然，這和創意概念有關，但必須要做到的是，即使在觀眾忽略聽覺部分的情況下，視覺部分也能將銷售訊息完整的傳遞。視覺很容易吸引觀眾的注意。
- **聲音與影像的配合**。電視廣告的影像與文案是要互相協調搭配的。兩者如果各行其是，那只會讓觀眾困擾。
- **要說服也要娛樂**。創作一支美麗的廣告要比創作一支美麗又有效果的廣告容易多了。創作一支有娛樂性的廣告當然是個值得讚揚的目標，但如果娛樂價值超過說服效果，那就另當別論了。
- **展示品牌**。除非廣告使用特別的神祕手法來呈現訊息，要不然，品牌永遠應該是強調的重點。特寫與品牌在使用中的畫面都可以幫助觀眾回想品牌以及其外觀。這也是客戶喜愛的呈現方式。

LO 6

10-5 電視廣告製作過程

我們將電視廣告製作分成三階段來介紹。這三階段分是前製、製作及後製。透過這樣的劃分，我們可了解各階段的策略與技術重點。

10-5a 前製

在前製（perproduction）階段，廣告主與廣告公司透過細密的討論如何將廣告的創意細節透過電視來呈現。圖 10.13 是前製階段中的六個步驟。

✎ 分鏡腳本與劇本的核准

如圖 10.13 所示，前製階段的第一步是要核准分鏡腳本與劇本。分鏡腳本是將廣告中所要呈現的畫面和文案，以草圖的方式將各鏡頭畫面逐一呈現。劇本（script）則是廣告的文字版，說明文案和鏡頭影像的協調。製作人和總監利用劇本來設定每個鏡頭的地點和內容；選角部門則用劇本來選擇演員；製作人也根據劇本來做預算和拍攝時間的安排。圖 10.14 是美樂淡啤酒的分鏡腳本。腳本的內容是將一位假人綁到活動躺椅上，再將躺椅綁到滑雪板上，從 60 公尺高度跳躍而下。分鏡腳本讓創意團隊與客戶對將拍攝的廣告有大致的想像和感覺。雖然以往分鏡腳本都是手繪的，現在這些工作也都由電腦軟體取代了。

藝術指導和文案人員在這階段的參與度是非常高的。在開始拍攝之前，製作人和創意團隊針對分鏡腳本與劇本做詳細的討論以了解廣告的創意概念與目標是很重要的。因為製作人的工作要負責向製片公司出價，因此，能完整地解釋廣告的內容並爭取適當的預算是很重要的。

✎ 預算核准

在對分鏡腳本與劇本的內容和拍攝想法有一致意見後，廣告主就要核准預算。製作人、創意團隊和廣告主要估算拍攝的成本，包括製作分期、拍攝地點成本、演員、技術需求、工作人員等都要考慮。這些項目的討論愈詳細愈好，這樣製作人才能對人選與預算作出適當的評估。

核准分鏡腳本與劇本 → 核准預算 → 導演、剪輯公司、音樂供應商的選擇與評估 → 審核來自製作公司與其他供應商的報價單 → 擬定製片時間表 → 地點、場景與角色的選擇

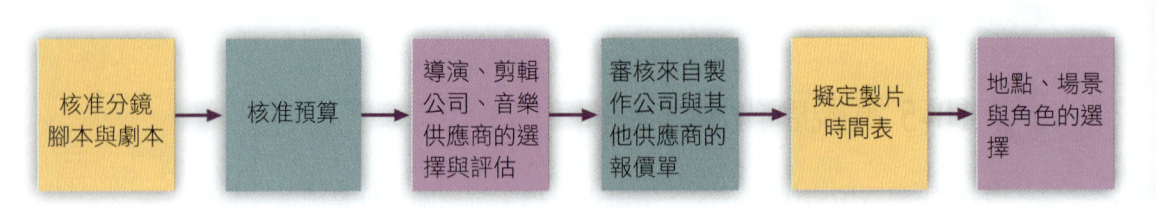

圖 10.13　電視廣告前製階段六步驟工作順序。

圖 10.14　這是美樂淡啤酒的分鏡腳本，這是早期的呈現方式，和現在使用電腦軟體或 app 來製作有些許的不同。

來源：Miller Brewing Company

選擇和評估導演、剪輯公司和音樂供應商

　　製作人有很多的導演、剪輯公司及音樂供應商可以做選擇。在前製階段，評估哪些人適合參與某支廣告的製作是很重要的。廣告公司創意人員和製片公司的相互合作，可以激發出更優秀的作品。電視廣告的導演也都是有其特別個人風格的。有些導演可能擅長動作片或特效，有一些則專長於拍攝兒童、動物、戶外場景或是食物。

　　廣告導演負責解讀分鏡腳本與劇本、帶領適當的人才將創意概念付諸實行。每一個鏡頭的性質、要如何拍攝等，都是導演的工作。因此，選擇適當的導演來拍攝廣告是很重要的。好的導演費用當然不便宜，但對廣告呈現的品質是有重大影響力的。好的創意概念可能被不適當的導演給毀掉。

　　同樣地，剪輯公司以及音樂供應商也都各有其專業。製作人、導演及廣告公司的創意團隊都要主動地發掘適當的製作人才。

✎ 審核來自製片公司和其他供應商的報價

製片公司，以及其他的供應商，例如燈光，都是具備特殊專業的公司，在廣告準備過程中提供必要的器材與設備。製片公司的專業就是拍攝廣告。製作人、製片經理、音效與舞台專家、攝影師都是製片公司團隊的成員。廣告公司會將報價提供給數家製片公司，報價內容包括要製作的廣告的所有細節、製片需求以及時間表。正確的時間表很重要，因為許多製片人員是以小時或日來計價的。製作費雖然各地不同，但並不便宜。

許多廣告公司用標準格式的報價單來要求提供報價，這樣也方便廣告公司比較各家業者提出的報價。製作人逐一檢視報價並作修改。從製作公司的報價與廣告公司的預估費用（包括旅行、費用、剪接、音樂、拍攝及廣告公司的利潤），製作成本預估就完成了。在廣告主核准之後，就有一家製片公司接到這份工作。不一定是費用最低才會得標。除了成本之外，創意和技術也要考慮。熱門的導演可能費用較高，或者，廣告公司可能覺得某家製片公司比較可靠。

✎ 選擇地點、場景與角色

經費獲得確認之後，如果廣告是要在室外的場景拍攝，製片公司和廣告公司製作團隊就要開始尋找適合、負擔得起的地點。

在前製階段一個較細緻的工作是選角。當廣告中需要使用人物拍攝時，選角就很重要。廣告中出現的任一位人物角色，都代表了廣告主與品牌。這也是廣告公司的創意團隊一直參與的原因。所選擇的男女角色會設定廣告的氛圍與調性，也影響到品牌的形象。不同訊息策略的成功執行有賴於適當的選角。例如，生活片段訊息中的男女角色是目標閱聽眾可以很容易就認出來的人。薦證廣告可能要選擇使用名人或一般人，但必須是可以吸引注意而且可信賴的。電視廣告成功的選角考慮的不只是選表演能力好的人。選擇的角色必須符合品牌、閱聽眾的特性及廣告中的場景。

✎ 製片

製片階段（production stage），就是影片實際開始拍攝（shoot）。在開始拍攝前、光線檢查與排練都是必要的準備工作。有時，可能一整天都在設

定燈光或測試最佳的自然光時間,以確定實際拍攝時一切都順利。同樣地,導演也可能想和攝影師確認攝影機的位置和鏡頭的移動。當有很多費用較高的專業人才參與拍片時,這種事前的準備可以減少實際拍攝時所花的時間。

拍攝日可說是一切事前準備工作的最高潮。一切從創意工作表單開始,廣告主和廣告公司的人都付出許多的努力。從非專業人的角度來看,拍攝日的所有活動看起來就像一堆攝影機隨意的亂拍,但從專業人士角度來看,每一個畫面都有它的節奏和方向。

成功的拍攝有賴於有效的管理——讓不同專業的人才都發揮所長。各種狀況都可能發生,例如後勤的補給、技術的問題等,或者是天氣變化,都有可能打亂拍攝步調和大家的耐性。拍攝過程中壓力難免,但要維持在可管理的程度。很多時候,壓力來自於想要在適當的時間正確地執行不同的製作工作。

另外一個壓力來源當然是經費問題。導演費用、每日拍攝所需費用,都讓廣告公司和廣告主期待拍片能夠愈順利愈好。

但好的創意是值得花時間等待的。廣告主必須認知到接受製片步驟這項事實。例如,某位知名導演在為豐田汽車拍攝廣告時,他每天只用一小時時間拍攝,30 分鐘是在早上,30 分鐘是在黃昏時候。他怎麼解釋呢?他說,從經驗來看,汽車在直接光線照射下看起來平淡而且沒有吸引力,因此,你要在光線角度正確的時候抓緊時間拍攝。但費用還是照常計算的。廣告主要理解的另一個事實就是,電視廣告的製作過程,和生產線的裝配過程是絕不相同的。

Part 4

媒體程序

11 媒體企劃的基本概念
12 媒體企劃：報紙、雜誌、電視與廣播
13 媒體企劃：數位、社群與行動媒體

　　在第三篇中，我們介紹了廣告與品牌整合行銷傳播的創意過程，在第四篇中，媒體程序是此一部分的重點，其中，我們將更聚焦在接觸目標閱聽眾和影響消費者行為上。架構圖顯示了對當代廣告主來說，創意與媒體必須攜手合作以達成綜效與整合的重要性。這項挑戰也因為日新月異的「新媒體」的出現而變得更為複雜。這裡的新媒體指的是數位、社群及行動媒體，另外，還有消費者控制以及媒體碎片化的問題。在這樣的環境下，與閱聽眾溝通最有效的方式，就是所有品牌推廣活動的創意過程與媒體程序要加以整合。

11 媒體企劃的基本概念

學習目標

在閱讀本章並思考其內容後,你應該能夠:
1. 描述可測量與不可測量的媒體,以及在整體廣告與品牌整合行銷傳播費用中所占的比例。
2. 描述媒體企劃中的基本概念及基本的術語。
3. 了解競爭性媒體評估與廣告量占有率的意義。
4. 討論媒體的效率。
5. 討論社群媒體的不同之處。
6. 討論品牌娛樂的基本概念。
7. 討論媒體企劃模式的利益與現實狀況。
8. 討論如何進行媒體購買以及程序化的媒體購買。

廣告要如何才能有效地與目標閱聽眾溝通並影響消費者行為，在廣告規劃過程中，媒體與創意密切的合作是非常重要的。和創意領域一樣，科技的發展改變了媒體的生態以及媒體的規劃。例如，透過軟體與自動化競價來購買關鍵字相關廣告的程序化購買就是一個很好的例子。雖然廣告與媒體不斷地進化，但在此同時，消費者也更積極投入新興的社群媒體與行動媒體，媒體企劃的過程需要考慮更多的細節，也因此更為複雜。如何透過整合媒體策略與預算分配，讓品牌的整合行銷傳播發揮更大的綜效，這是媒體企劃所面對的挑戰。

在本章中，我們將介紹媒體程序的一些基本概念（見圖 11.1）。當你想

第一篇　商業與社會中的廣告與品牌整合行銷傳播

廣告與品牌整合行銷傳播的世界（第1章）

廣告與行銷傳播業的結構（第2章）

廣告與行銷傳播的社會、道德及法規層面（第3章）

第二篇　廣告與品牌整合行銷傳播的環境分析
廣告、品牌整合行銷傳播與消費者行為（第4章）
市場區隔、定位與價值主張（第5章）
廣告研究（第6章）
廣告與品牌整合行銷傳播企劃（第7章）

第三篇　創意過程
創意管理（第8章）
創意訊息策略（第9章）
創意執行（第10章）

第四篇　媒體程序
媒體企劃的基本概念（第11章）
傳統媒體（第12章）
數位、社群、行動媒體（第13章）

- 可測量與不可測量的媒體
- 目標與策略
- 評估、效率與選擇

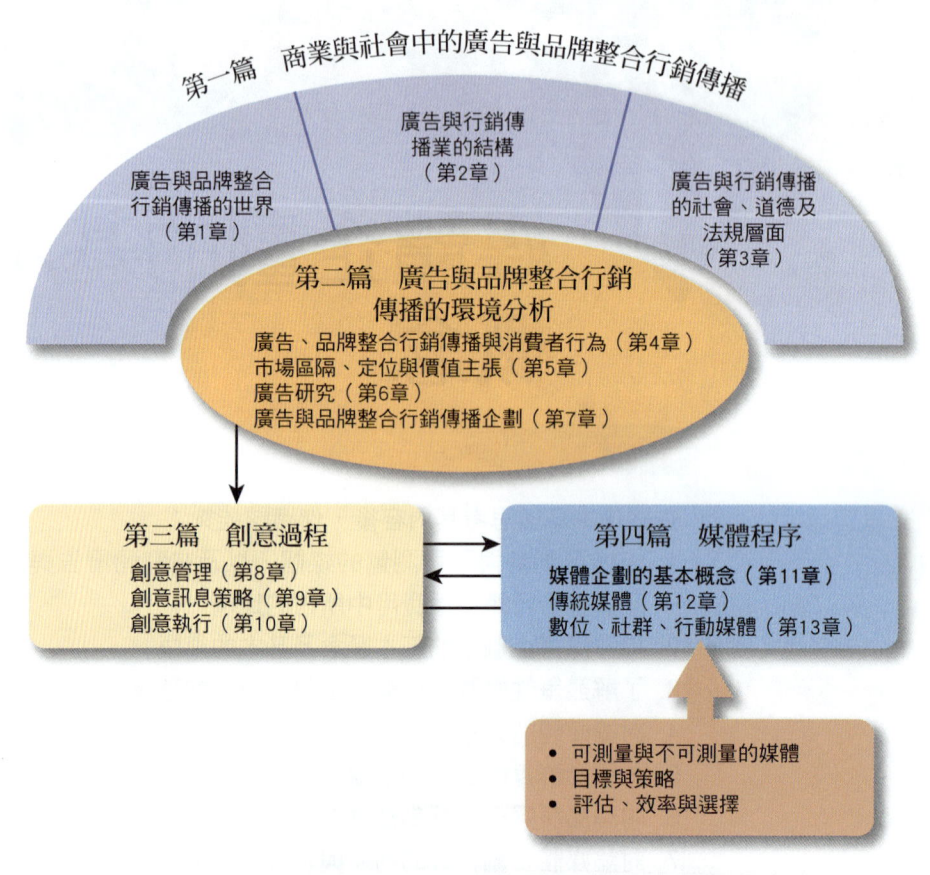

圖 11.1　此圖描繪了媒體企劃的基本概念的架構。

到廣告與媒體時，要記住的是，有些企業主還是認為傳統媒體是接觸到目標閱聽眾最佳的方式。

不管你認為傳統廣告有效，或是數位、社群或行動裝置廣告有效，有效的媒體企劃原則是不變的：在正確時間將正確訊息傳送給正確的消費者。在消費者的媒體使用習慣逐年改變的情況下，廣告主的媒體組合策略中，非傳統媒體的預算也逐年增加。另外一個因素則是，廣告主付費給廣告代理商的方式也在改變中，因此，廣告主有更多的預算可以分配到媒體購買上。

11-1 可測量與不可測量的媒體

儘管媒體世界有很大的改變，但有一些則是不變的，例如一些專用的術語、概念和原則。在過去，無論是提供產品或服務的企業主都會在全國性或全球性的媒體上投入相當高的預算。而企業的管理階層也要求這些廣告與品牌整合行銷傳播的投資，能有效幫助企業達成目標。

有些企業都有相當大的廣告預算，但媒體企劃的做法不太相同。例如，星巴克就避免使用電視廣告，重點放在公關和其他 IBP 活動上。星巴克每年的廣告預算約 3 億美元，但和其他全球性的企業相比，3 億美元可能是一週的預算。麥當勞每年的廣告預算是 15 億美元。但規模較小的廣告主則可以運用地區性廣告，搭配數位媒體、社群媒體與行動媒體，這些我們會在第 13 章中介紹。

11-1a 錢到哪裡去了：大圓派

我們可以這樣想：推廣品牌所用的預算就像是個大圓派，然後用不同的項目去切分，這些項目包括：大眾媒體廣告、直接郵件、店頭推廣、折價券、推廣信函、口碑行銷、產品置入及特別活動等。這些項目又可以再區分為：(1) 線上推廣（above-the-line promotion），也就是使用傳統可測量媒體（measured media）的廣告，以及 (2) 線下推廣（below-the-line promotion），也就是其他所有的項目。對於消費性包裝產品企業來說，線

下推廣可能包含使用零售通路的貨架陳列、店內推廣、折價券及活動等。對耐久財商品（例如汽車）來說，線下推廣方式則可能包含提供經銷商誘因激勵以及獎勵激勵等。線下推廣也被稱為**不可測量的媒體（unmeasured media）**，因為線下推廣所使用的項目的效果難以用傳統方式衡量。

可測量的媒體包括：無線電視、有線電視、獨立電視台、聯播網電視、網路電視、獨立電台、聯播網電台、地方性電台、雜誌、報紙及戶外媒體。不可測量的媒體則包括：付費的網路搜尋、折價券、產品置入、行動廣告、社群媒體、特別活動等。

當廣告主增加或減少媒體預算時，大圓派的規模也隨著改變，各項目的大小也會因為使用的媒體類型不同而有所調整。多年來，可測量的媒體所占的比例一直都超過 50% 以上。但近年來，可測量和不可測量的媒體的占比一直都在調整，廣告主將愈來愈多的預算分配在數位、社群及行動媒體上，因為廣告主希望可以接觸到這些使用行動裝置的消費者，無論他們是在家、工作中、在學校、或在任何地方。

LO 2

11-2 基本概念與術語

媒體企劃是在決定廣告主的預算適用在什麼地方以及什麼時候。這需要有創意及策略性的思考來了解廣告主期望透過媒體來達成什麼目標以及為什麼。接下來，媒體企劃人員則要有能力評估在品牌整合行銷傳播中所使用的各種工具的優缺點，以及要如何搭配使用。

媒體計畫（media plan）說明廣告訊息要使用哪些媒體來接觸到預定的目標閱聽眾。**媒體類別（media class）**則泛指各類媒體，如電視、廣播或報紙。**媒體載具（media vehicle）**則是在媒體類別中特定的選項。例如，《天下雜誌》是在雜誌媒體這個類別中的一項媒體載具。**媒體組合（media mix）**則是將不同媒體搭配組合，期望能有效地接觸到目標閱聽眾。

在一份媒體計畫中，包含了策略、目標、媒體選擇及發布消息的媒體時

間表。在第 6 章中介紹的廣告計畫是媒體企劃的基準。市場與廣告研究在協助判斷怎樣的媒體組合可以最適當的影響消費者行為。訊息策略對媒體的選擇也有極大的影響。因此，媒體與創意的企劃必須要共同合作，這樣才能找出適當的媒體組合，將廣告訊息傳送給目標消費者。

11-2a 媒體策略、目標與數據

媒體計畫的重點是媒體策略。你打算怎麼運用媒體：建立品牌知名度、回擊競爭者提出的訴求、品牌重新定位、回應媒體公關、或是為品牌建立形象？無論是什麼，訊息目標和媒體選擇都要一致。

接下來，媒體策略再透過媒體戰術來執行，要考慮的包括：訊息權重、接觸率、頻率、持續性、閱聽眾重複，還有一些有關品牌娛樂及數位廣告的專門術語。但千萬別忘了整體的大方向，你必須時時記住各類媒體及各項工具的基本特性，以及品牌想要達成的目標。媒體購買必須要能回應品牌的傳播目標與消費者行為目標。

或許最明顯的媒體目標是所選擇的媒體載具能夠「接觸到目標閱聽眾」。目標閱聽眾可以使用人口統計、地理區、生活風格、態度或是使用產品的狀態來做界定。例如，有些廣告主鎖定產品目前的使用者來鼓勵其建立品牌忠誠，有些廣告主則以競爭品牌目前的使用者為溝通對象，鼓勵其轉換品牌及增加市場占有率。

透過大數據的使用，媒體企劃愈來愈複雜，但也更精準地鎖定目標對象。社群網站以及搜尋引擎可以追蹤線上的行為；商店則可以透過消費者手機的訊號來追蹤消費者在店內的行動。簡而言之，透過這些數據的運用，廣告主可以隨時隨地、在你最願意接受廣告訊息的情況下，使用適當的消息對你進行微觀定位（mirco-target）「精準行銷」。

在本書的第 2 章和第 6 章，我們提到專業的行銷和廣告研究公司提供各類專業的資訊來輔助擬定決策。在媒體程序中，專業的媒體研究公司也可以提供協助來增加傳統媒體購買的精準度和效果。以**圖 11.2** 中所呈現的數據為例，數據所顯示的是四家男性鬍後水和古龍水品牌的市場統計資料：Eternity for Men、Jovan Musk、Lagerfeld 及 Obsession for Men，其中最值得注意的是

Aftershave Lotion & Cologne for Men		Eternity for Men				Jovan Musk				Lagerfeld				Obsession for Men			
BASE: MEN	TOTAL U.S. '000	A '000	B % DOWN	C % ACROSS	D INDEX	A '000	B % DOWN	C % ACROSS	D INDEX	A '000	B % DOWN	C % ACROSS	D INDEX	A '000	B % DOWN	C % ACROSS	D INDEX
All Men	92674	2466	100.0	2.7	100	3194	100.0	3.4	100	1269	100.0	1.4	100	3925	100.0	4.2	100
Men	92674	2466	100.0	2.7	100	3194	100.0	3.4	100	1269	100.0	1.4	100	3925	100.0	4.2	100
Women	—	—	—	—	—	—	—	—	—	—	—	—	—	—	—	—	—
Household Heads	77421	1936	78.5	2.5	94	2567	80.4	3.3	96	1172	92.4	1.5	111	2856	72.7	3.7	87
Homemakers	31541	967	39.2	3.1	115	1158	36.3	3.7	107	451	35.5	1.4	104	1443	36.8	4.6	108
Graduated College	21727	583	23.7	2.7	101	503	15.8	2.3	67	348	27.4	1.6	117	901	23.0	4.1	98
Attended College	23842	814	33.0	3.4	128	933	29.2	3.9	113	*270	21.3	1.1	83	1283	32.7	5.4	127
Graduated High School	29730	688	27.9	2.3	87	1043	32.7	3.5	102	*460	36.3	1.5	113	1266	32.2	4.3	101
Did Not Graduate H.S.	17284	*380	15.4	2.2	82	*715	22.4	4.1	119	*191	15.0	1.1	80	*475	12.1	2.7	65
18–24	12276	754	30.6	6.1	231	*391	12.2	3.2	92	*7	0.5	0.1	4	747	19.0	6.1	144
25–34	20924	775	31.4	3.7	139	705	22.1	3.4	98	*234	18.5	1.1	82	1440	36.7	6.9	162
35–44	21237	586	23.8	2.8	104	1031	32.3	4.9	141	*311	24.5	1.5	107	838	21.3	3.9	93
45–54	14964	*202	8.2	1.4	51	*510	16.0	3.4	99	*305	24.0	2.0	149	481	12.3	3.2	76
55–64	10104	*112	4.6	1.1	42	*215	6.7	2.1	62	*214	16.9	2.1	155	*245	6.2	2.4	57
65 or over	13168	*37	1.5	0.3	10	*342	10.7	2.6	75	*198	15.6	1.5	110	*175	4.4	1.3	31
18–34	33200	1529	62.0	4.6	173	1096	34.3	3.3	96	*241	19.0	0.7	53	2187	55.7	6.6	156
18–49	62950	2228	90.4	3.5	133	2460	77.0	3.9	113	683	53.9	1.1	79	3315	84.5	5.3	124
25–54	57125	1563	63.4	2.7	103	2246	70.3	3.9	114	850	67.0	1.5	109	2758	70.3	4.8	114
Employed Full Time	62271	1955	79.3	3.1	118	2141	67.0	3.4	100	977	77.0	1.6	115	2981	76.0	4.8	113
Employed Part-time	5250	*227	9.2	4.3	163	*141	4.4	2.7	78	*10	0.8	0.2	14	*300	7.7	5.7	135
Sole Wage Earner	21027	554	22.5	2.6	99	794	24.9	3.8	110	332	26.2	1.6	115	894	22.8	4.3	100
Not Employed	25153	*284	11.5	1.1	42	912	28.6	3.6	105	*281	22.2	1.1	82	643	16.4	2.6	60
Professional	9010	*232	9.4	2.6	97	*168	5.3	1.9	54	*143	11.3	1.6	116	504	12.8	5.6	132
Executive/Admin./Mgr.	10114	*259	10.5	2.6	96	*305	9.6	3.0	88	*185	14.6	1.8	134	353	9.0	3.5	82
Clerical/Sales/Technical	13212	436	17.7	3.3	124	*420	13.2	3.2	92	*231	18.2	1.7	128	741	18.9	5.6	132
Precision/Crafts/Repair	12162	624	25.3	5.1	193	*317	9.9	2.6	76	*168	13.2	1.4	101	511	13.0	4.2	99
Other Employed	23022	631	25.6	2.7	103	1071	33.5	4.7	135	*261	20.6	1.1	83	1173	29.9	5.1	120
H/D Income																	
$75,000 or More	17969	481	19.5	2.7	101	*320	10.0	1.8	52	413	32.5	2.3	168	912	23.2	5.1	120
$60,000–74,999	10346	*368	14.9	3.6	134	*309	9.7	3.0	87	*142	11.2	1.4	100	495	12.6	4.8	113
$50,000–59,999	9175	*250	10.2	2.7	103	*424	13.3	4.6	134	*153	12.1	1.7	122	*371	9.4	4.0	95
$40,000–49,999	11384	*308	12.5	2.7	102	*387	12.1	3.4	99	*134	10.6	1.2	86	580	14.8	5.1	120
$30,000–39,999	12981	*360	14.6	2.8	104	542	17.0	4.2	121	*126	10.0	1.0	71	*416	10.6	3.2	76
$20,000–29,999	13422	*266	10.8	2.0	75	*528	16.5	3.9	114	*164	12.9	1.2	89	*475	12.1	3.5	84
$10,000–19,999	11867	*401	16.3	3.4	127	*394	12.3	3.3	96	*67	5.3	0.6	41	*481	12.3	4.1	96
Less than $10,000	5528	*31	1.3	0.6	21	*291	9.1	5.3	153	*69	5.4	1.2	91	*194	4.9	3.5	83

來源：根據 "GfK MRI, GfK MRI Men's Women's Personal Care Products Report," *GfK MRI*, Spring 1997, 16.

圖 11.2　商業研究公司可以提供廣告主在人口統計區隔內的優勢評估。圖表顯示各品牌的男性鬍後水和古龍水在不同人口統計區隔中的表現。

　　C 欄位和 D 欄位中的數字。在 C 欄位中，是以人口統計為基礎，例如年齡或收入來比較各品牌的優勢。D 欄位則是以指數的方式來呈現各品牌在不同年齡層的使用狀況，也顯示出不同品牌的重度使用者區隔。這個數據可以顯示各品牌在使用者之中的品牌廣告量占有率。指數超過 100 代表品牌的優勢。例如，Eternity for Men 和 Obsession for Men 這兩個品牌在 18-24 歲和 25-34 歲的年齡層中就較具優勢。

第 11 章
媒體企劃的基本概念

　　有一些專業的單一來源資料公司，除了提供人口統計資料外，也會提供品牌、購買數量、購買頻率、購買金額及媒體使用的數據。透過人口統計、行為與媒體使用習慣的數據，廣告與媒體企劃人員可以關注下列一些重點：

1. 在目標閱聽眾當中，多少人已嘗試過廣告主的品牌，有多少是重複購買者？
2. 哪些因素可以提高品牌的銷售：增加廣告量或是改變廣告文案？
3. 購買我們產品的購買者，除了購買我們的品牌外，還購買其他哪些產品？
4. 哪些電視節目、雜誌和報紙能夠接觸到本品牌最多的閱聽眾？

　　在設定廣告目標時，另一個重要因素是要判斷媒體涵蓋的**地理區範圍（geographic scope）**。媒體企劃人員要確定媒體所涵蓋的範圍和廣告主的配銷系統所涵蓋的地理區範圍是相同的，以避免媒體接觸到涵蓋範圍之外的消費者。有些分析人員建議，當特定的地理區市場顯示出對產品類別或品牌高的購買傾向時，這種地理區鎖定目標對象的方式會是擬定媒體計畫的基礎。**地理區鎖定（geo-targeting）**是指將廣告置放在購買品牌傾向較高的地區（圖 11.3 是一家冰淇淋店運用社群媒體來進行「地理區鎖定」的實際案例）。

　　接觸率（reach）是指在目標閱聽眾中，在一段特定時間內，會暴露在一媒體載具或安排至少暴露一次的人數或家戶數。接觸率通常以百分比的方式呈現。如果一個在電視聯播網播出的廣告被 10% 的目標閱聽眾看到，那麼接觸率就是 10%。對消費者便利品來說，例如牙膏或感冒藥，選擇接觸廣度較大的媒體載具是較合適的選擇。因為這些都是消費者經常購買的商品。廣播電視、有線電視及全國性雜誌都是接觸廣度較大的媒體。

　　頻率（frequency）是指在目標閱聽眾中的個人或家戶，在一段特定時間內（通常是一週或一個月），會暴露在一媒體載具的平均次數。例如，某位廣告主在一個收視率是 20%（20% 的家戶），每週播出一次的電視節目中播放廣告，連續四週。在這四週中，這個節目的不重複接觸率是 43（%），那麼，頻率就是 20 × 4/43，或是 1.9。也就是說，目標閱聽眾平均有機會看到 1.9 次廣告。

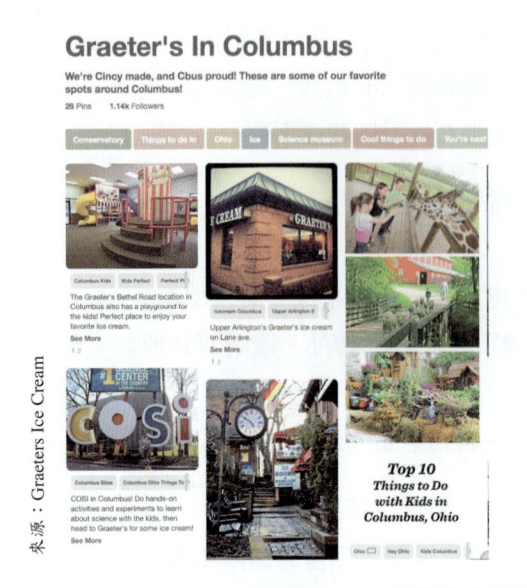

圖 11.3　品牌整合行銷傳播的執行實例。

　　究竟是要接觸率高或是頻率高，這是廣告主經常面臨的問題。在這其中，更重要的概念是有效觸及率和有效頻率。**有效頻率（effective frequency）**是指在達到廣告主的目標前，目標閱聽眾必須要接受到訊息的次數。無論廣告主的目標是傳播的目標或是銷售目標。許多因素會影響有效頻率。例如，新品牌或有許多產品特性的品牌可能就需要高的頻率。知名品牌、廣告訊息簡單，那麼頻率可能就不需要太高。大多數的媒體分析師都同意只有一次的頻率是不夠的，一般業界同意的準則是至少 3 次才可稱為有效頻率，但也有業界人士認為這個數字可能在 2 到 9 次之間。

　　有效觸及率（effective reach）是指目標閱聽眾暴露在廣告中最少次數的數目（或百分比）。有效觸及率的最低次數與有效頻率相關。如果有效觸及率是設定 4 次暴露，那麼媒體的安排就必須在特定時間範圍內，讓目標閱聽眾至少接觸到 4 次廣告訊息。但在現實環境中，廣告訊息實在太多，因此，有效觸及率的數字實際上應該要再多一些，有些專家建議至少要 6 次。

　　訊息權重（message weight）是指在一個媒體排期中，媒體載具所傳遞的所有廣告訊息或暴露機會的數目。媒體企劃人員可以從這個數字中了解投

放在特定市場中的投放廣告規模。

在傳統媒體中，訊息權重是以總視聽印象（gross impressions）方式呈現。總視聽印象是一個人暴露在節目、報紙、雜誌或戶外媒體的任何廣告機會。媒體企劃人員會再將其區分為潛在廣告印象（potential ad impressions）或廣告曝光機會，這是指有機會暴露在媒體之下。另一個則是訊息印象（message impressions），則是指暴露在廣告訊息之下。

舉例來說，有一份媒體計畫是在一週內，廣告出現在三個電視節目和兩份全國性雜誌中。這個媒體計畫的總曝光次數如下：

	總視聽印象	
	媒體載具	廣告
電視節目		
節目 A 觀眾	16,250,000	5,037,500
節目 B 觀眾	4,500,000	1,395,000
節目 C 觀眾	7,350,000	2,278,500
電視觀眾總數	28,100,000	8,711,000
雜誌		
雜誌 1	1,900,000	376,200
雜誌 2	450,000	89,100
總雜誌曝光量	2,350,000	465,300
總視聽印象	**30,450,000**	**9,176,300**

總視聽印象就是訊息權重。這當然不是說 30,450,000 人暴露在電視節目或雜誌下，9,176,300 人暴露在廣告之下。有些看了電視節目 A 的人可能也看了節目 B 以及閱讀了雜誌 1，當然，可能還有其他組合。這種現象稱為媒體載具間的重複（between-vehicle duplication）。另一種狀況是，某人可能在週一看了雜誌 1，週二又再看一次，這是媒體載具中的重複（within-vehicle duplication）。這也是我們為什麼說總視聽印象的數字會包括閱聽眾的重複。專業的媒體調查公司就會提供上述兩種重複的數字，也會將數字計算後提供未重複的數字給媒體企劃人員做參考。

另一種計算訊息權重的概念則是總收視點數（gross rating points, 簡稱

GRP)。GRP 就是達到傳遞訊息給閱聽人的一個百分比總數,也就是接觸率 × 頻率。當媒體企劃人員計算媒體計畫的 GRP 時,計算的方式是:媒體計畫中的每一個載具的接觸率乘上一則廣告會出現在媒體載具中的次數,最後加總即得到總數據。圖 11.4 是一個模擬使用雜誌和電視的 GRP。GRP 可以用來評估不同媒體計畫的強度。媒體計畫安排是否妥當,最後還是由媒體企劃人員判斷。

對媒體企劃人員來說,訊息權重的數據只為參考之用。例如,當我們說一個為期一週的媒體計畫會獲得 3,000 萬的總視聽印象時,究竟是什麼意思呢?其實,它只是代表有相當大量的人數有可能暴露在廣告主的訊息之下。但是,如果企業主的目的是新產品上市,那麼訊息權重就變得很重要,因為廣告主希望在廣告播出期間,能增加愈多目標閱聽眾對品牌的知名度和興趣。例如,Fiat Chrysler 這家汽車公司在超級盃球賽期間播出的三支新產品上市廣告所產生的效果就相當驚人(圖 11.5)。三支廣告分別強調新車的設計、性能及義大利的品牌風格。根據數據顯示,在超級盃球賽期間,消費者到汽車網站上搜尋該車款的流量提升了 802%。

媒體連續性(continuity)是媒體排期中,廣告安排的方式。廣告安排的方式可以分成三種:連續型、間歇型與脈動型。**連續型排期**(continuity

媒體類別/載具	接觸率	廣告插播次數(頻率)	總收視點數
電視			
節目 A	25	4	100
節目 B	20	4	80
節目 C	12	4	48
節目 D	7	2	14
雜誌			
流行雜誌 A	22	2	44
專業雜誌 B	11	2	22
新聞雜誌 C	9	6	54
總和			**362**

圖 11.4　媒體計畫中的總收視點數。

scheduling）就是在一段時間內，廣告以固定的頻率持續的出現。例如，在 4 週的時間內，廣告每天持續在某台晚間新聞時段播出，就是一種持續型的排期。同樣的概念也適用在其他媒體上。**間歇型排期**（flighting scheduling）是安排廣告在密集的時間內出現，通常是 2 週，間隔一段時間後，再密集播出。

間歇型通常用在季節性商品、或支援新產品上市或是回應競爭者的廣告的情況中。有時因為媒體購買較集中，也可能會有媒體價格上的優惠。由於是密集的重複播出，在重複曝光機會增加的情況下，品牌知名度也可能會提升。圖 11.6 就是在 12 月雜誌中密集刊登的點心奶油的廣告，畢竟 12 月是放假的月份啊。

最後，**脈動型排期**（pulsing scheduling） 就是持續型和間歇型的綜合體。廣告在一段時間內持續播出，但在期中的某段時間有密集的播放。脈動型的媒體排期適合運用在全年型但也有一些季節考量的選購商品上，例如服飾。

圖 11.6　Alfa Romeo Giulia 在超級盃球賽推出的新車廣告。

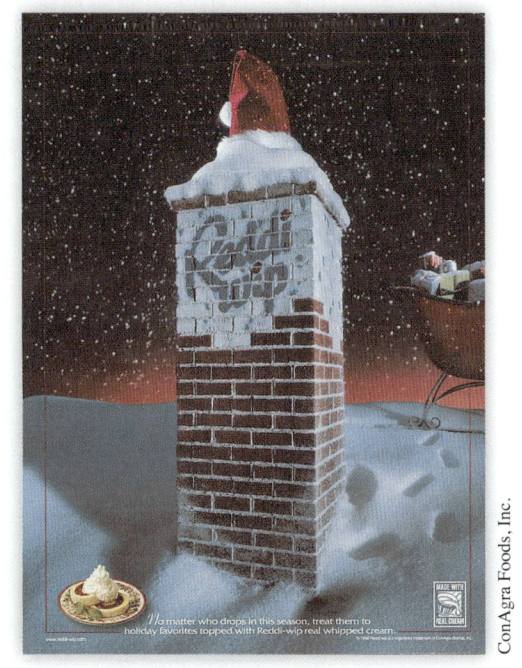

圖 11.6　間歇型廣告──只在 12 月播出，假期氣氛讓產品銷售提升。

11-2b 持續與遺忘

許多人可能並不知道的一件事，就是媒體實務界的運作其實和學界的研究息息相關。在 19 世紀末期，心理學家 Hermann Ebbinghaus 提出了一項關於人類大腦的遺忘機制，也就是記憶是會遺忘的，1958 年，學者 Hubert Zielske 將其運用在廣告研究中。

在 Zielske 最著名的研究中，他將食品廣告發送給隨機抽樣的兩群女性。一群女性每隔 4 週收到廣告，持續 52 週（總曝光次數是 13 次）。另一群女性是每週都收到廣告訊息，連續 13 週（總曝光次數是 13 次）。圖 11.7 顯示的是結果。連續 13 週（間歇性排期）收到廣告的組別在未提示回想的情況下，分數是較高的，但回想的程度也快速的下降，到半年之後，就降到非常低。但每 4 週收到一次廣告的組別（連續型排期），在回想的分數上就沒有特別高的現象，但是到一年結束後，回想的分數是比另一組高，整體的平均回想

1958 年重複研究

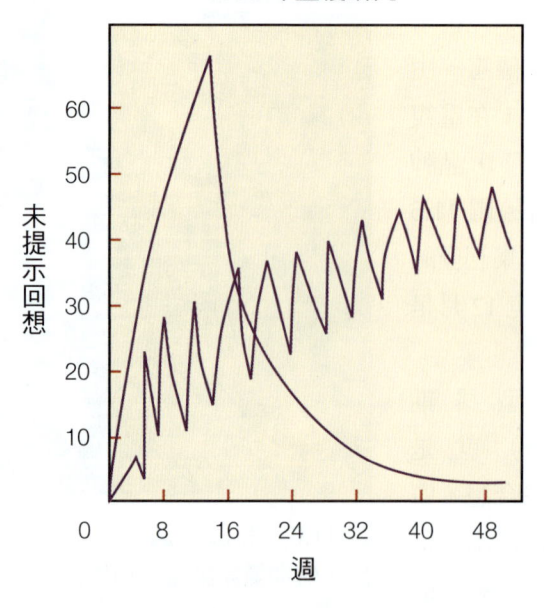

圖 11.7 這是廣告研究中相當有份量的一項研究。它將消費者的記憶遺忘和廣告頻率連結起來。

分數也比另一組高。

這個研究的結果也影響到媒體實務界在媒體排期的操作。如果你需要快速而且高的回想——例如新產品上市、要快速回應競爭者的廣告投放或是選舉人的競選廣告活動，就必較適合使用間歇型的廣告投放。連續型的排期比較適合用在已有品牌知名度、閱聽眾也比較熟悉該廣告訊息的情況中。

11-2c 廣告的長度與大小

除了考慮要接觸哪些目標閱聽眾、多久一次及型態之外，媒體企劃人員（廣告主、創意指導、藝術指導、文案人員也要考慮這個問題）也要考慮呈現在電子媒體中訊息的長度，及使用平面媒體時廣告的大小。電視廣告的長度大約從 10 秒到 60 秒（不包括資訊式廣告）。

長度 60 秒的電視廣告效果會比 10 秒的廣告效果高 6 倍嗎？全版的報紙廣告比一欄高的廣告更有廣告效果嗎？答案都是未必。有些研究顯示，平面廣告版面愈大時，確認測試時，分數是較高的。因此，全版平面廣告的記憶度應該是 1/4 版面廣告的 2 倍。當然，這也並非絕對。因為，還要考慮到所要溝通的產品訴求、品牌形象及市場的情況。

廣告的大小和長度的決定，需要考慮廣告的創意需求、廣告預算及廣告的競爭環境。從創意的角度來看，廣告的目的如果是要建立品牌形象，那麼廣播廣告的長度可能要較長，平面媒體也要使用較大的版面，這樣創意才有較大的發揮空間。如果只是一則簡單、直接的銷售訊息，那就不用太多的時間和篇幅，但就需要不斷的重複播出。從媒體預算的角度來看，較小較短、重複次數少的廣告當然比較便宜。從競爭角度來看，要維持品牌在目標閱聽眾心中的占有率，廣告的長度和大小當然不能小於競爭者的廣告。

LO 3

11-3 競爭媒體評估

雖然媒體企劃人員在擬定整體媒體計畫時，通常不會以競爭者的廣告預算或媒體投放型態當基準，但競爭媒體的評估能提供建設性的觀點。當產

品類別中所有的競爭者都鎖定一群非常窄的目標閱聽眾區隔時，競爭媒體評估就非常重要。這個現象在某些產品類別中非常明顯──例如零食、碳酸飲料、啤酒和酒類及口香糖──產品的重度使用者支配了產品的消費。

當目標閱聽眾區隔非常窄而且又吸引了一些主要競爭者的注意時，廣告主就要評估競爭者的品牌整合行銷傳播投資，以及自己品牌的相對廣告量。

廣告量占有率（share of voice）指的是品牌在同產品類別之間的廣告量占比，計算公式是：

$$廣告量占有率 = \frac{品牌在一個媒體的廣告支出}{整體產品類別在一個媒體的廣告支出}$$

舉例來說，假設運動用品業者每年大約投資 3.1 億美元在可測量的廣告媒體上，Nike 和 Reebok 分別投資了 1.6 億和 5,500 萬，這兩個品牌的廣告量占有率分別如下：

$$Nike 的廣告量占有率 = \frac{1.6 億 \times 100}{3.1 億} = 51.6\%$$

$$Reebok 的廣告量占有率 = \frac{5,500 萬 \times 100}{3.1 億} = 17.7\%$$

從上面數據，我們可以看到這兩個品牌合併的廣告量占有率就占了整體產品類別的 70%。但 Nike 的廣告量占有率超過 Reebok 3 倍之多。

研究數據可以提供不同媒體類別的廣告量占有率評估。詳細的數據內容可以提供品牌的廣告量占有率以及產品類別在各媒體投資的相關狀況。了解競爭者的媒體投資狀況以及廣告量占有率狀況，可以讓廣告主在媒體企劃時有更完整的考慮。有一些媒體企劃人員認為，對小品牌企業來說，跟隨著競爭者的媒體排期來安排媒體，可以讓小品牌有更大的露臉機會。

LO 4

11-4 媒體效率

廣告主與廣告代理商根據品牌目前的狀況，一起決定要使用的媒體類別。根據這些指標，可以選出要使用的主要媒體以及搭配的各類媒體的任務。

在媒體計畫中要使用的各類媒體都要從效率角度來考慮。例如，哪一項媒體可以用最低的成本接觸到最多的目標閱聽眾？一個測量媒體效率常用的概念是「每千人成本」（cost per thousand, 簡稱 CPM），也就是使用某一特定媒體接觸到 1,000 名目標閱聽眾所需要支付的成本。每千人成本的數字可以用來比較同一媒體類別（例如雜誌）中不同媒體工具的相對效率。CPM 的計算公式如下：

$$CPM = \frac{媒體購買成本 \times 1,000}{總閱聽眾}$$

11-4a 網路媒體

雖然我們會在第 13 章中詳細的介紹網路媒體，這裡還是先做一些小提醒，除了少數例外，這些都是「拉式」（pull）的媒體。在拉式媒體的情況中，消費者先尋找廣告主或廣告，然後將廣告的品牌「拉」向他們。傳統的廣告（例如 30 秒的電視廣告）則是將廣告的品牌「推」向消費者。消費者對「拉式」的媒體有較大的掌控權，可以決定什麼時候、要不要接觸媒體。相反地，消費者可能會選擇暴露在「推式」（push）媒體下，或使用科技來跳過或避免廣告出現。

LO 5

11-5 社群媒體：有何不同

11-5a 社群網絡

臉書、推特及其他的社群網絡，都讓我們對中介傳播有了新的認識。在學者 Muniz 和 O'Guinn 早期對品牌社群的研究中，就可以看到這樣的典範，傳統的傳播中，只有 2 個節點──從品牌到消費者，但在社群網絡出現後，變成了：品牌─消費者─消費者（**圖 11.8**）。消費者彼此之間也會溝通，表達他們對品牌的意見。現在，透過社群媒體，消費者可以在品牌社群中以非常快且幾乎沒成本的方式來表達意見，而且人數眾多。

我們知道可在社群媒體上討論品牌、行銷人員也知道要使用這項媒體來創造口碑，最終希望銷售產品。如何計算社群媒體的印象或曝光率，以及如何定價，都還在起步的階段。有一些專業的市調公司提供品牌的網路討論聲量的數據，並根據指標進行不同分析，如品牌討論聲量數、情緒的表達及討論的內容等。

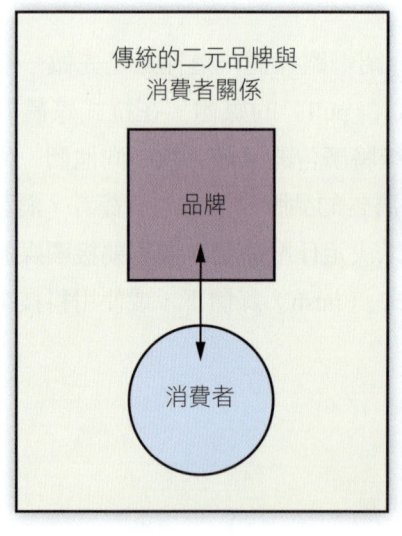

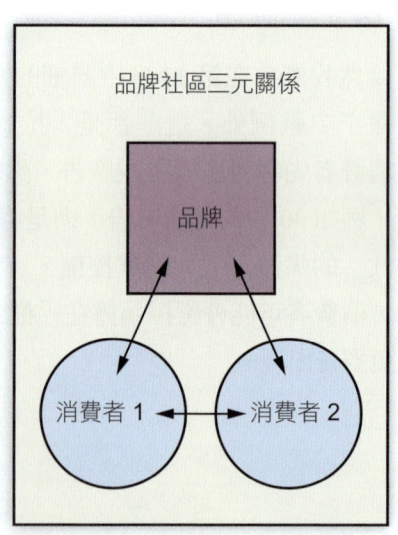

圖 11.8　線上品牌社群和品牌─消費者關係。

聰明的品牌將重點放在運用傳統媒體廣告和社群媒體所產生的綜效上。Avocados From Mexico 在超級盃球賽的廣告規劃中就做了這樣的運用。媒體策略主要是引起「影響者」在社群媒體上進行討論。Avocados From Mexico 運用主題標籤 #AvoSecrets 鼓勵消費者在超級盃舉行之前、舉行期間、舉行之後進行分享和討論，透過社群媒體，最後的接觸率和參與度都比單獨使用電視廣告來得更好。透過和超級盃球賽的連結，Avocados From Mexico 創造了 20 億的廣告曝光數（impression）。

LO 6

11-6 媒體選擇與品牌整合行銷傳播

當愈來愈多企業採用品牌整合行銷傳播的概念，活動贊助、直效行銷、品牌娛樂、促銷及公關這些選項也開始吸引企業的注意，並以這些選項取代傳統的大眾媒體廣告。但即使是這些新的方法，它們依舊需要和大眾媒體廣告互相搭配運用，前述 Avocados From Mexico 就是一個很好的例子。

11-6a 品牌娛樂

品牌娛樂（branded entertainment）在第 9 章有介紹，最早源自於將產品置入在電影、廣播和電視節目中。現在，品牌娛樂更整合了媒體而跨入電視、遊戲、零售通路及行動裝置之中。第 9 章介紹了品牌娛樂的概念，這裡以媒體角度來討論此概念。

對企業來說，進行品牌娛樂的方式有三種。最不昂貴的就是產品置入。電視節目中的人物角色可能是在喝可口可樂、駕駛賓士汽車或使用某個品牌的快遞服務。比較複雜一點的方式則是將人物角色融入故事劇情中，例如，在某電視節目中，設定該人物角色就是某品牌的人員。

另一種就是原創腳本，例如 BMW 汽車原創的網路短片，劇情就是該品牌的汽車，這是最昂貴，但也最有潛力的一種品牌娛樂方式。但要如何衡量這種媒體的曝光效果呢？常用的指標包括廣告曝光數、或是 ROI，也就是對內容的投資所產生的報酬率。

LO 7

11-7 企劃模式

　　進行媒體計畫時，媒體企劃人員都可以從專業的數據公司獲得許多關於市場、消費者的資料。在媒體部分，也有許多關於媒體工具閱聽眾、費用的預測和評估，另外也可取得關於競爭者的廣告活動分析的數據。另外有一些公司也提供表格化的數據，內容包括媒體接觸率—頻率分析、優化、模擬、排期及媒體購買的數據。圖 11.9 是電腦化程式的媒體排期結果。第一個螢幕顯示的是檔購電視廣告的接觸率和成本數據；第二個螢幕顯示的是檔購電視廣告加上報紙廣告的接觸率和成本數據。

　　電腦化（包括廣告程序化購買和競價）的優點是在進行媒體購買之前，能夠呈現多樣的媒體安排供媒體企劃人員做評估，但最後的決策還是由媒體企劃人員來做決定。

　　媒體排期階段最重要的是產出媒體排期流程圖，如圖 11.10 所示，其中包括了平面和電子媒體的購買。有了這樣的流程圖，廣告主就能更清楚媒體的規劃以及後續的執行。

LO 8

11-8 媒體購買與程序化媒體購買

　　在整體的媒體計畫和排期完成後，接下來就是**媒體購買**（media buying）階段，向媒體購買排期中預定的時間（電子媒體）和版面（平面媒體）。

　　程序化媒體購買（programmatic media buying）是依據網路消費者行為資料所做的廣告自動購買。程序化媒體購買最早是用在數位媒體的購買上，因為有第三方數據公司提供相關的資料。現在這個方式也運用在電視廣告的購買，主要依據的也是消費者網路行為的資料，例如，消費者點閱了哪個網站或是消費者在社群媒體上談論的主題。透過大數據的資料，廣告主可以根

第 11 章 媒體企劃的基本概念

ADplus(TM) RESULTS: SPOT TV (30S)					
Walt Disney World		Frequency (f) Distributions			
Off-Season Promotion					
Monthly		VEHICLE		MESSAGE	
Target: 973,900	f	% f	% f+	% f	% f+
Jacksonville DMA Adults					
	0	5.1	-	9.1	-
Message/vehicle = 32.0%	1	2.0	94.9	7.5	90.9
	2	2.2	92.9	8.1	83.4
	3	2.3	90.7	8.1	75.2
	4	2.4	88.3	7.8	67.1
	5	2.4	85.9	7.2	59.3
	6	2.5	83.5	6.6	52.1
	7	2.5	81.0	6.0	45.5
	8	2.5	78.5	5.3	39.5
	9	2.5	76.0	4.7	34.2
	10+	73.5	73.5	29.5	29.5
	20+	49.8	49.8	6.1	6.1

Summary Evaluation		
Reach 1+ (%)	94.9%	90.9%
Reach 1+ (000s)	923.9	885.3
Reach 3+ (%)	90.7%	75.2%
Reach 3+ (000s)	902.9	732.8
Gross rating points (GRPs)	2,340.0	748.8
Average frequency (f)	24.7	8.2
Gross impressions (000s)	22,789.3	7,292.6
Cost-per-thousand (CPM)	6.10	19.06
Cost-per-rating point (CPP)	59	186

Vehicle List	RATING	AD COST	CPM-MSG	ADS	TOTAL COST	MIX %
WJKS-ABC-AM	6.00	234	12.51	30	7,020	5.1
WJXT-CBS-AM	6.00	234	12.51	30	7,020	5.1
WTLV-NBC-AM	6.00	234	12.51	30	7,020	5.1
WJKS-ABC-DAY	5.00	230	14.76	60	13,800	9.9
WJXT-CBS-DAY	5.00	230	14.76	60	13,800	9.9
WTLV-NBC-DAY	5.00	230	14.76	60	13,800	9.9
WJKS-ABC-PRIM	10.00	850	27.27	30	25,500	18.4
WJXT-CBS-PRIM	10.00	850	27.27	30	25,500	18.4
WTLV-NBC-PRIM	10.00	850	27.27	30	25,500	18.4
		Totals:	19.06	360	138,960	100.0

ADplus(TM) RESULTS: DAILY NEWSPAPERS (1/2 PAGE), SPOT TV (30S)					
Walt Disney World		Frequency (f) Distributions			
Off-Season Promotion					
Monthly		VEHICLE		MESSAGE	
Target: 973,900	f	% f	% f+	% f	% f+
Jacksonville DMA Adults					
	0	1.2	-	4.0	-
Message/vehicle = 28.1%	1	0.8	98.8	4.9	96.0
	2	0.9	98.0	5.9	91.1
	3	0.9	97.2	6.5	85.2
	4	1.0	96.2	6.7	78.7
	5	1.1	95.2	6.8	72.0
	6	1.1	94.2	6.6	65.2
	7	1.2	93.0	6.3	58.6
	8	1.3	91.8	5.9	52.4
	9	1.3	90.6	5.5	46.5
	10+	89.3	89.3	41.0	41.0
	20+	73.3	73.3	9.6	9.6

Summary Evaluation		
Reach 1+ (%)	98.8%	96.0%
Reach 1+ (000s)	962.6	934.6
Reach 3+ (%)	97.2%	85.2%
Reach 3+ (000s)	946.5	829.7
Gross rating points (GRPs)	3,372.0	948.0
Average frequency (f)	34.1	9.9
Gross impressions (000s)	32,839.9	9,232.3
Cost-per-thousand (CPM)	10.96	38.99
Cost-per-rating point (CPP)	107	380

Vehicle List	RATING	AD COST	CPM-MSG	ADS	TOTAL COST	MIX %
1 Daily Newspapers		Totals:	114.00	80	221,040	61.4
Times-Union	42.00	8,284	104.93	20	165,680	46.0
Record	4.00	866	115.18	20	17,320	4.8
News	3.20	926	153.95	20	18,520	5.1
Reporter	2.40	976	216.35	20	19,520	5.4
2 Spot TV (30s)		Totals:	19.00	360	138,960	38.6
WJKS-ABC-AM	6.00	234	12.51	30	7,020	2.0
WJXT-CBS-AM	6.00	234	12.51	30	7,020	2.0
WTLV-NBC-AM	6.00	234	12.51	30	7,020	2.0
WJKS-ABC-DAY	5.00	230	14.76	60	13,800	3.8
WJXT-CBS-DAY	5.00	230	14.76	60	13,800	3.8
WTLV-NBC-DAY	5.00	230	14.76	60	13,800	3.8
WJKS-ABC-PRIM	10.00	850	27.27	30	25,500	7.1
WJXT-CBS-PRIM	10.00	850	27.27	30	25,500	7.1
WTLV-NBC-PRIM	10.00	850	27.27	30	25,500	7.1
		Totals:	38.99	440	360,000	100.0

圖 11.9　在市場和消費者資訊爆炸的情況下，廣告主也愈來愈依賴電腦化的媒體企劃工具。

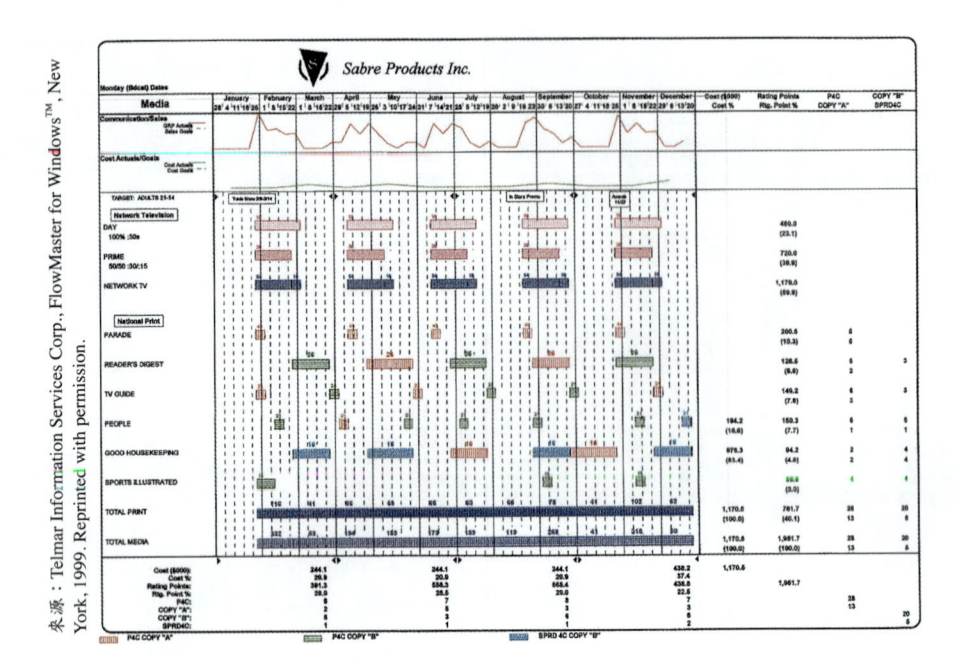

圖 11.10　媒體排期流程圖。

據消費者在網路上討論的品牌相關內容，來擬定更精準的媒體購買。

　　雖然程序化購買絕對是未來的趨勢，但了解有關廣告媒體購買的基本概念也是非常重要的。不是每項媒體的投資都必須是程序化的。

　　除了傳統廣告公司有媒體部負責媒體企劃與購買外，專業媒體公司也是另一種選項，前述的媒體企劃和購買是這類公司的專長。

　　最後我們要再次強調，品牌整合行銷傳播的成功是建立在對不同媒體投資上。媒體費用每年都在改變，因此，如何將不同媒體做最適當的整合規劃，是媒體人員最重要的任務。

12 媒體企劃：報紙、雜誌、電視與廣播

學習目標

在閱讀本章並思考其內容後，你應該能夠：
1. 和新興媒體相比較，在報紙、雜誌、電視與廣播這些傳統大眾媒體進行中的改變。
2. 詳細介紹報紙這項媒體類別的優缺點，認識不同類型的報紙廣告，並考慮報紙媒體的未來。
3. 詳細介紹雜誌這項媒體類別的優缺點，認識不同類型的雜誌廣告，並考慮雜誌媒體的未來。
4. 詳細介紹電視這項媒體類別的優缺點，認識不同類型的電視廣告，說明電視的閱聽眾測量，並考慮電視媒體的未來。
5. 詳細介紹廣播這項媒體類別的優缺點，認識不同類型的廣播廣告，並考慮廣播媒體的未來。

如果消費者沒有看到廣告訊息，那麼，不管媒體的選擇是多麼新穎或現代，那還是一個沒有效果的訊息。這也是媒體企劃在廣告與品牌整合行銷中非常重要的原因。在第 11 章「媒體企劃的基本概念」中，我們對各種類型的媒體做了全面的介紹。在本章中，如架構圖所示，我們將介紹整合品牌傳播中的一些傳統大眾媒體，包括平面、電視與廣播，這也是許多廣告活動的基礎。我們認為，在媒體計畫中採用傳統媒體時，必須要和數位行銷方法整合並發揮綜效，這一部分將在第 13 章中介紹。

廣告有一些特定的目標可以達成——特別是創意目標——但只有透過這些傳統媒體才能達成。

雖然近年來在科技和媒體使用習慣上都有巨大的改變，對許多廣告主來說，傳統媒體代表的是有效用而且有吸引力的傳播方式，特別是當傳統媒體也出現在數位、社群及行動平台上來增加其接觸率以及綜效時。另外一項值得注意的趨勢是程序化購買的出現，人工智慧科技的進步讓廣告主有能力分析更多不同類型的媒體來更精準地鎖定消費者。當然，在媒體企劃過程中，人類的判斷還是必要的，例如考慮各類傳統媒體類別與工具的聲望和權威性。在前一章，我們介紹了程序化媒體購買。本章我們再次介紹電視的程序化媒體購買。

本章架構如**圖 12.1** 所示。在平面媒體——報紙與雜誌，我們將先介紹這些媒體的優勢與弱點。接下來，我們將介紹不同類型的報紙與雜誌、購買的程序及閱聽眾的效果測定技巧。最後，我們再介紹電視與廣播，包括類型與優缺點，還有如何測量效果和購買這些媒體。未來，多數這些媒體購買會愈來愈程序化。

LO 1

12-1 傳統媒體的現在與未來

在第 1 章和第 2 章中，我們提到了整體廣告產業現在還是在持續發展與轉變的現象。報紙、雜誌、電視、廣播等傳統媒體努力轉型中，也更能和數位相輔相成。除了在資訊與娛樂來源的選擇上更為多元外，消費者在媒體選

第 12 章
媒體企劃：報紙、雜誌、電視與廣播

第一篇　商業與社會中的廣告與品牌整合行銷傳播

- 廣告與品牌整合行銷傳播的世界（第1章）
- 廣告與行銷傳播業的結構（第2章）
- 廣告與行銷傳播的社會、道德及法規層面（第3章）

第二篇　廣告與品牌整合行銷傳播的環境分析
- 廣告、品牌整合行銷傳播與消費者行為（第4章）
- 市場區隔、定位與價值主張（第5章）
- 廣告研究（第6章）
- 廣告與品牌整合行銷傳播企劃（第7章）

第三篇　創意過程
- 創意管理（第8章）
- 創意訊息策略（第9章）
- 創意執行（第10章）

第四篇　媒體程序
- 媒體企劃的基本概念（第11章）
- **傳統媒體（第12章）**
- 數位、社群、行動媒體（第13章）

- 報紙、雜誌、電視與廣播
- 策略企劃考量

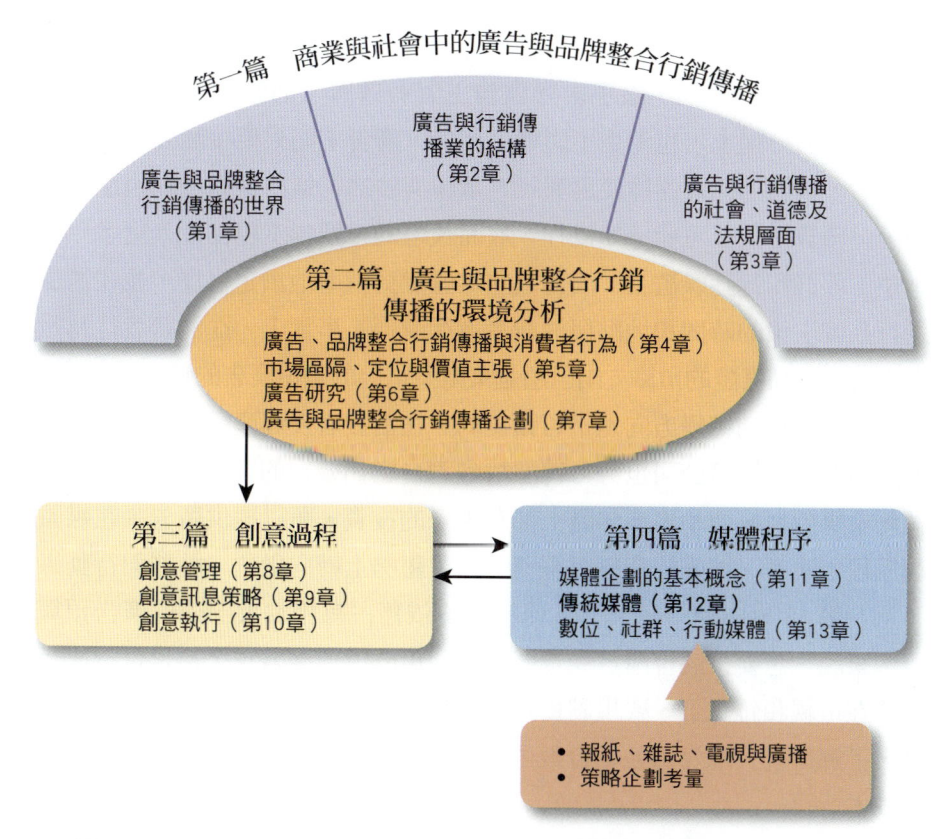

圖 12.1　此圖描繪了用於品牌整合行銷傳播的傳統媒體的框架概述。

擇與接觸內容的控制上，也更為主動。來自病毒影片、社群媒體網站及其他來源的使用者自製內容提供了關於品牌和品牌體驗的非商業性資訊來源，這樣的趨勢並沒有衰退的跡象。

因此，這些提供新的、與眾不同以及具有成本效益的方式，包括數位、社群及行動媒體，也成為廣告主與消費者接觸的新管道，特別是那些使用行動裝置選擇廣告的消費者。此外，這類媒體也允許廣告主能更快速地更動廣告活動──在使用傳統媒體時，這種更動可能需要花上幾個月的時間才能完成。還有別忘了，如果只是使用傳統媒體，那麼全球性的品牌整合行銷傳播活動的企劃與執行可能會是非常艱難的挑戰。但隨著數位、社群與行動媒體這些選項的出現，配合上更精確的媒體分析和程序化購買工具，一切都變得

可實現。

媒體選項的改變，除了影響廣告主對有效廣告活動發展的認知，在媒體預算如何分配上，也產生了影響。例如，廣告主如果要接觸到特定地區的消費者，傳統上都會選擇使用報紙、電視與廣播。這些媒體現在也還繼續使用，但預算投入上可能不如以往。取而代之的，廣告主現在投入更多預算在數位、社群和行動媒體上，因為這些媒體能更精準地鎖定目標，並在消費者進行品牌決策的時間和地點與消費者進行溝通。事實上，從消費者行為數據上來看，行動媒體的預算支出已超過桌上型電腦的數位廣告的預算。

媒體環境的轉變方向是不可預測的，在消費者搜尋產品資訊方式持續改變的情況下，媒體公司也努力轉型找到適合它們公司的營運方式。例如，傳統報業媒體在技術和專業知識上都有更多的投資，藉以提供廣告主在媒體規劃過程中更多、更好的資料與服務。除了趨勢上轉向數位、社群與行動媒體（這在第 13 章中會介紹）外，傳統媒體依舊占有相當大部分的廣告預算。舉例來說，想要接觸會購買兒童產品的父母的大型廣告主，還是會投放大量預算在電視和雜誌上。要規劃實際可行且有效的廣告與品牌整合行銷傳播活動，了解傳統大眾媒體並結合數位、社群和行動以發揮綜效，這是媒體人員的基本功課。

12-2 平面媒體：策略企劃考量

和生動的廣播媒體相比較，你可能認為平面媒體──報紙與雜誌已經是老派而且缺少衝擊力的。再想一下。讓我們看看絕對伏特加這個品牌。在這品牌輝煌的歷史中，曾有一度品牌接近滅絕的邊緣。這家瑞典品牌在美國的銷量是一年 12,000 箱──連市占率 1% 都不到。消費者覺得品牌名稱「絕對」只是個噱頭；酒保覺得瓶身很醜而且酒很難倒出來；消費者則是對來自瑞典的伏特加酒沒什麼信心。

紐約的 TBWA 廣告公司設定了一個目標：解決上面提到的這些品牌負債並決定只使用平面媒體──主要原因是廣播媒體禁止播出酒類廣告。廣告公司規劃了雜誌與報紙廣告來建立知名度、溝通產品的品質、建立信譽，並

避免消費者心中關於瑞典製的那些陳腔濫調。這可說是歷史上最有名也最成功的平面廣告活動之一。基本的概念是以形狀特別的酒瓶作為每個廣告的主角，文案則只有兩個字，以「絕對」開頭，再以一個強調「品質」的單字做結束，例如「完美」或「清澈」。之後，這個兩個字的文案概念也從品質延伸到其他巧妙的組合。例如在《花花公子》雜誌中出現的 Absolut Centerfold 廣告畫面就只出現酒瓶的瓶身，沒有其他任何訊息。Absolut Wonderland 則是聖誕假期的廣告，畫面是雪花球中有一只以聖誕景色裝飾的瓶身。

最後，絕對伏特加的廣告活動不只是創意上的傑作，同時也在市場上得到優異的表現——在初期時只使用平面媒體，而沒有使用花俏的電視或數位媒體。在美國市場，絕對伏特加已成為前幾名的進口伏特加品牌。藉由精密的構思與準確的平面媒體選擇，一個原本沒有可信度與醜陋瓶身的伏特加酒轉變成為精緻而又時尚的品牌。直到今天，在其品牌整合行銷傳播組合中，雜誌廣告預算依舊占有相當大的比重。圖 12.2 是典型的絕對伏特加的雜誌廣告。圖 12.3 則是其在社群媒體中的呈現。

LO 2

12-2a 報紙與數位報紙

報紙也數位化了，而傳統的報紙平面廣告現在也數位化呈現在報紙的網站上。報紙是許多類型的廣告主可以使用的媒體，數位報紙和 app 則和傳統報紙互補並提供更多的綜效、彈性和接觸率。報紙可以依據目標閱聽眾、地理區涵蓋範圍及出刊頻率來做分類。報紙因為可以觸及到不同地理區，因此是地方性零售商所喜歡使用的媒體。

然而，隨著報紙的發行量與廣告收入在數位時代中持續衰退，報紙也必須重新整頓、找出新的商業模式以保持競

圖 12.2 多年來，絕對伏特加運用雜誌的高品質以及精準鎖定的平面廣告有效地接觸它的目標閱聽眾。

來源：ABSOLUT SPIRITS CO., NEW YORK, NY.

來源：Absolut

來源：Absolut

圖 12.3 除了持續長期使用的平面廣告之外，絕對伏特加也在許多社群媒體網站上貼了許多影像和影片。這些社群媒體內容與安排在強化品牌形象上有發揮整合的綜效嗎？

爭力。紙本報紙的訂戶數持續下降中，雖然付費的數位訂閱戶數有增加，但增加的數目還是無法彌補持續下降的趨勢。另外一個問題是，許多消費者會在新聞網站上搜尋新聞議題的資訊，但他們卻不會在新聞網站中做進一步的閱讀。因此，報紙會有很高的數位閱讀率，但並沒有轉換成為數位訂閱數。考量到現實的財務狀況，現在只有少數的日報還有發行紙本，多數都改成發行數位版了。就數位內容來說，報紙也應該提供不同的發送選項，以**圖 12.4**中的《紐約時報》（*New York Times*）為例，它就提供了三種選擇。

另外一個也很重要的現象是，成人的日報閱報率也在下降中。研究顯示，這些消費者更常從電視、新聞網站、新聞 app 及廣播中獲得新聞訊息。雖然電視節目無法像報紙有廣泛的涵蓋率，但相較於報紙，電視是更即時而且更多元的。觀眾可以從網站、行動裝置、社群媒體得到更多有關節目的內容，因此，更方便、也更受到觀眾的歡迎。

報紙的優點

在過去 40 年中，紙本報紙的確有過它們的輝煌歲月，但報紙現在還是可以觸及到四分之一的美國家庭，大約是 5,000 萬名成年人。另外，如前面所提到的，對鎖定地區性市場的零售商或其他區域性企業來說，報紙還是非常實

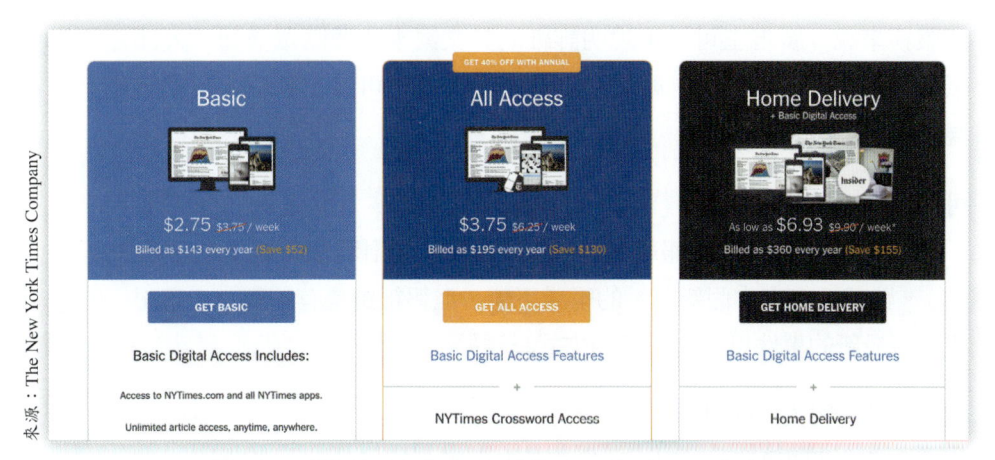

圖 12.4 《紐約時報》提供消費者不同的內容方案選擇。

用的媒體。除了可以和數位與社群媒體相互搭配運用之外，報紙還提供了其他的優點。

地理區選擇性

日報可以讓廣告主接觸到特定地理區的目標閱聽眾。有一些報紙有地方版，這種地方版讓地區性的企業可以接觸到更精準的目標閱聽眾。如果是在郊區，日報或週報是地方新聞的主要來源，媒體的競爭也比涵蓋範圍較大的報紙來得小。這些報紙非常適合用來接觸郊區的閱聽眾。

即時性

即使是紙本報紙也是非常即時的。因為報紙廣告製作時間較短以及出刊時間的固定，運用報紙，廣告主可以即時接觸到閱聽眾。如果廣告主要針對某些事件或預測新聞的發展以做出適當地回應，可以在很短地時間內就製作出廣告並刊登在報紙上。

創意機會

和廣播媒體相比，報紙頁面可能無法提供廣泛性的創意選項，但報紙還是有一些創意想像的機會可運用。相對來說，報紙頁面價格較不昂貴，因此廣告主可以用較低的價格，提供大量的資訊給讀者。對一些複雜特性的產品

或服務來說，廣告主可以用說明詳細的長文案來和閱聽眾溝通。大部分的報紙都可以提供彩色印刷，視覺或影像廣告部分也可以在數位或行動裝置上出現。

可信度

長期以來一個關於報紙的說法是：「只要是出現在報紙上的，那就是真的」。雖然近年來「假新聞」的爭議不斷，但報紙還是有一種「大事記」的性質，將最新的事件以深度報導的方式呈現給消費者。

閱聽眾興趣與人口統計

有固定閱報習慣的報紙讀者是真正對新聞感興趣的，他們關心在地與全球的動態。雖然整體紙本報紙閱讀率在美國是下降的，app 則日漸受到歡迎。報紙讀者的社會階層較高，和廣播或有線電視相比，報紙可以接觸到比較高比例的高教育程度與高收入的消費者（紙本和網路版都一樣）。此外，還有一些讀者買報紙是要看地區性的店家有提供哪些銷售折扣，因此，報紙是很適合地區性商家使用的。

成本

從製作費和版面來看，報紙成本是相對低的。單次接觸成本可能比電視或廣播高，但購買黑白廣告的絕對成本可能還是在小型廣告主的預算範圍內。

✎ 報紙的缺點

和其他類型的媒體一樣，報紙也是有一些缺點的。

有限的區隔

報紙可以觸及到不同的地理區以及高社會階層的消費者，但如果要精準鎖定特定閱聽眾，可能就比較有問題。無論從經濟、社會或人口統計角度來看，報紙的區隔都太過廣泛。有一些報紙設計了一些特別單元來加強它們的區隔能力——例如美食版、健康版等。有一些報紙則是有固定或特別的版面，例如娛樂或個人理財版來吸引特定的閱聽眾。還有一些報紙則是在其數位或社群媒體上發送這些資訊。

創意限制

報紙在創意上的確有一些限制存在。首先，報紙的重製品質較差。如果廣告主的品牌形象要以精確、高品質的重製（不論是否是彩色）來呈現的話，和其他媒體相比，報紙的效果是較受限的。其次，紙本報紙是靜態的，缺乏聲音和動作。如果品牌需要多元的創意執行，報紙可能不是最好的選擇。

擁擠的環境

紙本報紙上充斥著標題、副標、照片、公告，還有新聞訊息。對廣告來說，這是一個擁擠的環境，此外，在同一個版面中，可能還有其他同產品類別的廣告主也鎖定同一群目標閱聽眾。例如，在商業版中，可能會有家庭融資貸款或財務服務的廣告。

存活時間短

在大部分美國家庭中，報紙通常很快被閱讀然後就擺在一邊。克服這種限制的方式之一是同時購買日報好幾個不同版位，或一週內購買好幾次。即使讀者沒有花很多時間來看報紙，可能還是有多次曝光機會的。

報紙廣告類型

報紙廣告有幾種不同型態可供廣告主選擇。

展示廣告

這是廣告主最常使用的廣告型態。

報紙中的展示廣告（display advertising）包含平面廣告的基本組成要素：標題、主文案與插圖──用來和報紙中的新聞相區分。展示廣告中一種重要的型態是由製造商贊助的合作式廣告。在合作式廣告（在第 1 章中有介紹）中，地區性的商家如果在廣告中有提到製造商的品牌，那麼製造商就會支付部分的媒體費用。合作式廣告也可以是全國性的。英特爾投資相當比重預算在合作廣告中，只要電腦製造商在平面廣告中提到 Intel Inside，就是合作廣告。由於付款方式過於複雜以及要提出廣告實際播出證明，因此，合作廣告預算真正被零售商或合作夥伴運用的比例並不高。

夾頁廣告

夾頁廣告不是印在報紙上，而是隨報紙夾送出去。夾頁廣告又可以再分為兩種。**廣告樣稿**（preprinted insert）是已印製好的廣告，送到報社中隨報紙送出。第二種夾頁廣告是**隨報附送折價券**（free-standing insert，簡稱 FSI），上面是各類產品的折價券，通常是夾在週日報紙中送出。必勝客（Pizza Hut）比薩常使用 FSI 來發送折價券。必勝客比薩的隨報附送折價券吸引報紙讀者的原因有二。第一，它是單獨一大張夾頁，因此容易吸引注意。第二，隨報附送折價券通常用比較高品質的紙張印製，在品質和顏色各方面都比報紙更有吸引力。

分類廣告

分類廣告（classified advertising）是一種全文案型態的廣告，出現在如運動用品、人事以及汽車類別中。許多分類廣告的刊登者都是個人，但不動產經銷商、汽車經銷商或建設公司也都會刊登分類廣告。在過去十年中，分類廣告的預算也從傳統報紙轉移到數位媒體上。

報紙的未來

未來會有更多數位報紙，而傳統報紙也會更加數位化。在本章前面，我們提到報紙的發行量持續下滑——即使數位訂閱戶和線上閱讀都在增加。要繼續作為一個有效的廣告媒體，報紙必須隨著閱聽眾和廣告主的需求來進行轉型調整，因為這是報紙的主要收入來源。首先，報紙必須繼續扮演地方新聞來源的角色——因為其他新媒體在這方面無法像報紙那麼有權威性。有些分析師將此一機會稱為報紙的「**超級在地化**」（hyper-localism），讀者會上網去搜尋全球性或全國性的新聞，但在買油漆時，還是需要到地方性報紙上找折扣優惠。

有些分析師建議報紙採用一種「**查詢再付費**」**廣告模式**（pay-for-inquiry advertising model）。這種查詢再付費的方式是廣告主收到消費者對廣告的回應時，廣告主再付費給媒體（這裡是報紙）。廣播、電視與網路（點擊付費）使用這種查詢再付費的方式已經有一段時間。如果報紙要繼續成為一個適用的媒體，下面這些是必須要做的：

- 繼續提供關於地區性議題的深度報導。
- 繼續提供全國性與全球性的新聞，可以吸引關注這些新聞的讀者。
- 採納網路對廣告主所使用的付費機制：對廣告主負責，提供地區性廣告主「查詢再付費」的廣告模式。
- 繼續擔任最佳地方資訊來源的角色，讓消費者可以從報紙上獲得關於產品特性、價格的詳細資訊。
- 提供消費者／購買者透過線上報紙電腦服務的購物選擇。
- 利用社群媒體來涵蓋地區性的活動、使用者自製內容及與讀者對話。
- 在品牌整合行銷傳播中，加強與新媒體的連結。

LO 3

12-2b 雜誌

和報紙一樣，雜誌也在媒體世界的轉型趨勢中努力求生存。雖然有一些失敗了，但也有一些在發行量和閱讀率上都有提升。有一些雜誌因其內容專業，鎖定的讀者也是廣告主所想要接觸的。事實上，許多廣告主認為雜誌在接觸目標閱聽眾上是更有效果的。尼爾森市調公司的研究也顯示，消費性包裝產品的雜誌廣告投資報酬率比傳統電視廣告、展示廣告、行動廣告等類型都還要好。在澳洲針對食物雜誌讀者所做調查結果顯示，82%的讀者受雜誌內容的影響，58%則明確地受廣告的影響。此外，看到食物雜誌中廣告的讀者，對廣告的品牌有較高的認知度和信任感。

和報紙一樣，好幾位主要廣告主在雜誌預算的支出也是下降的，反應出投放傳統媒體預算下降的趨勢。和報紙一樣，雜誌也有其優缺點，提供不同的廣告成本和購買程序，閱聽眾效果測量方式也不同。

雜誌的優點

除了和數位媒體相輔相成之外，和報紙或廣播媒體相比，雜誌也有一些優點：閱聽眾選擇性、閱聽眾興趣、創意機會及存活時間長。

閱聽眾選擇性

和其他媒體相比，雜誌的主要優點是它可以鎖定相當選擇性的閱聽眾。

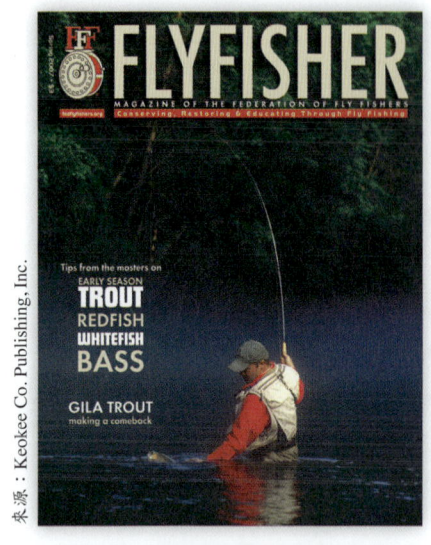

圖 12.5　專業性雜誌讓廣告主可以有效地鎖定專業的市場。

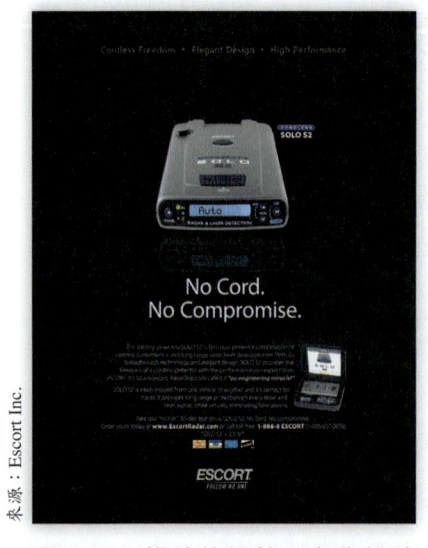

來源：Keokee Co. Publishing, Inc.

圖 12.6　雜誌的優勢：專業雜誌內容吸引有特殊興趣的閱聽眾，閱聽眾則吸引廣告主。這則廣告出現在專業汽車雜誌中。

來源：Escort Inc.

這種選擇性可以根據人口統計（例如年齡）、生活風格（例如健身）或特殊興趣（例如釣魚）來劃分，雜誌廣告內容就可以觸及到精準的目標閱聽眾。閱聽眾區隔可以非常窄，例如，閱讀《新娘》雜誌（*Brides*）的閱聽眾，也可以廣泛地包含不同興趣，例如《時人》雜誌。這種廣泛的區隔方式也吸引一些廣告主投入預算。但也有一些雜誌因其精準的區隔也吸引不少忠誠的讀者。還有一些則是地理區特定的雜誌，專精於該都會區的報導。

閱聽眾興趣

不同於其他媒體，雜誌是因為其內容而吸引讀者的注意。雖然電視節目也是因為閱聽眾感興趣而收看，但雜誌讀者卻是自願的暴露在廣告之下。讀者因為對某一主題有興趣而閱讀該雜誌，在這種情況下，他們對廣告主的訊息的接受度也是很高的。

創意機會

雜誌提供多種不同的創意機會。不同的版面大小、顏色的運用、空白的運用等，並發揮閱聽眾的特殊興趣，雜誌提供了一個絕佳的創意環境。大部分雜誌都使用高品質的紙張，因此，色彩再現的品質是很好的。另外一些雜誌的創意運用還包括使用有香味的紙，或立體模型等。以圖 12.7 保時捷汽車（Porsche）廣告為例，

該品牌為了吸引富裕的汽車買主，讀者可以將廣告頁面中的塑膠稜鏡撕下來組裝成一個觀看器，放在平板電腦上就可以觀看保時捷 911 的 3D 影片。雜誌廣告是整個品牌整合行銷傳播活動中一個很好的媒體，另外也搭配了社群媒體和直接郵件。這個獨特的廣告吸引了很多口碑，也讓廣告公司得獎。

圖 12.7　保時捷 911 汽車在雜誌中使用可撕下的稜柱體，讓消費者可以利用筆電來觀看產品的 3D 影片。

存活時間

許多訂戶都會收藏雜誌。因此，雜誌可以不定期的被拿出來閱讀。有一些雜誌則是長期收藏當作參考用。除了訂戶本身會不定期重複閱讀外，雜誌還有「傳閱」（pass-along readership）的效果。因此，一本雜誌可能有 1 萬的訂閱戶，但傳閱數可能會是 10 萬。另外，雜誌也很適合和其他的品牌整合行銷傳播相互整合運用。

雜誌的缺點

雖然雜誌的閱聽眾是有選擇性的，但這也可能造成一些問題。其他缺點包括前置時間長以及相對成本。

有限的接觸率和頻率

雜誌的閱聽眾選擇是優點，但也同時造成一些缺點。由於精準鎖定某一族群，那麼雜誌的整體接觸率也會愈低。因為大部分的雜誌都是週刊或月刊，廣告主如果只使用一本雜誌的話，要達到經常曝光是有難度的。為克服這項限制，廣告主經常使用好幾本雜誌鎖定同一群目標閱聽眾。因為同時在不同刊物中刊登廣告，廣告的接觸率和頻率就可以提高。

擁擠

相較於報紙，雜誌可能比較不「擁擠」，但對訊息的傳遞還是造成一些影響。在雜誌的內容中，大約一半是編輯與娛樂內容，另一半則是廣告，但

在一些專門性的雜誌中，廣告可能占了 80%。由於這類雜誌鎖定的目標閱聽眾相當精準，因此，在雜誌中刊登廣告的品牌可說是在直接競爭。除了這樣擁擠的廣告環境外，還有另一種情況也可能影響某些雜誌類別。當市場中出現新的區隔時，就會出現一堆「類似」的雜誌爭取讀者和廣告主的注意。在圖 12.8 中，我們

圖 12.8　從各種不同雜誌的封面中就可以看出雜誌的特性。

來源：imageslogotv

可以看到一些鎖定特定消費者生活風格或人口統計的雜誌，從其中，我們也看到了一些創意機會以及雜誌如何迎合閱聽眾選擇性和興趣。

前置時間長

廣告主的廣告必須在刊登前 90 天就準備好。如果錯過提交廣告日期，那可能又要再等待一個月。至於提交出去的廣告，在這 90 天中也不可以更改，即使外在大環境中有一些改變，廣告也不能做調整。

成本

雜誌的每次接觸成本可能不像其他媒體（特別是直接郵件）那麼高，但還是比大部分的報紙和廣播的接觸成本要高。雜誌廣告頁面價格因位置而有不同訂價，封底或封面裡的價格都相當昂貴。

✎ 雜誌的未來

雜誌是否能在未來繼續作為廣告媒體，有兩個重要因素要考慮。首先，和其他傳統媒體一樣，雜誌也要轉型來適應數位、社群與行動媒體的機會。許多雜誌已將其內容和廣告調整能透過行動裝置、筆電或行動電話來讀取。許多雜誌出版商擔心數位出版會影響到紙本出版品的廣告收入，但許多出版商已從紙本和數位兩種出版品中獲得收益。

第二個影響因素則是出版商在找尋數位出版之外，互動環境中其他的機

會。例如，有些雜誌開始在網路上銷售其雜誌中廣告的商品。雜誌也開始將內容刊登在其他媒體上，例如電視和社群媒體，讓消費者除了平面雜誌外，增加和雜誌品牌互動的機會。

12-3 電視與廣播：策略企劃考量

影像與聲音、顏色與音樂、動作與特效，這些都是電視廣告優於其他媒體的特性。在大部分地區，電視還是主要的娛樂和資訊媒體。廣播廣告也有其優點。廣播能傳送到許多地點以及廣播本身的創意特性，也讓廣播提供重要的傳播機會。廣告主都充分了解電視與廣播廣告的力量，每年投入在這些媒體的預算也是非常龐大的。

LO 4

12-3a 電視

對廣告主來說，電視有兩大優勢。首先，電視提供絕佳的創意機會供品牌傳達其價值。引人注目的色彩、動作畫面及音響效果，都能將品牌塑造出獨特的風格。其次，當品牌塑造的工作完成之後，不同的通路——廣播、有線電視、衛星電視及互動電視——都可以在相對單次接觸成本較低的情況下，將其傳送給眾多的消費者，當然，其前期的投資相對是較高的。舉例來說，假設在超級盃球賽播放 30 秒的廣告費用是 500 萬美元，但如果將此費用除以接觸率，再加上消費者這時候主動接受訊息而非跳過廣告的意願是較高的情況下，這其實是相當划算的投資。此外，電視也容易和數位做整合，包括 YouTube、品牌網站及社群網站等，這樣可以達到最大的綜效。

平均來說，每個美國家庭大概有 2 台以上的電視機，但現在也有更多的消費者選擇在數位裝置上收看節目。無論是在電視或其他裝置上收看，廣告主還是有機會能藉此接觸到廣大的閱聽眾。接下來，我們先介紹一下電視的類別。

電視類別

在過去 25 年中，電視有相當長足的發展，演化成幾種不同的類型，消費者可以從中選擇要收看的新聞和娛樂節目，廣告主也可以選擇要接觸的消費者。電視大致可以分成下列類型：電視聯播網、有線電視及地區電視（我們也會介紹網路與互動電視）。

電視聯播網

電視聯播網（network TV）是指電視台以多個地區性頻道共同播出同一組節目的運作形式。聯播網的節目可以透過廣播、有線、衛星訊號、行動 app 或智慧型手機等各種載具來傳送。廣告主可以在節目中購買廣告來接觸不同市場的消費者。電視聯播網大約可以接觸到 90% 的美國家庭。

電視聯播網當然也面臨激烈的競爭，但其在節目播送上的創新，也讓電視聯播網持續成長。舉例來說，超級盃球賽吸引 1.1 億電視觀眾收看，在串流影音上每分鐘則有 200 萬人收看。30 秒廣告的廣告費是 500 萬美元。一般的節目播送費用則比較合理。其他的電視類型可能無法像電視聯播網有這樣的廣度可以接觸到廣大的閱聽眾以及龐大的廣告收入。

有線電視

有線電視源自於 1940 年代的社區共同天線電視。到今日，它已發展成一個全球性的傳播力量。**有線電視（cable TV）**是透過電纜線將節目傳送給訂戶。在美國，大約有 6,000 萬的基本有線電視訂戶（占美國家庭戶數的 58%），收看的節目頻道包括運動、娛樂、新聞、音樂錄影帶及家庭購物節目。由於在黃金時段收看有線電視的觀眾數目增加，因此，有線電視作為廣告選項的力量也在增加。雖然有線電視的頻道數和節目數都相當多，但有線電視也開始投資製作原創節目以吸引區隔過的消費者，例如 ESPN 就是吸引對運動有興趣的族群，這也是許多品牌的廣告機會。

隨選視訊

在電視類別中成長相當快速的一種類型是**隨選視訊（video on demand，簡稱 VOD）**。有線電視和電視聯播網都有提供隨選視訊的服務，其中都有一些刊登廣告的空間。此外，網飛和亞馬遜也都有訂閱型的隨選視訊服務。還

有一些業者在嘗試其他組合：例如付較多費用免看廣告，或付較少費用但要看廣告。隨選視訊服務最主要的特色是讓消費者可以自己選擇要看什麼以及什麼時候收看。

當愈來愈多消費者轉向隨選視訊服務來觀看節目，藉此避開廣播和有線電視中的大量廣告資訊時，媒體業者也開始測試如何在隨選視訊服務中提供較友善的廣告刊播服務，例如，串流影音業者可以根據觀眾的收看習慣在不同影集中插播不同品牌的廣告（鎖定觀眾需求）。奧利奧餅乾則和福斯集團合作在其隨選視訊服務和網路電視服務中播出互動式的廣告。

地區電視

地區電視（local TV）則是由獨立電台或聯播網中的聯播合作台提供節目給地區性的觀眾。完全獨立的電台播放老電影、情境喜劇或是兒童節目。聯播網中的聯播合作台每週由聯播網提供 90 小時的節目內容，其他時間的節目內容則由合作台自己決定。節目內容包括新聞、電影或一些社區性的內容，費用則是以地區性費率來計價。廣告收入主要歸地區電視台。

網路／平板電腦／智慧型手機電視

當然，這是電視傳送方式的下一個趨勢，也就是透過網路／平板電腦／智慧型手機來傳送或下載節目內容。「隨處都是電視」，廣告主也能和這些隨時都在網路上的消費者連結，這讓廣告主相當振奮。

根據追蹤數據顯示，每年有數以百億的電視節目透過影音串流方式下載，幾家主要媒體業者如福斯、CBS、NBC 與 ABC 都有線上的影音串流平台。有一些業者提供無廣告的節目內容，有一些則是收較高的月費而無廣告的內容。一些業者則合作互相提供內容，以訂閱方式供觀眾收看。由於在網路上提供內容的方式日益多元，透過傳統有線電視來收看節目的方式自然也受到威脅。還有不可忽視的則是透過智慧型手機收看節目的趨勢，對廣告主來說，廣告更能「隨時隨地」接觸到消費者。

✎ 電視的優點

許多大型企業主每年在電視廣告的預算都相當高，因為電視廣告有下列優勢。

創意機會

與其他媒體相比，電視的最大優勢在於其優異的聲光效果，此外，電視科技部分的新發展，也提供這項媒體更多的創意機會。

涵蓋率、接觸率與重複

在美國，電視可接觸到 96% 的家戶，大約是 3 億人。這些家戶涵蓋了各種不同的人口統計組成，因此，廣告主可以接觸到不同的族群。此外，不同類型的電視（有線、衛星、網路），都讓電視的涵蓋範圍更為擴大。電視也讓廣告主的廣告訊息可以不斷重複播出。隨著程序化購買方式的出現，廣告主也可以依市場來進行閱聽眾的選擇和鎖定，而不再需要做全國性的購買。

單次接觸成本

對以大眾市場為目標的企業主來說，電視在接觸大量目標閱聽眾的單次接觸成本相對是較低的。例如，在黃金時段的節目，平均可以接觸到 1,100 萬家庭，收視率較高的節目也可以接觸到 6,000 萬的家庭。因此，相對成本可說是較低的。

閱聽眾選擇性

電視節目在規劃上也會先進行目標閱聽眾的界定。「窄播」（narrowcasting）就是設計與傳送專門的節目給精確鎖定的目標閱聽眾。有線電視和衛星電視可說是最選擇性的電視，例如，ESPN 是以運動為主的頻道，閱聽眾是對運動有興趣的消費者。透過網路或行動裝置傳送的串流影音則更為選擇性，因為先經過大數據分析來篩選可能的目標閱聽眾。

電視的缺點

電視是一個絕佳的廣告媒體，當然，還是有一些限制存在的。某些限制可能會減損電視廣告的力量。

短暫的訊息

電視廣告雖然有豐富的聲光效果，但影像也是瞬間就從眼前移動過去了。和平面廣告可以仔細觀看不同，電視廣告的這個特性讓廣告要產生影響是比較困難的。因此，廣告主投入相當的經費來製作廣告以減少這個缺點。

絕對成本高

電視廣告的單次接觸成本是所有傳統媒體中最好的，但其絕對成本也是最高的。在黃金時段播出的 30 秒電視廣告，費用是 11.2 萬美元，如果又是首播的熱門節目，那廣告費更高到 34.5 萬美元。非黃金時段 30 秒廣告的廣告費則介於 2 萬到 5 萬美元。另外，還有製作費的問題，一支有品質的 30 秒電視廣告約 30 到 40 萬美元。這些費用加起來都足以讓許多廣告主卻步。但對全國性消費者產品廣告主來說，考慮到涵蓋率、接觸率及重複的優勢，電視廣告的絕對成本還是可接受的。

地理區選擇性差

雖然電視節目內容可以針對特定族群來設計，但節目的傳送無法針對小的地理區來做設計。當全國性廣告主要以某個城市作為目標對象的時候，電視的播送區域範圍太廣了。同樣地，當一個地區性零售商要使用電視來接觸地區性區隔時，電視的訊號傳送範圍又太廣——除了增加廣告主的成本外，也無法吸引更多的顧客。但較新的技術發展可以讓地理區選擇更精確，對電視廣告主來說是一個利多。

閱聽眾態度與注意度差

從電視廣告開始出現在螢幕上，消費者對廣告這種侵入式的訊息就是反感的。每當節目劇情內容要達到最高潮的時候，電視廣告就出現了。這種非自願而又干擾的電視廣告也讓其成為消費者最不信任的廣告形式。根據一份消費者情緒追蹤調查顯示，只有 17% 消費者表示在購買新車時會受到電視廣告的影響，但有 48% 表示直接信函廣告會影響他們的購買決策。但另一點值得注意的是，刺激立即的購買並不是電視廣告的主要任務。形象的建立和知名度才是電視廣告的主要目標。

由於對電視廣告的既存印象並不佳，因此消費者也有很多方法來避開廣告的轟炸。在廣告播出的時候，消費者會離開去冰箱找食物、或和旁邊的人說說話，還有一種方式，就是拿著遙控器一直轉台，這些都是避開廣告的方式。當消費者一直重複曝光在相同廣告之下時，這些避開廣告的行為就不可避免的會一直出現了。

擁擠

因為電視廣告所具備的所有優點，也因此創造了一個缺點：擁擠的環境，在每小時的節目時間要擠入幾分鐘的廣告。難怪在調查中，65% 的消費者認為「隨時不斷受到太多廣告的轟炸」。根據另一項調查，如果是在串流影音上觀賞無廣告的節目，那每天可避開 25 分鐘的廣告，如果是一年的話，大約是 24 小時。除了這種擁擠的廣告環境外，對電視廣告的另一項批評就是它可能對觀眾產生一種特別的影響力，因此，也有一些批評者認為應禁止某些特定類型的廣告。

✎ 測量電視閱聽眾

電視閱聽眾的測量主要在了解不同電視節目的收視觀眾人數以及其組成。廣告主根據這些數據來決定要在哪些節目中購買廣告。這些測量數據也決定廣告時段的費用。觀眾人數愈多、組成閱聽眾的輪廓愈有吸引力，廣告費自然也就愈高。

下面是一些測量電視閱聽眾時所用的一些資訊。

電視家戶

電視家戶（TV households） 是一個市場中擁有一台電視的家庭數目。因為在美國 96% 的家庭都擁有一台電視，因此，家庭總戶數和電視家戶數幾乎是一樣的，大約是 1 億。

使用電視家戶數

使用電視家戶數（households using TV, 簡稱 HUT） 是在特定時間中，打開電視（電視有使用）的家庭戶數。

節目收視率

節目收視率（program rating） 是在一市場中，在某一特定時間，打開電視收看某一節目的家戶百分比。節目收視率的計算公式如下：

$$節目收視率 = \frac{收看某節目的電視家戶數}{市場中的電視家戶總數}$$

第 12 章
媒體企劃：報紙、雜誌、電視與廣播

收視率（rating point）指某地區所有電視家戶中，有 1% 收看某一節目。如果某個節目有 1,950 萬家戶收看，那麼節目的收視率就是：

$$節目收視率 = \frac{19,500,000}{95,900,000} = 20 \text{ 收視率}$$

節目收視率可以用來測量電視的觀眾，這也是電視台對不同節目的廣告收費基本標準。廣告主在計算接觸率和頻率以安排媒體計畫時，這也是會使用到的數據之一。

閱聽眾占有率

閱聽眾占有率（share of audience）是在特定時間中有打開電視，並收看某一特定節目的家戶比例。如果 6,500 萬家戶在某一節目播出時，有打開電視，而該節目吸引了 1,950 萬家戶，那麼閱聽眾占有率如下：

$$節目占有率 = \frac{收看某節目電視家戶}{總電視家戶中使用電視家戶}$$

$$= \frac{19,500,000}{65,000,000} = 30 \text{ 占有率}$$

電視的未來

對電視未來的展望是期待有更多的觀眾的參與。另一個也很重要的概念則是「隨處有電視」。當然，更不可忽略的是串流影音網站的興起，這取代了有線電視，當然也影響到觀眾的數目和組成。

還有一個重要的問題，則是觀眾在觀看電視時能夠忍受的「廣告數量」，相較來說，在網路上收看時，廣告數量是較少的。近年來，在廣播電視的廣告量大約在 10 到 12 分鐘，有線電視則在 11 至 13 分鐘。有些電台在測試減少廣告時間或較短的廣告時段，或插播廣告的類型和節目內容有關等方式是否會影響到收視的狀況。但要讓網路電視獲利，降低廣告數量可能是不

可行的，但增加廣告數量是不是也會降低網路的收視率呢？或者網路電視可以透過參與和互動來維持消費者對品牌訊息的投入？但也要注意的是，消費者也不喜歡會干擾他們線上／行動體驗的任何廣告。

電視和社群媒體的合作也是一項機會。分析師認為由於廣告主們將社群媒體當作是品牌的傳聲筒，在電視廣告播出後，利用社群媒體來和消費者互動，因此，電視可將此視為一個機會。現在許多電視廣告中都會出現主題標籤或其他社群元素來鼓勵互動以及製造口碑。即使沒播放廣告也有可能激發互動。某品牌就邀請消費者到網路上去觀看他們被禁止在超級盃播出的廣告。

當然，未來是很難預測的，但電視還是會繼續扮演提供娛樂和資訊的角色。便利、低成本及多樣性的節目，對消費者還是充滿了吸引力。雖然有些限制存在，但對許多廣告主在進行品牌整合行銷傳播組合時，電視還是會繼續扮演重要的任務。

LO 5

12-3b 廣播

在主要媒體中，廣播似乎是最不受人矚目的媒體。但事實並非如此。在許多大型廣告主的媒體計畫中，廣播扮演非常重要的角色。因為廣播的獨特性，廣告主每年投入 80 億美元廣播廣告預算來接觸全國和地區性的聽眾。廣播的類型也相當多元，這也是廣告主使用廣播的原因。

廣播類型

廣播提供許多不同的類型。全國性和地區性的廣播電台就提供了地理區的選擇。下面我們介紹幾種類型：聯播網、調頻（FM）與調幅（AM）、網路／行動。

聯播網

廣播聯播網（radio networks） 的運作方式和電視聯播網類似，節目透過衛星傳送到全美各地的聯播電台。廣播聯播網的節目主要包括新聞、運動、商業報導與短篇的特別報導。

調幅廣播和調頻廣播

調幅廣播是使用振幅調變（amplitude modulation, AM）方式來傳送訊號，它的頻段在 540 到 1600 kHz。一直到 1970 年代之前，AM 一直是廣播的基礎。但由於 AM 廣播，即使是最新的立體聲 AM，在聲音品質上還是不如調頻廣播，因此，大部分的調幅廣播電台都以地區性社區廣播或新聞、談話型態為主。調頻廣播使用頻率調變（frequency modulation, FM），聲音品質較佳。因此，調頻廣播吸引了各種類型的音樂。現在，調幅和調頻都可以透過網路和行動裝置來播送，提供廣告主行動廣告的機會。

網路／行動裝置廣播

網路廣播吸引很多愛好者。有一些電台提供聽眾可以使用電台或是建立他們自己的電台來播放聽眾自己的歌單。傳統廣播電台將節目內容傳送上網供免費收聽，包括廣告在內。有些數位廣播電台提供訂閱收費，有些則免費。使用行動裝置收聽廣播也提供廣告主接近目標閱聽眾的機會，無論他們是在運動中、通勤中或走路中。

✎ 廣播廣告類型

廣播廣告有三種基本類型：地方廣播廣告、聯播網廣播廣告或全國性廣播廣告。每年，地方廣播廣告占所有廣播廣告預算的 80%。在**地方廣播廣告**（local spot radio advertising）中，廣告主直接在地方電台下廣告，而不是透過聯播網。地方廣播廣告在廣播廣告中占有如此大比重的原因是全美有超過 1 萬家地方廣播電台，廣告主有很多的選擇。此外，地方廣播廣告也精準地接觸到地區性的目標閱聽眾，對地區零售商是絕佳的選擇。

聯播網廣播廣告（network radio advertising）是在全國性聯播節目中播出的廣告。由於廣播聯播節目較少，廣告主每年投入的預算大約是 6 億美元。

全國性廣播廣告（national spot radio advertising）則是在全國聯合廣播節目中播出的廣告。如果有和聯播網簽約，廣告主的廣告就可以透過 5,500 家電台接觸到百萬聽眾。

廣播的優點

雖然廣播不是非常搶眼的主要媒體，但和報紙、雜誌與電視相比，它還是有一些獨特優勢。

成本

就單次接觸和絕對成本來說，廣播是最有成本效益的媒體了。60 秒的聯播廣播廣告費用大約在 5,000 至 10,000 美元，相較來說，是相當便宜的。廣播廣告的製作費也不高，如果廣告是在地區廣播中即時宣告，那幾乎是沒有成本的。

接觸率和頻率

廣播是所有媒體中涵蓋率最廣的，在 12 歲以上（2.41 億人）的美國消費者中，大約有 90% 的聽眾每週都會聽廣播節目。廣播幾乎是可以隨處收聽的。低廉的廣告費用也讓廣告主可以在低絕對成本和單次接觸成本下，不斷重複訊息。

目標閱聽眾選擇性

廣播可以根據地理區、人口統計、人口心理／生活型態這些特性來選擇目標閱聽眾。地區性電台的訊號發送範圍限制讓廣告主可以更精準地鎖定地區性的目標閱聽眾。對只有一家店面的地區性商家來說，這是最適合的媒體了。廣播節目類型和不同的時段（dayparts）也讓目標閱聽眾更有選擇性。還有，各家電台不同的形態（搖滾樂、輕音樂、鄉村、新聞、談話性等）都吸引了不同類型的聽眾。

彈性與即時

廣播的廣告截稿時間最短，因此是最有彈性的媒體。廣告主可以在播出時間之前提出廣告。因為有這個彈性，如果有特別的活動或是獨特的競爭機會出現時，廣告主就可以善用這個彈性來做調整。

創意機會

雖然廣播只提供一種感官刺激，但它還是可以創造出有力的創意衝擊。

廣播被稱為「心靈的劇場」。另外，吸引聽眾收聽廣播的音樂類型也可以吸引聽眾注意收聽廣播廣告。研究顯示，喜歡特定類型音樂的聽眾，當廣告中使用他們聽過或喜愛的歌曲時，他們也會比較注意聽廣告。

廣播的缺點

廣播當然也有缺點存在。廣告企劃人員在決定廣播在整合行銷傳播計畫中所要扮演的角色時，也要先了解這些缺點。

閱聽眾專注度差

廣播也被稱為「聲音壁紙」，雖然廣播是無所不在，但不表示大家都有注意聽。當消費者在處理別的事情的時候，廣播提供了一個舒服的背景聲音──對吸引聽眾注意聽廣告可能不是那麼的理想。如果消費者在開車時候聽廣播，當廣告出現時，他可能會開始轉台，或一邊聽廣播同時也注意路況。

創意限制

雖然心靈劇場是絕佳的創意機會，但要發揮這項優勢是有困難度的。只有聲音的創意其實是一種創意妥協。對需要示範或視覺衝擊的產品來說，使用廣播就會有一些創意上的損失。和電視一樣，廣播的訊息也是播出後就消失的。

碎片化的閱聽眾

在同一市場中數量眾多的廣播電台，卻想要吸引同一群閱聽眾，這造成了碎片化的現象。可能的情況是這樣的：在同一地區中，可能有好幾家電台都播放你喜歡聽的音樂，或者是，愈來愈多電台都採取談話式的節目類型來播出。這種碎片化代表收聽任何一家電台的人數都會愈來愈少。

混亂的購買程序

當廣告主想要選擇廣播作為全國性廣告計畫的一部分時，購買程序是會讓廣告主覺得混亂的。因為全國性的聯播網並沒有觸及到每一個地理區市場，廣告主必須向地區性的廣播電台一家一家的做購買。這需要很多的協商和個別的合約。

廣播的未來

　　衛星廣播通常不會有太多的廣告，同時也提供聽眾更多元、更精細的選擇來配合聽眾的收聽偏好。這是一項優勢，另外就是聲音技術上的進步，還有另外在傳統廣播市場中在進行的整併，這些都是一些機會。消費者可以將廣播節目品質的一致性和這些機會做連結，廣告主在購買廣告時段上可能也會更容易。透過數位裝置收聽廣播也改變了聽眾的收聽行為。最後，廣告主也要繼續關注訂閱的串流廣播在接觸率和曝光度上的影響與衝擊。

13 媒體企劃：數位、社群與行動媒體

學習目標

在閱讀本章並思考其內容後，你應該能夠：
1. 了解在廣告與品牌整合行銷傳播中，數位、社群與行動媒體之間相輔相成的角色，以及品牌在這些媒體中的選擇。
2. 了解虛擬身分對消費者及線上品牌的重要性。
3. 了解數位廣告與線上搜尋的基本概念。
4. 了解電子商務基本概念和品牌整合行銷傳播的關聯，以及如何從電子廣告、社群媒體與線上搜尋中出發。
5. 認識數位、社群與行動媒體的優點，並運用在廣告與品牌整合行銷傳播活動中，以及社群媒體的隱憂，如安全和隱私問題。
6. 了解不同品牌整合行銷傳播工具要如何整合。

13-1 數位、社群與行動媒體在品牌整合行銷傳播協同作用中的角色

數位、社群與行動媒體在廣告中的角色絕對是重要的，而其重要性更是與時俱增。這些媒體創造了一些新的語詞，有聽過「加我」、「line 我」這些用詞吧？這些網路語言和品牌改變了網路消費者的行為、廣告以及品牌塑造——還有搜尋的方式，甚至是未來在廣告職涯中的發展。了解消費者對社群媒體、網路廣告、行動行銷及電子商務的想法、感覺及行動是重要的。網路廣告主想要了解消費者為什麼上網、上哪些網站，還有這些行為如何影響他們線下的行為，以及哪些是會引起消費者興趣的。非營利組織對網路消費者行為也是非常感興趣的，這可以幫助他們在網路知名度建立和募款行為上有更好的成果。圖 13.1 架構圖說明本章所介紹的媒體要如何和廣告與品牌整合行銷傳播中的其他媒體做整合運用。

網路廣告主了解要增加品牌在網路上的能見度，與消費者所使用的社群媒體互動是重要的，這包括部落格、臉書、Instagram、推特、YouTube 等。大型領導品牌以及新的品牌都根據消費者行為來調整其企業網站與數位／社群／行動媒體目標，且增強其在廣告與品牌整合行銷傳播的投資報酬率。另外一個趨勢則是程序化的媒體購買，在未來，這也會更重要。

13-1a 社群媒體與 Web 2.0

網路 2.0（Web 2.0）強調的是互動性的線上溝通、參與以及建立有意義的連結。第一代的網路是單向的訊息傳送與資訊的擷取；Web 2.0 強調的是消費者用科技來做什麼以及如何使用科技。消費者創造資訊並張貼評論，同時也增加（或張貼負評減少價值）社群網站的價值。這是使用者自製內容（UGC）或消費者自製內容（CGC）。Web 2.0 強調的是大量的協同創作，個人為自己也同時為他人創造價值。在行銷領域中，重點在品牌與組織能夠「被喜歡」並透過網絡被消費者討論以及分享。組織也希望能透過網路以及

第 13 章
媒體企劃：數位、社群與行動媒體

第一篇　商業與社會中的廣告與品牌整合行銷傳播

- 廣告與品牌整合行銷傳播的世界（第1章）
- 廣告與行銷傳播業的結構（第2章）
- 廣告與行銷傳播的社會、道德及法規層面（第3章）

第二篇　廣告與品牌整合行銷傳播的環境分析
- 廣告、品牌整合行銷傳播與消費者行為（第4章）
- 市場區隔、定位與價值主張（第5章）
- 廣告研究（第6章）
- 廣告與品牌整合行銷傳播企劃（第7章）

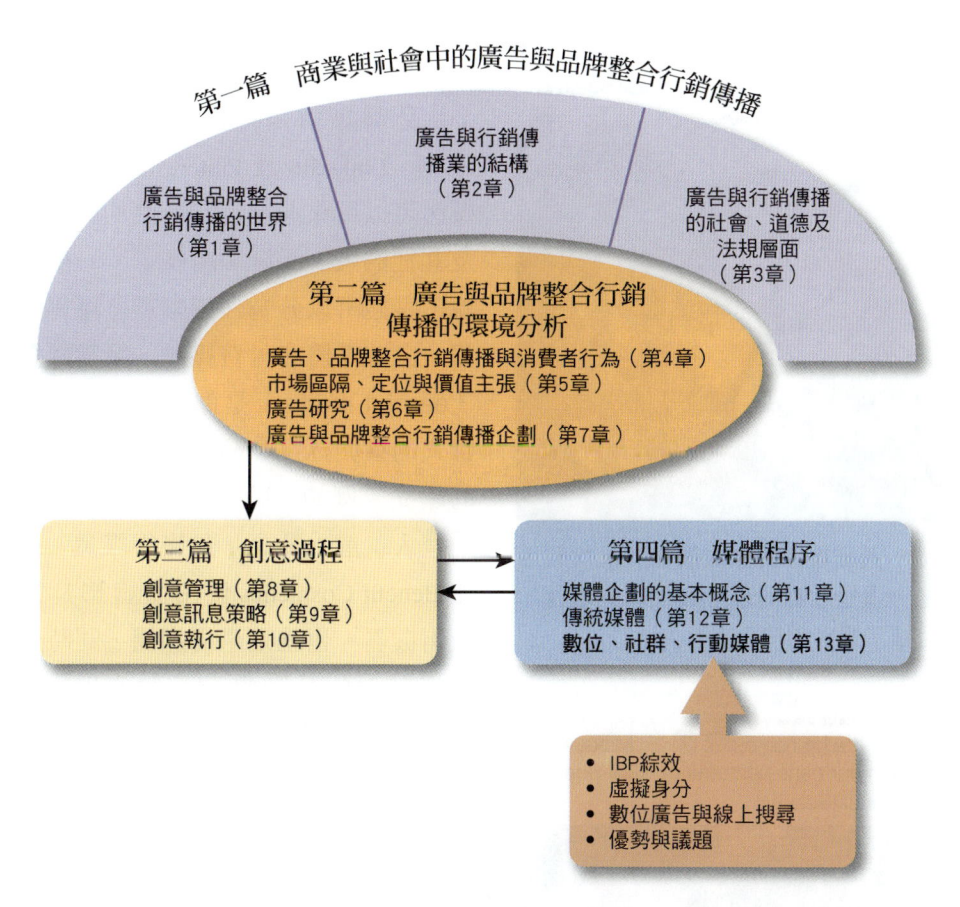

第三篇　創意過程
- 創意管理（第8章）
- 創意訊息策略（第9章）
- 創意執行（第10章）

第四篇　媒體程序
- 媒體企劃的基本概念（第11章）
- 傳統媒體（第12章）
- 數位、社群、行動媒體（第13章）

- IBP綜效
- 虛擬身分
- 數位廣告與線上搜尋
- 優勢與議題

圖 13.1　考慮這個數位、社群和行動廣告架構圖以及將這些數位平台與傳統媒體整合到強勢品牌的整體重要性。

社群媒體和現有消費者互動，並成為消費者討論的話題。

　　數位行銷在改變廣告的環境。但即使產業的重點是在數位，如何將數位、社群及／或行動媒體和品牌整合行銷傳播中的其他形式，如戶外、平面、公關或活動相互協調整合運用是更加重要的。圖 13.2 中，速霸陸（Subaru）這個品牌運用數位媒體將品牌和活動連結。

圖 13.2　速霸陸運用數位廣告將品牌和活動連結，這個活動的理念和品牌的環保、都會目標消費者相符合。

來源：Subaru

圖 13.3　Benefit Cosmetics 使用社群媒體宣傳她的產品以及在推特上的其他帳號，透過多元的對話方式和消費者建立連結。

來源：Benefit Cosmetics LLC

13-1b 社群媒體中的媒體類型

社群媒體是指推特、YouTube、臉書、LinkedIn 及 Pinterest 等，這些媒體可以用來連結人和他們的網絡以及其他的人、品牌、組織等。一般來說，媒體可以分為三種類型：贏得媒體、自有媒體和付費媒體。**贏得媒體（earned media）**是你的品牌透過病毒式的參與以及和品牌的互動所獲得的曝光。例如，臉書上的「喜歡」、「登入」或「分享」是贏得媒體。例如 Benefit Cosmetics 使用臉書影片來吸引觀看，也就是贏得媒體，同時也支援其他的品牌整合行銷傳播（圖13.3）。關於贏得媒體還有一件事值得注意，就是品牌並沒有支付費用來贏得這些口碑，因此，技術上來說，這並不算是廣告，因為傳統廣告是要付費的。

第二類是**自有媒體（owned media）**，這是品牌在社群網絡中建立的品牌網站，例如品牌的臉書專頁或一個 app。**付費媒體（paid media）**則是可以在社群網絡或其他數位平台上以付費方式購買的廣告。在傳統的付費廣告方式中，品牌透過廣告要求消費者「採取行動」，然後在臉書等社群媒體上「喜歡」品牌。但在社群媒體的操作方式中，有一些媒體操作是

需要支付費用給社群媒體的，但有一些則是免費的，例如，在「贏得媒體」的情況中，是指你的臉書上的朋友在試用過、觀看過臉書影片之後，對品牌大力的讚揚。這和傳統的付費媒體是有很大的不同。因此，對品牌來說，如何讓正確的廣告出現在社群媒體上讓正確的影響者能夠看到並且能夠傳散出去，這才是真正的重點。

品牌必須學習擁抱社群媒體，因為它能提供可衡量的結果，例如喜歡、點擊和分享。在比較早之前，廣告主用來衡量消費者參與程度的方式是使用二維條碼（QR code），例如圖 13.4 所示，但不論原因為何，二維條碼並不算成功。但對品牌整合行銷傳播和品牌整合來說，運用科技來衡量效果都是非常重要的。

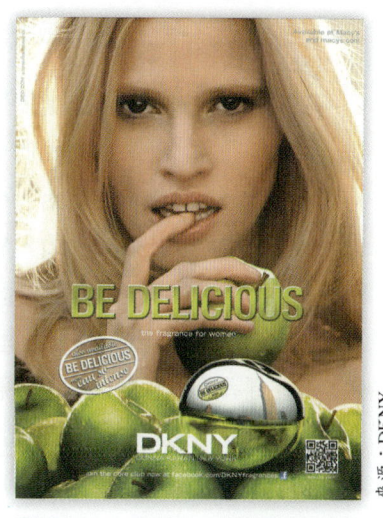

圖 13.4 DKNY 在其廣告活動中使用數位和社群媒體。廣告中呈現二維條碼供消費者掃描以觀看如何加入品牌俱樂部。

來源：DKNY

13-1c 數位或社群媒體選項：定義與類別

社群媒體定義

我們在第 2 章中有介紹社群媒體。社群媒體是「運用網路及網路為基礎的科技，透過個人、團體與組織間的社會互動來促進內容傳散的媒體，並且讓廣播獨白（一對多）轉型成為社會對話（多對多）」。社群媒體的另一個定義是「以 Web 2.0 的意識形態與技術所建立以網路為基礎的運用，可以用來創造與交換使用者創作內容」。社群媒體的核心是個人的賦權和知識的民主化。因為消費者就是內容的製作者，例如，他可以為品牌創作在超級盃球賽播出的廣告。社群媒體是消費大眾可以接近、使用的媒體，它也可以創造出網絡效應。

社群媒體類別

這裡簡單介紹社群媒體的類型，以及在品牌整合行銷傳播和數位廣告或訊息的運用，包括社群網絡網站／行動應用（通常是新聞、照片／影片或專

業類型）、部落格與微網誌。

社群網絡網站與行動應用程式

在這一節中，我們介紹一些知名的社群媒體網站以及 行動應用程式（mobile applications）。最受歡迎的社群媒體網站是社交性質的如臉書、Google+ 以及 Pinterest。YouTube 和 Instagram 則是屬於影片和照片分享。社群網絡網站與行動應用程式（也就是一般所稱的 app）都是一種服務，使用者可以創造自己的個人頁面、尋找與新增朋友或聯絡人、傳送訊息、更新個人首頁等。社群網絡網站現在也結合一些新的功能，例如，臉書可以更新狀態（也就是微網誌）、筆記（也就是部落格）、上傳照片與影片等。通常使用者可以在貼文時標記（tag）網絡中的其他人，這樣可以和其他使用者、內容或實體地點之間建立新的連結。例如，你在某家餐廳或商店中打卡是運用定位技術（location-based technologies）來進行的，通常是結合行動裝置，根據地理座標來判斷消費者所在地點，並且可以和所在地附近的商家結合傳送數位廣告。

社群媒體上的影片與照片分享

有一些社群網站和行動 app 則是以提供消費者上傳、觀賞與分享照片和影片為主的。其中最有名的影片分享網站是 YouTube，消費者或企業都可以上傳影片。另一家以照片分享為主的網站／行動 app 則是 Instagram，現在它也提供影片上傳與分享的服務。例如，星巴克就使用 Instagram 來鼓勵使用者上傳星巴克季節性商品的照片。這種方式幫星巴克獲得很多免費的宣傳。

社群媒體網站或行動 app 在消費者心中如何定位其實是根據消費者如何使用這個網站／行動 app 或其特性（例如，張貼牆、群組、數位互動或新聞故事等）來決定。新聞故事、張貼與分享新聞和媒體文章是社群媒體的一個重要且即時的特色。有一些消費者是只從社群媒體來獲得新聞內容和資訊的。當一些有合法來源且有信賴度的新聞被分享的時候，這可能是有問題的。有一些人認為社群媒體在「假新聞」（fake news）的製造上扮演了某些角色。這些「假新聞」可能包括只是為了吸引注意的不正確訊息，或者完全是捏造的訊息。

對新聞故事或連結提出評論可以說明消費者對某些新聞議題的想法。如果主題是和一些爭議性議題及／或廣告主形象有關的，這些評論可能就會被炒熱。如果廣告主能維持穩定的社群來增加新的連結或進行投票，那麼，社群和新聞為主的網站／行動 app 對廣告主來說會是具有價值的。

部落格

如第 2 章中所做的介紹，部落格是個人負責維護和撰寫內容的網站，但是由組織所擁有並提供相關技術。部落客維持定期的貼文，內容可以是文字、圖片、影片或是連結到其他部落格或網頁的連結網址。內容通常會以時間順序排列。部落格內容包括新聞以及對時尚、藝術、文化、名人、商業等各類主題的觀點。部落格的主要特色就是其日誌型態和非正式的風格。因為是個人化而且有可信度，因此，對廣告訊息來說是個正面的環境。微網誌（microblogs）則是提供使用者張貼和閱讀短訊息的社群網絡服務。張貼的訊息內容有字數的限制。最有名的是推特，「推文」的長度是 140 個字，可以加上影像，張貼在作者的個人頁面並推送給追隨者。推文可以限制發送對象，或開放給所有網站訪客觀看。推特在超級盃球賽期間被廣泛的使用，除了推文關注比賽之外（比賽期間共有 2,700 萬則推文），也有一些關於品牌的推文，包括廣告以及中場休息時間的娛樂表演等。

LO 2

13-2 消費者與品牌虛擬身分

13-2a 消費者虛擬身分

虛擬身分（virtual identity）是消費者或品牌如何在網路上運用圖像或文字來建構或展示它的身分。這個概念和品牌整合行銷傳播、社群媒體及數位廣告有關，因此，了解它是很重要的。在網路上或現實世界中，網路身分，一個「假」的形象，對現在透過網路連結的消費者來說，已經是其形象的一部分了。「虛擬人物」是消費者自創的一個形象，這是他在網路上的身分，

可能和他真實的身分一致，也可能不一樣。根據調查顯示，在某些極端的例子中，消費者在網路上的身分和他的「真實身分」完全不同，而會和消費者「渴望」的身分比較接近。透過這種誇大的方式，消費者可能是想要加強他們自己的自我概念（或是自我欺騙）或者只是想要欺騙約會對象。在虛擬人物，或消費者用來呈現自己的卡通形象的圖像部分，也有一些相異點存在。在某些例子中，這些虛擬人物是品牌、設計師、運動團隊或其他非真人的圖像。在去除個人化並和目的用來代表消費者的虛擬人物做比較，這些非真人的虛擬人物或吉祥物，就變得有吸引力而且能代表所要代表的品牌形象。

要完全了解網路身分，還有一件事是要注意的，也就是今日消費者心中的世界不只有一個。有一個「真實的世界」，包含了工作、家庭、社交活動以及在實體店面購買商品和服務。但這其中有一些在網路上是很難做到的。有一些真實世界的互動是必要的。消費者有他們「真實世界的形象」。但這個形象和他們在虛擬世界中的形象未必一致。消費者可以在螢幕上創造一個新的身分、新的態度，在網路上他是另一個人。我們要理解的是，虛擬身分對消費者來說是真實的。了解消費者這個心態之後，企業才能更加迎合消費者的需求。舉例來說，消費者「渴望的身分」可能是和奢侈品有關的，消費者可能在網路上張貼或討論他渴望的品牌，例如 Gucci。在圖 13.5 Gucci 廣告中，注意廣告的重點是品牌名稱，只有非常小的字體隱約地指引消費者要連結到 Gucci 的數位旗艦店上。

13-2b 社群媒體作為品牌管理工具：品牌形象與能見度

我們主要從消費者角度來討論社群媒體定義和相關的議題，作為數位廣告主，你必須了解網路消費者行為，這樣才能創造有效的廣告策略。對於要建立與維持品牌形象、聲望或地位的品牌經理來說，社群媒體是重要的工具。特別是在發生危機的時候，企業更希望能直接和這些有影響力的消費者與社群做直接的對話。品牌必須善用社群媒體，在數位廣告機會中，以消費者的生活型態來做鎖定。管理者也要運用社群媒體作為監督與建立品牌形象、聲望與地位的工具，並用社群媒體來和消費者與他們的網絡做溝通。如圖 13.6 所示，Zappos 這家網路零售商就積極地運用社群媒體和消費者互動，

第 13 章　317
媒體企劃：數位、社群與行動媒體

來源：Gucci

圖 13.5　Gucci 以驚人的視覺畫面來展現品牌的新款式。在這個跨頁廣告中，有一個網址連結要消費者採取行動造訪品牌數位旗艦店。

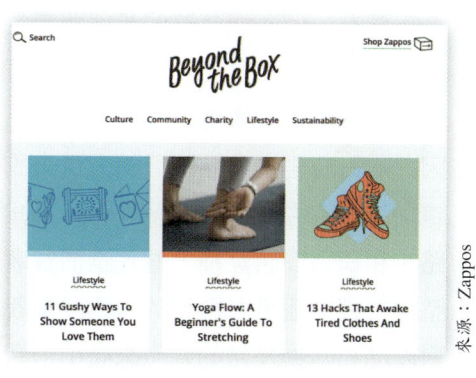

來源：Zappos

圖 13.6　網路零售商 Zappos 利用臉書這樣的社群媒體和品牌部落格來塑造品牌形象和支援特別的推廣活動。在這些貼文中，Zappos 要強調的品牌形象是什麼？

它也建立一個獨特、能識別這個品牌的品牌形象,並和其他網路零售商區隔。

從品牌經理角度來看,有一些問題必須注意並思考,例如:我們要怎樣才知道社群媒體上對品牌所做的討論是什麼?對競爭品牌所做的討論是什麼?和我們的品牌之間的差異是什麼?在社群媒體上,我們的品牌的能見度比較高?和競爭品牌又有什麼不同?我們的品牌有「被喜歡」嗎?從廣告和行銷效果角度來看,代表的意義是什麼?品牌經理必須追蹤消費者在社群媒體上對品牌或服務所做的發言、解讀消費者創作的資訊,並回應在社群媒體上的貼文和評論。這代表要花時間看臉書、追蹤推特以及閱讀在 YouTube 上的評論。

除了監督電子口碑外,品牌經理也要注意來自任何社群媒體與社群媒體廣告的指標。在關於社群媒體的測量上,有一些問題存在。例如,數位投入是什麼?或者,在臉書上計算消費者「喜歡」品牌的數據,「喜歡」的價值是多少?測量網路廣告的一些指標也適用在社群媒體上。例如,網站黏著度或網站停留時間,都是一些相關的指標。跳出率,或使用者點擊你的網站後,離開去別的網站的比例,也是相關的指標。另一個和社群媒體比較相關的指標是消費者和社群媒體的有意義聯結程度——雖然數位過度連結對消費者和廣告主來說會是負面的。

還有一個不能忽略的是消費者的多元通路購買現象,消費者自己選擇瀏覽商品和購買的方式。有 80% 的美國消費者進行過網路購物,50% 的消費者使用過行動裝置購物,但還是有 64% 的消費者表示他們還是喜歡傳統商店。因此,對廣告主和品牌行銷人員來說,另一個要注意的數據就是實體通路和電子商務(透過網站或行動 app)的銷售數據。例如,亞馬遜就開設了實體通路來和網路商店互補,並且讓消費者可以親自檢視商品。這對其廣告與品牌整合行銷傳播是有影響的,也就是說,訊息中要溝通商店所在地點以及創造對產品和購物經驗的刺激來吸引消費者前去購物。再次強調,問題不是用傳統或數位,重點是要如何將二者無縫地結合。例如,亞馬遜在這部分表現得非常好,因為其平面廣告中都是在吸引消費者到其網站上購物(**圖 13.7**)。

圖 13.7　Amazon.com/Fashion 是這家最大的網路零售商的最新嘗試。數位搜尋（e-search）是亞馬遜業務中最大的一部分。這則廣告中強調新的免費退貨政策以及消費者可以如何搜尋上百家的經典時尚品牌。

13-3 數位廣告與線上搜尋的基本概念

13-3a 數位廣告投資

　　如同我們在前面媒體章節中所提到的，媒體的購買和銷售正面臨巨大的轉變，而且愈來愈自動化，這和數位、社群媒體和行動廣告的關係更為密切。這個競價的廣告購買方式（通常是自動的）使用在搜尋引擎的特定廣告字或像臉書這樣的社群媒體廣告購買中。如果可能的話，競標的價格可以比網站建議（如 Google、臉書）的高一點，這樣才可以觸及到你的目標閱聽眾，這樣閱聽眾也會較快和你的廣告互動（低頻率）。和傳統媒體購買一樣，接觸率和頻率要保持在一定的程度，以免引起消費者的抗拒。媒體購買的目標是要得到高的有效曝光率和數位連結率，而不是惹惱消費者。

社群媒體廣告要有效果，品牌頁面必須要有粉絲基礎。也就是說，消費者要有足夠的激勵來找到你的專頁並且「喜歡」它。方式之一是提供誘因——例如贏得某些獎品、可以先看到新產品或特別的獎項等。這些線上的消費者可以透過較互動的品牌整合行銷傳播活動來接觸，這也是社群媒體的另一項優勢。

為了要讓社群廣告和贊助故事發揮效用，你必須要用一個有規模的粉絲基礎。有了一個大的網絡，就會有較高的曝光率，和廣告及品牌的連結也就會增加。如果你有一個粉絲基礎，你就可以和消費者進行互動對話，加強品牌偏好和忠誠度。

並不是所有的數位或行動廣告主都使用關鍵字競價或其他更自動化的媒體購買。理由之一是擔心無法控制數位或行動廣告會出現在哪一個網站當中。在過去（現在某些數位廣告主也還是），數位廣告是以每千次曝光成本（CRM）或每次點擊成本（cost-per-click, CPC）來進行購買的。如果是以每千次成本（CPM）為基礎來做比較，那麼數位廣告的價格是比傳統媒體有利的。但現在，數位媒體的計價方式已比較少採用 CPM 或 CPC 的計價方式了。

每次點擊成本的計價方式是以消費者點擊廣告以便讓廣告跳出檢閱更多資訊或看完整廣告的次數來計算的。因此，當你在網路上看到一則廣告並且點擊廣告，廣告主就要被收費。優點之一是廣告主在消費者願意看廣告情況下才付費，而不是像電視或雜誌強迫大家都要收看廣告。缺點之一可能是點擊詐欺，這個過程可能被用在不倫理或甚至非法的狀況中。就如同前面媒體章節中提到的，大部分的數位廣告現在都是程序化購買以及以搜尋或展示廣告為基礎。數位廣告真正的吸引力在於它的整合性和可區隔性。數位廣告的投資適用於利基行銷——也就是找到對特定產品或服務有興趣的消費者。

數位廣告類型

這裡介紹幾種數位廣告，包括社群媒體廣告、展示／橫幅廣告、彈出式（pop-up）廣告與背投（pop-under）廣告。

社群媒體廣告

現在即使在臉書這樣的社群媒體中，也有不同類型的廣告了。**發文廣告**（post ads）常有較高的相對回應率，因為廣告是在消費者的貼文中。這是在消費者動態消息中的贊助內容。這也屬於一種**原生廣告（native advertising）**的形式，因為廣告看起來處在自然的環境中，而有一部分的內容是屬於動態消息。

app 廣告（app ads）是和第三方應用程式或遊戲有關的廣告。這些廣告目的在建立消費者忠誠度並且能夠提供消費者資料做更精準的關鍵字行銷。有些關鍵字很昂貴，但將這些字稍做變化就可能讓價格下降同時也還是能接觸到品牌預定的目標對象。和傳統媒體一樣，數位、社群、行動媒體除了要符合品牌／品牌整合行銷傳播或活動目標，也要滿足人口心理目標市場的需求。社群媒體網站的廣告訊息如果能和網站內容相一致，那麼影響消費者行為的效果也會是最大的。

展示廣告

展示廣告（display ads）是付費在網站上呈現的廣告，內容有文案或影像。展示廣告的特性之一是消費者可以點擊廣告。因此，創造與安排展示／橫幅廣告的挑戰不只是要吸引消費者的注意，同時也要誘使他們拜訪行銷人員的網頁並且能停留一些時間。廣告要能引發好奇心並提供解決方案，這對學習和品牌態度都有重大的影響。事實上，根據消費者造訪網站的頻率，橫幅廣告最適合用來創造新產品知名度以及品牌建立。但展示廣告的不利因素則是擁擠。頻率也是一個因素：在搜尋網站上的低頻率網頁廣告，可能會造成溢出效果而讓競爭對手受惠，而高頻率廣告則讓廣告品牌有利。

一個比較精準的方式是選擇在吸引特定市場利基的網站中廣告。專業的公司評估將廣告展示在不同類型網站的成本並預估可接觸到的閱聽眾數目和類型。舉例來說，有一些網站提供文化、藝術等活動資訊給有興趣的消費者。這些活動必須在特定的時間範圍內做推廣，因此，這些活動的廣告必須出現在一些特定的地方性網站、活動網站等，以便能接觸到特定人口心理或生活型態的消費者。

插播式廣告

插播式廣告（interstitial ads）是在一個網站的兩個網頁出現的空間中插入的網頁廣告，有時候這種廣告也被稱為進廣告（pre-rolls），因為廣告在消費者想看的頁面內容之前先出現。根據研究顯示，行動裝置使用者觀看插播式廣告的時間大約只有 800 毫秒，連一秒鐘都不到。觀看行動橫幅廣告的時間則是 200 毫秒。換句話說，消費者根本忽視這些廣告。事實上，即使訊息是精確的，消費者還是會抗拒數位廣告。

13-3b 數位搜尋

其他數位廣告都是搜尋導向，以及以搜尋引擎優化為基礎。網路知名度和社群媒體戰術都是增加網路廣告效果與消費者搜尋的方法。**數位搜尋（e-search）**是消費者在網路上搜尋想購買或娛樂的構想、品牌與資訊。搜尋的威力有多大呢？想想選舉時候，候選人們在網路和社群媒體上所投入的廣告吧，有人認為，勝選的原因有部分可歸功於使用社群媒體向年輕選民做溝通。

付費搜尋與搜尋引擎優化

付費搜尋（paid search）是指廣告主購買搜尋引擎提供的版面，讓網站能夠在特定搜尋中（關鍵字）置入於搜尋結果頁面顯眼的地方。舉例來說，如果你在 Google 輸入「運動鞋」，那你會在搜尋結果頁面看到 Zappos.com 的連結也出現在頁面上。另一個相關的概念是**搜尋引擎優化（search engine optimization, SEO）**。搜尋引擎優化是讓網站在使用者搜尋某個關鍵字時在流量的品質和數量上都可以獲得改善。基本上，在搜尋結果上，網站出現在頁面上的位置愈高，消費者拜訪網站的可能性也就愈高。

下面是關於付費搜尋和 SEO 的一些數據：(1) 46% 消費者會點擊付費搜尋結果的前三個網站；(2) 從 2004 年 6 月之後，Google 搜尋上的每次點擊成本已下降了 88%；(3) 在 AdWords Google Trends 上的搜尋數量提升了 36.36%。如同之前提到的，CPC 的計費模式已過時了，付費搜尋則有驚人的成長。根據美國互動廣告局（Interactive Advertising Bureau, IAB）報告顯示，美國廣告主在 2016 年第三季的數位廣告投放金額就有 176 億美元，比前一年同期提高了

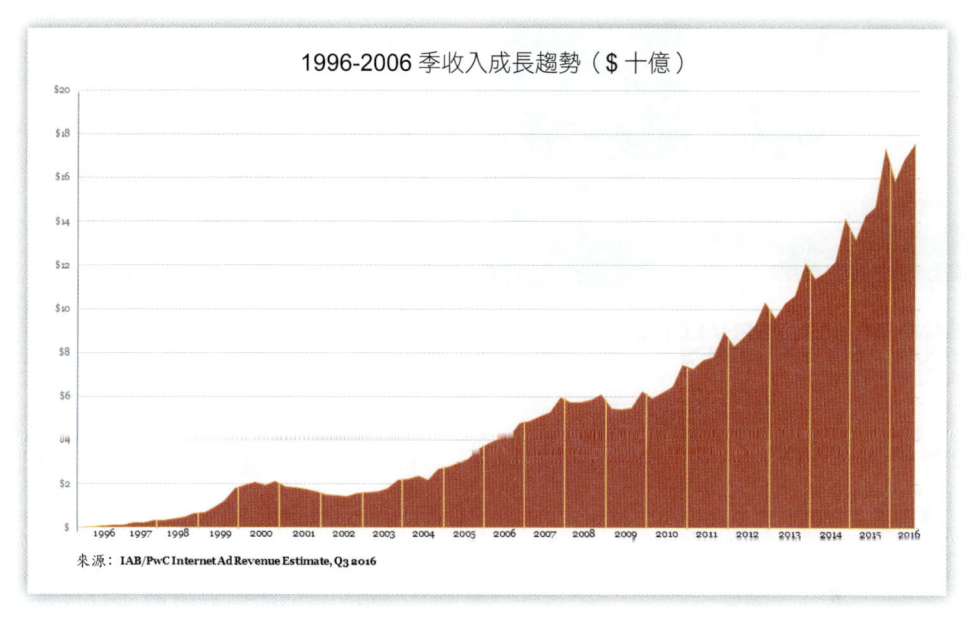

1996-2006 季收入成長趨勢（$十億）

來源：IAB/PwC Internet Ad Revenue Estimate, Q3 2016

圖 13.8　IAB 與 PwC 展示的圖表描繪了 1996 年到 2016 年網路廣告收入的強勁穩定增長。

20%。

數位廣告，特別是在付費搜尋上的成長可歸因於 Google 的成功。企業主重視付費搜尋廣告，因為他們希望網際網路的效率能夠提升，並將網路納入成為品牌整合行銷傳播的一項工具，並將點擊轉換為銷售。對數位廣告來說，Google 是非常重要的，因為 Google 的 AdWords 讓付費搜尋有了革命性的轉變。

LO 4

13-4 品牌整合行銷傳播在電子零售中的重要性：社群電子商務與大數據的誕生

大數據現在正風行。廣告主會分析消費者在數位、社群媒體及行動裝置的使用行為。透過數據分析，可以提供目標對象更相關、更有用、更能正確地評價的廣告或提醒來滿足消費者需求。假設你正在搜尋一部 SUV，你造訪

BMW 汽車的網站，因為你想了解新的款式以及汽車的性能，因此，你會樂於看到這個品牌的廣告，之後，藉由「再行銷」（retargeting）的機制，也就是根據你之前的網路搜尋紀錄，你會再接收到 BMW 汽車的數位廣告。再行銷也稱為行為再行銷。消費者搜尋某品牌或產品類別的資訊代表對其有興趣，廣告主根據消費者的線上行為來提供訊息，這樣可讓原本「推」式的廣告變得像「拉」式。

數位廣告或社群媒體的插播廣告可能激勵消費者瀏覽電子商務網站，將選購的商品或服務票券放到虛擬的購物車中，最後有實際的購買並建立長期的關係。在過去十年中，電子商務和網路購物有驚人的成長，在美國每年營收有 6,800 億美元。網路購物者數量、營收的成長及新的電子商務與購物型態的出現，都凸顯了對線上購物過程了解的重要性。了解線上購物過程對網路廣告主和網路零售業者來說是重要的。另外，了解何種情況會讓消費者信任而點擊廣告、觀看線上廣告或瀏覽網路店家也是很重要的。

圖 13.9　BMW 是數位媒體的領先者。在這則廣告中有列出經銷商的網站，但真正的焦點還是在產品上。注意廣告如何展示車款。

來源：BMW

LO 5

13-5 數位、社群與行動媒體在執行廣告與品牌整合行銷傳播活動的優點與缺點

社群媒體提供了許多的機會和挑戰。下面我們先介紹優點，接下來再介紹缺點以及關於消費者隱私的疑慮。

13-5a 數位、社群與行動媒體的優點

數位、社群與行動媒體的優點包括了互動性、目標市場選擇性、整合及易用性。根據消費者的**數位足跡**（digital footprint），包括在社群媒體上的貼文、影片、照片、狀態更新及網路上關於個人、組織或品牌的資訊，這些媒體可以讓品牌根據消費者的生活型態來和消費者進行互動。另外一個加分項則是這些媒體的受歡迎程度和使用普及程度。還有則是社群媒體的廣泛性，消費者擁有不同社群媒體的帳號。在美國，69% 成年人使用一個以上的社群網絡網站，其中女性（72%）比男性（66%）稍多一點，種族之間則沒有明顯的差異。18-29 歲年輕消費者是社群媒體中數量最多的（88%），其次是 30-49 歲族群（80%），65 歲以上消費者只有 34% 會使用社群媒體，但他們也逐漸採納社群媒體。對行銷人員來說，分析數位足跡以及透過質化研究來了解消費者的行為，可以對消費者使用媒體的原因、對廣告的認知以及決策擬定的原因和理由得到更深入的了解。

互動性

互動性（interactivity），或雙向的溝通，是數位媒體的優點。消費者可以造訪網站、點擊展示／橫幅廣告並連結到網站上瀏覽品牌的介紹。**點選**（click-through）就是衡量有多少頁面被要求（也就是點擊展示／橫幅廣告並連結到頁面）。如果廣告主可以吸引網路使用者到品牌網站，如果網站是電子商務型態，那就有機會轉換瀏覽者成為購買者。不同類型的廣告形式（無論是在數位或行動裝置上），其設計組成對點擊和銷售都有重要的影響。就互動方面來說，社群媒體提供廣告主這樣的機會。

整合

數位、社群與行動廣告和其他推廣型態都可以很容易地整合與協調。數位、社群及／或行動與行銷組合中的其他組成元素的整合可以說是品牌整合行銷傳播中最容易的。這是因為網路廣告本身的彈性與可傳送性。數位媒體和最傳統的品牌整合行銷傳播工具——電視，都能無縫地整合。近年來，一些現場播出的電視節目——如葛萊美獎與奧斯卡頒獎典禮的收視率都有升高的現象，因為觀眾會在推特和臉書上發文提醒朋友頒獎進行的狀況。藉由品

牌整合行銷傳播，電視上播出的廣告對品牌與節目在數位和社群媒體上的口碑會有正面的影響，這可讓廣告預算發揮更大效果。

透過數位足跡建立連結

企業、非營利組織或個人品牌都可以透過在網路上的呈現和其他人建立連結。透過社群媒體，如果你選擇，無論有意識或無意識地分享你喜歡或使用的品牌，大家都會認識你。透過登入臉書，你的 Web 2.0 故事線就開始展開。你張貼了一張和你車子的合照、手上拿著某品牌飲料，這些都讓品牌以一種自然的方式在社群媒體上呈現，也幫助品牌加分。每個人都有自己的故事，當它被記錄在網路上時，它就留下了數位足跡。問題是，你願意在社群媒體上分享多少關於你自己的故事？你在社群媒體上分享時，所用的是哪一個身分，而其中有多少是受到品牌的塑造？或者你選擇和社群媒體保持距離，不留下數位足跡？

如果你選擇社群媒體，你的個人資訊在網路上就可以取得。你可能在 LinkedIn 留下你的履歷、在臉書上張貼過你參加社團的正式照片，你可能對某些品牌按過「讚」，這些自我揭露、加上科技和 Web 2.0 工具的結合，讓你分享自己的故事變得很容易。你可以選擇要不要在社群媒體上公開你的故事。透過這個方式，你也建立了自己的網絡連結。

要維持一個強而有力的連結，社群媒體讓這件事變得容易而且連結的範圍也可以擴大。品牌可以透過這個管道和你的生活故事建立起連結。你分享的資訊創造了「數位足跡」，就是關於你的個人資料，而網路上的許多人都可以接觸到。你也可以選擇要公開多少關於自己的資訊、公開給誰。在某些情況中，你未來的配偶或雇主也可以跟隨你的數位足跡，因此，你在網路上的身分是真實的你或想像中的你，是很重要的。另外，在社群媒體中個人隱私的問題也是很重要的。

13-5b 數位、社群和行動媒體的隱私議題與缺點

除了前面的一些優點之外，在討論數位、社群和行動媒體時，還有一些值得關注的議題，包括真實性、隱私、安全及對個人和財務資訊的關切。

一些缺點

你很難從螢幕上去判斷在螢幕後面的真實性。一個議題是「網路身分盜用」（cyber-identity theft），這也讓一些消費者對網路或 app 購物或網路金融抱持懷疑的態度。因此，了解消費者對隱私和安全的想法是很重要的，安全代表網站或 app 的安全程度，隱私則是和網站如何維護消費者資料和線上消費者行為有關。許多消費者對如何在數位、社群和行動媒體中如何保護自己免於網路身分盜用是不太了解的。網路品牌經理必須把建立最高標準的隱私和安全當作首要工作。今日的品牌經理擁有許多資源可以協助他們建立品牌識別並與顧客建立連結。臉書、推特、LinkedIn 及其他社群媒體網站不只是消費者之間（C2C）用來建立連結的工具。社群網絡也是品牌管理的工具。就像品牌接觸點對現場活動（例如，在運動活動的贊助招牌）很重要，虛擬接觸點則是用來和實體的消費者關係相輔助。社群網絡永遠無法取代握手和個人化服務的真實性，這些虛擬的接觸點可以加強現有的關係或激發新的興趣或尚未被察覺的需求。

網路抵制

我們認為有網路抵制（online resistance）這樣的現象存在，也就是對數位的發展表現出抗拒的態度或行為。對某些消費者來說，社群網絡是用來和其他人建立連結的工具，這些不同的關係吸引著我們不斷地登入社群網站。在美國，臉書是消費者最常造訪的社群媒體網站。但當這些變成銷售或行銷產品的管道時，消費者可能會抗拒。消費者會認為行銷人員或廣告主跨入了讓消費者感到恐懼的領域。但如果能正確運用，還是可以從線上廣告主那裡獲得一些綜效，而這對增強消費者的社群網絡體驗是有幫助的。但消費者對這樣精準鎖定消費者狀態的訊息是怨恨和抗拒的嗎？

社群媒體中的隱私與資訊

在社群媒體上進行的市場交換可能是比較公開的。例如，當你使用臉書的 app 下單訂購商品時，你可以選擇讓這筆交易出現在臉書的頁面上。這也讓原本比較非公開的購買變成有社交性。這樣的電子交易環境讓它具有非正式資訊交換的意味。

隱私包括控制資訊的揭露以及避免對消費者環境的有害入侵。在這個時代中，隱私意味著控制運用資訊技術來增加自主或減少傷害的個人交換，這可以減少暗地進行的線上行銷行為。通常情況中，線上消費者不會運用現成的隱私工具，例如清除不需要的cookie、閱讀網站的隱私宣告或注意網站上是否有第三方認證的隱私標章（privacy seal）。消費者對網路隱私保護的漠不關心可能導致不想要的侵入或被你的網絡之外的人和你聯繫。網路世界變化得相當快速，你可能甚至對自己留下的數位足跡都不甚了解。事實上，許多消費者根本不會去閱讀不同網站或app上的條款或條件，即使這樣做可能可以幫他省下一些錢。

　　你記得自己的每一個數位足跡嗎？如果不記得，其實別人也一樣。很少人記得自己張貼的資訊或別人在他們網頁所張貼的內容。特別當網路使用者擁有好幾個社群網絡帳號時，他們可能不記得自己的數位足跡中所留下的評論、照片或其他的資訊。雖然有信譽的企業可能不會使用或銷售這些能識別出顧客的個人資訊，但只要將少量的匿名資訊（例如，郵遞區號、生日）做一些編輯，就可以產出一些足以識別出個人的資訊。因此，消費者還是要注意哪些企業是尊重消費者隱私，或者你自己要做好你的自願清單設定，選擇你願意獲得資訊的企業。

✎ 主要社群媒體平台與揭露

　　在這些主要平台（Google+、臉書、Instagram、LinkedIn、Pinterest）上的公開可以幫助你建立與維持關係，並且經營事業。但你還是要保持警覺，注意自己在什麼時候對誰張貼了什麼內容的貼文。例如你張貼了一則「我們要在夏威夷停留一星期」的貼文，並不是在宣告說：「這星期來搶劫我們家吧！」一般性的社群網絡使用對不同使用者帶來揭露的問題。有一些不可避免的弱點要注意：消費者失去對資訊的控制，因為朋友的行為或數位警戒造成的隱私侵犯。未獲授權的觀看者、雇主或第三方應用程式都可以存取社群媒體的個人介紹。如果你不想讓不必要的人看到你的社群媒體數位足跡，最好好好地隱藏這些內容，避免不必要的誤解或錯誤的形象認知。

第 13 章
媒體企劃：數位、社群與行動媒體

對廣告主的負面效果

如前面第 3 章中所提到的，許多廣告預算都因為點擊詐欺（click fraud）而損失了。另一個要注意的問題是由消費者發動的社群媒體對話可能會傷害品牌認知。這也是廣告主要持續監督社群媒體以便了解社群上在說些什麼、誰在說以及要如何回應的原因。如果不夠機警且主動提出修正和詳細的解釋，品牌可能在短短的時間內就可能因為網路上的謠言和假新聞而讓聲譽受到傷害。

最後一個要注意的是，哪些內容要和數位、社群與行動廣告一起出現。在 2017 年，許多大型廣告主就從 YouTube 撤下廣告，因為有一些令人討厭的語言或話題在廣告影片播出時一起出現，這也讓 YouTube 遭受重大損失。這其中許多廣告都是透過程序化購買，因此，很難事先知道廣告會在哪裡出現。Google 則提出更嚴格的控制和指導來讓品牌廣告遠離不當內容的方式來回應廣告主的疑慮。

LO 6

13-6 與其他品牌整合行銷傳播工具協同作用

品牌的數位媒體規劃一定要和其他行銷工具相整合。不是每一個傳播目標或銷售目標都需要使用到全國性廣告，有些目標可能更適合透過小規模但更精確的地方性活動贊助來達成。但在大多數情況中，這二者可能都是需要的。試著將數位媒體和其他工具做整合，例如遊戲式廣告、促銷、折價券、競賽及其他價格優惠等。

13-6a 電子遊戲和遊戲式廣告

你可能對遊戲玩家有一些刻板印象，但不一定是正確的。他們的平均年齡是 30 歲，最常購買遊戲的年齡是 35 歲。而且有一半的玩家是女性。這是一個相當有吸引力的消費者輪廓與特徵，因為他們相當年輕、數位程度高、使用社群媒體且具有同儕影響力。社群媒體和遊戲可以發揮協同作用（就像廣告、行銷、公關之間的定義愈來愈模糊一樣）。遊戲也愈來愈社群化，超過

60%的玩家以虛擬或實際身分和其他人一起玩遊戲，使用行動裝置玩遊戲的比例也在提升中。

和出現在遊戲進行時不同，廣告和品牌置入在遊戲中的方式稱為遊戲式廣告（advergaming）。下面介紹一些研究結果與不同類型的遊戲式廣告。遊戲式廣告設計的目的是要推廣與行銷一個品牌，遊戲內容圍繞著品牌來發展，由此，遊戲結束後，玩家對品牌的回想較好、品牌態度較正面。在遊戲式廣告中品牌推廣的程度可以分成三類：聯想型（最低）、說明型（中度）、與示範型（最高）三種類型。聯想型遊戲式廣告品牌整合只是在遊戲中做品牌連結，例如，賽車遊戲中出現豐田汽車品牌的看板。遊戲式廣告比較多是聯想型的，也就是將品牌的看板和海報嵌入在遊戲中。

說明型遊戲式廣告品牌整合則是在遊戲中出現品牌發言人或品牌人物作為遊戲中的主角。例如，Pillsbury的Doughboy可以作為說明型遊戲式廣告的主角。在示範型的遊戲式廣告品牌整合中，品牌、服務或產品特性成為遊戲中的一部分。在某些示範型的遊戲式廣告中，玩家可以透過學習一些產品資訊或虛擬性地使用產品來升級到下一關。例如聯合利華的體香劑產品Axe就設計了一款遊戲，玩家只要找出體香劑產品就可以得到獎勵（女生）。

廣告主關切的問題是在每一級遊戲中遊戲內置入的效果，雖然研究結果顯示品牌回憶效果是正面的，但也有研究結果顯示，重複玩遊戲會讓玩家對品牌產生負面的態度，這可能是因為耗損效果的發生，這在傳統廣告研究中也發現相同的現象。

學者也提出遊戲式廣告在倫理方面的爭議，特別是以兒童為目標對象的遊戲式廣告。通常，大約有1/3的玩家會將遊戲借給朋友玩。因此，除了考慮遊戲的娛樂性之外，也要考慮以兒童為訴求對象的內容設計的適當性，因為兒童只會將內容理解為這是遊戲，因此，要兒童將產品資訊傳遞給其他人是否合適？或許，這個工具適合用來推廣一些青少年有關的社會議題（如網路霸凌、同儕壓力、運動與健康的生活型態等）。營利或非營利組織在使用遊戲式廣告的方式上可能也有所不同，非營利組織可以創造對社會議題的關注，或推動消費者行為正面的改變。

13-6b 促銷

網路上的數位和互動機制也適合用來執行品牌整合行銷傳播中的促銷活動。發送折價券和競賽最適合用數位／互動機制來執行，當然也可以執行送樣品和試用。比較新的網路促銷概念是快閃銷售，這種促銷方式可以提高試用，讓消費者有機會購買新產品或新的品牌。

競賽

百事可樂或迪士尼這些品牌和入口網站合作舉辦競賽活動，同樣的活動也在實體通路進行。例如，百事可樂就和 Yahoo 合作進行瓶蓋下競賽活動，玩家可以從瓶蓋下獲得點數或折扣，這項活動也透過聯播網電視台和地方電台播送訊息。消費者可以從網站上兌換點數或是在購買索尼等商品時獲得折扣。

發送試用包、試用、折價

企業可以透過企業網站或使用電子信函來提供消費者各種不同的促銷活動。企業可以使用電子郵件、跳出式或橫幅廣告或直接在企業網站上提供試用包、試用、折價的訊息。消費者只要點擊互動式的廣告、回覆電子郵件或造訪企業網站就可以得到這些優惠。使用網路進行這些促銷活動的優點之一就是企業可以得到消費者的電子信箱資訊，可以獲得新顧客，而且是消費者主動加入的。

13-6c 公關與宣傳

企業也可以利用網站來進行公關操作。也有一些專業的網路公關公司提供新聞稿發布的服務。

13-6d 直效行銷與電子商務

直效行銷也可以利用數位工具來執行。除了透過電子郵件、行動行銷、虛擬郵件來進行直接連絡外，也可以和傳統的媒體廣告活動結合引導消費者到企業網站或電子商務網站上。例如，BMW 就會吸引消費者造訪經銷商或品牌的網站，在網站上，消費者可以選擇自己的汽車顏色、外觀、輪框等。這

是讓消費者在拜訪經銷商前，透過電子商務來和消費者建立互動的一種方式。

電子郵件

電子郵件在成本和媒體上具有一些優勢。和其他網路行銷工具相比較，電子郵件是最不昂貴的行銷工具之一，但投資報酬率是最高的。其次，電子郵件行銷快速、有彈性。第三，電子郵件可以有多元性的設計（例如圖片、音效、動畫或影片）。第四，電子郵件可以提高活動的效果測量（例如，透過追蹤點擊率）。因此，對廣告主來說，電子郵件是一項有效的數位工具。

雖然有這些優點，但電子郵件行銷還是有一些缺點存在。首先，垃圾信件讓隱私受到波及，也影響到對電子郵件行銷訊息的態度。第二個問題是資訊超載，以及消費者想要克服這種網路擁擠現象的意願。消費者每日收到無數的電子郵件，再加上其中的內容，都已經超過消費者記憶容量可以處理的極限。要克服這種問題，廣告主可以設計抓住消費者眼球和注意力的廣告內容，例如，在郵件中加入影片會是一個有效的做法，但前提是不會有阻擋影片下載的軟體來妨礙，這也是第三個問題。最後一個限制是，如果電子郵件中有附影片，那麼影片的聲音可能會干擾到收件者之外的其他人。雖然有這些問題存在，影片還是一個相當有效的媒體──特別是它發揮病毒傳播的效果時。

病毒影片

病毒行銷（viral marketing）透過電子或個人口碑，藉由電子郵件或電子郵寄清單在網路上由消費者對消費者進行的行銷過程。YouTube 可說是影片式病毒行銷的主機，影片的來源可能是電視廣告的網路版或電視廣告的延續版。超級盃球賽的廣告通常會在比賽前偷偷釋出或以病毒方式正式播出，目的在創造口碑。大部分的病毒式影片都以幽默做訴求。

13-6e 行動行銷與電子商務

我們在第 1 章曾介紹**行動行銷**（mobile marketing），它是指以最佳化的數位內容接觸到消費者的行動裝置，如智慧型手機、iPod、平板電腦等的過程。下面是行動行銷的一些數據：(1) 超過一半以上（53%）的付費搜尋是透

過行動裝置；(2) 將近 70% 行動裝置搜尋者，在 Google 搜尋中搜尋到企業之後，會打電話給該企業，以及 (3) 大約 40% 的 Google 搜尋是和地點有關。

這些數據說明了行動裝置提供的大機會。我們一直強調跨裝置的效果測量，或測量不同類型數位廣告的效果，因為網路消費者的行為是跨螢幕的。假設你在看電視好了，你的筆電可能放在旁邊，手上則拿著你的手機。這樣的消費行為也反應了在進行廣告與品牌整合行銷傳播時，要注意工具間的整合與綜效的發揮。

跨裝置廣告的重要性已經不用再強調了，接下來，我們從商業和倫理角度來討論行動廣告，因為在地行銷所引發的一些隱私問題。

隨著行動裝置、無線科技的進步，行動行銷也愈來愈盛行。行動裝置的使用人數在全球有 50 億人，就行銷人員來說，如果消費者選擇自動加入發送清單的話，行銷人員是可以進行直效行銷的活動的。

除了電子郵件、簡訊或促銷活動可以直接發送到行動裝置用戶手上，企業也可以贊助行動裝置影片，消費者可以從手機上下載。如果消費者選擇揭露地點，透過行動裝置的品牌整合行銷傳播會有非常高的回想和效果。這樣，你收到的訊息都會是來自在地的企業主。當然，這也引發新的隱私問題。有行動裝置的消費者會收到訊息，雖然有些是他們不想要的，但這些都是業界關注的問題，希望隨著新的地理定位技術、自願加入法案以及其他和行動裝置有關的指導原則的訂定，可以有新的發展。美國互動廣告局（IAB）也在努力擬定一些行動裝置測量指導原則，以臉書為基礎的大數據報告也在設計一些關於社群媒體的曝光率指標。下一個新的領域是在跨裝置的廣告與效果測量──也就是數位、社群與行動媒體的規劃、投放、執行與測量訊息曝光與連結建立。

Part 5

品牌整合行銷傳播

14 促銷、店頭廣告與支援媒體
15 活動贊助、置入性行銷與品牌娛樂
16 直效行銷和人員銷售的整合
17 公共關係、影響力行銷與企業廣告

第 5 篇重點強調公司在創意和支持整合品牌行銷傳播活動中,可以使用的各種溝通工具。這裡探討溝通方式的多樣性和寬廣度,為行銷人員提供了一個巨大的機會,使他們有創造力,突破當今市場的混亂局面。第 5 篇中討論的每一種工具都具有獨特的能力,能夠影響閱聽眾對品牌商品或服務的認知和渴望,同時確保與廣告的一致性。

14 促銷、店頭廣告與支援媒體

學習目標

在閱讀本章並思考其內容後,你應該能夠:
1. 解釋現代促銷的發展和重要性。
2. 描述在消費者市場使用的促銷技術。
3. 描述在通路商市場和企業市場使用的促銷技術。
4. 明辨使用促銷對品牌的風險。
5. 了解店頭廣告的角色和技巧。
6. 描述支援媒體在品牌整合行銷傳播策略中的角色。

14-1 促銷、店頭廣告和支援媒體的角色

促銷、店頭（point-of-purchase, P-O-P）廣告和支援媒體（如：電子告示板、大眾運輸廣告和包裝組合）提供廣告商更多與消費者溝通的機會，這和傳統的大眾媒體或數位媒體有很大的不同。品牌整合行銷傳播工具以不同於傳統大眾媒體和數位媒體的方式運作。你可以想想以下吸引你選擇某些品牌的方式：你使用手機打開旅館房間，感應器就馬上幫你設定燈光和房間的溫度，打開電視就自動轉到 ESPN 頻道，忠誠度應用程式全都知道。你正在下班回家的路上，你收到一則簡訊，雜貨店正在特賣你喜愛的 Sober Water——

第一篇　商業與社會中的廣告與品牌整合行銷傳播

廣告與品牌整合行銷傳播的世界（第1章）

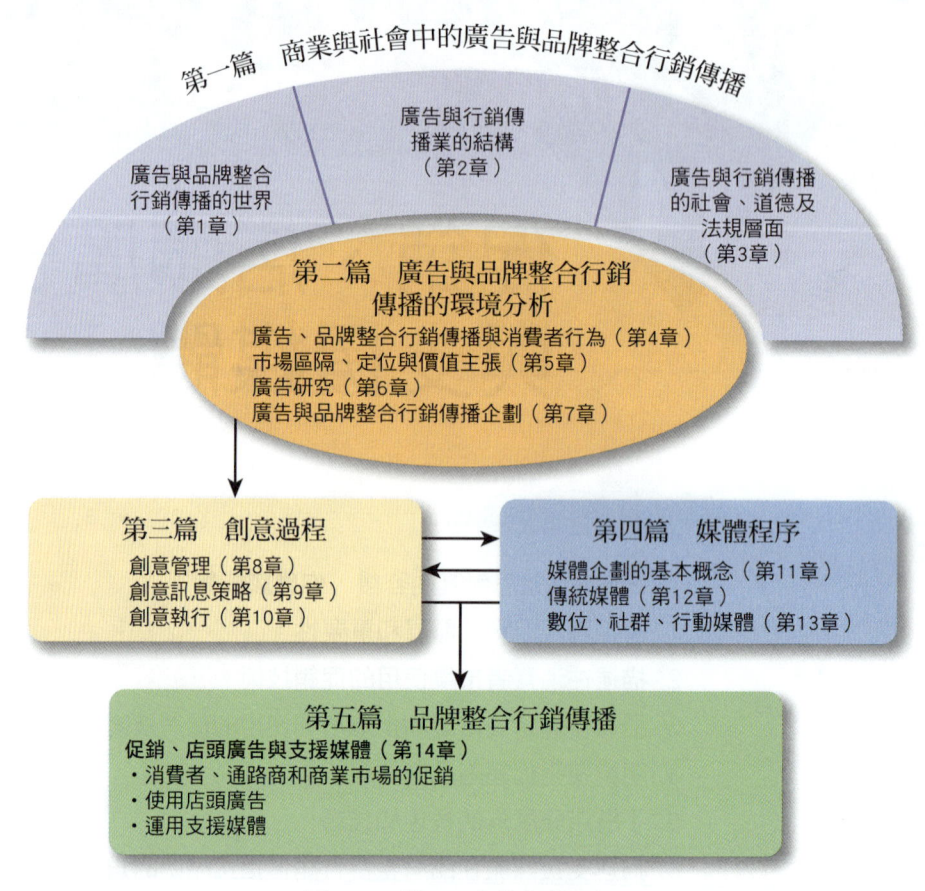

廣告與行銷傳播業的結構（第2章）

廣告與行銷傳播的社會、道德及法規層面（第3章）

第二篇　廣告與品牌整合行銷傳播的環境分析
廣告、品牌整合行銷傳播與消費者行為（第4章）
市場區隔、定位與價值主張（第5章）
廣告研究（第6章）
廣告與品牌整合行銷傳播企劃（第7章）

第三篇　創意過程
創意管理（第8章）
創意訊息策略（第9章）
創意執行（第10章）

第四篇　媒體程序
媒體企劃的基本概念（第11章）
傳統媒體（第12章）
數位、社群、行動媒體（第13章）

第五篇　品牌整合行銷傳播
促銷、店頭廣告與支援媒體（第14章）
・消費者、通路商和商業市場的促銷
・使用店頭廣告
・運用支援媒體

圖 14.1　第 14 章的架構圖。

第 14 章
促銷、店頭廣告與支援媒體

雜貨店掃描機得知的訊息。或者你開車經過電子告示板時，它告知你需要加油了。科技已經取代這些促銷、店頭 IBP 活動。想了解消費者在何時、何處消費的可能性時，廣告和促銷之間的界線也愈來愈模糊。店頭廣告在電子商務和商店購買中，扮演重要的角色，然而在品牌整合行銷傳播裡，它並不是領先的工具。IBP 使用愈複雜和訊息愈豐富的工具，更能創造品牌的忠誠度和競爭優勢。

本章會探討廣告商的促銷、店頭廣告和其他支援媒體所有的機會與可能性，這些傳統的行銷工具正快速地適應新科技，為 IBP 活動帶來前瞻性的思維。

14-2 促銷定義

促銷通常是品牌整合行銷傳播活動中的重要元素，尤其是活動的目的在於取得短期可見的銷售成績時，更為重要。促銷也可以使用在電子商務和／或實體店面。這些例子包括：經銷商的誘因、消費者價格折扣和樣品。促銷會吸引社群媒體對品牌的注意力，並有助於品牌口碑行銷。大眾媒體廣告隨著時間建立品牌形象，促銷則是設計在短時間內讓事情發生，特別是在使用前述的行動或定位技術。當品牌整合行銷傳播適當地整合其他方式，促銷幾乎可以立即刺激消費者需求。例如，考慮到激烈的比賽或抽獎活動可提升對某個品牌的需求，促銷所傳達的「訊息」包括降價、免費樣品、獎品或是其他激勵措施以鼓勵消費

圖 14.2　促銷活動通常會為消費者創造更大價值的感覺。在這裡，Glad Tall Kitchen Bags 在這則廣告中承諾免費樣品，就是這樣的促銷優惠。

者嘗試該品牌，或是讓零售商在商店中展示該品牌。Glad 公司的垃圾包裝袋就是一個很好的促銷例子，免費樣品能誘使消費者初次去試用或轉換產品。

　　促銷是運用刺激誘因的技術，在消費者、通路商和企業購買者當中創造更大的品牌價值認知，藉由試用品推廣、鼓勵大量採購或刺激重複購買等方式，意圖在短時間內增加銷售量。消費者市場促銷（consumer-market sales promotion）可以但不一定是一種價格促銷，並包含下列事項：

- 折價券／電子折價券
- 降價交易
- 獎品
- 比賽
- 抽獎活動
- 樣品
- 試用現金回饋忠誠度／購買頻率方案
- 禮卷

　　所有這些誘因都是誘導家庭消費者嘗試或購買某公司的品牌，而不是競爭的品牌（短期來看）。請注意有些誘因是減低價格或鼓勵消費者造訪品牌網站或應用軟體，其他品牌則提供特別的獎勵或買不到的贈品。例如，亨氏公司（Heinz）的焗豆免費贈送給購買新口味的消費者一個音樂湯匙，它會演奏出與口味相符的音樂。

　　通路商市場促銷（trade-market sales promotion）使用下列方法激勵經銷商、批發商和零售商囤貨，或利用商店的促銷活動或電子商務或行動平台在商店中展示品牌特色：

- 店頭展示
- 銷售人員獎勵
- 津貼合作廣告
- 銷售訓練

　　企業市場促銷（business-market sales promotion）是在組織或企業中培

養決策者買家，包含買電腦、辦公設備和顧問服務的決策者。對於這些企業買家使用的技巧與貿易市場相似，包括下列事項：

- 貿易展覽
- 贈品
- 誘因
- 忠誠度／常客方案

LO 1

14-3 促銷的重要性和成長

促銷的設計是影響需求，與廣告有所不同。大部分廣告是設計長期的知名度、形象和建立偏好效果，促銷最主要是用來誘使消費群體立即購買。折價券、樣品、現金回饋、比賽和抽獎活動及相似的技巧，讓家庭消費者、貿易買家或企業買家有立即的購買誘因去選擇這個而非另一個品牌。以奧利奧為例，奧利奧發起一項浸泡挑戰作為產生刺激和短期銷售的手段，這也就是消費者熟知泡在牛奶裡的餅乾，如圖 14.3 所示。

圖 14.3 奧利奧為消費者做了一個名為 Oreo Dunk Challenge 的創意推廣活動，並將名人和活動整合到促銷活動中，宣傳將 Oreo 餅乾浸泡到牛奶中的消費行為。

來源：Oreo

其他促銷方法像是常客方案（如：航空公司常客方案），提供品牌衍生的價值，增加消費者的消費能力，並想要去支持某品牌。促銷以降價為特色，例如，折價券在便利性種類的商品就有效用（牙膏、垃圾袋等），而重複購買、品牌轉換和感知的同質性（相似點）就受到消費者行為的影響。

促銷運用可以橫跨所有商品類別，在通路商和企業市場都一樣。公司決定需要一個廣告無法做到的立即回應時，不論目標消費者是家庭、企業買家、經銷商或零售商，都會設計促銷活動以達到效果。促銷目的和廣告目的之比較在圖 14.4 表列出來，注意在這些不同形式的推廣目的中關鍵的區別。

促銷鼓勵更多立即和短期的回應，然而廣告的目的是長期性培育品牌形象、忠誠度和重複購買。

14-3a 促銷的重要性

當公司決定需要一個廣告無法做到的立即回應時，不論目標消費者是家庭、企業買家、經銷商或零售商，都會設計促銷活動達到效果。促銷的重要性不應該被低估輕視，促銷也許不像大眾媒體廣告時髦和複雜多變，或像是新興電子媒體的機會令人興奮，但是，在這些工具上的花費效果是很不錯的。大型消費性產品公司開始改變媒體廣告的支出，運用在促銷上鼓勵消費者去嘗試，然後去購買產品（在商店或經由電子商務）。「當你在市場進入點或市場變動點時對一項明顯優越的產品舉辦試用和樣品促銷，經過一段時間，它會推動市場。」這是寶僑公司的財務長觀察發現，該公司擁有數十億元的品牌如幫寶適（Pampers）和汰漬。發展和管理有效促銷方案需要公司大量

促銷目的	廣告目的
刺激短期需求	培養長期需求
鼓勵品牌轉換	鼓勵品牌忠誠度
誘導試用	鼓勵重複購買
推廣價格取向	推廣圖像／功能定位
獲得即時的，通常可衡量的結果	獲得長期影響，通常很難衡量

圖 14.4　促銷和廣告在 IBP 中有不同的用途。根據此處列出的功能，你會將兩者之間的主要區別描述為什麼？

圖 14.5　多力多滋與 EA Sports 及其成功的 Madden 電玩遊戲合作。為什麼這種夥伴關係對消費者促銷活動有意義？

的支持及投入，在給予的年限期間，有 30% 的時間用於品牌管理的設計、執行和監督促銷。例如，多力多滋與 EA Sports 及其成功的 Madden 電玩遊戲合作，如圖 14.5 所示。

14-3b 促銷運用的成長

再次強調，許多行銷人員推廣投資所強調的重點已經轉變，行銷人員已經將大眾媒體廣告的資金轉向促銷，這有幾個原因；第一個原因，在現今品牌整合行銷傳播環境中，品牌整合行銷傳播的投資有其責任歸屬，因此是否可以測量促銷效果就非常重要。

更大責任需求

現在是處於成本降低和股東監督的時代，公司在橫跨所有部門的作用，包括行銷、廣告和促銷都必須要負更大的責任。公司以活動對銷售和利潤的貢獻來評量時，很難清楚評估。但是，促銷立即的效果特別容易被記錄下來。許多研究結果顯示，只有 18% 的電視廣告活動，創造出短期正面的投資報酬率（ROI）。反過來，其他研究發現，店頭廣告的店內展示，在某些產品

類別上，銷售的正面效果可以達到 35% 之多。

✎ 短期方向

有幾項因素造成經理人的短期導向，從股東而來的壓力，要求每一季每股的收入和利潤愈來愈大是原因之一。對盈虧在意的心理是另一個因素。許多組織的發展行銷計畫會根據短期所產生的收入，對經理人的績效表現採取獎賞和處罰，因此，公司會尋找短期有效果的策略。但這種策略的背後仍然有一些好的原因，如果消費者為了免費的薯條進來，他或她可能會再買一個漢堡和飲料，給予銷售量立即的影響。而免費產品也提供「從好奇心轉變成忠誠使用者」的機會，以麥當勞為例，聲稱至少有一半的消費者為了免費的咖啡來店最後都會購買其他的商品。

✎ 消費者對促銷的回應

現代市場精明的消費者，都會在購買的情境過程中，要求獲得更大的價值，這種趨勢打擊定價過高的品牌。這些精明的消費者，在每一次購買中找尋附加價值，對這些精明的消費者而言，折價券、贈品、降價和其他促銷活動會增加品牌的價值。值得注意的是消費者尋找這些折價券、降價和價值，並不是意謂著消費者會選擇最低價的商品。這種銷售技術會刺激購買有促銷活動的品牌，即使另外一個品牌擁有比較低的原價，例如，可口可樂使用的特別行銷策略「販賣快樂」讓它成為像產品一樣的讓人矚目。

✎ 品牌擴散

每年，數以千計的品牌被引進到市場當中，藉由行銷人員的設計來驅動產品，滿足愈發被狹隘定義的需求至特定區隔的市場販售，這是造成品牌擴散的原因，形成消費者令人費解的迷宮。想想這個品牌擴散的案例，在為期十二個月裡，可口可樂的行銷策略中心在全球推出 1,000 項（不是打錯）新飲品或是現有品牌的新風味飲品。在任何的時間點，消費者特別能夠從大約 60 種的義大利麵醬、100 種點心脆片、50 種洗衣劑、90 種感冒藥和 60 種可拋棄式尿布中去做選擇，如在圖 14.6 你所看到的，在這令人眼花撩亂的品牌中，要獲得注意是很不容易的一件事，因為這種品牌擴散和雜亂，行銷人員會轉變為做促銷，像是比賽、折價券、贈品、忠誠度方案、店頭展示，都可以獲

圖 14.6　當你在這貨架上看到義大利麵醬時，讓消費者注意任何一個品牌都是一個挑戰，通常促銷技術可以提供獲得注意的答案。

得對個別品牌的注意。

增加零售商／電子零售商的力量

　　大型零售商（通常具有電子商務能力）像目標百貨、沃爾瑪（Wal-Mart）、家得寶（Home Depot）和好市多（Costco），掌控了美國的零售業。這些有影響力的零售商已經快速回應消費者行為改變的趨勢，更有興趣以更低的價格和更好的產品來服務顧客。反過來看，零售商更需要從製造廠商獲得更好的價格，許多交易是以通路商導向的促銷來達成：店頭展示、進場費用（上架空間費用）、個案補助和合作廣告補助。最後製造商會使用愈來愈多促銷手法來獲得和維繫與這些大型零售商的良好關係，也就是與消費者的重要連結，而零售商則使用促銷工具作為彼此競爭的策略。

廣告干擾

　　許多廣告商把相同的消費者當作目標，因為他們研究的結果引導至相同的目標消費者。這種結果導致廣告媒體充斥尋找同一批人注意的廣告，當消費者遇到大量的廣告攻擊，便會充耳不聞。有一種方法可以突破這種情形，

使用新穎的促銷活動。在平面廣告中，有特色的通常是折價券；在電視與收音機廣告中，抽獎、獎品和提供折扣回饋最能吸引消費者注意；在智慧型手機上，行動折價券和特價方案也開始增加消費者的推一拉力道。行動與電子行銷的結合，已被證明是有創意的行銷方式能突破這些凌亂的現象，有一些品牌有興趣加入精靈寶可夢（Pokémon Go）就是明顯的例證，這種消費者促銷方式的趨勢，經由擴增實境的手機應用程式，消費者可以得到折價的報酬或贈品。

LO 2

14-4 針對消費者的促銷

美國消費性產品公司的整體行銷計畫有很大一部分撥給促銷活動，在1970年代，消費性產品行銷人員只分配大約30%的預算做促銷，大眾媒體廣告大約分配到70%的預算，現在我們發現消費性產品公司花費在各種不同方式的促銷和店頭的品項上較傳統廣告多，運用電子／社群／行動媒體的支出也愈來愈多，讓我們來檢視促銷在消費者市場的目標。

14-4a 消費者市場促銷的目標

為了確保正確地運用促銷，必須設定明確的策略目標。以下是消費者市場追求的目標：

✎ 刺激試用購買

當一個品牌要吸引新的消費者，促銷工具可以減低消費者嘗試使用新產品的風險，降低價格、提供折扣或免費樣品都能刺激試用購買。要注意對已經建立好的產品類別，使用促銷刺激試用是應用在特定的品牌上，而不是在產品的類別上。在第2章和第4章曾經討論過，特別強調，廣告和推廣在成熟的產品市場並不能創立產品類別，像咖啡，只能在已經使用產品類別的消費者身上，影響選擇的品牌。例如星巴克運用不同行銷方式涵蓋多種IBP目標，與精靈寶可夢合作，以免費的飲品試喝刺激購買星冰樂，這也是不同的促銷方式。

🔖 刺激重複購買

包裝內有下一次購買的折價券或重複購買可積點，都能維持消費者對特定品牌的忠誠度。忠誠度方案或常客方案都是追求這個目標的絕佳技術。公司企圖要抓住最好的忠誠度和有利可圖的消費者，就必須讓他們加入常客方案，就像達美樂（Domino's）對比薩愛好者所做的，增加主題標籤就是一個很好的測量方式以及數位互動方法。

🔖 刺激大量購買

降價或買一送一銷售能夠鼓勵消費者購買，囤某品牌的貨，讓公司減少庫存或增加現金流量。洗髮精常常是兩瓶包裝，其中一瓶是潤髮乳，提供消費者附加價值。百事可樂和可口可樂經常推出一次購買 6 或 12 瓶包裝的折扣，鼓勵消費者購買更大量的產品，製造商和零售商都可同樣獲利，雙方都增加了現金流量，而且雙方都明白庫存周轉更快的好處。

🔖 推出新的品牌、產品或服務

推出新的品牌、產品或服務會使用促銷，吸引消費者注意並鼓勵試驗性購買。一個促銷新品牌很成功的例子是當製造商 Curad 推出幼童用繃帶時，它在麥當勞快樂兒童餐附贈了 750 萬個樣品，這個促銷計畫現在是一個很成功的經典案例，初期的銷售量超出預期 30%。另外一個案例，Axe 公司藉由贏得一次太空旅行來促銷新產品，這個新穎的促銷手法引起消費者討論，並且進入 Axe 公司為促銷製作的網站。

🔖 打擊或擾亂競爭者的策略

因為促銷通常能鼓勵消費者大量購買或去嘗試新的品牌，它也可以用來擾亂競爭者的行銷策略。假如某個公司知道其競爭者正推出一個新品牌，或是發動新的廣告活動，它就適時舉行促銷，提供更好的折扣或加量，擾亂競爭者的策略。除原來的折扣，在內包裝中加入消費折價券，行銷人員就可以嚴重損害競爭對手的努力。

🔖 品牌整合行銷傳播的貢獻

結合廣告、直效行銷、公共關係和其他公司提出的方案，促銷能增加另

一種形式的溝通。促銷用降價、贈品或贏得獎品的機會來增加價值，在品牌整合行銷傳播過程中，一個公司運用所有的溝通努力外，這帶來一個不同訊息，像 Nike 在商店使用店頭的促銷，與其他品牌整合行銷傳播產生綜效，就是很好的例子。

14-4b 消費者市場促銷技術

消費者市場上有數種促銷技術可以用來刺激需求和吸引消費者注意。

折價券

折價券（coupon）是最久也是使用最廣泛的促銷方式，每一年大約有 3,600 億的折價券，分發給美國的消費者使用，與直覺違背的事實是更多富有的家庭在使用折價券，有 41% 的折價券重度使用的家庭，他們的收入超過 7 萬美元，而且這些使用者有在同一次逛街的時候兌換數種折價券的傾向，這意謂著這些消費者對價格非常敏銳。不斷增長的數據顯示，千禧世代消費者較喜愛線上折價券或由行動電話傳來的折價券，抑或是由應用程式的現金回饋，不喜歡傳統紙製折價券。因此，線上網站，像是 coupons.com 提供列印折價券、複製折價券密碼在線上使用或下載折價券應用程式的選項。

使用折價券或折價券密碼有下列五種好處：

- 對於價格敏感的消費者，可以透過折價券給他折扣讓購買變成可能。而仍然以原價販售給其他的消費者。
- 習慣使用折價券的消費者也可能是競爭品牌的使用者，因此折價券能誘使消費者轉換品牌。
- 製造商能控制折價券使用的時機和分發的時間，這樣零售商才不會以破壞品牌形象的方式去執行降價。
- 折價券是刺激重複購買最好的方法，一旦消費者被品牌吸引，不論有沒有折價券，包裝內的折價券能誘發重複購買。
- 折價券能促使規律的使用者，購買同一系列品牌內的商品，例如，使用低價位拋棄式尿布的人，可能因為折價券，願意嘗試去使用品牌內高價位的尿布。

使用折價券或折價券密碼也有負擔和風險：

- 雖然製造商可以掌控折價券的價格誘因和分送的時機，但卻無法掌控兌換的時間，有些消費者會立即兌換；其他則可能會擺放好幾個月。
- 對規律的品牌買家而言，重度的折價券兌換只會減少公司的獲利。
- 折價券要進行謹慎的管理，折價券方案包含不單只是折價券面值的成本，還有製作和分送的成本及製造商和零售商的處理費用。事實上，這些折價券的處理、加工和分送，通常是相當於三分之二的折價券面值。
- 折價券運作的過程中，詐欺是相當嚴重及長期性問題，這問題直接與錯誤的兌換操作有關。有三種錯誤兌換操作類型會造成公司的虧損：消費者兌換折價券但並無購買折價品牌；銷售人員和商店經理使用折價券兌換但無消費者進行購買；個人非法蒐集或影印折價卷，然後賣給不道德的商家進行折價券兌換但是並無消費者購買。電子折價券降低由非法複製而來的詐欺風險，是特別可以替品牌發行折價券加分的好處。再者，消費者在電子商務或行動結帳的過程中，可能會分心到另外一個網站去尋找折價券密碼，消費者很可能會放棄原本的電子購物車及購買。

降價交易

降價交易（price-off deal）是另外一種直截了當的技術，降價交易是消費者在店頭購買有特別標記的包裝產品，其中有的幾美分或幾美元的商品減價，典型的降價交易是減少 10% 到 25% 的價格，這減少是來自製造商的邊際利潤，而不是零售商。製造商喜愛降價交易是因為它可以掌控，此外，降價是在店頭來做評斷，可以對競爭者的價格比較帶來正面的影響。消費者喜歡降價交易是因為它很直接並且會自動增加知名品牌的價值，慣用者在降價期間會有囤積購買項目的傾向。零售商則對此技術興趣缺缺，降價促銷對零售商來說會有庫存和價格的問題，再來，大多數的降價交易，都會被原本的規律消費者搶購一空，所以零售商不會從中得到新的顧客。

贈品和廣告商品

贈品（premiums）是免費提供的物品或是購買另外一個商品可以減價

購買的物品，許多公司會提供相關的免費商品，像是在早餐燕麥片盒裡面放置一個燕麥棒。服務型公司像是洗車或洗衣店可能會使用買一送一的方式，說服消費者去嘗試公司的服務。有兩種使用贈品的方式，**免費贈品（free premium）**是提供給消費者的免費商品，它可以包含在購買物品的組合包裝中，當產品驗證被消費者購買後，郵寄給消費者或直接在商店或活動處贈送。免費贈品最常見的作法是再附贈一包原本的商品或在包裝內放置免費的相關商品（例如購買洗髮精附上潤髮乳）。

自償贈品（self-liquidating premium）需要消費者負擔大部分的成本，例如，思樂寶（Snapple）公司提供購買六瓶思樂寶飲品加 6.99 美元就可以獲得「思樂寶冷藏箱」，這即是「思樂寶冷藏箱」的成本價格。自償贈品對有品牌忠誠度的消費者特別有效，然而，這種贈品方式在使用時要格外注意，除非贈品與建立品牌價值策略有關，不然這會讓消費者聚焦在贈品上，而不是在品牌所帶來的好處上。著重贈品的價值而非品牌會侵蝕品牌本身所擁有的價值。例如，假設消費者買這個品牌是為了只花 4.99 美元買一件很好看的 T 恤，那他們就不會再購買這個品牌，除非又有另一個很棒的低價贈品。

廣告商品（advertising specialties）主要有三個要素：提供一個有用的商品置入訊息、免費贈送給消費者、沒有購買的義務。受歡迎的廣告商品有棒球帽、運動衫、咖啡杯、筆和日曆，廣告商品能讓公司或品牌持續對目標消費者進行兜售，許多人都擁有有品牌名稱的棒球帽或咖啡杯。

✎ 比賽與抽獎

比賽與抽獎比起其他技巧，更能夠獨一無二地吸引消費者對品牌的注意。就技術上而論，比賽與抽獎相當不同，在**比賽（contest）**中，消費者根據技巧或能力來競爭獲得獎品，比賽的得勝者是由評審小組評斷，依據哪一位參賽者最接近事先決定的輸贏標準而獲勝，或是由消費者投票決定，比賽的行政成本可能很高，因為每一件參賽品都要經過競賽標準的評判。

M&M's 巧克力公司就有使用比賽來經營品牌粉絲、邀請消費者製作的內容，並使它的巧克力、糖果產品與流行文化結合。在「一口大小節拍」（Bite-Sized Beat）比賽中，消費者使用比賽網站上的工具，藉由混和節奏、聲音、音效和旋律創作短篇的音樂，並鼓勵參賽者在社群媒體加主題標籤

#bitesizebeat 分享，並且欣賞其他參賽者的作品。為支持這個比賽，M&M's 巧克力公司在奧斯汀南部的西南音樂節（Southwest music festival）中首演，M&M's 巧克力公司在音樂節中贊助一個錄音室，用於分送 M&M's 的糖果樣品、錄製 Bite-Sized Beats 音樂，並與為品牌社群媒體準備的道具自拍。

抽獎（sweepstakes）的促銷純粹是靠機會贏得的獎勵，消費者只需要將姓名填入當作贏得抽獎的條件，通常是由官方提供參加表單來讓消費者參加抽獎的方式。另一種常用的方式是使用刮刮卡，立即刮就中獎的刮刮樂容易吸引客人。加油站、雜貨店、速食連鎖店常會使用刮刮樂的抽獎方式，作為建立和維持顧客流量的一種方法。抽獎也可以設計來讓消費者重複到零售店蒐集一系列的中獎卡片。為了使比賽和抽獎更有效，廣告商必須設計讓消費者感覺到獎品的價值並且覺得玩這種遊戲在本質上是非常有趣的。

比賽和抽獎通常會製造興奮感並對品牌產生興趣，但要執行這些促銷的問題很重要，在品牌整合行銷傳播努力下，如何有效地使用比賽和抽獎，要思考下列的挑戰：

- 比賽和抽獎通常都會有規則和限制，廣告商必須確定比賽和抽獎的設計並執行遵守州政府和聯邦政府的法律。各州的規定會有些許不同，法律的問題很複雜，大多數公司會聘請專門機構來執行比賽和抽獎的活動。
- 這些遊戲的本身可能成為消費者主要的焦點，而品牌變成其次。就像其他促銷工具，這技術會因此無法建立消費者與品牌長期緊密的關係。
- 在遊戲的環境中，很難去傳遞任何有意義的訊息，消費者聚焦在遊戲上，而不是在任何品牌的特色上。
- 執行比賽和抽獎的管理相當複雜，在執行中發生錯誤的風險相當高，可能會製造負面的名聲。
- 如果公司試圖發展高品質或高貴的品牌形象，比賽和抽獎就可能會和目標互相牴觸。

想想看福特公司對「專業蠻牛騎士」（Professional Bull Riders）所做的抽獎的適當性，消費者參加抽獎就可能獲得一部福特汽車（F-150）和兩張到拉斯維加斯（Las Vegas）的機票參加世界冠軍大賽。

提供樣品和試用

提供樣品（sampling）是一種銷售技術，設計用以提供消費者使用某品牌產品的機會，以試驗為基礎帶有一點或沒有風險。若是說樣品是一項受到大眾歡迎的技術就太低估它了。大部分的消費性產品公司都會在某方面使用樣品，而且每一年投資在這一項技術大約 22 億美元。調查顯示，消費者喜歡樣品，有 43% 的消費者表示，如果喜歡公司提供的樣品，他們會考慮轉換品牌。

提供樣品的技術對新產品特別有效用，但不應該只單獨保留給新產品運用。對已經建立品牌但市場占有率低的產品，可以在特定的地區，成功地使用提供樣品技術。以下是五項關於樣品提供的技術：

- **店內發送樣品（in-store sampling）** 在食品（好市多）和化妝品（梅西百貨）產品上非常受到歡迎。許多廣告商也愛好使用這項技術，因為消費者在商店直接與品牌接觸，比較可能會產生搖擺情形。任何時候去一趟好市多就可以證實，店內的展示人員愈來愈常會遞出折價券和樣品。
- **郵寄樣品（mail sampling）** 是經由郵務的服務遞送樣品，再一次強調，其價值是可以針對某郵遞區號內的市場為目標。缺點是樣品必須夠小，郵寄在經濟上才是可行的。作為另一種選擇，專門的樣品公司提供特定地區內以戶對戶的發送服務。一種新的郵寄樣品形式是消費者訂購「盒子」——消費者訂購他們喜歡的樣品種類的「盒子」（例如美容、寵物、嬰兒）。
- **包裝樣品（on-package sampling）** 是一種將樣品附加在另一個產品上的技巧，針對現有的消費者為品牌目標是很有用的。附上一小瓶象牙牌（Ivory）潤髮乳在正常大小的洗髮精罐上是合乎邏輯的樣品策略。
- **行動樣品（mobile sampling）** 是以有商標裝飾的車輛上去執行的，在購物廣場、購物中心、露天市集和娛樂休閒地段，分送樣品、折價券和贈品給消費者。卡夫亨氏（Kraft Heinz）的種植者（Planters）花生品牌，使用花生造型的車輛（Nutmobiles）旅行全國分發樣品並鼓勵和花生先生（Mr. Peanut）拍照上傳 Instagram 以及在其他社群媒體分享。

但是也有人批評樣品，除非是品牌經過競爭之後，擁有明顯的價值及好處，品牌的試驗使用不太可能說服消費者轉換品牌。特別是在便利性的商品當中，因為消費者感覺到眾多品牌有高度的相似性，就算在試用之後也是一樣。這種在認知上感受到的好處和優越性，可以藉由廣告和樣品的結合來發展。此外，樣品成本高昂，特別是某些產品，必須給予足夠的量才能讓消費者真正感受到品牌所給予的價值，像是洗髮精或洗衣劑。最後，樣品可能是非常不精確的手法，雖然有專門的代理商出現處理樣品的方案，公司也不能完全確信產品已接觸到目標群眾，而不僅僅是一般的消費者而已。

提供試用（trial offers）與提供樣品一樣有相同的目標，誘使消費者去嘗試一個品牌，這種試用是應用在價格較高的產品上，像運動配備、家電、手錶、工具和消費性電子產品，都是很典型會提供給消費者試用的產品。對價格較低的產品，則可能是免費試用。像是吸塵器、電腦軟體較貴的產品，提供一天到最長 90 天的試用期，公司在這方面所需要的花費相當驚人，選擇使用這種促銷技術的部門必須有很大的銷售潛力。

🏷 禮品卡

禮品卡（gift cards）代表了一種愈來愈受喜愛的促銷方式，製造商或零售商提供免費或是可以購買的定額禮品卡，這種卡片的設計多樣化並且有紀念價值。很多的行銷人員，包括豪華汽車製造商 Lexus 和零售商 Gap 就非常有效地使用禮品卡。好消息是禮品卡的持有者傾向於自由使用它們來支付商品的全額零售價格，這意謂零售商和品牌行銷人員從禮品卡購買當中獲得較高的邊際利潤。例如星巴克的禮品卡促銷，消費者會不斷前往星巴克並使用禮品卡，額外的好處就是他們會重複造訪並擁有品牌忠誠度。像星巴克一樣，許多公司發現，有忠誠度的顧客喜歡使用禮品卡作為介紹朋友和家人自己喜歡的品牌的方法，在這個行動世界裡，最熱門的方法是上網買一張卡，然後經由電子信箱傳送，立刻獲得滿足。

🏷 現金回饋

現金回饋（rebates）是一種退款的方式，需要購買者以郵件寄送表格（雖然許多是在結帳處立即兌換），這是從製造商而不是零售商來的退款

（類似折價券）。現金回饋的技術經過這些年已經有所改善，現在已廣泛地被各類行銷人員使用在多樣的產品上，由戴爾電腦（Dell）到華納—蘭伯特漱口水（Warner-Lambert），現金回饋特別適合使用在增加消費者購買的數量上，因此，現金回饋通常是與多次購買緊密相連。

現金回饋受到歡迎的另外一個原因是，在購買品牌商品後，真正有利用現金回饋的消費者相當少。最佳的估計是只有 60% 的購買者會不厭其煩地填寫表格，然後郵寄出去要求現金回饋，讓製造商和零售商獲得額外的 20 億美元收入。

千禧世代的消費者喜歡方便無紙的現金回饋，也就是創新的使用應用程式現金回饋。例如，手機應用程式 Ibotta 讓使用者上網搜尋可以使用的現金回饋，去任何一家有參與的零售商購買、掃描收據，然後就可以在一個線上帳戶收到現金回饋。許多品牌像 Horizon Organic 牛奶就使用 Ibotta 來鼓勵試用和重複購買。

✎ 常客方案

近幾年，常客方案是在促銷技術中最受到消費者歡迎的之一。**常客方案（frequency programs）**也就是持續性購買方案或是會員卡方案，提供消費者打折或免費酬謝產品，目的是為重複購買和支持同一品牌、公司或零售商。這些方案最先從航空公司開始的，像是達美航空公司（Delta Air Lines）常客方案；萬豪酒店的常住酬謝方案；赫茲租車公司（Hertz）的常租酬謝方案，都是這種建立顧客忠誠度活動的例子。研究顯示，在高度競爭市場中，忠誠度方案有對大型公司比小型公司獲得更大利益的傾向，所以，如果你是經營一個小型咖啡館或是花店，執行常客方案可能無法達到你預期的顧客忠誠度。線上零售商也開始著手經營常客方案，例如，Zappos 為酬謝消費者，不僅在購買上，撰寫線上產品的評論也會獲得獎勵，因此，常客購買方案可以運用多種，而非用一種套用全部的方式，鼓勵與消費者有更深的連結。

14-5 促銷在通路商市場和企業市場的管理

促銷像廣告一樣也能應用在通路商市場的成員上——批發商、經銷商和零售商及企業市場。例如惠普公司為了使該公司的產品線得到適當的關注和展示，就替零售商百思買（Best Buy）設計了促銷方案，然而惠普公司也會有針對企業市場做的促銷活動，如對埃森哲公司（Accenture）。促銷作為工具的目的並不是將消費者市場轉變為通路商市場或企業市場，而是打算在短期內刺激需求，並且透過配銷的管道推動產品或促使企業買主更立即和積極地對待行銷人員的品牌。許多公司花費鉅額運用促銷來吸引企業使用他們的品牌。

14-5a 在通路商市場促銷的目標

就像在消費者市場一樣，通路商市場的促銷應該要考慮到具體的目標再進行。一般來說，行銷人員策劃通路商市場的誘因時，其實是在執行**推式策略（push strategy）**，即是促銷在通路商市場上，幫助一個品牌推向配銷的管道，直到最後接觸到消費者。從這些促銷可辨識出以下四個主要目標：

✎ 取得初始配銷

因為在消費性市場的品牌擴散現象，貨架空間競爭異常激烈，促銷的誘因能夠幫助公司得到初始的配銷與上架分配。就像是消費者，當論及貨架空間時，通路商市場的成員需要理由去選擇一個品牌而不是另一個，而計畫周密的促銷能夠動搖他們的決定。

✎ 增加訂購量

在配銷管道中，掙扎之一就是庫存的地點。製造商喜歡通路商成員維持較高的庫存量，如此，製造商可以減少庫存成本。相反地，通路商成員寧願經常性、少量的訂購並持有少量的庫存。促銷技術可以鼓勵批發商和零售商大量訂貨，如此，可以將庫存的負擔轉嫁給通路商。

鼓勵與消費者市場促銷合作

假如在配銷管道中擁有較少的合作關係，對製造商而言，在消費者市場上開始一項促銷活動，也較少有利。在消費者市場促銷期間，批發商可能就要保持較大的庫存量，零售商則需提供特別的展示或服務。通常行銷人員為達成綜效，在對消費者市場進行促銷的同時也會對通路商市場做促銷。

增加商店流通

零售商經由特別的促銷和活動，可以增加商店的顧客流量。在商店門口抽獎、停車場拍賣或商店內現場電台廣播，都是常見的增加顧客流量的促銷方法。除了零售商以外，製造商也能設計促銷活動來增加零售商店的顧客流量。一個讓目標群眾產生很多注意的促銷，可以趨動消費者到零售商店。例如，本田公司可以進行割草機產品線的春天促銷活動，由公司的代表在像是勞氏（Lowes）和家得寶的店中支援零售商做促銷。

14-5b 通路商市場促銷技術

在通路商市場內促銷的技術有誘因、津貼、貿易展覽、銷售人員訓練和廣告合作。

誘因

通路商市場內成員的誘因（incentives），包含各種不同的技術，和在消費者市場所使用的一樣。旅遊、禮品或現金紅利的回饋方式能夠誘使零售商和批發商更加注意某個公司的品牌。思考一下這個策劃：富豪汽車（Volvo）的全國銷售經理為經銷商舉辦了一個誘因方案，全國最佳的經銷商可以贏得超級盃之旅，包括和名人堂的球員共進晚餐。但是誘因不必是非常大或非常昂貴才會有效，威瑟鎖公司（Weiser Lock）提供給經銷商每訂購 12 盒的鎖，就送一把瑞士刀。這個方案非常成功，在跟進的促銷活動中贈送瑞士軍用手錶更是造成轟動。

另外一種通路商市場誘因被稱為給推銷員的佣金，**給推銷員的佣金（push money）** 方案是零售商的銷售人員向消費者推銷行銷人員的品牌就可以獲得金錢的報酬。這種方案十分簡單。假設銷售人員替製造商販售某個品

牌的冰箱,而非競爭者品牌時,銷售人員將會獲得額外的 50 或 75 美元的紅利,作為給推銷員的佣金方案的一部分。

對通路商市場而言,這種誘因方案的風險是銷售人員可能會過於積極地要贏取獎勵或是佣金,因而將某個品牌賣給任何一位顧客,而不顧及該顧客真正的需求。公司也需要仔細管理這些方案,將倫理道德規範的難題減到最少。除非是採用高度結構化和開放的方式來實施,一項誘因技術可能很像賄賂。

津貼

為零售商和批發商提供各種不同形式的津貼,目的是價加對各品牌的關注。一般來說,每一季大約每隔四週會提供津貼給批發商和零售商。**商品津貼（merchandise allowances）** 以免費產品的形式包裝,定期裝運,它是設定交易和維持商品陳列的報價。這個報價的價格通常是比製造商自己維護展示商品的費用低得多。

貨架空間已經成為高度需求,特別是在超級市場中,製造商直接使用現金付款,就是熟知的**上架費（slotting fees）**,誘使食品連鎖店囤積貨品。對新品牌來說,上架費有時被稱為「產品介紹費」。新產品的擴散已經使得貨架空間變為一種寶貴的商品,現在這些上架費用,一項產品已達到數十萬美元。然而製造商卻心甘情願支付上架的費用。研究顯示,貨架展示足以左右消費者的評估,尤其是在經常性使用品牌和市場占有率低的品牌上。然而,並不是所有的零售商都徵收上架費,上架費對新創品牌和規模較小的公司尤其不利。例如,克羅格公司（Kroger's）正在擺脫這項措施。

另外一種津貼的形式被稱為退款津貼,**退款津貼（bill-back allowances）** 提供零售商金錢的誘因,在廣告或是商店展示行銷人員的品牌。如果零售商選擇參加廣告活動亦或展示的退款津貼方案,行銷人員需要零售商驗證執行服務並提供服務費用的帳單。類似的方案稱為**發票折扣抵讓（off-invoice allowance）**,在這裡廣告商允許批發商和零售商扣除從商品收受而來的發票的定額。其實這方案真正做的是降低價格,針對一個特定的行銷品牌提供交易。在這方案中交易的誘因是發票折扣抵讓的品牌價格降低,增加批發商或零售商的邊際利潤。

銷售人員訓練方案

愈來愈受歡迎的商業促銷方案是提供零售商銷售人員的訓練，這種方式使用於耐用和專業的消費性商品，像是電腦、行動電話裝置、家庭劇院系統、冷暖氣系統、保全系統和運動器材。這些產品愈來愈複雜，因此製造商要確定店頭的消費者接受到正確的訊息以及有說服性的產品主題。

對大型零售商店的銷售人員而言，製造商可以舉辦特別的課程，介紹產品訊息、展示和銷售技巧訓練。

廣告合作

合作性的廣告（cooperative advertising）作為貿易促銷的工具，也被稱作是垂直的廣告合作，直接提供獎金給在當地的廣告中呈現公司品牌的零售商。（這種方式也稱為供應商的廣告合作）。製造商用兩種方法控制廣告合作的內容，他們會對廣告的內容和篇幅大小設定嚴格的規範，然後要求驗證廣告符合這些規範。另一種方法是由製造商發送廣告範本給零售商，只要嵌入他們商店的名稱和地點就可。圖 14.7 就是這種廣告的範例，注意宇舶手錶公司（Hublot）廣告的元素是全國性的（甚至是國際性的），左下角則突顯加州的零售商贊助者。使用這支廣告，宇舶公司掌控廣告的外觀和感覺，確保它與產品形象一致。

Jean-Claude Biver, CEO of Hublot Geneve

圖 14.7 這是由製造商支持零售商廣告合作的典型例子。在雜誌廣告中，加州的零售商將宇舶手錶特色突顯。製造商將會提供廣告範本讓零售商執行，顯示公司品牌的特色。

14-5c 企業市場的促銷技術

通常論及促銷技術只會聚焦在消費者和通路商上，獨漏企業市場不去討論是一項重大的疏忽。促銷產品協會（Promotional Product

Association）估計，每年有數十億美元的促銷是以企業買家為目標。在企業市場所使用的主要促銷技術如下：

🏷 貿易展覽

貿易展覽（trade shows）是對從事企業交易成員，從眾多製造商中選擇數個相關的商品，陳列和展示的活動。不誇張地說，每一種產業都會舉行貿易展，從美食產品到先進的電腦科技產品。廣告商發現貿易展是一個有效的方法，可以隨時拿出品牌產品提供討論和實際使用，接觸有興趣的顧客和潛在的買家。國際促銷產品協會（Promotional Product Association International）報告，當貿易展的訪客從攤位收到公司的促銷產品，有超過70%的訪客會記得該產品的公司名稱。

在典型的貿易展中，公司的代表人員會在攤位上展示公司的商品或服務方案。這些代表人員解釋產品和服務，並可能為銷售團隊接觸到重要的客戶。對小型公司而言，貿易展格外重要，因為負擔不起廣告，且銷售人員太少，而無法接觸到所有的潛在顧客。藉由貿易展的途徑，與直接銷售電話相較，銷售人員能接觸到更多的潛在客戶。

🏷 企業禮品

據估計將近有一半的美國企業會給予企業禮品。這些禮品是與供應商建立和維持緊密工作關係的一部分。企業禮品作為促銷方案的一部分，可能包含較小的物品像是有商標的高爾夫球、夾克或小型珠寶。奢華的禮品或高級的旅遊可能被理解為「事業採購」，並不包含在企業市場促銷的種類裡。

🏷 贈品和廣告商品

前面有提到過，鑰匙圈、球帽、運動衫或是日曆都是讓買家記得品牌的名稱和標語，花費不高但很有效的促銷方式。雖然企業買家是專業人士，但他們也無法免除對廣告商品所創造的價值認知。換句話說，免費獲得某物吸引企業買家，就如同對家庭消費者一樣。企業買家會選擇一間顧問公司而非另一間以獲得一盒高爾夫球嗎？大概不會。雖然如此，但廣告商品仍然能創造知名度並增添交易的滿意度。

提供試用

提供試用特別適合企業市場。首先，既然許多的企業商品和服務成本高昂，並且通常造成要長期支持一個品牌（許多企業商品和服務是長期性質），試用為買主提供一個方法去減低支持一個品牌而非另一個的風險。其次，提供試用是吸引新顧客的好方法，尤其是需要一個好理由嘗試新東西的顧客。試用新產品幾週又沒有財務的風險，是一個令人難以抗拒的提議。將軍輪胎公司（General Tire）推出新的輪胎產品給商業輕型卡車和小貨車市場的時候，就推出了 45 天的試用優惠。

常客方案

與許多企業專業相關的頻繁旅行，使得常客方案就成為針對企業市場的理想促銷方式。航空公司、飯店和餐館的常客方案皆由企業市場的旅行業者掌控。但企業市場的常客方案並無限制在購買旅遊相關的項目。例如，好市多提供商業會員（executive membership）給企業買主，這是有會費的會員方案，依據一年之內的購買量，會員可以得到現金回饋，並且在企業服務事項上享折扣，有超過 1,500 萬的企業人士成為好市多方案的會員。

LO 4

14-6 促銷的風險

討論到目前為止，促銷技術可以運用於追求重要的銷售目標。正如我們看到的，在消費者、通路商和企業市場提供許多的促銷選擇。但是也必須注意與促銷相關的風險，並且謹慎思考這些風險。

14-6a 創造價格導向

既然大部分促銷依賴某些價格的誘因或贈品，公司就會面臨品牌被認知為廉價或在低價之外並無真正的價值或好處的風險。在市場上創造這種認知會與品牌整合行銷傳播的概念產生矛盾。假如廣告訊息凸顯品牌的價值和好處，與在促銷當中只會強調價格產生牴觸，一種混淆的信號就會被傳送到

市場上。因此，品牌要重新考慮它們的促銷活動。例如，寶僑公司與零售商合作充分利用促銷的投資而不過度依賴價格促銷，寶僑公司的首席財務主管說：「結合我們的努力和資源加入行銷方案，要比很大的折扣更有成效，驅使額外的顧客進入商店和到我們的產品項目前面。」

長時間之後，消費者可能對經常性的促銷產生免疫性，導致消費者較少的回應。億滋國際擁有奧利奧等品牌，因為對促銷的回應感到失望，正將資金從促銷轉移到廣告上，特別是在數位／行動／社群的廣告中。執行長解釋說明：「我們並沒有看到我們希望得到的促銷回應，事實上，這些是我們從其他長期股權建設活動經費中挪移而來的。」品牌現在體認到促銷在競爭的市場如何支出，高額的花費不一定會帶來相對較高的銷售量和收入。基於這些考量，品牌需要仔細評估消費者行為和市場的真實狀況，來決定在廣告、促銷和其他品牌整合行銷傳播之間適當的平衡。

14-6b 借貸未來銷售

管理階層必須承認促銷是典型短期的技術，用來設計減少庫存、增加現金流量或顯示週期性提高市場占有率。而缺點是公司可能是簡單地向未來銷售借款。消費者或企業買家可能會在低價時被鼓勵購買品牌的產品而有囤貨，這樣的結果導致銷售量在接下來的幾個測量時段減少，造成在測量和評估廣告活動或其他建立形象交流時的混亂局面。如果消費者對促銷做出回應，也不太可能釐清廣告效果。

14-6c 疏遠顧客

當一個公司非常依賴抽獎或常客方案以建立顧客忠誠度，特別是對他們最好的顧客，在方案有任何改變時，這些顧客就會有被疏遠的風險。航空公司在這方面就深受其害，當他們對經常飛行的旅客調整飛行哩程數回饋的標準時。最後許多航空公司會採取一個和解的姿態，對他們經常飛行的旅客給予讓步。

14-6d 管理的時間和費用

促銷成本昂貴並消耗時間。對行銷人員和零售商來說，處理促銷素材並

在過程中保護不受欺騙和浪費，這個過程很耗時。如這幾年我們所見的，分配給促銷的資金來自於廣告經費，廣告是一種長期建立經銷的方法，不應與短期獲利的目標妥協。

14-6e 法律考量

隨著促銷愈來愈受到大眾的歡迎，尤其是在比賽和贈品方面，州政府和聯邦政府也增加了法律的監督。法律專家建議，使用折價券、遊戲、抽獎和比賽促銷之前，公司要檢核彩券法、著作權法、州和聯邦商標法、贈獎通知法、隱私權法、稅法和美國聯邦貿易委員會與美國聯邦通信委員會的規定。促銷若要遠離法律困擾，最好是仔細地敘述關於促銷方案的規則和條件，完整地告知消費者相關權益。

LO 5

14-7 店頭廣告

每年店頭廣告的經費估計有超過 230 億美元。為什麼會有這麼龐大的經費投資在店內的促銷素材呢？首先考量店頭是廣告、品牌和消費者會同時同地在一起的唯一媒介通路。然後考慮這個結果。國際店頭廣告協會所做的研究指出，有 76％ 的消費者會在店頭對所有商品做最後深思熟慮的選擇。也難怪在現今的品牌整合行銷傳播活動中，店頭廣告受到廣大的注意。

14-7a 店頭廣告的定義

店頭廣告〔point-of-purchase（P-O-P）advertising〕是指在零售商店使用的工具，用來吸引顧客對品牌的注意，傳達品牌主要的優點或是強調價格的訊息。店頭的展示也能以減價交易或是其他消費者促銷為焦點。一個瓦楞板的展示箱和附加品牌商標或是品牌相關資訊的標題卡，每個造價只要幾美分。當這個展示箱裝滿品牌產品並以獨立式的放置方式在零售商店展示時，銷售量也會隨之而來。因此，當廣告和其他品牌整合行銷傳播活動開始時，在商店展示的部署需要與行銷團隊充分合作。要達成品牌整合行銷傳播計畫

14-7b 店頭廣告的目標

店頭廣告的目標與一般的促銷目標相似，其目的是要造成短期銷售的影響，但仍要保留由廣告樹立的長期發展和維持的品牌形象，具體地說，店頭廣告有下列幾項目標：

- 在零售商店的設置中吸引消費者對品牌的注意。
- 維持對品牌忠誠的用戶購買的忠誠度。
- 刺激對品牌的增加使用或不同的使用方式。
- 刺激競爭品牌的使用者試用。

這些目標可以自我解釋並與促銷目的相合。有效運用店頭廣告的關鍵是維持由廣告樹立的品牌形象。但是要記住我們曾經在第 4 章消費者決策所討論的，消費者廣泛的經驗和先前的知識會影響消費者在店頭的選擇。

14-7c 店頭廣告和展示的型態

行銷人員有無數的展示和陳列方法可以運用。店頭廣告的工具一般來說分成兩個種類：短期促銷展示（short-term promotional displays），使用期限六個月或以下；永久性的長期展示（permanent long-term displays），可以提供店頭展示超過六個月。在這兩種範疇內，行銷人員有範圍廣泛的選擇：

- **櫥窗與門面的招牌**：任何能辨識出公司或品牌或可以給消費者引導的招牌。
- **櫃檯或貨架單位**：設計比較小型、能在櫃檯或貨架上展示的廣告。
- **落地架**：任何單獨豎立在地板上的店頭廣告。
- **貨架插卡**：一張印製好的卡片或標牌設計安裝在貨架上或貨架下。
- **活動裝置／旗幟**：懸掛在商店的天花板或是橫掛在大片牆面上的廣告標牌。
- **結帳出口**：店頭招牌或小型的展示架設在收銀結帳處，用來設計在衝動性購買商品上，如：口香糖、護唇膏或是糖果。

- **全線商品**：一個販售單位專門展示一個製造商的產品線，通常位在走道的最尾端。
- **通道尾端展示或大型貨架**：通常是一個大型的商品展示放在通道的最底端。
- **傾銷箱**：有圖案設計或有貼附招牌的大型箱子。
- **發光的標誌**：戶外或店內用來促銷品牌或商店的燈光招牌。
- **會動的展示**：任何一個使用移動的元素來吸引注意的店頭廣告。
- **互動單位**：一部電腦亭，顧客在這裡可以得到訊息，像是食譜的提示或是如何使用品牌，也可能是一個發送折價券的快閃機器。
- **高架商品**：一個置於收銀機的上方展示商品的架子。收銀員可以為消費者拿商品。高架商品前面通常會有招牌。
- **推車廣告**：任何一個貼附在推車上的廣告訊息。
- **走道指南**：用來描述商店走道內的商品，也可以提供廣告訊息的空間。
- **零售商電子招牌**：最新式的店頭廣告設備就是零售商的電子招牌。也就是一般天花板懸掛或壁掛的影片播放器，現在則是被移到走道尾端的轉角上或是使用戰略貨架位置，重複播放特價或介紹新產品。

這些廣泛的店內選項給予行銷人員機會去吸引消費者注意、導致購買並強化經由其他品牌整合行銷傳播部分傳遞的主要訊息。零售商視店頭展示為將他們的個別商店差異化的方法，也就是說像全食公司（Whole Foods）對比沃爾格林（Walgreens）對比艾柏森（Albertson）對比目標百貨展示的價值通常差異很大。再一次，實地行銷人員是非常重要的關鍵，他們為每個零售商庫存行銷人員商品開發合適的店頭替代品。若無零售商的配合，店頭廣告實際上沒有機會發揮它神奇的作用。

14-7d 店頭廣告與行動或位置行銷

行動廣告在許多方面就是所謂的店頭廣告。行動廣告在零售商的店鋪內或是店鋪附近之外增加了另外一種面向。使用電子告示板去做——提醒消費者到附近的一個地點——現在智慧型手機也可以做到，有一項系統連結雙層觀光巴士上的廣告、電子看板和手機訊息，這樣可以幫助像媚比琳公司在特

定的時間和地點運用品牌整合行銷傳播活動。當消費者站立在商店貨架的前面時，感應器能辨識位置，讓行銷人員發送最後一則訊息，試圖從瀏覽轉換到購買。位置行銷和店頭廣告全面發展的廣度和潛力還需要持續被探索，特別是在消費者對操作的態度和實際反應上。在一項測試中，Crate and Barrel 邀請顧客拿取店內的平板電腦去掃描產品的條碼，用來製作提醒清單或是購買清單以便加速結帳。這個想法是要分析在店內的消費者行為，並提供消費者更便利的結帳經驗。

14-7e 店頭廣告與通路商和企業市場

雖然我們已經聚焦在使用店頭廣告作為吸引消費者的討論上，這種促銷工具也對製造商具有策略上的價值，去鞏固與通路商或企業市場的合作。提供給零售商的產品展示和訊息表單，通常能夠鼓勵零售商支持某個經銷商或製造商的品牌。店頭的促銷能夠幫助贏得寶貴的貨架空間和在零售商店裡的曝光度。從零售商的觀點而言，店頭的展示能增添商店的氛圍並讓消費者購物經驗變得更輕鬆。品牌製造商和經銷商顯然地分享共同的利益。當零售商有能力將一個特定的品牌移動出貨架，這就正面影響了製造商和批發商的銷售量。

LO 6

14-8 支援媒體

這個小節是要討論傳統的支援媒體：戶外招牌和廣告看板、大眾運輸廣告和空中的廣告、電影廣告、目錄廣告和包裝廣告。我們放在這裡討論是因為這些支援 IBP 工具比起在第 11 章和第 12 章所談的主要媒體，它們跟促銷與店頭廣告的手段要更類似。

支援媒體（support media） 是藉由其他媒體工具做增強或補充訊息，因此稱為支援媒體。當消費者實際正在思考產品選擇時，支援媒體在接近的時間和地點傳遞適當的訊息會特別有成效，像是在高速公路沿線的看板，替加油站、餐廳或汽車旅館廣告。既然這類媒體可以為地方市場客製化，它們的價值是可以為任何一個組織在特定的場所、地區或都會區接近消費者。

14-8a 戶外招牌和看板廣告

　　戶外廣告現今面臨的創意挑戰一如以往，就是抓住消費者的注意力並用最短的措詞與引人注目的圖像進行溝通。在美國，戶外廣告全部的經費呈穩定增長，現在每年大約是 80 億美元。戶外廣告提供幾種獨特的優點，這類媒體出現在特定的地方市場，是一種可廣泛散布訊息的絕佳手法。展示的大小規模是這種媒介的強大吸引力，尤其是結合獨特的燈光和移動的樣式。當看板具有聰明的創意能凸顯出品牌或公司的名稱，看板廣告就有其魅力。明尼阿波利斯（Minneapolis）有一間零售店製作的看板廣告，在城裡各處飄散薄荷的氣味作為情人節糖果促銷的一部分。看板廣告也可以全天候曝光行銷人員的廣告訊息，並且非常適合展示品牌的特殊包裝和商標。

　　如果廣告訊息可以接觸閱聽眾並解決他們立即的需要或欲望，廣告看板會變得特別有效。例如，我們都曉得看板通常是由速食餐廳布署，沿著主要的高速公路，讓飢餓的旅行者知道在哪一個交流道下，可以享受華堡（漢堡王主餐）或大麥克（麥當勞主餐）。圖 14.8 展示了一個在正確的地點、正確

圖 14.8　這是一個聰明和娛樂的例子，看板廣告如何在適當的時間傳遞正確的訊息。

的時間產生最大吸引力的聰明戶外招牌廣告範例，一間德國的眼鏡公司的看板廣告創作了一個聰明、有趣並且即時的溝通。地方性的服務（像加油站、地產和保險公司、飯店、金融機構和汽車服務經銷商）非常依賴戶外廣告。

看板廣告有很明顯的缺點，冗長和複雜的訊息只會讓看板變得毫無意義；有些專家建議，每份看板廣告應該要限制不要超過六個字。另外，看板所在的位置會有很不同的影響，而評估地點冗長乏味又相當耗時。公司在評估地點時，需要派遣人員到選擇的地點察看是否值得，這項活動在產業內為人熟知，就是「騎板」（riding the boards），是一項重大的時間和金錢的投資。考量到看板有短訊息的限制、通常會被風景掩蓋、當然也不是任何人主要的焦點，對許多廣告商而言，它們的成本可能是過高的。

雖然有成本問題又經常被環保人士批評說看板廣告是一種視覺污染，它們的支持者聲稱，重要的科技進步未來會使得戶外廣告成為愈來愈有吸引力的選項。首先，這些進步會改變前景，把原來大部分是靜態的媒體，變成動態的媒體。看板廣告使用電子和無線網路科技有顯著的結果。以可口可樂為例，它購買了 14×48 呎的 LED 螢幕擺放在 27 個市場，好讓公司可以一天二十四小時專門地播放自己的廣告。電子看板廣告讓廣告商在一天當中不同的時段，在看板上輪流展示他們的訊息。這種能力特別吸引地方的行銷人員，像電視台和食品販售業者，他們的生意對時間很敏感。

最後，看板廣告的時間能夠像廣播電台和電視台一樣分播出時段出售，更能吸引對時間敏感的廣告商。

14-8b 家外媒體廣告：運輸、空中、電影

另一種支援媒體被稱為家外媒體廣告，家外媒體廣告（out-of-home media advertising）包含不同的廣告地點，能夠接觸地方主要的群眾之中。大眾運輸廣告（transit advertising）與看板廣告像是緊密的親戚關係，在許多實例裡，它與看板是串聯使用的。在世界各地，這是很受歡迎的廣告形式。大眾運輸廣告可以出現在許多場所，包括在建築物的背面、地下鐵的通道、遍布運動體育館、計程車、巴士和卡車上。大眾運輸廣告也可以用招牌的方式出現，在隧道、車站的月台或是包覆大眾運輸車輛的表面，像圖 14.9

圖 14.9　全世界都是一樣的故事，大眾運輸也已經成為廣告使用的工具。

的範例。家外廣告媒體最近一項創新的發明是電子招牌，利用無線網路科技，在特定區域傳遞客製化的訊息。這種電子訊息可見於零售商店或計程車頂。自馬戲團的海報，我們走過了一段很長的路。

當廣告商想要以在大都會區裡生活和工作的成年人為主，使用大眾運輸廣告會特別有價值。這媒體在人們往返工作的路上接觸他們，因為每天的路線都一樣，一週又一週，不斷重複接觸，因此大眾運輸廣告為提供重複訊息的絕佳工具。在大型的大都會區像是紐約——地下鐵長達200英哩、有300萬的地鐵通勤族——大眾運輸廣告可以接觸到大量的個人，非常符合成本效益。大眾運輸廣告也可以吸引地方的業者，因為它們的訊息能夠傳遞給正在通勤要去商店購物的旅客。

大眾運輸廣告對建立或維持品牌的知名度效果很好，但是如同使用戶外看板廣告一樣，過長或太複雜的訊息，在這種媒體當中就無法產生作用。另外，大眾運輸廣告很容易會在每天熙來攘往的生活裡被視而不見。藉由大眾運輸系統穿梭往返工作的人們，當然是很難被廣告訊息吸引的一群觀眾。他們可能已經覺得索然無味、精疲力竭、全神貫注的思想一天發生的事或是被其他的媒體占據。

當廣告商不能在地上或地下有所突破，通常也只能仰望天空。**空中廣告**（aerial advertising）包括使用飛機拉標誌、旗幟、噴射空中文字或雄偉的飛艇和飛船。數十年來，只有固特異公司（Goodyear）擁有自己的飛艇，現在因為有較小且不昂貴的飛船，使得廣告商更喜歡這種媒體工具。空中廣告看板由小型飛機或直升機拖曳並且配備擴音器，因為廣告商積極尋找新的方法接近消費者，在這幾年也逐漸增加。

電影廣告（cinema advertising）涵蓋那些電影院裡在電影放映前播放（有時候是惱人）的廣告，以及其他在電影院裡出現在銀幕外的廣告。雖然消費者通常會聲稱他們不想去觀看在他們付費電影開始之前的廣告，研究顯示，有 63% 的電影觀眾，實際上不會在意電影開始前的廣告，而且公司會繼續投資這種方式的家外廣告。今天，單單在美國，電影廣告已有 8 億美元的商機。電影廣告並不僅僅是在電影銀幕上而已，電影銀幕外廣告和促銷包含樣品、特許促銷（爆米花盒側邊上的廣告）和大廳的廣告。

14-8c 目錄廣告

目錄廣告（directory advertising）包括所有由不同的公司發行的地方電話目錄和地方商業廣告簿——最廣為人知的是所謂的黃皮書。目錄廣告在許多組織的媒體組合中扮演重要的角色，每年 80 億美元花在這個媒體上的經費足以為證。

電話目錄在消費者決策過程中扮演獨特和重要角色。鑑於多數支援媒體將品牌名稱或產品關鍵訊息擺到消費者面前，目錄廣告幫助人們根據他們的決定去購買。藉由提供消費者實際找到某個特定產品或服務的訊息，目錄就像在購買決策中最後的連結。因為它們易獲得並且消費者熟悉這種廣告工具，廣告目錄是行銷人員藉由其他媒體建立知名度和產生興趣活動的最佳補充工具。

在缺點方面，電話目錄的擴張和區隔，使之成為充滿挑戰的媒體。許多大都會區域充斥多種目錄，有些是為特定地區、種族群體或團體做的特別目錄。要選擇一套正確的目錄，能夠涵蓋國家大範圍的全部部分，會是令人怯步的工作。此外，投入這種媒體工作需要很長的作業時間；而且經過一年的期程，目錄內的訊息很容易過時。傳統紙張的格式也欠缺彈性，因而限制著對創意的執行。

使用線上搜尋和行動載具的增加，也使得印製目錄烏雲罩頂，前途暗淡。進入線上目錄提供消費者更快速、方便的方法，不僅是尋找電話號碼，也可以獲得喜歡的商店或服務的位置。

14-8d 包裝

為何把品牌的包裝當作支援媒體的一項元素？在典型的觀念上，它並不是一種媒體，然而它卻能傳達品牌的重要資訊，而這種資訊帶著一個訊息。簡而言之，包裝（packaging）就是產品的容器或包裝紙。來自顧問的經典語錄，形容包裝是「行銷的最後五秒鐘」和「真實的第一刻」。雖然包裝的基本目的相當明顯，它還能夠為促銷努力做出強烈積極的貢獻。最好的包裝歷史事件之一，是當迪恩食品公司（Dean Food）創造「牛奶突突」（Milk Chug），第一個有型的、一次飲用量的牛奶包裝。迪恩食品公司人員指出，牛奶欠缺的是它不像百事可樂和可口可樂有「酷」的因素。在推出新包裝的十二個月後，原味的牛奶增加了 25% 的銷售量，巧克力和草莓口味的牛奶增加到 50% 之多。此外，店頭廣告協會（Point-of-Purchase Advertising Institute）的研究顯示，現在有超過 70% 的超級市場購買結果是基於店內所做的決定。

包裝對廣告主的促銷優勢

包裝提供品牌製造商幾個策略上的利益，首先，在品牌整合行銷傳播上，它帶著一般策略的影響。包裝帶有品牌的名稱和商標，它以名稱與符號跟消費者做溝通。零售商店裡擺放了無數的產品，設計良好的包裝能夠吸引購物者的注意並誘使他們更仔細地檢視產品。其次，包裝也能加強產品的特色和益處，PRE Brands 公司專門生產草飼牛肉，對每一片牛肉採用透明真空的包裝，背面附上一片紙板，紙板部分提供營養和促銷的資訊，真空透明的包裝能夠讓消費者從每個角度、前前後後檢查牛肉，確保牛肉的品質。

包裝的附加價值是創造品牌價值的認知，要記得「價值」的訊息是品牌整合行銷傳播溝通很重要的一部分。圍繞在電腦軟體外傑出的包裝，在本質上就是簡單地將無形的產品有形化。同樣地，當消費者去購買形象，包裝就需要反射適當的形象。顏色、設計和包裝的形狀，都被發現會影響消費者對一個品牌的品質、價值和形象的認知，讓他們願意付出比其他牌子更高的價格購買。沛綠雅（Perrier）在市場上是最貴的瓶裝水之一，比較競爭者堅硬塑膠的包裝，有著美觀吸引人的瓶子。香水製造商的包裝成本通常比產品成本高，以確保產品投射出所期望的形象。

15 活動贊助、置入性行銷與品牌娛樂

學習目標

在閱讀本章並思考其內容後,你應該能夠:

1. 證明日益普遍的活動行銷和贊助活動,是體驗行銷和品牌整合行銷傳播的一種現代又可評量的方法。
2. 簡述置入性行銷在電視、電影和電玩遊戲的用途和吸引力。
3. 解釋在建構品牌時連結活動場所或娛樂產權的利益和挑戰。
4. 討論在不斷增加的各種溝通和品牌工具中,藉由消費者經驗獲得品牌整合行銷傳播所面臨的挑戰。

15-1 活動贊助、置入性行銷與品牌娛樂在品牌整合行銷傳播中的角色

本章會討論行銷人員使用的一系列工具和技能，為消費者創造獨特的經驗。活動贊助、置入性行銷與品牌娛樂在品牌整合行銷傳播中，提供廣告主一些最令人興奮的機會，如圖 15.1 所示。對於使用數位產生連結而言，運用社群媒體與活動贊助的結合形成一種非常棒的方式。

第一篇　商業與社會中的廣告與品牌整合行銷傳播

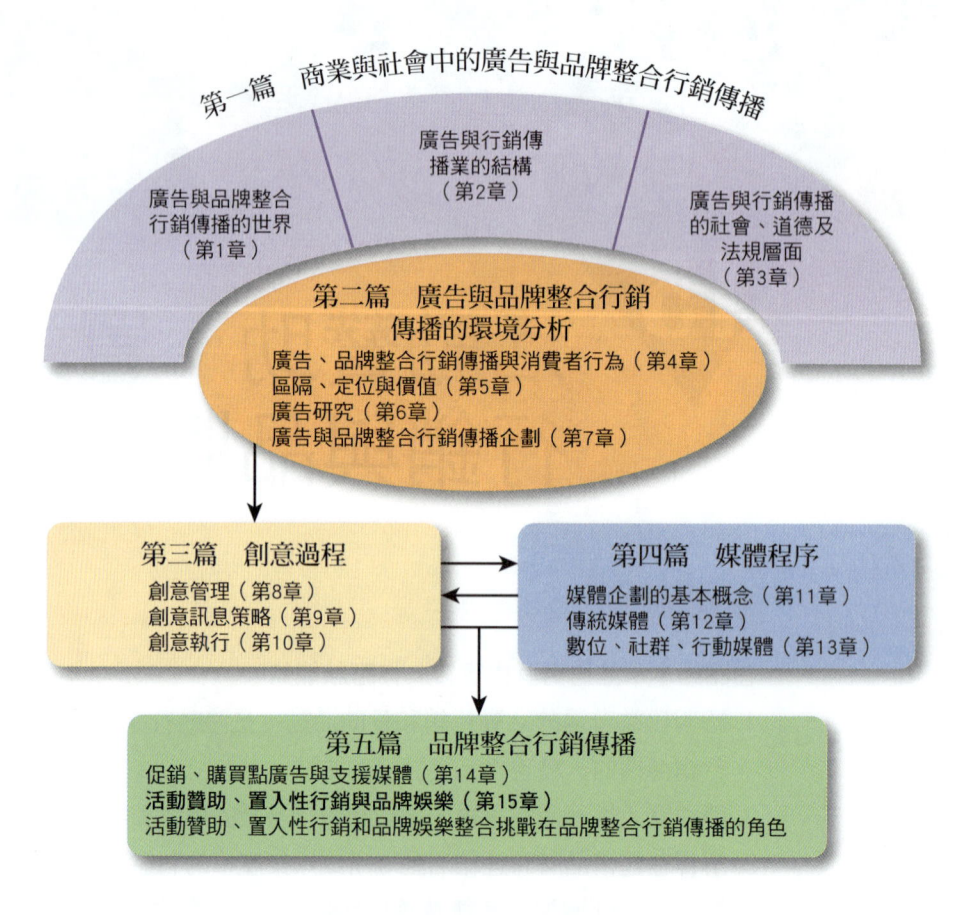

廣告與品牌整合行銷傳播的世界（第1章）
廣告與行銷傳播業的結構（第2章）
廣告與行銷傳播的社會、道德及法規層面（第3章）

第二篇　廣告與品牌整合行銷傳播的環境分析
廣告、品牌整合行銷傳播與消費者行為（第4章）
區隔、定位與價值（第5章）
廣告研究（第6章）
廣告與品牌整合行銷傳播企劃（第7章）

第三篇　創意過程
創意管理（第8章）
創意訊息策略（第9章）
創意執行（第10章）

第四篇　媒體程序
媒體企劃的基本概念（第11章）
傳統媒體（第12章）
數位、社群、行動媒體（第13章）

第五篇　品牌整合行銷傳播
促銷、購買點廣告與支援媒體（第14章）
活動贊助、置入性行銷與品牌娛樂（第15章）
活動贊助、置入性行銷和品牌娛樂整合挑戰在品牌整合行銷傳播的角色

圖 15.1　第 15 章的架構圖。

第 15 章
活動贊助、置入性行銷與品牌娛樂

活動贊助、置入性行銷與品牌娛樂擁有動態的本質，使任何的品牌整合行銷傳播活動格外具有影響力。在這種有創意的環境中，品牌不斷尋找機會深植在目標消費者喜歡的活動與娛樂裡。日產汽車選擇成為歐洲足球冠軍聯賽的贊助商，因為可以有顯而易見的機會在全世界建立品牌。「這可能是在全球唯一的競賽，讓我們在五月到九月之間每兩週能在電視上與觀眾會面。」公司的歐洲行銷副總裁解釋。日產汽車是一個全球的汽車品牌，而這個贊助活動也很適合，因為「這個冠軍聯盟，在某些核心地區有廣大的知名度和新聞報導，例如，在亞洲。」這家汽車製造商整合這項贊助活動及其他廣告與品牌整合行銷活動，結果發現有更高的品牌知名度和品牌資產。

品牌知名度是消費者知道一個品牌，一般都知曉它的產品，但對產品沒有專業或更多的知識。品牌只是「聽說過」，品牌資產是論及品牌名稱的金錢價格或是品牌本身被認定的價值。品牌擁有較高的品牌資產通常是市場的領導者、具有影響力、富有魅力及將商標或名稱放在商品上確實會為在理論上屬於平凡的商品帶來價值。

本章首先會評估活動贊助，這是行銷人員長期喜愛的方法之一，也是作者個人最喜愛的獎學金主題之一。接著必須考慮品牌整合行銷傳播的置入性行銷策略，這是品牌能夠顯著出現在電視節目、電影，甚至是電玩遊戲當中的策略。最後，我們會檢視品牌娛樂。在建立品牌方面，當有人想嘗試品牌娛樂時，幾乎沒有限制，通常是古怪的、前衛的或非凡的活動，當廣告和娛樂匯集時，品牌會獲得注意力。這種匯集可以在**體驗行銷（experiential marketing）**中看見，作為品牌整合行銷傳播活動的一種方式，像是品牌贊助的音樂會或音樂節體驗。通常，消費者對每年的活動會有高度期望，而這種組成與期望趣味幾乎與體驗活動本身一樣吸引人。

15-2 品牌建立和廣告與娛樂的匯集

在《廣告時代》（*Advertising Age*）的巴柏・高菲（Bob Garfield）十年前預告的「混亂情景」中，傳統媒體大量出走的時代即將來臨。我們在第 12 章看見，有些預言現在已成為事實。廣告主的經費已經從傳統媒體轉移，因為

觀眾分眾化和消費者想要掌握訊息的環境以及廣告規避的硬體與軟體，都逐漸損害它們的價值。高菲看到傳統媒體的「無法阻擋的死亡漩渦」，並預言「行銷和品牌行銷不再依賴 30 秒的電視顯現和浮誇的雜誌散布來執行。」活動贊助能在產業當中解決這些重大問題。

然而，我們都知道，改變中的溝通環境並未導致傳統媒體「無法阻擋的死亡漩渦」。這就是為什麼本書要聚焦在整合各種不同的媒體上。傳統媒體仍然吸引廣大的觀眾以及廣告主重要的投資。隨著廣告與娛樂繼續匯集帶來新的機會和評量活動贊助的方式，數十億美元的廣告經費已經移到其他建立品牌的工具上。

LO 1

15-3 活動贊助：評量與消費者心理

活動贊助（event sponsorship）是由行銷人員提供財務支援，協助活動的進行，諸如：搖滾音樂會、網球比賽或吃熱狗比賽。作為回報，行銷人員擁有在活動現場展示品牌名稱、商標或廣告訊息的權利。如果活動有電視轉播，行銷人員的品牌和商標也很可能會在電視曝光，接觸到電視觀眾。活動贊助、置入性行銷與品牌娛樂廣受行銷人員歡迎，因為它們能夠以多種方法協助品牌建立的工作事項，超越傳統媒體的能力，它們也非常適合用在建立品牌社群上。

從消費者的心理層面來看，活動和贊助是非常重要的背景和產業，值得去研究，因為贊助和活動囊括消費者身分、愛好及對活動和贊助商的適合性的自我感受。參加過許多次每年舉辦的贊助活動的消費者，通常會認為他們自己是熱情的粉絲或是活動或贊助的提倡者。參加者的自我感受可能會被所參加的活動所影響，而與這些活動相關的品牌，可能有助於美化和溝通這種自我意識。成為粉絲或參加活動也能顯示組織成員的身分或是參加者的社會認同。

回想一下我們在第 4 章討論過的意義移轉過程，它可以改變人們對品牌的認知。也就是說，由西南公司贊助的奧斯汀西南南方音樂節的趣味和刺激，可以讓品牌變成你感受到的一部分。難怪大品牌，諸如：馬自達

（Mazda）、麥當勞和第一資本（Capital One）都會贊助這個一年一度的活動。事實上，太多品牌出現在西南南方音樂節中，使得一度知名的「發現的魔力，無論是音樂還是創新」轉變為「品牌的交通堵塞」，一位廣告代理商說。對一些年度活動而言，每一年的贊助商會改變，而對早期贊助商的好消息是，就算新品牌是贊助者的時候，它還是可能在消費者的記憶裡獲得當贊助商的信譽。此種附加的利益被稱為**贊助外溢（sponsor spillover）**，對先前的贊助商有很大的益處，對新的贊助商則為不利。

如你所猜想的，談到活動時，體育贊助活動吸走了廣告最大部分的經費。國家美式足球聯盟（NFL）和它的 32 支球隊，每年廣告￥贊助的投資計算有 12.5 億美元。運動遊戲活動（包括電競活動）也吸引廣告主的興趣：超過每年 2.5 億美元的贊助經費，和高達 1.55 億美元的廣告支出。活動經費每年繼續以超過 4% 的成長，而現在全世界已超過 620 億美元。

也請留意**活動社會責任（event social responsibility）**提供運動贊助商機會展現良善的企業公民責任、產生正面的口語傳播，並提高出席和贊助兩方面的意圖。當參加者擁有社區意識時，藉由活動的經驗，會對活動贊助商有更正面的看法，增加購買贊助商產品的意圖。

活動贊助、置入性行銷與品牌娛樂廣受行銷人員歡迎，因為它們能夠以多種方法協助建立品牌的工作，超越傳統媒體的能力。

不論經濟是起飛還是衰退，美國的汽車製造商都很積極地參與贊助活動。通用汽車是世界上最重要的老派廣告贊助商之一，示範了這種對活動的承諾。通用公司和其名下的品牌已經試用多種方法「靠近」潛在的顧客，大多數是贊助直接使用他們車輛的活動與消費者接觸，或是贊助與通用汽車的名稱和商標有關的、目標顧客有興趣的活動。這是被證明能夠改進消費者產品知識的方法。例如，通用汽車曾經贊助一個奴隸船隻巡迴展覽活動，它是美國未來農夫（Future Farmers of American）的一個獎學金計畫、底特律（Detroit）的塢得沃德夢想之旅（Woodward Dream Cruise）改裝車展以及為期一週的紐約市時裝展。通用公司的雪佛蘭（Chevrolet）品牌贊助美國職棒大聯盟（Major League Baseball）以及其他的活動。通用汽車的凱迪拉克（Cadillac）品牌並不贊助運動項目，而是贊助藝術展覽活動和其他文化活

動，以連結品牌與奢華和高格調的品味。

15-3a 誰使用活動贊助？

活動贊助可以採取不同的形式，活動的範圍可以是國際性的，像世界盃足球賽就有大型的贊助商，如愛迪達、麥當勞、可口可樂、韓國現代汽車（Hyundai）以及 Visa 金融卡公司，或是採用地方獨特的風格，像是由勞力士、杜邦（Du Pont）和其他品牌公司贊助的愛荷華州（Iowa）的索爾海姆盃（Solheim Cup）高爾夫球賽。對贊助商而言，活動能吸引一群觀眾，電台和電視可能會轉播活動，平面和網路媒體也通常會報導。另外，組織者、贊助者和參加者也會在社群媒體刊登。所以，活動贊助能夠產生與真實的消費者面對面的接觸，同時得到後續宣傳和話題討論——都是對品牌好的事。尤其是當活動的參加者很會處理視覺畫面，或是他們的認知需求很高，贊助在藝術、音樂、社區活動、節慶和運動上都能發生真正效用。

參與各種不同贊助活動的公司名單似乎每年成長，吉普（Jeep）、百思買、銳跑、露華濃（Revlon）、海尼根、花旗（Citibank）和其他公司都曾經贊助費絲‧希爾（Faith Hill）、提姆‧麥克羅（Tim McGraw）、珠兒（Jewel）、傑斯（Jay-Z）、史汀（Sting）、雪瑞兒‧可洛（Sheryl Crow）、艾爾頓‧強（Elton John）和五角（50 Cent）等藝人的巡迴演唱及特別演出。然後這些活動的意義可以用傳統媒體或以品牌整合行銷傳播的其他方式解釋或說出活動的贊助商，這種技術稱為**贊助清晰度（sponsorship articulation）**。

而這個世界愈來愈喜歡足球，不是那種美式足球，英國職業足球已經成為大家最喜愛的運動事業項目，因為他們支持有價值的行銷機會。前面讀到關於日產汽車贊助冠軍聯賽能夠接觸到全世界的足球迷，愛迪達與其他贊助品牌也急於想跟足球聯盟連結，其中英國受歡迎的足球隊曼聯（Manchester United），他們娛樂球迷與產生利潤的能力已超過美國的洋基棒球隊。

體育活動贊助真正包含了所有的形態和規模大小，包括組織像是職業騎牛大賽（Professional Bull Riders）和世界釣魚聯盟（Fishing League Worldwide）。因此，廣告主也有不同的機會評估與運動有關的消費者行為，和研究運動活動的參加者如何因為不同的參加者、不同的運動項目甚至是不

同的國家而產生與品牌的關聯。勤業眾信聯合會計師事務所（Deloitte）是美國網球協會和網球比賽的贊助者，為了要凸顯除了提供稅務和財務諮詢外，它還提供許多其他的企業服務。這間公司也是美國奧林匹克委員會（U.S. Olympic Committee）、美國馬術隊（U.S. Equestrian Team）和其他運動與文化活動的贊助者，吸引國家、地區和地方的觀眾。

15-3b 發現贊助活動的最佳點

測量曾經是使活動以及其他屬於線下行銷投資沒落的原因。現在，**贊助活動測量（event sponsorship measurement）**或評量體驗行銷通常有贊助者或與品牌合作，過程複雜而且注重資料分析。舉例說明，贊助活動測量包含（但不受限）以下各方面的模型和指標：贊助者的合適性、態度、活動的社會責任、贊助者的知名度、形象改變、影響轉移、品牌意義改變和對贊助者的支持（由偏好朝向購買贊助品牌）。

到現在你已經充分明瞭廣告與品牌整合行銷傳播，知道在活動贊助中主要的最佳點是活動的參加者與行銷人員的目標閱聽眾顯著重疊。假如活動有大量的粉絲和／或參加者，這是更好。此外，如果行銷人員是唯一贊助者，就能從支持活動當中獲致最大利益。然而，當唯一贊助也可能會非常昂貴，如果不是費用過高，便是在那些情況裡，只有充滿激情的支持者的小型社區活動等待被注意。

例如，想想成立於1996年的世界邦可遊戲協會（World Bunco Association, WBA）。邦可是一種骰子遊戲，通常分成每組8、12或16人，非常受到中年婦女的歡迎。邦可是一種機率遊戲，讓玩家有非常多的時間享受吃、喝與親密的交談任何事情，從女兒生小孩到最喜愛的食譜。為什麼這是一個很好的贊助活動機會？大約有1,400萬名美國婦女曾經玩過邦可遊戲，460萬名婦女是經常性的玩家。10個當中有6個婦女會說，從邦可遊戲活動裡聽到的建議會影響購買決定。此外，在邦可遊戲的固定玩家當中，約有三分之一飽受胃灼熱的折磨，而70%經常有胃灼熱問題的是婦女。你能看出這指向什麼事嗎？奧美拉唑（Prilosec OTC）是一種非處方箋的胃灼熱藥物，它的製造商發現邦可遊戲後，與協會合作舉辦了邦可遊戲的第一屆世界大賽，

第一名可獲得 5 萬美元，並且為國際乳癌基金會募款，於是從地區的邦可遊戲比賽中產生很多好的口碑，活動也迅速流行起來。不久，電視頻道抓住這股熱潮，開始轉播冠軍比賽，而奧美拉唑的紫色桌布使之成為一種**品牌經驗**（branded experience），體驗行銷的本質就是品牌經驗，其中的差異是，品牌經驗是消費者本身的經驗，而體驗行銷如本章前面介紹過，是一種品牌整合行銷傳播技術，用以連結消費者與其所在地。

15-3c 評估活動贊助的利益

早期活動贊助通常並不清楚付出贊助經費能為組織帶來哪些利益。傳統上許多批評聲稱贊助，尤其是在那些運動項目上，可能是自我意識導向所以會浪費金錢。公司的執行長也是人，他們喜歡與運動明星和名人結交。雖然可以理解，但是如果贊助一項高爾夫球比賽，只是因為執行長想與運動明星打一場同一組的四人比賽，這項贊助活動的投資功效就需要被測量。

促使活動贊助日益增長的因素之一，是學者和公司發現了一種方式，可以有效解釋贊助資金的有效性。很重要的一點是活動贊助的測量不僅僅是一個簡單的廣告等價嘗試，因為在活動中可以取得更好的印象，也因為活動贊助具有體驗性。在產業裡，以波士頓為基地的財務公司約翰漢考克（John Hancock），一直是開發詳細估算的贊助商的廣告等同性的先驅。約翰漢考克公司於 1986 年開始贊助大學足球盃的比賽，不久之後就會有方法去評估贊助商費用的價值。漢考克公司的員工搜尋有關足球盃的雜誌和新聞專題，決定在平面媒體提高其名稱的曝光度。接著，他們將賽前的推廣和電視轉播時，約翰漢考克公司被提到名稱的次數列為因素。在早先，約翰漢考克公司的執行長估計公司會由贊助的費用 160 萬美元，獲得與 510 萬美元相等的廣告曝光度。然而，約翰漢考克盃的電視觀眾在隨後幾年減少，漢考克公司估計足球盃的價值也驟降。隨後，漢考克公司轉移運動贊助的經費到其他的活動上，包括波士頓馬拉松（Boston Marathon）、波士頓紅襪隊（Boston Red Sox）和麻省特殊奧林匹克運動會（Special Olympics Massachusetts）。

要改進衡量金錢使用效率的能力，通常會驅使耗費更多的經費在品牌整合行銷傳播的任何一種工具上。在一項冠軍比賽中，衡量有多少人接觸到贊

助商的品牌，電視收視率和活動的出席人數不再是唯一的測量方法。想一下州立農業保險公司（State Farm Insurance）的經驗，長期贊助支持 NBA 籃球賽，在最後的決賽裡，當克里夫蘭騎士隊（Cleveland Cavaliers）勝過金州勇士隊（Golden State Warriors）贏得冠軍時，州立農業保險公司的紅白商標清晰可見在支撐籃球圈的橫桿手臂架上，整場比賽中，當球員對準籃框和扣籃時，整個球賽不斷地出現商標，州立農業保險公司估計播出的時間等同於 96 個 30 秒廣告之多，這個曝光度還不包含平面媒體和廣播媒體中出現的數千張籃球賽的印刷品，以及 NBA 的 YouTube 頻道上超過 75 萬次觀看的重要比賽。現在，再加上州立農業保險公司在比賽期間增加品牌整合行銷傳播活動，包括社群媒體，然後你就可以了解測量觀眾規模大小和活動參與度的複雜性。

經由媒體印象評估贊助商支出經費的方式，是廣受歡迎的贊助活動測量方法，建立**媒體印象（media impressions）**需要創建指標，行銷人員可直接比較贊助的花費與傳統媒體的花費。但是總體的印象只講述了故事的一部分，贊助提供了支持品牌忠誠度的獨特機會並連結地方社區，當行銷人員將他們的品牌與強大的情感體驗連結起來，通常像是在搖滾音樂會、足球賽體育館、邦可遊戲桌上或羅德岱堡（Fort Lauderdale）海灘，正面的感受可能依附在贊助者的品牌上，延續超過活動的時間之外，判斷品牌是否獲得忠誠度的紅利，也是另外一項評估贊助的重要面向。

因此，評估從贊助經費而來的回饋，需要結合量化與質化的方法。但是研究人員發現，關於以社區為主的活動（像是地區性的馬拉松或音樂活動），如果參加者比較具有社區意識，離開活動之後，對贊助者會有更正面的意見，有助於增加購買贊助者品牌的意願。既然各種不同的活動會吸引一定的目標觀眾，行銷人員也應該監測活動的參加者，以確保他們能觸及到適合的目標市場。

適合性在某些領域中是測量活動贊助的重要指標，當活動的贊助商適合消費者的形象與自我意識，**消費者—活動一致性（consumer–event congruity/fit）**就會在參加活動時產生，增強活動的說服力，導致參加者更正面地看待贊助者，以及增加惠顧贊助商的意願。另外一項測量活動贊助是否

成功的測試方法是**贊助商─活動一致性**（sponsor–event congruity/fit），或是消費者認知贊助商與被贊助者在形象與功能兩方面是否適合。有趣的是，這種適合性的看法對贊助者品牌而言比活動本身更重要；找到適合的贊助者也是活動所希望的。兩種層級的適合性（消費者─活動與贊助商─活動）都相當重要，因為有這種適合性才能在贊助活動中，讓品牌贊助者與消費者的熱情連結。圖 15.2 是一份選擇正確的活動並最大化品牌利益的指導清單。這些指導的準則圍繞在這幾方面：適合性、目標觀眾、訊息明確度、情節內容、獨家性、關聯性、數字清晰度和策劃／整合活動融入品牌整合行銷傳播的策略和品牌形象中。

15-3d 運用活動贊助

如上所述，一種驗證贊助活動的方法是計算品牌曝光觀賞者的數目，包括在活動當中或是經由媒體轉播，然後評估贊助活動是否提供符合成本效益的方法達到目標區隔。這種評估贊助利益的方法採用直接比較它和傳統廣告媒體的方式。然而，現在有些專家仍然堅持贊助的利益，根本與傳統媒體所能提供的不同。找到方法來運用贊助就顯得特別重要。任何一項可以強化品牌與活動連結的間接溝通或活動，就是指**槓桿操作**（leveraging）品牌或是活化一項贊助──就是所謂的**贊助激勵**（sponsorship activation）。

活動可以被運用來招待重要顧客、招募新的客戶、激勵公司的銷售人員和促進員工的士氣。活動提供可以面對面接觸重要顧客的獨特機會。行銷人員通常會在這個接觸的時機分送特別的廣告商品，讓參加者擁有品牌的紀念品，使他們想起搖滾音樂會或是在紐約市的假期。行銷人員也會利用這個機會販售獎品如運動衫和帽子、為行銷研究進行消費者調查或是分發產品樣品。

你也會在第 17 章再次看見，公司參與活動也可能是公關活動的基礎，然後可以產生額外的媒體報導。想想寶僑公司在 2016 年里約（Rio）夏季奧林匹克運動會裡的贊助和品牌整合行銷，寶僑繼續以它超級成功的「謝謝媽咪」（Thank You, Mom）廣告活動，整合體操運動員西蒙娜．比爾斯（Simone Biles）及其他出名的運動員製作 2 分鐘具有高度情緒張力的廣告，這個廣告不僅受到全世界迅速的關注，運動員不斷出現在媒體，述說來自父母親的支

活動贊助原則

1. **品牌要符合所贊助的活動**，確保活動適合品牌的特性。Stihl 在 Mountain Man 活動中，以其笨重的裝備為特色，展開了多場比賽。Stihl 品牌是否也會贊助划船比賽或鐵人三項？可能不會。

2. **嚴禁定義目標閱聽眾**。與前面第一點接近，事實上是如果目標閱聽眾不正確，世界上最好的活動不會對品牌產生影響。通常成功的指標往往是參加人數本身，而更重要的是該品牌在向正確的目標閱聽眾曝光。這就是 JBL 公司和 TREK 公司透過贊助登山自行車巡迴賽所完成的工作。

3. **堅持一些關鍵訊息**。大部分的活動試圖完成更多的目的。一般人在這些活動裡想體驗活動，並且只能容納有限的說服力，不要使他們消受不了。堅守一些重要的訊息，並且重複給予。

4. **發展籌劃圖線**。當它像大型戲院或小說巨著一樣，活動就會最有功效。試著發展一個開始、一個中間和一個令人興奮的結束。運動活動在這方面是自然而然的，這就解釋了它們的受歡迎程度。在非運動活動，籌劃圖線需要被開發而且是以小量的增幅傳遞，讓參加者能夠消化活動和品牌訊息。

5. **提供排他性**。如果你要舉辦一個特別的活動，只能透過邀請來舉行，或者如果你是特色的贊助商，只邀請最重要的客戶、顧客、供應商。目標閱聽眾想知道此活動是特別的。排他性為品牌提供一種積極正面的氛圍。

6. **提供相關性**。活動應該建立聲譽、知名度和關係，試圖從銷售的角度來判斷一個活動的成功是誤導和短視的。不要讓活動以產品為中心；讓它成為參加者體驗品牌的創建。

7. **運用網際網路**。網路是一種很好的方式來促銷活動，保持與目標閱聽眾持續溝通，並在活動結束後持續追蹤。另外，這是一個很好的方法，可以接觸到所有不能親自參加活動的人。對高爾夫球迷而言，PGA 公司讓觀看者參與 PGA 巡迴賽的每一個活動，並給贊助商另一個機會接觸目標閱聽眾。

8. **計畫之前和之後**。將潛在客戶從品牌知名度到品牌忠誠度的過程並非一蹴而就。閱聽眾需要將此次活動視為品牌廣泛曝光的一部分，這個綜效要作為活動計畫過程的一部分，活動也必須與廣告、促銷和廣告特別項目加以整合。

圖 15.2　有效地運用活動贊助作為品牌整合行銷傳播工具的指導原則。

持，也強化廣告訊息的真實性，另外，寶僑還營運一個給運動員的沙龍。這些整合的活動及許多受到盛讚的廣告，幫助寶僑以及它的品牌運用廣播、網路和平面媒體上產生的正面名聲。

15-4 置入性行銷

本章前面談到廣告、品牌和娛樂的領域正在聚集，也會互相坍塌。品牌的建立者渴望嵌入各種目標消費者喜愛的娛樂形式，雖然數十年來贊助活動已經在我們的四周圍繞，品牌的建立者也尋找其他的地方幫助展示。確實，在現今廣告與品牌整合行銷傳播的世界，似乎不會禁止任何一種形式的展示。現在無論在何時與何地，只要有消費者娛樂的場所，都可以發現品牌，不論是在一項運動活動、電影院、網路上或是在電視機前面或是在電子遊戲機上。只要能夠娛樂觀眾，品牌就會想在那個裡面出現。

置入性行銷（product placement）是將品牌的產品置入於一個成熟娛樂工具的內容與執行裡面。這些置入是有其目的，並且是由行銷人員付費讓品牌曝光或促銷品牌。自從 ET 電影裡的外星人吃里斯巧克力（Reese's Pieces），置入性行銷經歷過一段漫長的道路。但是這個產品或是品牌的置入成為了未來的前兆。

現今的世界，置入性行銷代理商與行銷人員合作，建立娛樂產業的橋梁。代理商、行銷人員、製片人、劇作家共同攜手合作，找出合作方法，將行銷人員的品牌納入節目的一部分。這種節目可以以任何方式呈現，電影、網路短片、實境秀和電腦遊戲都是置入性行銷出現的好場所。對品牌而言，它有機會出現在娛樂大眾的任何時間和任何地點。比以往更有甚者，置入性行銷給予品牌能見度，用一種適合消費者的生活方式和媒體習慣的方法。「在現今數位擴散時代，要找到消費者更加困難了，」現代汽車資深廣告經理說明，「並不是所有的人都看直播電視，就算他們正在看，我們的競爭者花了超越我們的經費，所以，我們永遠必須不斷搜尋更聰明的方法接觸到這些觀

眾。」這就是為什麼現代汽車運用置入性行銷來接觸網飛的付費節目如「夜魔俠」（Daredevil）和「潔西卡・瓊斯」（Jessica Jones）的觀眾。

15-4a 電視媒體

電視觀眾已經習慣置入性行銷，甚至可能是麻木。肥皂劇和實境秀幫助置入性行銷成為一種常態：如越南航空（Vietnam Airlines）拯救參加「驚險大挑戰」（The Amazing Race）的參加者帶他們飛到柬埔寨（Cambodia），以及在節目「與星共舞」（Dancing with the Stars）中，你可以藉由AT&T電話公司發簡訊投票給你最喜歡的人。不過這些技術像野火般擴散，現在許多電視節目涵蓋了置入性行銷。爆笑頻道（Comedy Central）在這個想法中加入了自己的手法，創造出節目的內容，整合品牌的產品在一系列2.5分鐘迷你秀來娛樂觀眾和傳達品牌的特性和好處。

甚至有一個思想流派聲稱置入性行銷可以成為電視的救世主。回想一下先前巴柏・高菲談論到的預言，傳統媒體的「無法阻擋的死亡漩渦」像是電視。所以，假如消費者不願意去看電視廣告，為什麼不將電視節目本身變成廣告載體呢？整合到娛樂中的品牌可以獲得隱含的認可，置入性行銷不必去拯救電視，但是，這也一定可以提供廣告主另一個理由去投資這項傳統媒體。不過請記得，消費者比較容易回想起有整合計畫的產品，當它被其他促銷活動支持的時候，像是廣告，因為廣告與品牌整合行銷傳播產生綜效的影響。

有趣的是，在「廣告狂人」（Mad Men）影集中，一項完全是虛構的廣告活動，在電視劇播出結束後變成一項真實的廣告活動，產生大量的宣傳。亨氏公司在「廣告狂人」電視劇裡並未涉及置入性行銷，當角色唐・德雷珀（Don Draper）設想廣告以「遞來亨氏」（Pass the Heinz）為標題出現食物畫面，影集中亨氏的管理者拒絕這項廣告，因為在廣告當中看不見亨氏產品。為慶祝「廣告狂人」播出十週年，亨氏廣告代理商與劇組公司合作，由虛構的活動轉變成為真實的活動。煞費苦心地重塑「廣告狂人」廣告的草案，定調為五十年前的廣告片（以劇中的時間點為主），代理商製作平面媒體、電子看板和社群媒體的版本，包含社群媒體的主題標籤分享。亨氏番茄醬品牌負責人指出，唐・德雷珀和團隊試圖吸引廣告中的觀眾並沒有錯，「我們喜愛

這個活動的原因就是不需要太多的文字去解釋，」負責人說道，「它突顯令人垂涎的食物形象以及唯一缺少的就是亨氏。」

15-4b 電影媒體

車輛追逐是許多動作電影或冒險電影的經典元素，在最近幾年它已經成為發表汽車新品牌的平台。如果你想要把自己沉浸在一個品牌娛樂的最佳實例中，可以下載「偷天換日」（*The Italian Job*），一部以討人喜歡的 Mini Cooper 為主秀的電影，如圖 15.3 展示的。BMW 已經是置入性行銷類型的先鋒了，自 1995 年以 Z3 系列布局在 007（James Bond）驚悚片「黃金眼」（*GoldenEye*）開始。奧迪（Audi）藉由在漫威（Marvel）電影通路裡，將它的品牌與高科技連結，提升品牌的知名度。例如，不同車型的奧迪 R8 汽車在多部電影中，都由鋼鐵人（*Iron Man*）東尼・史塔克（Tony Stark）駕駛。其他型號的奧迪汽車，也在「美國隊長」（*Captain America*）和「蟻人」（*Ant-Man*）電影中出現。槓桿操作這些電影置入，奧迪為經銷商製作電影海報來展示，並且發展電視廣告，以及社群媒體貼文並與其他品牌整合行銷傳播結合，充分利用這個置入。

圖 15.3 Mini Cooper 推出活動以品牌整合行銷傳播的許多創新為特色，包括在電影「偷天換日」中扮演一個重要的角色。

來源：BMW of North America LLC

不僅是汽車製造業者發現電影和影片中的置入性行銷機會，白色城堡快餐連鎖店（White Castle）、美國運通（American Express）、諾基亞（Nokia）、天氣頻道（Weather Channel）（僅舉數例），也都加入了這個派對。這些活動都經由研究支持，指出在 25 歲以下的觀眾最有可能會去注意在電影中的置入性行銷，他們也會願意去嘗試電影和影片中看到的產品。正如我們始終強調的那樣，藉由傳統的傳播媒體去接觸年輕的消費群愈來愈困難。

15-4c 電玩遊戲

第 13 章曾經談到電玩遊戲置入性行銷就是所謂的廣告遊戲。行銷人員每一年花費超過 240 億美元在這個項目上，為了接觸他們的目標閱聽眾是有很好的理由的。品牌置入在電玩遊戲中已經廣泛地接觸到和幫助接觸到那些難以觸及的對象。思考一下這些數字，根據尼爾森調查公司（Nielsen）研究，在美國有 56% 的家庭（約有 6,000 萬戶），至少有一個世代的人玩遊戲機。此外，大多數的分析家的結論是約有 40% 的忠實玩家是 18 到 34 歲的年齡層，也就是廣告主極力追捧的對象，因為他們任意支配開銷，又難經由傳統媒體接觸到。電玩遊戲不僅是一項吸引人的娛樂，也是一種娛樂方式，在其中玩家不會在廣告時休息。有那麼多雙全神貫注盯睛在遊戲上的眼睛，行銷人員想參與其中會奇怪嗎？

看板廣告和虛擬產品已經成為動作遊戲戰中的標準價格，例如「真實犯罪：洛城街頭」（*True Crime: Streets of L.A.*），由穿著 Puma 的尼克．康（Nick Kang）主演。在 Ubisoft game 中的「縱橫諜海：混沌理論」（*Splinter Cell: Chaos Theory*），間諜偷偷經過低糖雪碧（Diet Sprite）販賣機追蹤恐怖份子。許多托尼．霍克（Tony Hawk）的遊戲中出現吉普汽車的車輛。多力多滋由群眾獲得它的品牌電玩的概念，「多力多滋：猛砸的破壞」（*Doritos: Dash of Destruction*），在這遊戲中，玩家使用多力多滋的送貨卡車躲避飢餓的暴龍。

尼爾森調查公司研究指出大多數玩家看待品牌置入為增加玩的品質，並且因為在遊戲中品牌重複的曝光，他們比傳統老派的媒體更能影響購買的意圖。其他研究也顯示，贏的玩家也就是被品牌促銷的對象，會以正面的態

度看待品牌與遊戲。不論你稱之為「遊戲廣告」或是「廣告遊戲」，你可以預期會瞥見更多的品牌在電玩遊戲的世界裡，像是：可口可樂、BMW、索尼、Old Spice、李維牛仔褲（Levi Strauss）、卡拉威高爾夫公司（Callaway Golf）、麗滋餅乾（Ritz Bits）、目標百貨和美國陸軍（U.S. Army）。

15-4d 我們對置入性行銷的了解

在過去十年中，置入性行銷以極快的速度演進，曾經是稀有的、隨意的和隨機的一項活動，變為更有系統性的，而且在許多案例裡甚至是策略性的。該有的觀念是操作布局要達到綜效，應該要避免隔離置入性行銷的機會，而是要創造與其他廣告計畫要素的連結。舉例而言，一項置入適時與公共關係活動結合就可以產生綜效：新穎的置入性行銷製造龐大的媒體話題，它通常轉變成消費者會選擇這個話題，並且在同儕團體當中分享。研究建議當顧客成功被置入吸引，每天談論它，品牌就算是從置入性行銷中獲得了最大利益。因此，假如你想要讓人們談論你的品牌，就給他們東西去討論！好口碑永遠是品牌很棒的一個資產，並且可以幫助建立動能，這樣可以使置入性行銷成為補充其他初步廣告活動的選擇，從而推動新產品的推出，例如，新車、小貨車或是休旅車。

讓置入性行銷看來真實

一個影響任何置入價值的因素是與難以捉摸的真實性概念有關，**真實性（authenticity）**就是所謂被視為真實和自然的品質。真實性形成對消費者對品牌的忠誠度的巨大影響力。當廣告主和代理商尋找更多的機會把品牌編寫到劇本裡，有一些置入會顯得虛假。例如，當伊娃·朗格利亞（Eva Longoria）在某一集「慾望師奶」（Desperate Housewives）影集中，她在購物中心插鑰匙在一部新的別克汽車（Buick）上，這場景似乎有點虛假和做作。朗格利亞或是她在這個電視節目中的角色絕不會自貶做如此有損形象的活動。相反地，當克拉瑪（Kramer）在電視影集「歡樂單身派對」（Seinfeld）中與遊民爭論關於歸還特百惠（Tupperware）的容器，搞笑是完美的，更增添了喜劇的喜感。

品牌要更自然地植入娛樂中，而不要減損它。現代汽車的廣告經理了解

這一點，談到在網飛影集「潔西卡・瓊斯」中的品牌置入，「我們理解並欣賞我們在劇中的角色，不是要去打斷觀眾和娛樂，始終應讓他們感到這是有機的。」這種真實性通常是非常不容易達到的目標，特別是在置入性行銷增加頻率並且有些觀眾開始對銷售的意圖感到反感。

建立正確的產業關係

就像廣告事業中其他許多的事情一樣，置入性行銷的成功是藉由與重要企業夥伴建立深厚的關係所樹立。你需要合適的人找到符合品牌策略性目標的合適機會。在第 7 章有特別強調，廣告是一種團隊運動，而且最佳的團隊可以贏得大部分的比賽。你想要成為團隊的一部分，在這裡不同的成員了解彼此的目標也努力互相支持，優良的團隊需要時間去建立，他們也會將置入性行銷從隨機和隨意的努力轉變成支持品牌整合行銷傳播的方向。

投資報酬率

置入性行銷給行銷人員重要的挑戰，是測量活動的成功或是活動的投資報酬率（ROI）。計算置入性行銷（或是贊助）的媒體印象無法說明它完整的價值。置入性行銷帶給行銷人員極不同的價值。例如，奧迪汽車測量近十年在漫威系列電影中置入性行銷對品牌知名度和態度的成效，它發現品牌知名度和肯定的態度幾乎增加了 30%，它的經銷商確認在有奧迪置入性行銷的電影上映後幾個月，展示間的客流量會上升，簡言之，奧迪看見置入性行銷的投資獲得明確的回報。

置入與名人的連結是眾多品牌所找尋的一個關鍵，這樣能夠增加品牌的知名度、態度和與顧客間的連結。精明的置入性行銷使用者通常會尋找情節的關聯性，讓觀眾詮釋成電影明星為品牌代言。當湯姆・克魯斯（Tom Cruise）在他的一部電影裡，戴上雷朋 Wayfarer 太陽眼鏡，或是伸手拿一瓶 Red Stripe 啤酒，就像他在「捍衛戰士」（*Top Gun*）裡所做的，這項的隱含品牌代言可以驅動產品的銷售。同樣地當蒂雅・李歐妮（Téa Leoni）在「國務卿女士」（*Madame Secretary*）影集中穿上 Canada Goose 派克大衣，觀眾注意到了。

15-5 品牌娛樂

品牌娛樂可以視為置入性行銷的自然延伸和向外成長，運用置入性行銷的問題是「什麼樣的節目正在建構可能適合我們的品牌？」透過品牌娛樂，廣告主可以選擇創造他們自己的節目，如此，他們就不必為自己品牌尋找一席之地煩惱。這也會保證該品牌將成為節目的明星之一。

對運動汽車競賽車迷來說，能在可口可樂 600（Coca-Cola 600）競賽的那一晚親臨夏洛特賽道（Charlotte Motor Speedway）可是無與倫比的經驗。這是納斯卡（NASCAR）賽車最長的一個晚上。但可以在現場觀賞比賽是罕見的享受，所以妖怪牌能量飲料納斯卡盃系列賽（Monster Energy NASCAR Cup Series）獲得電視媒體的大量報導。如果你從來不曾觀看納斯卡賽車比賽，可以嘗試一下，雖然納斯卡賽車是關於所有的賽車選手和比賽，每場比賽也是品牌的巨大慶典，這些賽車本身帶有大大小小的商標，被數以百計的納斯卡贊助商的標誌貼住。比賽贊助商妖怪牌能量飲料每一場的比賽中提供賽車迷友善的設施，因此，被贊助的賽車手和參加者可以有個地方交流談話。妖怪牌能量飲料的運動行銷副總裁說：「對我們來說，這是給予納斯卡顧客的一種生活風格體驗，而不是去販售產品。」這一切都沒有任何意外的驚喜，因為納斯卡公開而且積極地將自己定位為體育運動中最好的行銷機會。另外一種說法，納斯卡賽車是品牌娛樂一個很棒的例子。

這不難理解為什麼妖怪牌或是其他品牌願意支付數百萬美元在與納斯卡相關的項目上。大量的電視觀眾與其他的媒體報導會產生成千上萬的媒體印象，特別是那些領先的車子（和品牌），以及品牌的設施，和整個車道可見的商標。10 萬名在看台上的粉絲會使你的品牌變為焦點，而且許多人會在賽車比賽之前或之後到品牌展示廳與賽車和選手見面。另外，想想許多社群媒體談論到你的品牌的機會。

此外，一般產業研究指出，納斯卡粉絲對贊助品牌非常忠誠，對於行銷人員在所有的車輛和選手身上貼滿商標也完全沒有問題。確實，許多納斯卡

粉絲通常都很驕傲地穿戴那些商標。此外，研究資料顯示，與其他運動項目的粉絲相比，藉由納斯卡喜歡的賽車手促銷，粉絲購買產品的可能性會高出三倍之多。

　　納斯卡是一種獨特的品牌建構工具，來為大大小小的品牌提供眾多的行銷機會。不過，我們在此用它來為更大、更有說服力、也愈來愈受歡迎的東西做範例，作為支持和建立品牌整合行銷傳播方案的方法。品牌娛樂，如本書裡面所討論的，需要開發和支持任何娛樂資產，其主要目標是由公司品牌主演，努力以獨特又吸引人的方式與消費者連結、留下深刻的印象。

　　品牌娛樂與置入性行銷的區別在於，在品牌娛樂中，沒有行銷人員的支持，娛樂就不存在，在許多案例中，就是行銷人員自己創造娛樂的資產。例如，聯合利華幫助製作兩個特別節目促銷 Axe 沐浴乳，在 MTV 和 SpikeTV 上播出。航道美食（*The Fairway Gourmet*）在 PBS 電視台播出，提倡美好生活的形象，是由夏威夷旅客和會議局（Hawaii Visitors & Convention Bureau）提供。奇波雷墨西哥燒烤（Chipotle Mexican Grill）抓住葛萊美（Grammys）的電視觀眾的注意（也吸引 YouTube 數百萬點閱），用它的動畫電影「回到開始」（*Back to the Start*），強調餐廳只與人道主義做法的農民合作。高樂氏（Clorox）的碧然德（Brita）品牌與數位工作室 Portal A 合作製作品牌音樂影片「有始以來最好的室友」（*Best Roommate Ever*），由 Snapchat 明星金‧巴赫（King Bach）與 NBA 傳奇人物史蒂芬‧柯瑞（Stephen Curry）主演，主打碧然德的濾水器產品。為了發揮綜效，它跟進用幕後花絮，為不同社群媒體平台製作病毒影片、短影片及照片。藉由他們自己做的節目（通常是廣告代理商），行銷人員用心量身打造故事，吸引特定的目標觀眾，以最好的方式展示他們的品牌。這與試圖在一個已存在的節目中，找一個特別的地方置入自己的品牌十分的不同。如其他人建議：「通常顧客是經由較小的置入性行銷進入一般娛樂領域範圍的行銷，最後發展成為大規模的促銷方案。」

　　在建構品牌的路徑上，從單純的置入性行銷演變到更精緻的品牌娛樂是很自然的。品牌娛樂的終極表現，一部名為「生命只有一次」（*You Only Live Once*）的寶萊塢電影，本質上是一部電影長篇的西班牙國家旅遊廣告。劇中三個主要角色度過一個充滿冒險的假期橫跨西班牙。當電影以最終的形式發

行時，一位分析家評論「人們討論有關電影內的廣告」，在這個案例裡，整部電影都是「電影內的廣告」。電影發行一個月之後，申請到西班牙觀光的簽證已經成長 2 倍，而且隔年印度到西班牙的觀光客數字跳升了 65%。

15-5a 置入性行銷和品牌娛樂朝向何處？

置入性行銷和品牌娛樂迅速普及這很容易理解。讓你接觸到無法觸及的群眾，藉由一個能讓品牌脫穎而出和消費者連結的工具，這只能意謂行銷人員會產生更多的興趣。但是總有複雜和對抗的力量，雖然每年有數十億美元流入這兩個受歡迎的品牌整合行銷傳播活動，有一些力量可能會破壞金流。

有一種明顯的抵抗力量是過度飽和現象。就像任何一時流行的行銷技術，如果廣告主投入太快，那麼厭倦的消費者和混亂的環境將成為其結果。有些人會爭論說，有創意的合作永遠都可以為品牌娛樂產生新機會，但在某些時候，又有另一部熱門汽車的電影出現，會開始讓人覺得有點了無新意。確實，我們可能已經去過那裡了。

一個相關的問題與現今存在的程序和系統有關，就是在磨合品牌和娛樂屬性的時候。傳統的媒體提供一套建立完整的路徑接觸消費者，行銷人員喜歡這種可預測性。品牌娛樂通常是一條無法預測的路徑。然而，在今日區隔化的媒體環境中，品牌和它們的代理商必須繼續探求新鮮和不可預期的方式吸引觀眾，避免過去陳舊的方法，可能會導致觀眾蔑視或離開。這是品牌娛樂的挑戰和機會：發現什麼會吸引和取悅目標消費者團體，並操作運用品牌整合行銷傳播的綜效，以積極正面的方法支持品牌建構。

最後，有一種擔憂是與對消費者直接相關。舉例來說，有一些消費者權益倡導團體控訴電視網路欺騙公眾，不揭露置入性行銷交易的細節。這些爭論是實際上許多置入性行銷是「付費的廣告」，消費者理應被告知。當品牌付費被置入在美國電視節目秀時，聯邦政府機關要求某種形式的揭露是可以理解。然而，現在這種手法已經非常普遍，消費者可能會察覺到金錢在幕後轉手。

15-5b 舊酒新瓶

事實證明，行銷人員、媒體大亨、廣告代理商和娛樂人員有許多共同點。他們為生意的緣故做他們所做的事，他們已經也將會繼續一起合作。聰明的廣告主向來都知道這些事情，然後著手嘗試代表品牌傳遞正面的訊息給消費者。多年來沒有一個公司比寶僑更會運作這種合作關係。作為這個部分的結尾，我們來看看寶僑公司當時和現在的做法。雖然品牌娛樂的普及最近大量激增，但它已經存在幾十年了。

在 1923 年，寶僑公司在那時的新媒體收音機（想像一下沒有電視或臉書的世界——人們如何過活的？），作為品牌娛樂前衛的先鋒，為他們的酥油產品（Crisco）促銷，他們協助製作了一個新的收音機廣播節目稱為「酥油烹飪」（Crisco Cooking Talks），這是一個 15 分鐘的節目，主要以食譜和鼓勵動手烹飪為內容，分享更多酥油的用法。雖然，這是一個很好的開始，但寶僑公司的行銷研究很快就告訴他們，聽眾想要比食譜秀更有娛樂性的東西。因此，就有一種新的廣播節目娛樂形式被創造出來，被稱為肥皂劇（soap）。這些戲劇性的故事情節鼓勵聽眾日復一日地打開收聽。「指路明燈」（*Guiding Light*）是寶僑最久的肥皂劇，在 1937 年開始廣播。1952 年，「指路明燈」非常成功地轉移至電視播出，在電視裡播出將近六十年。還有一件事，寶僑公司賣肥皂賣得很好（現在許多產品也是如此）。

快轉到新的千禧世代，寶僑公司的消費者已經改變了，並且需要新的品牌整合行銷傳播方式。今天寶僑公司與媒體夥伴共同合作，確保品牌深植在目標消費者所喜愛的娛樂通路中。另外一方面，寶僑公司也出售人民選擇獎（*People's Choice Awards*）的權利，它已經持有超過三十年，說明「我們不再將產出娛樂當作我們的核心競爭力之一。」就像其他許多行銷人員，寶僑也製作原創的線上連續劇，例如：「一個父母的誕生」（*A Parent Is Born*），這個劇情講述蘇西（Suzie）和史帝夫（Steve）成為父母的情感之旅，12 集當中的每一集約 5 分鐘長，追蹤蘇西和史帝夫由即將成為父母——發現胎兒的性別、嬰兒的歡迎禮及生產課程，到新生兒（嬰孩里歐）回到家。諸如此類的網路劇製作費用相對便宜，並且品牌可以完全控制內容的發展，以便達成他們的特定目標和吸引特定的目標觀眾。

15-6 協調的挑戰

向目標閱聽眾傳遞訊息的選擇不斷繼續演進，如你所見，行銷人員和廣告主持續在尋找新的、符合成本效益的方法，突破雜亂與消費者連結。今天，從洗手間的廣告到贊助馬拉松，再到廣告遊戲到製作網路上的短影片，都是行銷組合的部分。

在擴張的廣告與品牌整合行銷傳播工具上，有一個關鍵點：想要傳遞訊息給現在和潛在的顧客，廣告主已經擁有廣泛且不斷擴展的選擇，從有線電視和 YouTube 影片到全國新聞報紙和巴士候車亭海報，從高科技的電子看板到網路競賽和贈品，各種選擇都令人驚奇。成功的關鍵是去選擇正確的選項組合，來吸引連結目標族群，然後再協調訊息的通路，確保有連貫和即時的溝通。

從實際面來看，即使在高度聚焦整合的時代，諸多因素仍會使得品牌整合行銷傳播的協調變得非常有挑戰性。如廣告與品牌整合行銷傳播變得複雜許多，組織往往變得需要依賴各種功能的專家，例如，一個組織可能會有不同的經理，去進行廣告、活動贊助、品牌娛樂與數位發展。專家的定義就是為專注在他們的專業領域上，因此他們可能忽視組織中其他人正在做的事。專家也想要擁有屬於自己的預算，並且通常會爭取在他們的特定領域上獲得更多的資金。這種預算金額的競爭，往往產生競爭和敵意，不利於協調。

負責整合的人員可能難以置信的不會做協調，這使得協調變得更加複雜。這個委託人應該接受這個責任嗎？或是整合應該由這個「領導」的機構來負責？關於事情該如何運作的一個看法，是由領導的機構扮演建築師和總承包商的角色。活動的建築師負責描繪一項媒體中立的計畫，然後僱用外包商來提供該機構本身不擅處理的項目，這個計畫也必須是利潤中立，也就是說，預算必須交給實際創建和執行計畫的包商與專賣店。如果不清楚是誰要負責整合活動，那麼獲得綜效或整合的可能性就很小。

最重要的是，協調的目標是要獲得綜效的作用。個別媒體能夠接觸到觀

眾，但廣告主運用不同媒體和品牌整合行銷傳播的工具，互相建構合作，將為他們投資的金錢獲得更多的回報。與其通過個別媒體不斷地投入獨立的訊息，協調以獲致綜效才是長時間建立品牌的方式。「我們每天用數以千計的廣告轟炸消費者，讓他們接受無休止的廣告加載時間，用彈出式的廣告打斷螢幕，並且過度填充螢幕。」寶僑公司品牌主管觀察，「我們相當地忙碌，但是所有的這些活動並沒有突破雜亂。」實際上，如果不仔細協調，所有各種協調的挑戰並不會在這裡結束，接下來的章節將會更增加各個層面挑戰的複雜性。這些主題包括直效行銷、人員銷售、公共關係、影響力銷售和企業廣告。這些活動必須增加與目標閱聽眾的接觸，強化藉由廣播媒體、平面媒體、數位／社群／行動和支援媒體的方式傳遞的訊息。整合這些努力，方向一致，是行銷人員想在現今擁擠的市場，突破雜亂，吸引連結到目標族群的最大希望。

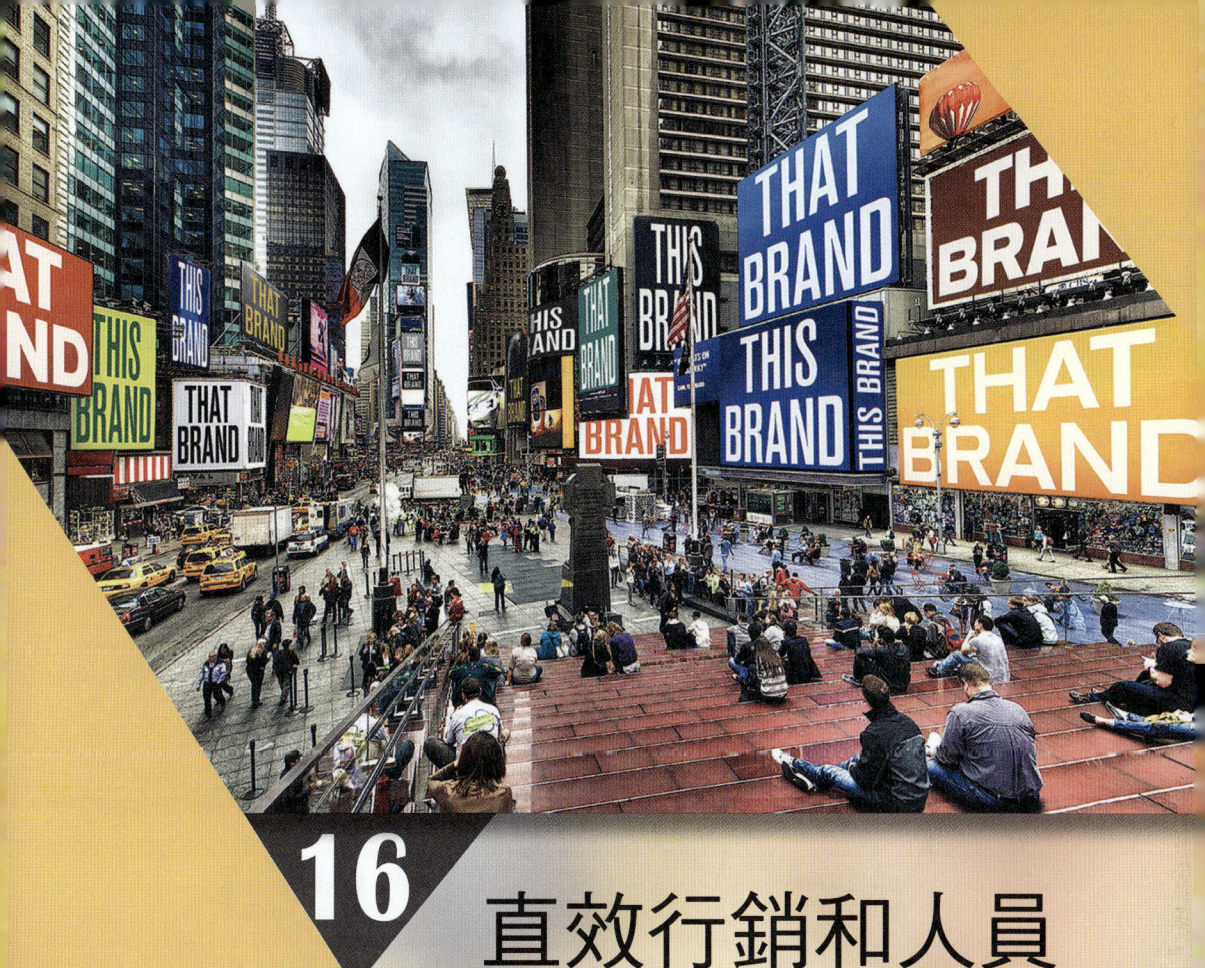

16 直效行銷和人員銷售的整合

學習目標

在閱讀本章並思考其內容後，你應該能夠：

1. 清楚知道直效行銷的三大目的，並能解釋其受歡迎的程度。
2. 從行銷資料庫當中將郵件表單區別出來，並能篩選出可運用的契機。
3. 描述直效行銷人員所使用的知名媒體，是如何把訊息傳遞給消費者。
4. 解釋直效行銷和人員銷售執行其他的廣告活動時，所扮演的關鍵角色。

在本章我們仔細研究直效行銷，並解釋如何使用它來與其他的廣告與品牌整合行銷傳播相輔相成。另外，本章我們以介紹人員銷售的領域作為結束。人員銷售將「人」這項要素帶入行銷／廣告／品牌整合行銷傳播等過程之中，並且與直效行銷之間有許多重要特色有所重疊。例如，運用直效行銷時，公司組織當中的銷售人員會期望與消費者之間，能發展出意見互動，以便短期內讓產品能夠順利銷售，並且讓長期銷售業務得以如此持續下去。「第一次試驗性購買」（trial purchase）大家願意躍躍欲試，但消費者獲得滿足後，再次回頭來購買（甚至鼓勵朋友、家人來買），這便是最終的目標。由於人員銷售的特色就是直接與消費者接觸與並對其消費反饋進行回應，因此在品牌忠誠度的營造上面顯得十分契合。圖 16.1 告訴我們：直效行銷和人員

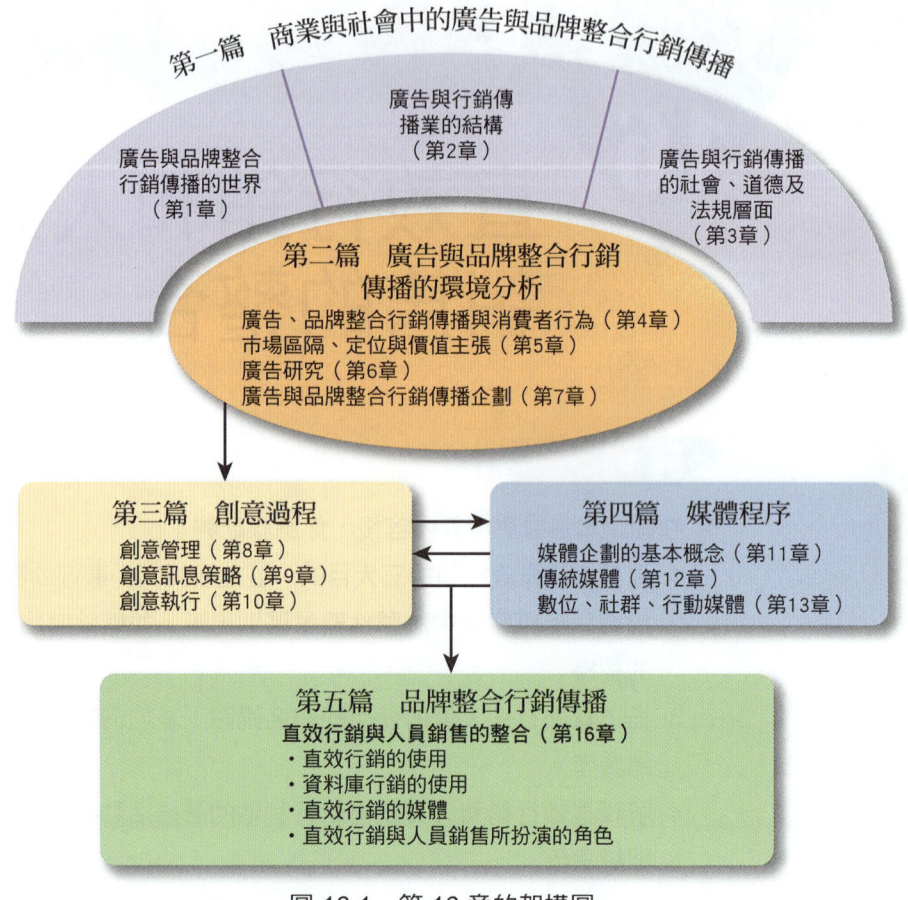

圖 16.1　第 16 章的架構圖。

銷售如何與廣告、品牌整合行銷傳播的整體架構搭配得天衣無縫。

LO 1

16-1 直效行銷的演進

由於愈來愈擔心打入市場時力量被分化、在傳統媒體效果日益減弱，許多廣告主開始在直效行銷計畫上頭挹注資金，就是為了更精準鎖定客群以及便於估量成效，若簡短扼要來定義直效行銷，那就是：

> **直效行銷（direct marketing）**屬於行銷上的互動，有系統性，是使用一或多種的廣告媒體，來影響在任何地點所發生的可衡量的消費者反應和／或交易效益。

直效行銷活動範圍廣泛──無論從贊助活動、企業會議中與消費者互動、經由社群媒體、網路、實體郵件或電子郵件傳送訊息給消費者，或電子商務的模式，甚至到銷售人員以面對面方式直接與消費者的互動銷售對話──逐項清楚定義出直效行銷的內容，得以讓我們能了解其範疇與目的。直效行銷是互動性的，這是廣告主試圖發展與消費者之間持續進展的意見互動模式。直效行銷計畫通常是這樣設計的，即是與消費群的接觸誘發著下一次接觸，然後再持續接觸下去，因此行銷人員所收到的訊息就變得更加深刻與精煉。

這個定義也提到在直效行銷計畫的運行當中，可以善用多種的媒體，這個重要觀點有以下兩個理由：第一，如郵件般對於訊息的直接遞送並不代表直效行銷的完成。任何媒介（舉凡數位、社群、行動媒體）都能用來執行直效行銷計畫，這並不是只有單純遞送訊息的信件能做到而已。舉例來說，在傳統電視上播放商業廣告的廣告主，也可參考線上網路電視訂閱戶的行為數據資料和其他消費訊息的細節，在網路電視上放送廣告，高度鎖定那些訂閱線上頻道的客戶群，這的確也前景看好；第二，我們之前所提過多種媒體的複合運用，遠比以一種媒體單打獨鬥，要來得更加有效。

直效行銷計畫的另一個重要面向：它們通常是設計來產生立即、可衡量的銷售回應。在許多的案例中，直效行銷計畫是被設計來製造立即性的銷售（回想一下在第 1 章談到「即時反應型廣告 vs. 延後反應型廣告」。在雜誌上或電視廣告裡，消費者得要打電話或上網才可以清楚知道產品或服務——並經由像電視購物這類網路資訊型廣告（infomercials）方有銷售佳績。正因為這類回應是立即的，直接的銷售人員能夠又快又容易判斷出特別方案的可行性。網路、數位橫幅廣告也吸引你使用行動應用程式或上網站立刻下訂，還有智慧型手機上頭，只要一則訊息或是應用程式就可能增加顧客下訂的機會，因為只需點點手指即可。

最後，這個定義提到直效行銷的進行可以在任何地方發生，因此消費者不再需要前往零售店購買，因為在商店裡直效行銷計畫起不了作用，現今顧客開始採取實體郵件或電子郵件、透過講電話、行動電子裝置，或甚至網路連絡的方式跟進。隨著全通路行銷時代的興起，消費者似乎青睞轉向直接接觸公司、進一步獲取或評估產品，因此，零售商便聰明起來，在實體和虛擬世界這兩個領域讓商品銷售。百思買使用社群媒體作為直效行銷（特別是推特的運用）的工具，也同時是用來溝通管道的工具。請特別注意：百思買主打的產品是穿戴式裝置，用途是來追蹤步行里程數和心跳頻率，即為一例。因此，百思買在推特上發布的產品是與「我們追求心肺健康」（We heart fitness）的概念有所連結。當消費者點擊貼文，就會直接引導消費者進到電子商務的網頁。

以消費者觀點為出發點的明智作法，即是讓消費者能以線上購物方式、實體店面購買，甚或是這兩種方式一起混合使用去做選擇。請注意：買家能在網路上買這項智能手錶（Fitbit），並且同一天就能到實體商店取貨，這稱之為「混合型商業」（hybrid commerce）或是「**全通路（omnichannel）**的策略」，消費者能夠在數位和實體店面兩方管道同時獲得高度滿足感。特別要注意的是，全通路的方法之所以有其價值，是因為實體商店在銷售上的互動可以讓原本購買欲低落的消費者能夠再度「活絡」起來，反觀電子商務這塊則經常維繫這兩方之間的關係。

更進一步而言，消費者當然可以退貨，無論他是在網路上買的、商店內

買的，抑或經由郵購，而最屬消費者友善的策略便是產品寄回時，產品包裹上已貼上運費預付的標籤，這樣消費者就不會覺得不方便；Zappos.com 即是首先採用免費雙向運送的電子商務網站之一，他們對消費者友善的作法，現已被其他的電子零售商參考採用。

16-1a 直效行銷的演進

從約翰尼斯‧谷騰堡（Johannes Gutenberg）和班傑明‧富蘭克林（Benjamin Franklin）到李察‧希爾斯（Richard Sears）、艾爾瓦‧羅巴克（Alvah Roebuck）和麥可‧戴爾（Michael Dell），我們可以知道，直效行銷的演進史當中能看見一些偉大企業先驅者的努力，現今直效行銷的營運模式都是由過去許多成功且著名的郵購公司和商品型錄商所形塑出來的。

型錄行銷人員當中，很少會像 L.L. Bean 公司這麼具代表性。這家公司成立於 1912 年，比恩（Bean）從僅有的 400 美元白手起家，為人正直。他第一個推出的產品是一雙特殊的獵靴，鞋面以皮革鞣製、鞋底則是橡膠，縫合在一起。型錄產品的項目繼續延伸到其他戶外活動的衣服和配備，我們看一下 L.L. Bean 公司早在 1917 年的型錄（雖僅 12 頁的黑白呈現），就已揭示出直效行銷成功的基本策略。這個型錄的封面就表現出這品牌對品質的承諾，如此寫到：「緬因狩獵的鞋子——品質保證！我們保證這雙鞋子能滿足您的各種需求。如果這雙鞋的橡膠破損或是皮面變硬，將保固的標籤和鞋子一起退回來，我們將免費換一雙給您，L.L. Bean 公司敬上。」L.L. Bean 公司能夠理解與顧客間長期關係的維繫，必須建立在信任的基礎之上，就連不能夠直接與消費者面對面互動的當下，他們的保固方案是對準在開發與維繫這種信賴關係。過去 L.L. Bean 公司所謹守百分之百讓顧客滿意的態度，現今仍然是所有公司與消費者關係的核心價值。現在，除了型錄之外，對於產品品質與顧客信任的耕耘可以透過品牌網頁和社群媒體頻道上的直效行銷來達成。舉例來說，注意品牌如何善用 Instagram 來強化品牌定位，像堅固耐用的戶外品牌鎖定的就是那些徜徉戶外美景、個性活潑外向的消費者。該品牌所經營備受矚目的 Instagram，在許多意義上不僅「販售」戶外美景，也同時對於顧客在追求美麗自然圖像的心理層面來說，正中他們的下懷，因此把享受野趣的生活

態度也給一併販售出去了。直效行銷最好的方式是與其他整合行銷傳播的形式產生整合效益，像是社群媒體便是佳例。

L.L. Bean 公司是精明的直效行銷商，對直效行銷的資料庫和郵件／電子郵件名單所累積的寶貴心血格外珍惜，因此利用直接與對產品有興趣的消費者主動聯繫。該公司多年以來在打獵、釣魚雜誌廣告上促銷型錄。那些常看廣告的讀者往往可以讀出切中自己需要的訊息。比恩非常熱衷建立郵寄名冊（現在轉為消費者資料庫），若引用他在緬因州土生土長的朋友約翰‧古爾德（John Gould）所說的話，就能知道他的熱衷程度：「你若順便造訪寒暄，跟他握個手，你一回到家，就能在你家的信箱發現型錄了。」今日的 L.L. Bean 公司仍是個以家族型態運作的事業，並持續強調當初創立者的理想思維。撐起這片大事業的是對於產品品質的追求、平鋪直敘的廣告、與消費者互動上精明的手腕及配送貨物系統。L.L. Bean 公司也巧用社群媒體，與直效行銷搭配得天衣無縫。

16-1b 今日的直效行銷

現在直效行銷的成長也開始包含了電子商務，然而，它是根植像是 L.L. Bean 公司和傑西潘尼（JC Penney）這樣的郵購巨擘和商品型錄商傳奇之上。直效行銷已從過去郵購的訂單歷史中蛻變，轉向電子商務和全球所有類型組織使用其他直接面對消費者的平台，但是，這種品牌整合行銷傳播往往沒有與組織的其他廣告與品牌整合行銷傳播努力仔細地整合在一起。為追求最大的影響力，整合工作應成為廣告和直效行銷／電子商務計畫的目標。我們的論點再次被證實，也就是：整合行銷工作的計畫比其他各部分的總和來得更有效。

因為現在的直效行銷涵蓋許多不同型態的活動，從直接郵寄給消費者的方式，一直到電子商務，都屬這個範圍，所以重要的是我們要記住，直接郵件是要直接嘗試與消費者進行互動或製造對話。

如你所想像的，直效行銷最常見的用途就是像用來當成一種與顧客完成交易的工具。這可以以獨立計畫來完成，或與公司的其他廣告協同合作。像是貝爾電話公司（AT&T）、斯普林特公司（Sprint）和威訊公司（Verizon）

這些通信巨擘公司，他們廣泛運用廣告和直效行銷的結合。引人注目的大眾媒體造勢活動，為他們最近提供的產品建立知名度，然後接著有系統性的步驟來進行直效行銷，並完成銷售。在電子商務中，購買即是進行銷售的例子。

直效行銷計畫第二個目的是確定未來與顧客接觸的前景是否明朗，而且同時為提供深入的訊息給予那些被鎖定而挑選出來的消費群。每次試吃之後，想知道更多產品訊息，或索取試用包，你便可以認定自己是有潛力的買家，可以期待直效行銷人員後續施展在你身上的銷售宣傳攻勢。另外一個藉由直效行銷來了解銷售前景的例子，是當行銷人員在贊助活動上直接與有潛力購買的消費者互動，然後透過電子郵件追蹤跟進。直效行銷人員有些目標會與在消費者關係上頭的管理，產生關聯性：建立互信感受，提供折扣、折價券、免費入門套件小物來試圖拉住消費前景看好的顧客，或是透過免付費的電話號碼、互動聊天的模式，亦或是在網路／社群媒體的網頁上，與公司進行互動來製造契機。如果網路或是社群媒體並沒有提供購買的服務和／或與電子商務相容的服務，那未來顧客購買的走勢大概得期望經由其他的管道，或當作經營現在和潛在顧客的一種方式。

第三個目的，直效行銷計畫的啟動也是為了要經營消費者關係。一個品牌藉由社群媒體直接與消費者互動溝通，是很常見用來攬住顧客的方法。直效行銷是去維繫顧客的手段、尋求他們的建議、讓有關使用產品的訊息累積後可以更有幫助和回饋使用品牌的消費者，簡單來說，就是支持品牌的忠誠度。華孚蘭機油（Valvoline）製造商，為建立品牌忠誠度，進行一項經典計畫，透過鼓勵年輕的車主加入華孚蘭表現團隊（Valvoline Performance Team）。參加這個團隊，年輕的車手填寫問卷，資料匯入華孚蘭的資料庫，「團隊」成員會收到海報、特殊的車隊服飾贈品，以及由華孚蘭贊助競賽項目的新聞消息，還有定期進行促銷的提醒，這增強了華孚蘭機油的優點，會讓車手下次換油時仍舊忠誠。今日，華孚蘭運用網路經營拉攏顧客，幫助他們找到最近的服務地點和提供促銷活動。

菸商的行銷人員也使用直效行銷，部分的原因是他們與消費者溝通的選擇相對較少。菸品廣告已經從 1971 年禁止在電視上放送。公共衛生倡導者也對雜誌的香菸廣告提出關切，因為青少年可能會看到這些廣告訊息，進而鼓

勵去嘗試吸菸。因此，有些香菸品牌使用電子郵件行銷給願意接受菸品訊息的吸菸成年人交流。在下一章（第 17 章）我們將會從企業社會責任的角度，來討論更多關於菸品的行銷。現在，我們則先聚焦在直效行銷的優勢上。

16-1c 直效行銷的優勢

一些廣告主所使用的行銷工具，在廣告不允許或不可行的狀況之外，直效行銷還有其他主要的優勢（已經進步到把電子商務納入此範疇），電子商務和資訊網頁也就是常見的「直效行銷」例證，因為店舖在這些傳播情境之下直接與消費者溝通。

直效行銷其他的優點是與消費者的生活型態和科技發展產生關聯，這些好處能夠有效地創造出一種氛圍，對於直銷行銷的實踐更有助益。有時候，消費者只想要快速、方便地購買東西，自動販賣機便是個好方法。自動販賣機即是直效行銷的例子。自動販賣機的風潮再度席捲，現在所販賣的商品，有像是頭戴式耳機、化妝品、消費性電子科技。通常會在機場、消費者有急用的地方擺設。自動販賣機過去傳統的銷售是飲料、食品或零食。可口可樂很早就採用自動販賣機的方法直接做販售，現在可口可樂的品牌讓自動販賣機在當代打響了名號，甚至讓機台變得更加創新、更有互動趣味。

此外，傳統大眾媒體廣告在直效行銷計畫的施行上具有獨特優勢，讓許多組織都編列直效行銷活動預算。這裡再次強調，直效行銷涵蓋範圍甚廣。回想一下前面所談到的，直效行銷所涉及的活動，譬如有：在贊助活動或企業會議與消費者互動，以社群媒體、網路、郵件或電子郵件等方式傳遞訊息給消費者，直接跟消費者打電話、電子商務交易、網路聊天，甚至是與消費者面對面做銷售的對談。直效行銷最後要提的優點是，效益可測量，並且與品牌整合行銷傳播的方式整合綜效作用十分契合。

從消費者的觀點，直效行銷的優點可以用這個詞彙來總結，就是「便利」。我們來思考一下，以電子商務來說，為何能夠如此受歡迎。因為雙薪家庭、單身戶口的數目劇烈成長，因此人們造訪實體零售商店的時間減少了。直效行銷人員提供持續琳瑯滿目的配送產品和到府服務，因此幫許多家庭省下最寶貴的資產──時間。

第 16 章
直效行銷和人員銷售的整合

我們日常頻繁使用信用卡、簽帳金融卡、行動支付，也讓直效行銷順勢成長。直銷行銷交易當中多數的支付，以使用信用卡最為常見，而信用卡廣泛的用途讓我們得以在家就能輕鬆購物。像是 PayPal 的第三方支付系統，還有像蘋果支付（Apple Pay）的行動支付選項，這樣便利的付款方式也有助於透過多重媒體促進直效行銷的推行。

電信通訊的發展也促進了直效行銷的交易狀況。1960 年代後期開始緩慢起步，免費電話號碼已大受歡迎而數量激增，因為當時還沒有網站成立，型錄上也還沒有 0800 專線號碼，因此無法與賣家互動。某些消費者偏愛使用的互動模式是透過網路線上交談互動，或是免付費電話，消費者一有問題或需要服務的時候，就能馬上聯繫，只因這些都是即時溝通的形式。研究顯示，買賣雙方的暢談聊天能夠讓消費者更感到滿意，因為互動是即刻發生的。例如，Warby Parker 眼鏡公司運用直效行銷在網路、品牌零售的地點販售一般眼鏡和太陽眼鏡。這間位於紐約的公司在官網首頁上提供四種顧客服務的選擇：常見問題、電子郵件、免付費電話與線上交談諮詢。

另外一個對直效行銷發展影響極深重要的因素是科技，當中包括電腦、行動裝置，還有網路。同時對於公司和顧客而言，科技讓溝通變得方便順利，購買和販售的作業快速起來，也便於保存交易紀錄進行分析，以及後續營運作業等等。由於對於廣告與品牌整合行銷傳播的需求增加，為了能有效地衡量效益，直效行銷的魅力便因此更進一步提升。例如，在直效行銷運作中，通常會以**每次查詢費用**（cost per inquiry, 簡稱 CPI），或**每個訂單成本**（cost per order, 簡稱 CPO）來計算，當作方案評估的特色。這些計算方法是簡單以方案成本來劃分針對方案回應的數目。估算歷程結束後，算好的每次查詢費用或每個訂單成本就會當作公司組織的計畫行動之參考，這兩個數據會讓公司組織清楚知道，在競爭激烈的行銷領域中，策略作為的有效性。此類特定的度量標準蒐集之後，可以作為許多品牌整合行銷傳播的工具，讓我們在衡量廣告與品牌整合行銷傳播的影響性上，隨時都有憑有據以供執行。

因為我們會著重在行銷效能的產出、監控，這重點工作大多會透過「資料庫行銷」的方法來有效實現。直效行銷裡頭，重要的「資料庫行銷」將在下一節進行討論。

16-2 資料庫行銷

在直效行銷當中,用來與其他行銷策略區別的主要特徵,普遍來說,就是對於客戶資料庫的建立累積並能清楚知道「最忠誠的好顧客是哪些人」,同時知道他們「常買什麼」、「多久會買」,這就是行銷人員的武功秘笈。這日積月累下來的行銷知識是執行資料庫行銷作業當中的一種形式。

在直效行銷推展的活動之中,資料庫屬重點工具,可以有多種形式,並且包含許多與消費者有關的多層訊息。相當簡單清楚的郵寄名單就是個例子,裡頭包括僅是潛在顧客的名稱和聯繫的資料;但另外極端例子便是為資料庫行銷進行量身打造,除了名字、聯絡方式外,更加上顧客特徵、過去購買記錄、對於產品的偏好。了解郵件名單和資料庫行銷之間的這種區別,對於理解資料庫行銷的範疇,是非常重要的功課。

16-2a 郵寄名單/電子郵件名冊

公司機構用來聯繫有購買潛力、先前交手過的顧客會利用姓名和地址的檔案資料,這就是**郵寄名單/電子郵件名冊**(mailing list/e-mail list)。郵寄名單累積起來可以相當豐富、容易取得客戶資料,而且製作成本低廉。鎖定的顧客群範圍之廣會讓人大吃一驚,可以像是以下的群體客戶:《彭博商業週刊》(*Bloomberg Business Week*)的訂閱者、幼稚園教師、新購用戶、健身教練,或甚至你會看到美國考古學家的大名。

每次你訂閱一份雜誌、從型錄上訂購下單、註冊登記汽車、填寫一份保證書、兌換提供的贈品、申請信用卡、加入專業社團,或是登入網站,以上動作你都會提供關乎自己的訊息,就有可能進入到郵件名單中。這些名單通常透過多種方式購買或出售,包括在線上也是如此。驚人、超爆炸大數據的資料就在眼前!從這些數據資料當中,公司企業便可一聲令下,根據像是地理位置、人口統計、生活方式和特定行為等條件(例如鎖定去年訂購休旅車的顧客),來編輯想要的郵寄名單。

有兩大類的郵寄名單必須區分辨明：內部或自有名單、外部或非自有名單。再次提醒，名單可以是郵件或電子郵件寄送，或兩者兼用。**內部名單（internal lists）**是公司組織對於他們自己顧客、訂購者、捐贈者、詢問者的資料記錄。許多像是 L.L. Bean 公司的企業組織，都會把消費者拉進他們的名單中，方便他們接收型錄、提供促銷和其他的溝通互動。**外部名單（external lists）**是從編組名單者的手中買來、向名單的經紀人租用，抑或是從其他來源。說到底，內部和外部郵寄名單增強直效行銷人員的兩項基本功能：內部名單是代表可以與目前的消費者培養更好人際關係的起點，而外部名單則有助企業組織開展新業務。

16-2b 名單功能的增強

姓名和住址的檔案、電了郵件地址或是行動裝置的聯絡，不論資料來源如何，也僅是資料庫行銷的起點。而下一步要務則是讓名單的功能增強進化。普遍做法是，把內部名單擴增，這得透過與外部供應的名單或資料庫的結合。外部名單可以附加或是與自有名單合併。

最直接讓名單增強的方式是，純粹就讓內部名單增加，或附加更多的姓名和住址。這些特別專有的姓名和住址檔案，都可以從非競爭性經營的其他公司收購得到；而第二種類型的名單增強則是從外部名單的訊息資料，合併匯入到自有名單之中，這裡姓名和聯繫資訊的數量保持不變，但是，公司組織終會需要更準確描述其顧客是誰的名單，通常這類增強包含以下四種類型之一：

- 人口統計資料——從人口普查單位所找到可以利用的個人和家戶基本資料。
- 地理人口資料——某個體所透露出其居住毗鄰地區的特性訊息。
- 消費心理資料——對消費者一般生活風格、興趣和意見做出更為量化的評估。
- 消費行為資料——消費者購買其他產品或服務的訊息，過去消費紀錄可以透露其偏好。

名單增強是將已有的資料紀錄與新的資訊合併，這還得仰仗電腦軟體的

功能，要讓資料庫管理人員根據這兩種名單所共有的某一訊息來做出比對。例如，可以經由篩選出郵遞區號和街道地址來進行排序比對。許多供應商過去所蒐集和維持的資料庫，便可以用來讓名單功能增強。通常廣告主透過其代理商取得適合的名單和資料庫，然後讓功能增強，也複檢內部名單，避免資料的重複出現。

16-2c 行銷資料庫

郵寄名單可以來自不同的形式、大小，而藉由增強內部名單，就是透露顧客群豐富訊息的資源。但是對郵寄名單而言，若要有資格能作為**行銷資料庫（marketing database）**，則需要附加上一種重要的訊息。雖然行銷資料庫可視為內部名單自然的延伸，但是行銷資料庫也同時包括直接從個別顧客端所蒐集到的訊息。行銷資料庫的養成累積，得不斷去和顧客交流對話，並了解個別的顧客偏好、行為模式。這樣才可能策劃產出行銷方案的重要資訊，以期切中顧客需求。舉例而言，使用資料庫來明確區隔出某群顧客屬於獨特群組，這對直效行銷才會有關鍵影響。某研究指出，在直接郵件以針對特定鎖定客群需要，來複寫出不同的標題吸引，確實會更加吸睛，大大增強客群的購物動機，行為上也會更積極。

理想上，行銷人員會想去蒐集、管理更多資訊，無論是他自身個人購買，或買來贈與他們的人，都是研究對象。行銷人員的目標可能會被描述成是要試圖和顧客建立控制論（cybernetic）的密切互動。行銷資料庫也就是公司組織掌握客戶集體性的記憶庫，這能產生人性化的服務，彷彿那些舊時美國小城鎮之中，街角營業雜貨店的特色。例如，地之角公司（Land's End）與俄亥俄州立大學校友協會（Ohio State University Alumni Association）合作，為俄亥俄州立大學（OSU）足球迷策劃下個球季到來的秋季促銷活動，讓他們能買到最愛的裝備。在九月發行的俄亥俄州立大學校友雜誌上所刊登的廣告，便為那些寄給七葉樹（Buckeye）球隊的死忠球迷們的商品特殊型錄，提供了一個很棒的展示機會。地之角公司與其他大學也有相同的安排計畫在推行，為的就是要讓球迷陷入失心瘋的狀態。資料庫行銷最理想的狀態，就是把符合需求、及時的訊息呈現給顧客，這就是所謂控制論的密切關係。

資料庫行銷也可以產出重要的效能，有助行銷人員的設定盈虧結算，像是 Cabela 這種多管道的零售商，發現運用強調季節性、人口統計等特點版本的大、小型錄很有效益。原因為何？以性別、年齡版本的型錄只大概有 100 頁左右，但相對於 Cabela 公司某些主要的大型錄，比較起來則遠遠超過 1,000 頁。顧客、家庭所收到的目標化型錄，是根據 Cabela 公司資料庫、該年數據的資料檔案所製作的。這些精練內容的目錄提供給客群鎖定的家庭，投其所好，讓家人隨時省下不少精力物色品項，這甚至對顧客來說更為方便。簡而言之，資料庫行銷錦囊中可以達到的目標就是如此。

16-2d 資料庫行銷的應用

資料庫行銷驅動了許多不同的消費者溝通型態方案。其中資料庫一項最大的優點是讓公司組織用數字呈現出，目前與當前最有潛力顧客群，實際上正交涉多少業務量。以最近一次消費、消費頻率和消費金額方式（RFM）分析方法，是把最有潛力顧客群獨立拉出來分析的最佳法則。**RFM 分析（RFM analysis）** 探詢的是：某特定的顧客多久前、多少次從公司下單購買，而且過去每次訂購消費金額達到多少，一路累積多少金額。而以這些交易的資料，要去估量每位顧客會對公司有多少貢獻，實在是易如反掌，也可以知道是哪些顧客過去跟企業做過最大宗的交易。因為顧客過去的購物行為可能對於其未來行為的預測，是不錯的（但並非絕對完美無誤）指標，因此，過去最有潛力的顧客就非常可能成為公司組織將來業務所參考的主要資源。

增加潛力顧客的動機、清楚摸熟他們的需求，是行銷資料庫相當重要的應用。應用的方法可能僅僅是交易後緊接送上的簡單感謝顧客的信件，或是把品牌的正向特色再向他們提點一次，讓他們知道自己是聰明的消費者。因為出生日期是行銷資料庫當中再普遍不過的資訊，在他們生日祝賀的時候再次聯繫顧客是很自然的事。Sunglass Hut 國際公司善用郵寄生日卡片作為行銷方案，多年來與其最好的客戶維持著互動。每個人生日當然都喜歡小禮物，當然還有生日卡片。Sunglass Hut 生日禮包裡面有感謝顧客的 20 美元禮券，在全國各地的商店都可以逕行使用。Sunglass Hut 行政部門一路保持這項生日促銷活動的傳統，鎖定那些從行銷資料庫揀選出來的目前具有潛力的客群。

這種溫情在廣告／品牌整合行銷傳播領域中，無非是最棒的投資。

如此確認優質客群為何、更加投其所好，許多領域的行銷人員提供常客行銷方案（也是熟知的常客方案），針對經常消費的顧客給予實質的回饋。在上一章討論過並視為獨立的品牌整合行銷傳播促銷技術。常客方案具有三個基本要素：資料庫，它是為執行方案所參考的集合性記憶體；好康包，設計用來吸引、抓住舊客群；溝通術，重視企業組織與最具潛力顧客的普通對話。

博弈產業尤以應用它的常客行銷原則聞名。凱撒娛樂集團（Caesars Entertainment）的全面酬賓（Total Rewards）方案開始對2.7億的會員舉行積點活動，可以有免費的餐飲和其他有關賭場的福利措施，這項簡單又很好的方法很快地被競爭者複製。現在凱撒娛樂集團非常了解顧客需要，使用這些訊息用來直效行銷和常客回饋。不論你是高爾夫選手、喜歡羽絨枕頭、偏愛住進靠電梯的房間，以及你喜歡打的遊戲，這些細節全部都存在資料庫中，並且會被分析作為寄發電子郵件之用途，這就是為什麼公司需要知道誰是潛力客戶。

行銷資料庫另外一項普遍的應用是**交叉銷售**（cross-selling）。既然今日大多數的公司組織提供不同種類的產品或是服務，建立事業最好的一種方式是去認識已經購買公司產品的顧客是誰，並能再想出行銷方案銷售另外的產品給這些顧客。如果他們喜歡我們的冰淇淋，那就鼓勵他們嚐嚐看我們的優格；如果他們在我們這裡開立活期存款戶頭，是否可以讓他們有興趣申請信用卡呢？行銷資料庫讓交叉銷售變得十分可能。

行銷資料庫最後一項應用是交叉銷售自然的延伸──找新的客源。要是公司清楚目前客群是誰？他們在眾多商品中的喜好，那麼便是站在一個更強而有力的立基點向外拓展新的客源。摸清目前客群所累積的經驗知識之所以彌足珍貴，是因為公司考慮收購外部郵寄名單，把它增添到行銷資料庫，這樣才有其價值。如果一間公司知道當前顧客的特性──了解產品什麼特色吸引著他們、知道他們的居住地、對他們的生活方式與喜好有所見地──在外部名單中揀選目標，將顯得更有效。這裡基本做法就是試著去發現有許多相同特性、與當下客群興趣相投的商機在哪，以及對此刻有潛力客群來說什麼

是最好的傳播媒介？答案即是：行銷資料庫的養成。

16-2e 隱私的關切

　　許多消費者對於己身資料在未告知、參與、同意狀況下，被企業、政府部門蒐集或交換的方式感到不安。當然網路的出現讓這些顧慮更顯嚴重，因為網路這張巨網讓公司企業和各種人都可以很容易擷取到個人訊息。此外，某些行銷人員所累積的行銷資料庫是把像是信用評價、存款水準和地產價值等離線資料，與個人上網活動給整併起來。這個假設確實可信：如果你上了網，每一次點滑鼠按鍵，某地的資料庫便會開始蒐集情資。除了為資料庫作為郵寄的用途之外，企業公司透過地理位置的定位，追蹤你的行動裝置呢？這讓品牌有機會提供附近商店的折扣或是促銷、提醒你的朋友現在在哪裡、提供你省錢小撇步，亦或是知會你新的促銷活動。

　　對於回應輿論意見，州、聯邦法官已經提案，有時會通過立法來限制企業取用個人資料。例如，消費者非常清楚地想要個人隱私，美國聯邦貿易委員會發起「謝絕來電」（Do Not Call Registry）活動的動機（請回想在第3章討論類似的話題）。這是很受消費者歡迎的構想，但在企業界有許多反對聲浪，當中包含直效行銷協會。直效行銷協會預測這名單會造成電信行銷人員500億美元訂單的損失。然而，聰明的行銷人員已經發現技巧性規避「謝絕來電」登記名單，他們發一張主卡，要求渾然不覺的消費者發送明信片，以便取得產品和服務的回饋訊息。消費者一直照做，沒有察覺自己默許電信行銷人員的騷擾。

　　如果公司記得兩項資料庫行銷的基本前提，就能夠處理關於消費者關切隱私的問題。第一，發展行銷資料庫一項主要的目標是組織提供產品和服務這種方法去了解消費者，滿足他們最佳的需求。行銷資料庫整體的重點是容留最少垃圾郵件（和垃圾電子通訊）。而目標對象是當下重要顧客和潛在顧客，而且僅在令人興奮和有關的方案上，如果提供消費者有價值的東西，就如凱撒娛樂集團的全面酬賓會員方案，他們就會歡迎把它留存在資料庫中。

　　第二，發展行銷資料庫是創造關於消費者有意義和長期的關係，如果你想要讓人們信任和忠誠，你能在他們背後蒐集個人的訊息販售給第三方的團

體嗎？我們希望當然不是，當從消費者蒐集訊息資料，組織必須幫助消費者了解為什麼需要這個訊息及如何使用。假設公司企業打算將這些個人訊息出售給第三方，這也必須獲得消費者的同意。如果公司企業承諾這些訊息仍然會被保密，也必須肯定這項承諾。在所有的關係之中，誠信是基本的美德，包括這些有關的直效行銷人員和他們的顧客，回想一下能夠使 L.L. Bean 公司發展成功的事業成為直效行銷商的原因，誠信較其他任何事情更重要，對其他廣告主也會有作用，也要注意美國聯邦貿易委員會所扮演的角色，確保企業維持他們的承諾來保護消費者隱私的安全。

LO 3

16-3 直效行銷的媒體應用

因為組織大部分直效行銷方案的重點是在郵寄名單和行銷資料庫，這些訊息和說服需要具有吸引力與顧客溝通，以便執行這些方案。如我們本章先前所知的直效行銷的定義中所提出，在執行方案裡可以運用多重媒體工具，以及某些立即、可測量的方式反應，簡單達到行銷人員的首要目標，立即性反應是想要讓消費者實際下訂商品或服務，並要獲取更多的訊息，或是接受免費提供試用。因為執行直效行銷的廣告活動強調立即的回應效果，通常稱之為直接反應式廣告（direct response advertising）。

當你可能會懷疑**直接郵件（direct mail）**和**電訊行銷（telemarketing）**是屬於直效行銷人員所使用的傳統媒體。然而，全部的傳統媒體像是雜誌、廣播電台和電視，都可以用來傳遞直接反應式的廣告。近年的公司、企業組織都使用電子郵件和簡訊發送訊息作為與顧客互動最節省的方法。此外，傳統電視商業化的變革，資訊型廣告仍然在直銷行銷中廣受歡迎。藉由考慮直接郵件和電訊行銷媒體控制工具的優缺點，讓我們開始檢視這些媒體的選擇。

16-3a 直接郵件

將直接郵件視為廣告的媒體會有些缺點，原因並不只是成本低廉而已，使用直接郵件一則能接觸個人的成本，遠比使用電視商業廣告或是報紙廣告

要多上 15 到 20 倍之多。這是因為在第 12 章曾討論大眾傳播媒體每一個接觸成本的利益。另外，人們活在經常移動遷移的社會，郵寄名單常被無效的地址所困擾。每一個無效的地址都代表成本的浪費，而且直接郵件寄送的日期，特別是對非最優先的郵件，並不可預期。一則廣告訊息的抵達時間點是成功重要的關鍵，直接郵件可能會是一項錯誤的選擇。

但也會有這樣的時候，直接郵件是明智的選擇。直接郵件的優點是源自於媒體的選擇正確。當廣告主期望以資料庫開始時，直接郵件可能是最佳的載具，運用最小成本費用達到那些期望，況且直接郵件是種彈性的媒體，能讓訊息調整成以家庭為單位，像是個人的寒暄問候，諸如此類。讓郵件更貼近人性（例如，加上顧客姓名），這會更有效，因為它不被認為是朝人眾散布的訊息。舉例而言，請想像在信箱中收到了一封直接郵件，從西南航空（Southwest Airlines）/Visa 卡而來，可以消除阻礙是因為貼近人心。他們表示感謝 15 年來如何成為一個忠誠的顧客。更進一步，它會產生作用是因為在未來搭乘航班，提供包括免費雞尾酒的小禮物。這是管理一個直接郵寄與顧客關係緊密連結很好的例子。

現在，對比你最近收到且丟棄的一則直接郵件，或許這不是私人性質並且比較像是遇到經過郵寄的廣告單張。雖然如此，它也可能提到每個月的促銷活動，使用你的名字變得更個人化，甚至更好的是為你過去實際購買的產品和服務量身訂製促銷。這種顧客資料庫是改善直接郵件效率的一種方法。

直接郵件也適合測試和實驗，使用直接郵件常見的測試是以不多的預算和一個家庭的小樣本，用兩個或更多不同引人注意的郵件，目標是建立產生最大回應的願景，當決策者一旦決定，在開展組織主要的活動時，這樣信件的形式會贏得更大的預算來支持。

此外，公司企業可以透過直接郵件發送給顧客大量的格式。它可以寄送大型郵件、較昂貴的手冊或是利用科技巧思，它可以使用跳框（pop-ups）、折疊及有香味的紙（scratch-and-sniff strips）等方式，或是一個簡單卻吸引人的明信片，直接郵件也能以創新和獨特當作凸顯的方法，區分垃圾郵件（junk mail）——也就是那些對顧客而言，感受起來不痛不癢、可以丟棄、無用的郵件。

這也值得考慮直接郵件的效果，我們許多人提到直接郵件就認為是垃圾郵件，而且我們的印象當中是不會很有效果。然而，這不一定是真的，如果它正確地被使用，且給予消費者帶來利益，以一種創新的個人化方式除去阻礙，信封大小的直接郵件獲得回應的比率大約是 3.4%，以及目錄得到接受者回應的比率是 4.3%。在這當中看來商機似乎並不高，可是考量電子郵件直效行銷回應的比率是微不足道的 0.12%（或是幾乎是零），無怪乎廣告主每年將近 90 億美元投資在直接郵件方案上。

16-3b 電子郵件

數位電子形態中，垃圾郵件（spam）確實是垃圾郵件新的表現形式，或許直效行銷人員布署最具爭議的工具是主動寄發或大量寄發的電子垃圾郵件，最糟糕的情節是不小心使用電子郵件工具可能會使公司贏得「垃圾郵件發送者」的標籤，這是因為網路具有社群導向的性格，然後變成一個負面干擾聲音的持續來源，即便是在 2003 年通過反垃圾郵件法案，也無法完全阻止氾濫的垃圾郵件。反垃圾郵件法案需要行銷人員使用正確、可證明返回路徑的電子郵件地址，而且電子郵件的內容本質上是透明的，提供「退出」選項，得遵行此類法案否則將面臨嚴重的處罰。

有一種觀點認為，某些消費者並不反對接收目標性的電子郵件廣告，而且當網路不斷的演進，成為一項日益商業化的媒體，那些遵從正當禮儀（包含網路禮儀）的公司都將會獲得忠誠消費者的回饋。網路禮儀的關鍵前提是透過請求他們「選擇加入」來得到消費者的同意發送有關特定產品和服務的訊息。這項「選擇加入」的前提則是催生一些電子行銷服務的提供者，且聲稱已建構「選擇」提供各種產品和服務的消費者的電子郵件名單。他們很滿意直效行銷的未來發展，並將能接觸那些承諾說「好」的消費者。但是，就像前面說過垃圾電子郵件回應是不足 0.12% 的回應比率，有多達五分之一的電子郵件直接到收件人的垃圾郵件信件匣中，或是被網路服務的提供者在傳遞的過程中篩選出來，所有努力全都付諸流水。

我們的建議是遠離大量低成本電子郵件的誘惑，最快得到汙名和損害品牌名稱的方式，就是開始發送大量的電子郵件給那些不想聽到你消息的人，

當一位分析家說：「大多數的消費者將他們個人的電子郵件地址和行動電話都視為個人的財產，違反這項規則，毫無疑問，人們就會斥責。」然而，經過資料庫的發展，可以詢問消費者同意透過電子郵件聯繫，尊重他們的要求，不要濫用權力去販售他們的電子郵件給其他公司，以及當你聯繫他們時，一定是有重要的事情要說，塞斯·戈丁（Seth Godin）1999年著作《許可式行銷》（Permission Marketing）一書中提出「選擇加入」的思維，以這敘述表示：「讓你的顧客名單毫無價值最好的方式就是販售它，在未來的方式是，名單是我們的，而且是被保密的。」這是不是很有趣——你能想像L.L. Bean公司對待一世紀前它的顧客名單的感覺，根本完全一樣。

電商廣告主如思科（Cisco）並不會發送電子郵件，除非是顧客自願給予電子郵件地址或是選擇進行聯絡。公司使用境外的電信行銷與小型或中型的顧客交談，要求給予電子郵件地址和說明接受定期訊息的好處，也可以與經銷商合作發送電子郵件給已經同意接收訊息的顧客，像Constant Contact和MailChimp能夠協助廣告主管理這些電子郵件名單，在特定時間區隔準備和傳送訊息，並且追蹤結果。當為了直效行銷使用電子郵件，千萬不要頻繁發送郵件或不相關的內容，使收件者不堪負荷，應思考消費者何時、為什麼最容易接受訊息，相應地給予訊息和內容，並使用主題增加注意力，以及為收件者提供控制流量的選項（例如，訂閱、取消訂閱的連結）。

16-3c 電話行銷

電話行銷可能是直效行銷人員最具侵入性的工具。當使用直接郵件，聯繫是屬於選擇性的目標，方案的影響是容易追蹤，使用不同的腳本和交付格式進行實驗是簡單而實用的。因為電話行銷是真實進行人與人的對話有關，並無其他媒體能產生更好的回應比率——所有電話的13%。另一方面，電話行銷花費在單次接觸成本來說是昂貴的，再者，電話行銷在遞送的選項上並無法像直接郵件具有這方面的靈活性，一旦接觸到在家中或工作場所的人，你僅有些許的時間來傳送訊息和要求某種形式的回應。

你已經知道電話行銷最關切的事，它是一個強而有力，但高度侵入的媒體，使用時需要謹慎考慮。在不方便的時間，撥打電話要強硬推銷會疏遠顧

客。如果能與現有顧客、潛在顧客保持建設性的對話,電話行銷將在長期會產生最好的效果,以及要記得消費者是否有簽註「謝絕來電」(Do Not Call Registry)的選擇,這能阻止行銷人員使用這種技術運用到家庭中。既然,「謝絕來電」已經設立,美國管理者對違反規定者已罰款超過 50 億美元,尤其是自動撥打的詐騙電話,目前仍是消費者和合法立案的電話行銷人員的問題。

16-3d 其他媒體的直接反應式廣告

為回應顧客,直效行銷人員已經試驗許多方法來嘗試傳達他們的訴求。在雜誌上,執行直效行銷人員議程最受歡迎的工具是綁定插入卡片,翻閱任何一本雜誌,你將會發現這些光紙板的嵌件是多有效用,能讓讀者暫停並引起他們的注意,這些插卡不僅能促銷他們的產品而且可以提供誘人的折扣和免費的樣品。

當美國電話電報公司在 1967 年首先使用 800 專線電話,它根本不可能知道這項服務對直效行銷變得多麼重要。《華爾街日報》(The Wall Street Journal)的新聞廣告提供免費電話詢問所有事情,從真正便宜的網路交易到里爾噴射機(Learjet)的租賃都有。資訊型廣告是仰仗免費電話來銷售,雜誌廣告像百色(Bose)廣告會使用付費的電話開始與顧客聯繫。百色公司很成功地運用像這樣的雜誌廣告,鼓勵消費者經由免付費電話來訂購。

因此,這些不同的例子顯示出免付費電話幾乎可以使用在任何媒體上,用來做直接回應的目的,花卉遞送公司 1-800-Flowers 仍然使用原始的免付費電話號碼來作為品牌,以及用來電話訂購。即使經由社群媒體、網站和行動裝置向外觸及消費者,也是如此。

16-3e 資訊式廣告

就如在第 2 章所定義,資訊式廣告是一種長時間直接反應的電視廣告,範圍長度從 2 到 60 分鐘。雖然製作一則資訊式廣告就像製作電視節目,而不是製作 30 秒的商業廣告,資訊式廣告全部都是有關銷售。這裡顯示出成功的使用這一項獨特的載具有幾個關鍵。很顯然地,資訊式廣告會出現在低成本的時段上(在星期六和星期日早上的節目檢查看看)。

一個關鍵因素是來自滿意的使用者的推薦。當某人正在搜尋頻道的節目，名人的推薦能夠幫助吸引觀眾，不過，名人現身也不一定是必須，當然會增加製作的成本，不論證詞來自名人與否，或是一般民眾，都會增加資訊式廣告的吸引力。

關於資訊式廣告另外一個要記住的關鍵重點，就是觀眾不太可能保持整整的 30 分鐘接聽的狀態。資訊式廣告是 30 分鐘直接反應販售的推銷，而不是「重返犯罪現場」（*NCIS*）或是「辛普森家庭」（*The Simpsons*）的經典劇集。這裡的意思不僅只是資訊式廣告結束時而來的行動呼籲而已，大多數的觀眾在劇中接近 28 分鐘時可能已經離開很久了。在 30 分鐘的資訊式廣告當中，基本的原則是將節目拆成 10 分鐘每分，以及試者推行一次的販售。每次要結束時要顯示免付費的電話和網址，觀眾可以去訂購產品或是要求更多的資訊，而且公司企業不應該提供訊息給消費者，除非它能後續快速配送，可以藉由資訊式廣告引導產生當天回應所追求的目標。

許多不同類型的產品和服務已經使用資訊式廣告行銷。品牌行銷人員諸如快克機油（Quaker State）、Primestar、凌志汽車、怪獸、迪士尼、胡佛（Hoover）、Kal Kan 等，甚至賓士汽車（Mercedes-Benz）都使用資訊式廣告，幫助通知消費者訊息。成功的資訊式廣告可以鼓勵廣告主在實體店面的通路鋪貨，作為零售的配銷，例如，TeleBrands Inc. 決定把像是 Star Shower Motion 和 Pocket Hose 這樣的產品放入像 Bed Bath & Beyond 的連鎖商店裡，以利用電視廣告（"As Seen on TV"）的知名度。

LO 4

16-4 透過直效行銷與人員銷售完成銷售

如本書所述，用於接觸消費者的各種選項，對於合作和整合產生巨大的挑戰，而公司企業期望透過多種廣告與品牌整合行銷傳播媒體，來傳送不間斷、吸睛的訊息，並得到綜效。直效行銷的演進對於獲得整合性的溝通提升到一種新高度的挑戰。

達到整合性溝通的傳統作法是配設行銷傳播經理的角色。**行銷傳播經理（marcom manager）**（現在某些公司把這職責劃分給行銷主管）專門計劃公司組織全盤的溝通方案，以及監督組織內部與外部各種不同功能性。目標是要確保每個人一起合作傳遞給消費者想要的訊息。最後能產出銷售。毫無疑問，直效行銷方案在過程中，關鍵的角色是與消費者建立對話、完成銷售。

16-4a 人員銷售的要務

現在我們要進入人員銷售的領域，這是商業世界中另一個重要的專業領域。**人員銷售（personal selling）**，尤其是一對一的溝通，以銷售說服為目的。從傳統來說，乃是透過面對面的溝通。現在的人員銷售浮現的是包括個人交談、影像會議、電話和其他方法。當談到有關產品或服務時，這是可以用更貼近個人感受的態度去和消費者溝通。人員銷售也能夠是企業對企業（B2B，出售予業務代表）或是企業對消費者（B2C，出售予消費者個人或是給家庭使用）。當產品定價偏高，使用步驟複雜，有示範使用之需要，就必須為使用者量身打造，與交易有關或是在店頭做決定，這些都非常依賴人員銷售。家庭的消費者和企業買家通常會直接面對購買的決定，會加快與人員銷售互動。在許多決定相關背景下，僅有合格、受過良好訓練的銷售人員能夠處理問題以及潛在買家的疑惑。在購買過程這關鍵時期無法有效地對話，其他所有廣告計畫努力最終都會被浪費，而且，就像消費者發現到目前為止，所討論到公司的直效行銷管道方便和可控制，他們自然也會發自內心喜歡與銷售人員互動。

舉例而言，考慮一下到蘋果商店逛一逛，確實是令人信服的體驗，員工被聘僱並非因為他們的科技專業，而是他們的態度和人格，因此，每位消費者都希望能被受過良好的產品知識、消費者服務訓練，且個性友善的員工接待協助。蘋果的員工了解在展示合適產品和服務之前，要詳細地聆聽顧客的需求，而且能著手處理這些需要。蘋果目標不單把眼光放在一次性的交易，而是要發展長期為顧客出發的關係。

銷售工作也有許多不同的類型，最不複雜的類型即是訂單。**接訂單（order taking）**是有關接受商品訂購或是預定的服務。訂單接受者是處理現

有的顧客，由於低成本對企業是有利可圖，並從中產生利潤，訂單接受者也能夠處理顧客的需求，這意謂接受良好的訓練足以回答新顧客關於產品和服務的基本問題。訂單接受者負責與買家做溝通，這樣可以維持品質的關係，這種銷售類型較少與大量的訊息溝通。然而，對這種功能採取粗心大意的方法對於忠誠的顧客來說可能是真正改變方向，最終可能會破壞這種關係。

創意銷售（creative selling）是銷售的一種方式，是消費者非常依賴銷售人員技術的資訊、建議和服務。創意銷售需要相當多的努力和專業知識。創意銷售情況的發生範圍可以從零售商店（像蘋果商店）的銷售，一直到企業的服務和大型產業設備與零件的裝置。零售商店的裝置像是販售高價格的項目和特殊商品就需要訓練過的人員，強調顧客與產品的知識。保險公司、股票經紀公司、媒體代理商或是不動產代理商都代表另外一種類型的創意銷售。這些銷售人員針對每位買主獨特的需求和狀況提供客製化的服務。

創意銷售最複雜和需求的情況是在企業對企業的市場上。許多時候，這些銷售人員已經精進在科技的領域，諸如：化學工程、電腦科技或是其他醫學專業的程度。技術性的銷售人員處理擺在前面有關高價的購買和複雜的專業零件採購、醫療設備或大量需求的原料採購的企業決定，他們也被要求做顧客產品的分析和生產的需求，然後將這些訊息攜回公司。因此，可以為每一個顧客的獨特需求和情況提供客製化服務。

另外一個值得注意的創意銷售類型是系統銷售，它是最近這幾年才浮現出來的創意銷售。**系統銷售（system selling）**是需要銷售一系列內部相關的構成要件，在特定的領域滿足顧客全部或大部分的需求。系統銷售出現的原因是部分顧客的需要做系統性的解決，特別是在大型企業和政府買主方面，需要向外找尋一個或數個小型供應商在所需要的地方能夠提供全部範圍的產品和服務，與其需要處理多個供應商，不如這些買主從單一的來源進行系統性的採購。這種購買與銷售兩方面的趨勢強調消費者關係管理層面的銷售。

創意銷售任務需要較高層級的準備、專業知識和與顧客的聯繫，並且是建立顧客關係的主要過程。公司努力培訓銷售人員來處理目標市場上特別的需要，並提供良好服務以滿足客戶需求，例如，通用汽車的經銷商派出銷售人員到迪士尼機構的研討會向迪士尼的專家學習如何傳遞高品質的服務。

BMW借鏡蘋果的做法,將經過嚴格培訓的BMW Genius安置在經銷商處,以展示和解釋其豪華車款的眾多功能。其中一位董事會成員曾說:「整個零售商銷售經驗正在改變,這些人員是在最前線對我們的顧客提供更友善和更多的資訊。」

最後,為達成支持溝通的目的而布署銷售人力時,並不負責結束銷售,然而,目標是提供消費者訊息、提供服務和培養善意。**任務式推銷員(missionary salesperson)**拜訪客戶的目的是監督買主滿意度並更新買主的需求,但也可以在購買之後提供產品的訊息。許多公司也使用直效行銷的工具像是電話和電子郵件備忘錄,補足任務式推銷員的努力,保持與重要顧客的對話。

16-4b 顧客關係管理

在長期培養顧客關係上,銷售人員扮演重要的角色,通常稱之為**顧客關係管理(customer relationship management, 簡稱CRM)**。舉例而言,默克集團(Merck)花了12個月訓練業務代表人員,不只是在醫藥產品的知識上,而且也包括信任建立的技巧,之後,業務代表需要參加定期的進修課程。

銷售人員不再以銷售的意圖來接近消費者,他們是問題的解決者,與顧客合作成夥伴關係。銷售人員在最好的位置來分析顧客的需求並以個案為基礎,提出正確的解決方案。藉由接受此角色,銷售人員有助於確認公司如何透過其整個市場的供應,提供客戶全方位的滿意服務。而滿足消費者的好處是他們回來一次又一次地購買,這最終是維持任何企業的機制。

16-4c 重要例證

總結這一章,讓我們思考所發生的一個案例,當公司在廣告、品牌建立、直效行銷和人員銷售等方面,正好都可以取得平衡時會發生什麼,這個公司是選擇舒適(Select Comfort)公司和它的突破性產品:睡眠密碼床(Sleep Number Bed)。

選擇舒適公司故事代表一個真實完全蛻變的公司,從一個小型利基的品牌到一個市場的領導品牌,年收益超過13億美元。選擇舒適公司在深夜的資

訊式廣告時段推銷其氣墊床墊多年。部分消費者發現到這項產品的價值，就在於朋友突然造訪過夜時，可從衣櫃中拿出這張充氣床墊，作為臨時床舖的首選。但是，這幾乎不是主流的市場，而選擇舒適公司在尋找更多機會。因此，公司發明了一個新品牌，睡眠密碼床，它可以使用遙控器，運用一組1到100的數字，用來調整床墊的硬度。當公司轉變不再只使用資訊式廣告，睡眠密碼床的部分廣告與直接郵件就可以增加他們的品牌整合行銷傳播組合。但為建立品牌，公司還有許多工作要去做：第一，它必須克服「只是一個非常昂貴空氣床墊」的認知；第二，它必須重新塑造品牌形象，在全美各地高級購物中心的高價位產品中脫穎而出。

在打造睡眠密碼床品牌時經歷許多轉折，雖然選擇舒適公司並沒有放棄作為一個直銷商的傳統，新的廣告活動也包含報紙廣告的健康組合和地方黃金時段電視曝光，這些廣告通常是以床墊的第一個不同點為特色：夫妻在同睡一張床時，能夠調整床的兩邊剛好硬度的水平。遙控器專利科技是產品區隔化重要的利器。

一旦建立品牌基本的認知，選擇舒適公司下一步進行溝通的目標是結合床與熟睡、恢復睡眠有關。當所有這些品牌建立都在進行時，目標消費者持續接收尋求結束銷售的直接郵件。很明顯，某人不會在網路上或是透過電話購買1,000美元的床墊，但會造訪公司的零售商店去看別的床墊，在這裡有訓練良好的銷售人員，耐心地幫助每一個顧客發現自己的睡眠數字，來增強深度睡眠、恢復睡眠的重要性。當然，銷售人員也要順利完成銷售。

本書選擇舒適公司的案例，來象徵一個主題性的發展，每個行銷人員必須發現品牌整合行銷傳播工具和技術的平衡。在整體消費群之間能獲取重要功能，不同的工具和技術扮演各種類型的角色，從建立品牌知名度的過程到溝通重要品牌的利益，最後完成銷售，如果企業布署了各種媒體和方案，發送不同的訊息或混合的訊號，這個公司只會傷害到自己本身，作為行銷和銷售團隊成員的所有功能性專家必須以團隊形式開展工作。為達成綜效，使其克服當今市場的混亂局面，例如，進入專業睡床的首位，公司別無選擇，只能繼續追求廣告與品牌整合行銷傳播。

17 公共關係、影響力行銷與企業廣告

學習目標

在閱讀本章並思考其內容後,你應該能夠:
1. 詮釋公共關係的角色作為組織全版廣告與品牌整合行銷傳播策略的一部分。
2. 詳述公共關係的目標和工具。
3. 描述兩種激勵組織公共關係活動的基本策略。
4. 說明影響力行銷方案所使用的策略和技能。
5. 探討企業廣告的目標和運用。

用公共關係和企業廣告這個令人振奮的話題作為廣告與品牌整合行銷傳播的結尾。尤其是公共關係（public relations, PR），為現今行銷市場上愈來愈受歡迎的品牌帶來「建立話題」（buzz building）的整體概念。公共關係可用於建立社群媒體、吸引主流媒體、突顯名人代言與社區建立連結，或是透過事件行銷／活動贊助來進行品牌的體驗。

本章會帶你領略公共關係之建立話題的基本原則和活動贊助兩項策略，並增進對品牌整合行銷傳播工具之一的公共關係的理解（圖 17.1）。公共關係和建立話題從未專設章節進行探討，因為如今公共關係不再只是管理公司

第一篇　商業與社會中的廣告與品牌整合行銷傳播
- 廣告與品牌整合行銷傳播的世界（第1章）
- 廣告與行銷傳播業的結構（第2章）
- 廣告與行銷傳播的社會、道德及法規層面（第3章）

第二篇　廣告與品牌整合行銷傳播的環境分析
- 廣告、品牌整合行銷傳播與消費者行為（第4章）
- 市場區隔、定位與價值主張（第5章）
- 廣告研究（第6章）
- 廣告與品牌整合行銷傳播企劃（第7章）

第三篇　創意過程
- 創意管理（第8章）
- 創意訊息策略（第9章）
- 創意執行（第10章）

第四篇　媒體程序
- 媒體企劃的基本概念（第11章）
- 傳統媒體（第12章）
- 數位、社群、行動媒體（第13章）

第五篇　品牌整合行銷傳播
- 公共關係、影響力行銷與企業廣告（第17章）
- 公共關係的運用、影響力行銷的運用

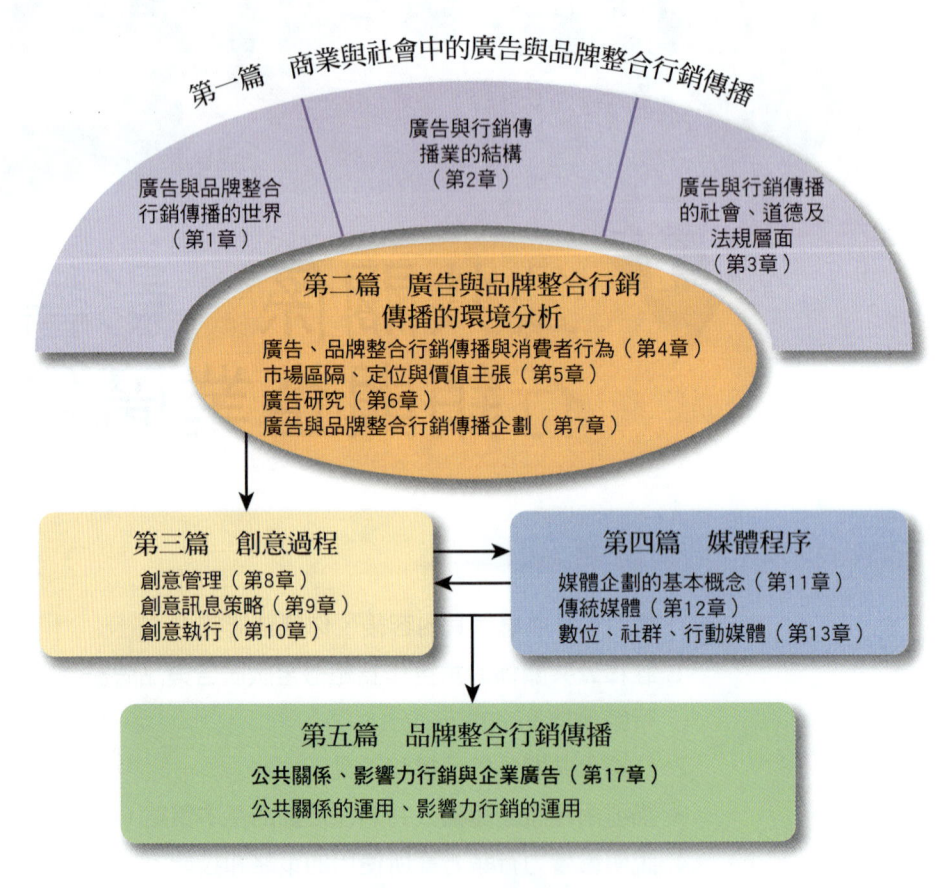

圖 17.1　公共關係、影響力行銷與企業廣告是 IBP 策略的關鍵要素。

商譽或是與諸多公眾的關係互動的傳統角色，而是在當公司面臨負面宣傳時能採取損害控制，而更多時候是在公司在沒有危機時，主掌溝通和管理公司形象。

本章另一個重要主題是影響力行銷（influencer marketing），強調公關的活動是在數位媒體和社群媒體環境中專屬品牌建立的程序。影響力行銷亦是公共關係的特別案例，著重在能替品牌積極對話的個人或團體。在這個消費者處於社群媒體、部落格及數位與行動通訊之間的時代，公司能監控、了解、積極的影響，並在影響者與消費者談到公司品牌時，能做更好的回應。

公共關係也是執行公共服務宣導（public service announcement, PSA）的重要工具，非營利組織廣告委員會幫助並給予社群服務圖示（social icon）諸如：伍茲貓頭鷹（Woodsy the Owl）、麥克拉夫犯罪犬（McGruff the Crime Dog）、護林熊（Smokey the Bear）及廣告標語像是「酒後駕駛就是酒駕」和「只有你可以避免森林大火」等。廣告代理商熱切地進行廣告委員會的活動而不收分文，因為委員會鼓勵會員有所改變。過去，廣告委員會是依賴成員捐獻的廣告時間和版位來經營與執行公共服務宣導的活動。然而，最近的活動像是「愛是沒有標籤」吸引了許多贊助商，包括可口可樂和百事可樂，這讓廣告委員會在多元化和包容性溝通的重要性上得以擴展所觸及的層面。

在美國，菸害防治活動是昔日新聞，但是，現在公共服務宣導聚焦在習慣偶爾與朋友一起抽根香菸或是小酌一番的社交吸菸議題。消費行為研究指出社交的吸菸者本身並不是癮君子。為此，廣告代理商如 BBDO 公司就來協助揭穿這個迷思。

聯合國認為，直效行銷人員應該考慮到在行銷上任何宏觀—微觀或是倫理衝突，如在產品上標示有害健康（例如，香菸），因為這對世界永續發展所列的第三大目標而言，相當重要。直效行銷有助於強化這些目標，又及於產品、服務或非營利的利益，這是協助產生信賴的最佳方式。同樣地，公司或行銷人員信任和善意的感受，是顧客關係管理的支柱。

在這最後一章裡，我們會涵蓋企業廣告。這類型廣告通常使用主要媒體來傳達廣泛的訊息，這與為特定品牌產品投放的廣告不同。企業廣告有助於整體企業形象和聲譽的發展。當消費者愈來愈成熟，對所消費的公司也愈

來愈了解時,他們對這間公司的要求標準也會愈高。當公司建立信任和誠信後,要與消費者建立富有成效的關係,就容易多了。

17-1 公共關係

公共關係(public relations)的作用是在培養公司與許多組成的團體(公眾)之間的信譽,這些構成的團體包括消費者、股東、供應商、員工、政府單位、市民團體和一般大眾。企業公共關係的功能是要突顯積極正面的行銷活動,像是傑出的季度銷售和利潤(目標對象是股東)或是值得注意的社區服務方案(目標對象是政府單位和一般大眾)。當突發事件發生時,企業也會策略性地運用公共關係作為損害的控管,不論是產品造成的傷害或是消費者控訴員工的不當對待。此外,公共關係的新技術促使許多品牌整合行銷傳播的公關角色更為大膽、更有衝勁且更積極。

17-1a 公共關係的新時代?

對任何產品和服務而言,作為廣告與品牌整合行銷傳播計畫活動的一部分,公共關係活動有許多力量支持其日益重要的角色。甚至各國政府部門也投資公共關係,以提升他們在全球市場上的「品牌」,單單一個中國,他們每年就花費 100 億美元要將中國最好的一面呈現出來。一般而言,擁有 10 億美元收入的公司中,通常每年會在公共關係的活動上投資 60 萬到 260 萬美元不等的金額。

公共關係與品牌對話

我們生活在一個與大眾媒體行銷盛行時期的不同世界裡,我們已經發展成一個商業化的世界,電視節目中有針對行銷和消費者心理的報導,單人脫口秀表演關於購物習慣與品牌策略的短劇,以及「誰殺了電動車?」(*Who killed the Electric car?*)紀錄片,這是由通用汽車和百威啤酒聯手扮演惡棍角色的啤酒大戰,提供很好的反品牌娛樂效果,這是一個追求品牌卻有反文化

元素的世界。

　　正如你所知，消費者愈來愈想掌握這個痴迷品牌的世界，會利用各種工具，例如：部落格、Snapchat、Instagram、Pinterest、臉書、YouTube、推特和其他新興的數位、社群或是下星期即將發明出來的行動媒體工具。在這個世界，行銷人員必須監督品牌的話題並成為對話的一部分，並致力挽救、強化或恢復品牌生機。大眾媒體廣告從未涉及與閱聽眾對話，反倒是數位／社群／行動媒體提供公司很大的機會可以參與對話、說故事，形塑消費者態度和塑造品牌或公司形象。也難怪，像萬豪酒店這種全球性的公司會在幾大洲設立社群媒體中心，來規劃新的內容、監督消費者的品牌對話並即時回應。全球創意及內容行銷資深主管表示：「為了讓整個地方充滿樂趣和吸引力，而不貼滿各種促銷活動資訊，我們已竭盡所能」。

　　雖然，行銷人員皆相信對消費者的決定最有影響力的，是來自於朋友和家人的建議，但他們卻不知道該做些什麼。麥爾坎‧葛拉威爾（Malcolm Gladwell）在暢銷著作《關鍵點》（The Tipping Point）中，提供一些該如何做的線索。在書中的案例裡，他稱之為「內行專家」（maven）和「連結者」（connector）的人，對促進社會傳播方面至關重要。這裡的關鍵想法是這些「內行專家」和「連結者」是可以找到的，而且如果你提供他們關於品牌有用的訊息或是有趣的故事，他們就會分享到個人的網絡，不論是親自分享或是透過電腦、平板或是手機等媒介。

　　人們會談論品牌，而挑戰在於要提供他們有趣的話題討論，將公司的品牌以正面的方式帶進他們的對話，並產生正向的口碑。口碑（word of mouth, 簡稱 WOM）或電子口碑（electronic word of mouth, 簡稱 eWOM）是鼓勵消費者相互談論關於公司品牌或行銷活動的過程。口碑不論是個人親自或是經由數位、社群或行動媒體，對消費者購買公司品牌意願具有強大的影響力，特別是這些訊息如果是來自與消費者有緊密的社交關係的人。例如，在每次超級盃球賽期間都會進行的儀式，勝利的隊伍會將開特力（Gatorade）加冰塊，從教練的頭上澆下去。一開始這只是自發性的慶祝活動，而現在開特力公司則充分利用社群媒體使其發揚光大。除了在推特和其他媒體上張貼這些灌頂的慶祝活動資訊外，開特力公司也邀請消費者利用贊助的 Snapchat 鏡

頭，一同參與「灌頂」（dunk）活動。這些品牌整合行銷傳播活動觸及數億人次點閱，於是開特力公司成為消費者茶餘飯後談論的話題。

另一個是希爾頓全球酒店集團（Hilton Worldwide），將品牌融入與主要客戶每日對話當中的例子。公司邀請公共關係專家，為其即將開幕的紐約康萊德飯店（Conrad New York Hotel）進行宣傳。希爾頓是著名翠貝卡電影節（Tribeca Film festival）的贊助商，藉由此活動作為展現其品牌資產的平台。希爾頓在紐約市附近地區各個電影節的地點導入「跳出康萊德門房」（Pop-Up Conrad Concierge）（一種行動服務設施）服務。透過公共關係代理商的數位社群智慧系統，希爾頓可以監督各個媒體網站的品牌對話，並按地點和事件的參與情形進行過濾。接著，「跳出康萊德門房」的團隊就會出現，他們會帶著康萊德品牌的雨傘和點心提供給在現場排隊等候的人們，這是將消費者與品牌聯繫起來的極好例子。

在現今充滿活力的市場環境中，品牌創建者需要採取積極主動的態度來影響部分對話。一如以往，這需要有力的團隊努力來確保整合，而研究顯示，公共關係專家需要能夠完全代表現代行銷、廣告與品牌整合行銷傳播團隊。此方法可以獲致綜效，但需要外部與內部專家緊密合作以達到創造和傳達溝通目的。麥肯廣告公司（McCann）全球集團執行長說：「若你有所構想，各種平台非僅必要，甚至更要擴展到付費媒體之外。」愈來愈多的行銷長體認到公共關係的力量和重要性，也看到這個領域有更多的從業人員參與整合的活動，這都大大加快了公共關係的步伐。

✎ 公共關係和損害控制

公共關係其中一個重要部分就是**危機溝通（crisis communications）**，或是在問題、危機或災難發生之時，如何與公眾和股東溝通與回應。藍斯·阿姆斯壯（Lance Armstrong）與堅強活著基金會（LIVESTRONG）脫離了關係，接著爆發他使用促進機能藥物之後，又失去Nike和其他廣告商的贊助，同時也丟掉環法賽的冠軍頭銜。堅強活著基金會是藍斯·阿姆斯壯成立的一個非營利組織，以持續戰勝癌症為任務，但是不再有前冠軍名人聲望加持，亦斷了曾經由Nike行銷產品產生的收益支援，與藍斯·阿姆斯壯完全脫勾的

堅強活著基金會，運用公共關係將其焦點放在正面的步驟上，像是創立堅強活著基金會癌症復原機構及幫助癌症存活者募款等。

從堅強活著基金會的經驗可知，有時些微（或是更大）的損害控制是必須的。公共關係這角色既重要且獨特，因為其損害控制的功能是其他行銷工具所望塵莫及。這些公共關係的問題可能來自於自身組織的活動上，或是完全由外界不可控的力量所引起。

思考一下公共關係失敗的開端，當時聯合航空公司試圖將一班由芝加哥出發且客滿的飛機上，請四位已坐定位的旅客下飛機。因為航空公司臨時要安排四位機組人員到下一個執行任務的地點，但是即使航空公司提供將近1,000美元的旅行禮券作為補償，該班機都沒有人願意放棄自己的座位。因此，航空公司人員表示他們會隨機抽出四位必須下飛機的旅客。有三位同意離開，但仍有一位拒絕讓出座位，因此航空公司人員就通知芝加哥航警將這一位拒絕下機的旅客強行帶走。

由於警察介入強行將旅客帶下飛機，整個發生過程很快地變成了全球新聞，受驚嚇的旅客將整體事件攝影和拍照，並發布到社群媒體上，現場情況有如病毒般立即散播開來。這個消息除了新聞報紙和廣播媒體有報導之外，全球的社群媒體也都在播放這起強迫乘客下機的影片。光是在中國，在排名第一的微博網站裡，每小時就吸引2,000萬人次觀看該影片，負評和抵制聲浪相應而生，為每週往返中國和香港有數十班次的聯合航空徒增許多問題。而聯合航空也正設法要找出適當的方式來回應。

起初，執行長穆諾茲（Oscar Muñoz）為這必須「重新安排座位的旅客」事件道歉，但社群媒體對此輕描淡寫的說辭大肆抨擊。之後，他又以該名旅客「拒絕遵從空服人員的指示」，以及當指示離開座位時，他「變得愈來愈具破壞性且咄咄逼人」的說法，試圖捍衛其員工的行為。最後，執行長的態度終於軟化並在聲明中表示，「對該名遭受強制拖離飛機及該班所有機上的旅客表達深深的歉意」，「任何人都不該受到這種錯誤對待」。儘管該次班機的旅客可以要求全額退費，但是忿怒和斥責浪潮仍然持續不斷。實際上，在這個事件發生後的那個星期，聯合航空公司的股價呈現下跌的狀況。

在旅客被拖下飛機的三天後，穆諾茲接受「早安美國」（*Good Morning*

American）專訪，他說他看了網路散布的影帶，感到「羞恥」而且再次道歉，並且強調該航空公司將不再請求警察將乘客強行帶下飛機，同時也承諾向大眾公開內部調查的結果。隔日，被強制拖下飛機的乘客律師和家屬公布該名乘客的受傷和接受醫療情形。不久之後，聯合航空公司與受傷的乘客達成和解。

聯合航空公司的這場公共關係的惡夢還沒結束。哥倫比亞大學商學院（Columbia Business School）斯密特（Bernd Schmitt）教授表示：「聯合航空公司需要透過可靠的、以客戶為導向的活動來重振受損的品牌。」「而且要快速採取行動重建公司的形象，因為公司形象已被處理速度緩慢、不適當且以公司為導向的公共關係汙名化了。」

正如聯合航空公司和許多其他組織所學到的教訓，相較於以往，消費者的訊息來源更廣，彼此的聯繫也更緊密。因此，壞消息的傳播速度更快也更久。而這些壞消息會以許多不同的形式出現。對奇波雷墨西哥燒烤店（Chipotle Mexican Grill）而言，壞消息是一系列引人注目的食安問題，導致數十位用餐者身體不適。連鎖餐廳雖試圖要透過廣告與品牌整合行銷傳播將焦點放在新鮮的食材、細心準備食物的程序和口味上，以尋求恢復往日榮景，但其銷售仍然停滯不前長達數個月之久。嬌生公司（Johnson & Johnson）對最受人尊敬的救助組織紅十字會（Red Cross）提出商標侵權訴訟，因而涉入公關風暴。在輿論法庭上，這是很難勝訴的案件，這無疑是嬌生公司自己加諸己身的傷害。

公司必須學習如何處理這些壞消息，沒有一間公司可以免除，雖然許多公共關係的事件須要立即反應，但公司可以準備公共關係的素材，並且有次序地執行和建立積極的公關活動。為充分感受公共關係的潛能，接著我們會思考公共關係的目標和工具，以及公共關係的基本策略。

LO 2

17-1b 公共關係的目標

儘管對危機做出反應是必要的，但採取更積極主動的方法才是王道。關鍵在於要有結構式的公共關係，包含對公共關係有清楚的目標，在廣泛的指

導方針範圍內建立品牌形象、損害的控制和與組織構成成員建立關係。可以確認公共關係的六項主要目標：

- **促進商譽**（Promoting goodwill）。這是公共關係的形象建立功能，強調對公司有利的產業或社區活動。當希爾頓提供雨傘和點心給排隊在電影節等候進入電影院看電影的民眾時，毫無疑問地增強了該品牌的商譽。
- **促銷產品或服務**（Promoting a product or service）。透過公共關係的新聞發布、事件行銷或品牌新聞，可以增加公司的品牌知名度。當大型的藥廠，如默克和葛來素史克（GlaxoSmithKline）發現新藥或是獲得食品藥物管理局核准時，就會發布新聞。同樣地，星巴克除了支持永續經營的咖啡產品，也鼓勵消費者對這些產品有更進一步的認識。星巴克長期致力開發和運用一整套的環境、社會及經濟指導方針，以促進合乎倫理與永續經營的咖啡。其管理階層相信，以負責任的方法所生產的咖啡，除了有助農民開創更好的未來，也讓地球有更穩定的氣候環境。
- **準備內部溝通**（Preparing internal communications）。在公司內部傳播訊息和更正錯誤訊息，可減低謠言所造成的影響，並可增進員工的士氣。對於像是勞工的裁減或是公司併購等事件，藉由內部溝通可消弭在員工和社區之間流傳的謠言。
- **對抗負面的名聲**（Counteracting negative publicity）。如先前討論過的，這是公共關係損害控制的功能。這裡指的並不是要掩蓋負面事件，而是為了要預防損害公司形象和品牌的負面名聲。
- **遊說**（Lobbying）。公共關係的功能是幫助公司處理與政府部門官員的關係和延宕未決的立法。產業團體除了要在各州和聯邦層級維持活躍和積極的遊說活動，也要遊說歐盟（European Union）與其他國際團體。Google、微軟和其他科技巨擘正積極遊說歐盟執行委員會（European Commission）所關切的議題，如：資料保護。
- **提供諮詢與建議**（Giving advice and counsel）。協助管理階層決定針

對公眾議題所需採取的立場、讓員工公開露面及幫助管理階層預測公眾的反應。這些都是關於公共關係的諮詢與建議功能。

17-1c 公共關係的工具

公司可以採取數種方法追求上述目標。實際上，目標的達成在於能夠盡可能地控制整個公共關係的過程，以及努力整合與其他品牌溝通的公共關係。

🔖 新聞發布

新聞發布（press release）是一項重要的技術性工具。事實上，大眾對公共關係的狹義觀點為新聞發布，並與傳統和數位媒體關鍵人士合作，讓他們對新聞發布有興趣，進行某類型的報導。擁有能產出好新聞的訊息檔案庫，公司就可利用在新聞發布上的優勢。製作一個良好故事的典型訊息方式如下：

- 新產品發布
- 科學新發現
- 新人事
- 企業新設備
- 企業創新實例，諸如：節約能源方案或員工福利方案
- 年度股東會議
- 慈善公益和社區服務活動

新聞發布唯一的缺點是，公司通常不知道項目能否或何時會在新聞上出現。此外，記者可以任意編輯或詮釋新聞發布內容，而可能會改變原本訊息的意思，為了減少意料之外的結果，與公司認為對其公共關係發展很重要的出版刊物編輯或部落客發展工作上的關係，將會是關鍵。另一項重要技術是直接透過社群媒體和公司網站的貼文傳達給閱聽眾，例如：奇異公司（General Electric）擁有一個專門用於傳達與企業和產品新聞做的網站及推特帳號，使得公司得以自己的方式發布訊息。

與大多數的溝通工作一樣，要了解你的閱聽眾。零售商目標百貨強烈地感受到與記者們培養關係的重要性，於是將公關專家從明尼阿波利斯遷至到

鳳凰城（Phoenix），以與當地記者及其他的美國西部市場的地方記者培養關係。茂宜飲料公司（Maui Beverage）在一次的產業研討會期間，為食品和飲料作家們計劃熱帶主題派對時，其積極的方式吸引主要媒體記者的注意，這不僅讓茂宜飲料公司提高在這重要團體的能見度，也迅速受到大量的媒體報導，提高了其品牌知名度。

雖然公共關係並不等同新聞發布，但了解如何撰寫和發布新聞稿是項重要的技能，新聞發布對社群發展和活動行銷尤其重要。

要注意的是，新聞發布涵蓋了是誰、是什麼、何時、何地和為何等基本問題。一個好的事件新聞發布，可展現贊助商的經濟影響力，藉由所贊助的活動來吸引更多未來的活動贊助商參與。運動新聞的發布要包含主要的運動員、團隊和參賽獲獎者。就像獨特銷售主張（USP）一樣，新聞發布最終應要使事件以獨特的方式結束。新聞發布的形式通常是以類似說故事的方式在媒體呈現。然而，新聞發布和公共關係工具的精選故事不同。

精選故事

雖然公司無法在報紙或其他媒體上撰寫精選故事，但可以邀請記者們對於公司值得關注的事件進行專訪。精選故事不同於新聞報導，它通常是可以控制、詳細而且有一定的長度。與新聞報導相反，精選故事以提供記者有機會可以單獨地一段時間內進行獨家的長篇內容報導。當記者準備要研究和撰寫時，公司需要準備好採訪內容及受訪者供記者採訪。像是在產業貿易展等重要活動期間，公司通常派駐公關人員和溝通的專家在現場推銷產品的特色並在截稿日前提供產品的細節給記者。汽車音響系統製造商 Harman 在每年的消費電子展上，都會派出溝通專家團隊，與媒體代表們連繫並建立關係，以鼓勵他們在展會期間或之後做特別報導。

公司新聞通訊和數位新聞通訊

透過公司內部的出版刊物，像是新聞通訊（印製或電子亦或兩者皆有）可傳遞正面的公司訊息給其員工，使團體成員或員工們以公司的成就為傲。電子或數位通訊也可發送給團體中的重要成員，諸如：政府官員、商會或是旅遊局等。通常供應商會喜歡閱讀重要客戶的訊息，因此新聞通訊也可以寄

送或用電子郵件發送給這些團體。也可以發布在公司的網頁上，方便有興趣的閱聽眾上網讀取。

專訪和新聞記者會

專訪重要的管理階層人員或安排新聞記者會是相當有效的公關工具。在遇到危機情事時，他們通常可以授權管理危機的情況。但是公司也會召開新聞發布會，宣布重要的科學突破或說明公司的擴展或是發表新產品，新聞記者具有可信度，因為是使用新聞的格式呈現重要的訊息。例如：麥當勞在更改菜單時就常常召開新聞記者會，同時安排主管和發言人接受採訪回答記者的問題。此外，麥當勞也會將宣布的事項透過網路直播給股東和分析師。

贊助活動和事件行銷

在第 15 章所討論以及本章前面的希爾頓飯店案例中，都是在強調事件行銷和贊助活動也可以作為品牌的重要公關方式或建立社群的重要元素，贊助活動涉及支持社區的活動，如喬治亞州自行車巡迴賽（Tour de Georgia）或猶他州自行車巡迴賽（Tour of Utah）到奧林匹克運動會或世界盃等大型活動。在地方層級的比賽，明顯標示出公司名稱和商標，讓居民有機會看到組織對社區的支持。再者，事件行銷提供給主要的贊助商及顧客特殊的體驗，通常會包括豪華的包廂座位、晚宴及專門為贊助商及朋友們準備的禮物。雖然廣告也可能會發生市場抗拒的情況，不過很少人不喜歡活動贊助商，因為他們讓你舉辦的活動提供消費者更多經濟上的利益，並提供產品、娛樂或是折價券等不同的加值形式，讓消費者試用其產品或服務。事件贊助也可以增進地方的經濟，提供工作機會和為當地的旅館業、餐廳、零售商與地方服務的供應商增加業績，對整體都有好處。

公共報導

公共報導（publicity）基本上是公司的品牌或活動在媒體上免費曝光的報導，公共關係的作用是設法監督和管理公共報導，但顯然無法真正控制媒體如何敘述或報導。這種缺乏控制的情況本章先前就以聯合航空公司和奇波雷墨西哥燒烤店案例進行討論。政治是另外一種職業生活，很難針對個人風格管理相關的公共報導。組織（或政治人物）必須準備可從良好的公共報導活

動中取得優勢，以及對抗可能損及聲譽的事件。可確信的是，政治人物在競選或獲擔任重要職務時，都有一支公共關係專家的團隊。

公共報導的訴求——當訊息是正面時——其可信度往往會很高。一般認為，出現在傳統新聞媒體和《今日美國報》等知名媒體官方網站上的公共關係報導是可信賴的，因為這與媒體背景的可信度有關。消費者也會將非商業媒介，如某些部落格視為獨立的訊息來源。當然，公共報導是依照目標對象和目的選擇所要發布的地點。

通常像是學校和慈善機構等非營利組織，會使用新聞故事和公眾利益故事形式的公共報導，以最少的花費或免費的方式獲取最大的能見度。當電視氣象播報員艾爾·洛克（Al Roker）造訪羅耀拉大學（Loyal University）作為一系列校園走訪的一部分時，該校便全力充分利用此做全國性的公共報導為其宣傳。興高采烈的學生和穿著吉祥物服裝的團隊，列隊歡迎艾爾·洛克到訪。學校也組織大規模的螃蟹走路活動，為此該校還贏得金氏世界紀錄。羅耀拉大學行銷副校長表示，這就是公共報導的廣泛性，「我們希望吸引更多學生和家長的關注」。

不過，公司並非總是無法完全控制公共報導。舉例而言，在奧斯卡金像獎（Academy Awards）頒獎期間，女影星茱莉亞·蘿伯茲（Julia Roberts）所佩戴的手環突然造成轟動。在贏得最佳女主角獎後，蘿伯茲微笑站著並對著攝影機揮手。突然間，全世界都在討論她右手腕上，出自凡克雅寶（Van Cleef & Arpels）公司設計的雪花手環。難道是設計者走運了？並不是。這整個過程是由凡克雅寶公司的公關部門經過精心規劃而來的。公關部門排除萬難努力遊說蘿伯茲，搭配手環及耳環會讓所穿的服裝驚豔全場，因為他們知道如果蘿伯茲贏得奧斯卡獎，在她向攝影機揮手時，她手上那個漂亮的手環便會大量曝光。

LO 3

17-1d 公共關係基本策略

運用公共關係成為公司整體廣告與品牌整合行銷傳播的一部分，提供更廣泛的可能性。可以用簡單的術語重新審視這些可能性。公共關係的策略

歸類為積極和反應兩種。**積極式公共關係策略**（proactive public relations strategy）是由行銷目標所指導，尋求方法宣傳公司和品牌，為品牌建立商譽（和話題）。**反應式公共關係策略**（reactive public relations strategy）則注重解決問題而不是機會，而且需要公司採取防禦措施。

積極式的公共關係策略

在制定積極式的公共關係策略時，公司認為好好運用公關有機會可以實現某些正面的事情。就像前面在「公共關係的工具」所討論的，公司通常會與公關公司合作來準備積極的公關策略。實際上，分析家相信會有愈來愈多的行銷人員求助公關專家，以尋求結合公司的品牌資產與信譽。舉例而言，生物科技產業通常因基因改造的食品與農作物而成為新聞媒體上爭議的話題。一個重要的案例是孟山都公司（Monsanto），在「食物公司」（*Food, Inc*）紀錄片食物中被描繪成邪惡帝國。生物科技產業在一則廣告中，試圖以積極主動的方法，藉由呈現正面的資訊及形象來處理爭議問題。在這廣告裡，該產業將本身描繪成不只是土地的保護者，更是所有職業當中最令人尊敬的美國農民的保護者。

在許多公司裡，員工的成就、公司對社區的貢獻及組織對社會環境的計畫都沒被忽視，這些都是積極的面向。為了要執行積極式的公共關係策略，公司需要發展一套完整的公共關係方案，其關鍵要素敘述如下：

1. **公共關係稽核**。**公共關係稽核**（public relations audit）是辨別公司的特性或公司活動的部分，具有正面和值得報導的新聞。其蒐集訊息的方式和廣告策略相關訊息蒐集的方式大致相同。企業人員和消費者被要求提供訊息，這些訊息可能包括對公司產品和服務的描述，品牌的市場表現、獲利、產品目標、市場趨勢、新品介紹、主要供應商、重要顧客、員工方案和設備、社區方案及慈善活動等。

2. **公共關係計畫**。一旦公司掌握了公共關係稽核的各項訊息，接下來就是建構計畫。**公共關係計畫**（public relations plan）是透過整合公司的廣告及其他品牌整合行銷傳播，來確認公司公共關係的目標及活動。公共關係計畫的組成要素如下：

a. **情況分析**（situation analysis）。這部分的公共關係是對公共關係稽核所獲得的訊息做總結。這裡的訊息通常是按類別區分，像是產品的性能表現和社區的活動。

b. **方案的目標**（program objectives）。積極的公共關係方案的目標源自於當前的情況，針對機會而設立短期和長期的目標，公共關係的目標可以像廣告目標一樣多樣化和複雜化，其焦點並不在於銷售或利潤，而是在於產品績效的可信度（例如產品通路的多樣性、獨立的檢驗）和公司在研究與發展上的聲望（著名的商業刊物刊登其報導）都是公共關係目標認可的形式。例如：美泰兒公司（Mattel）的「玩芭比娃娃的爸比」（Dads Who Play Barbie）活動包含公共關係的元素，凸顯父親和女兒之間的重要關係，美泰兒公司想要引起如何以玩洋娃娃的方式，幫助女孩們發展她們的想像力和說故事能力，以及如何從父親的角色來鼓勵女兒發展的討論。

c. **方案的基本原理**（program rationale）。在這個段落，要確認公共關係方案的角色與其他所有溝通的工作皆有相關是相當重要。尤其是公司所從事對廣告和社區相關事項。就此，品牌整合行銷傳播觀點針對公共關係工作這一項有清楚地說明。對美泰兒公司而言，公共關係是品牌整合行銷傳播重要元素，用以補足包括電視廣告、雜誌專題報導、電影廣告和其他傳播媒體等活動。藉由父親與芭比娃娃玩耍而吸引大眾的注意，但這個出乎意料的形象，僅是增加宣傳的可能性。

d. **傳播工具**（communications vehicles）。計畫的這一個部分特別明確說明將用於執行公共關係計畫的方法。本章先前討論的工具，包括新聞發布、專訪、新聞通訊、部落格和網頁，建構了可以執行目標的傳播工具。這裡將會討論如何運用新聞發布、專訪、公司新聞通訊，以及數位／社群／行動媒體達成目標。美泰兒的芭比活動包含傳統媒體和社群媒體，並以「玩芭比娃娃的爸比」（#DadsWhoPlayBarbie）作為活動發布的主題標籤。一則超級盃商業廣告引起大眾廣泛的關注且有如病毒般的分享出去。新聞發布引

用了關於父女關係重要性的學術研究。Two雜誌獨家提供深度報導，主要展示該芭比娃娃品牌及其異軍突起的要點。美泰兒公司也計劃舉辦競賽和其他品牌整合行銷傳播活動來經營顧客關係，進而增加更多的宣傳效果。

e. **訊息內容**（message content）。分析家認為研究和發展公共關係訊息方式應該與廣告訊息的大致相同。焦點團體和深度訪談在公共關係傳播上已被微調使用，例如：某製藥公司了解到要將肥胖稱呼為「疾病」而非「症狀」，此說法讓體重過重人士增加對該公司的新型抗肥胖新藥新聞發布訊息的接受度。然而，在新數位時代，公司很敏銳地意識到訊息的內容很可能會經由社群媒體傳播。一位公關策略專家曾說：「在過去，我們的代理商會撰寫一篇精彩的內容，像是一本白皮書（公司的定位或與情況相關的策略），然後認為這樣就結束了。如今，閱聽眾會轉載這些內容，評論並分享，延長這些內容的生命周期。」

f. **評估**（evaluation）。廣告或品牌整合行銷傳播若沒有關於衡量結果的具體細節，計畫就不算完整。決策者需要知道在公共關係上的投資要如何才能回收。以美泰兒公司而言，該計畫要求計算有刊登專題文章的數量、媒體的曝光數字、YouTube瀏覽次數和其他方式，這些代表著媒體、消費者與影響力者有接收及分享訊息。

積極式公共關係策略對公司的品牌整合行銷傳播有重要支持性貢獻的潛力。仔細地針對潛在有影響力的成員配置正面的訊息，像是社區的成員或是股東，來支持提升公司與品牌的形象、聲譽和認知的整體目標。例如：美泰兒公司以發展為目的，展現芭比娃娃玩具與讓父女一起開心玩的關聯性。美泰兒公司全球傳播資深經理解釋：「透過每個傳播的接觸點，我們的目標是提醒父母親芭比娃娃的用意和力量，藉由開放式的遊戲、說故事和想像力，女孩們可以想像任何她們所想要成為的。」

反應式策略

反應式公共關係策略看似矛盾，但如先前所述，當公司發生無法控制事

件，而造成負面宣傳時，就必須迅速地採取反應式公共關係策略，延遲或是不適當的反應，都會使情況惡化。如在聯合航空公司發生的情況。在警察強行帶離機上一名乘客的影片瘋狂流傳了兩天後，執行長終於願意負責並公開向乘客道歉，執行長說：「做正確的事從不嫌晚，我已經向我們的顧客和員工承諾將修補破裂的關係，以免同樣的事情重演」。自此之後，雖然執行長繼續道歉，但此危機已演變成該航空公司的主要公關問題。

　　發生歐洲不幸事件之後，可口可樂迅速採取行動，挽救負面的聲譽。因為裝瓶問題，造成比利時和法國青少年飲用可口可樂後生病，事件發生的七天後，公司迅速採取行動，並將市場上所有的可口可樂產品全面下架，公司的執行長也立即出面道歉。可口可樂的迅速採取行動，仍無法阻止產品銷售下滑。這時就需要有新的行銷方案，依據不同國家量身訂製，以滿足消費者需求。反應式公共關係方案非常依賴品牌整合行銷傳播策略，包括：免費的樣品、經銷商刺激方案及具聲光效果、DJ 演出、免費暢飲可樂的雞尾酒吧海灘派對等，試圖贏回關鍵的青少年區隔市場。最後，這項完整且整合的工作，終於挽回消費者的信任並重建橫跨歐洲的事業。

　　百事可樂也因坎達兒·珍娜（Kendall Jenner）的漠不關心和五音不全的廣告，做了公共關係的反應式策略。廣告當中，在一場「黑人的命也是命」的示威抗議活動裡，坎達兒·珍娜將手上拿的百事可樂遞給其中一名警察。這個廣告冒犯了許多人，百事可樂最後撤下廣告，同時向坎達兒·珍娜及社會大眾道歉，這種是很低俗的廣告。

　　為反應式公共關係策略安排和提供架構很困難，既然引發反應性作法的事件不可預期，公司就必須做好迅速且周全行動的準備。以下兩個步驟可以幫助公司執行反應式的公共關係策略：

1. **公共關係的稽核**（The public relations audit）。公共關係的稽核是為積極式策略而制定，這也有助於公司預備準備反應式策略。稽核是依據目前和正確的資料，提供公司在發布公開的聲明所需的訊息。
2. **辨別弱點**（The identification of vulnerabilities）。除了準備當前的訊息之外，另外一個關鍵步驟是，確認公司在營運上的缺失範圍或因為這些

缺失而使產品對其關係產生負面影響，這些就是所謂的弱點。如果公司營運的某些方面容易受到批評，如製造過程引起與環境相關的議題，那麼公共關係的職能就是應該要能針對此議題在不同論壇廣泛地與各界人士討論。當股東們質疑他們在基改食品上的做法時，百事可樂和其他公司的領導者都為之愕然。雖然關注此議題的僅是少數股東，但在基改食品議題上則有足夠的成員可進行代理投票。這些公司的管理高層現在了解，追求各種形式的基改食品會一直是他們的弱點。

17-1e 公共關係最終話語

公共關係是關於公司（或個人）如何對不同的閱聽眾，以整合和發揮綜效的方法，進行驗證和管理溝通層面的一個重要的例子。如果不將公共關係活動視為公司整體品牌整合行銷傳播溝通工作的一部分，那麼這些錯誤與不正確的訊息更可能會對廣告等主流傳播造成傷害。將公共關係導入整合方案，是確認和驗證整個品牌整合行銷傳播過程至關重要的事情，而且一如以往，為品牌整合行銷傳播提供合適的工具。現代行銷經理人認為，社群媒體是公共關係的「最佳擊球點」。正如某位經理人說：「社群媒體被認為是人際往來的場所之一，而且從歷史和本質來看，也是公共關係的領域範圍。」因此，接下來將討論社群媒體是如何用於各種公共關係策略。

LO 4

17-2 影響力行銷

如果公共關係是專門用於監控和管理人們如何看待我們的一種專業，那麼它也可以被視為是專門用於監督和管理消費者彼此談論我們的學科。此外，如本章先前所述，消費者愈來愈傾向同時在線上和線下談論品牌。既然我們知道消費者可能會談論我們的品牌，那麼依循邦妮·雷特（Bonnie Raitt）專輯「幸運籤」（Luck of the Draw）的建議，似乎會比較審慎小心。正如邦妮·雷特在90年代藍調—搖滾暢銷專輯中所說（唱）的：「給他們一些話題談論！」

「給他們一些話題談論」的這個基本想法是我們將在影響力行銷標題下，所要呈現重要傳播學科的演進的基礎。正如影響力行銷專案的領導者諾斯李奇（Northlich）所定義的：**影響力行銷（influencing marketing）**是指針對個人或團體的一系列個人化行銷技巧，這些個人或團體在廣泛或主要區隔的群體中，擁有推動正面口碑的信用和能力，這個想法是要給影響者一些可以談論的話題。而且，這可有效區別專業和點對點（peer-to-peer）影響力方案，而這兩者都能為任何品牌創立者提供有價值的資產──來自可靠來源的推薦訊息。

17-2a 專業的影響力方案

許多消費者轉向專業人員尋求關於產品和服務的建議和導引。你的醫生、牙醫、新生兒護士、獸醫、汽車技師和髮型設計師都有可信度，並在各自的專業領域裡影響產品的選擇。事實上，研究顯示藉由影響力人士推薦品牌所造成的口碑傳播，對新客戶所產生的強烈影響遠遠超過傳統行銷技巧。這就是為何有愈來愈多的品牌，將影響力方案納入其廣告及品牌整合行銷傳播中。例如：生產嬰兒食品的 Plum Organics 公司，有一個由五人組成的健康專家諮詢委員會，負責提供產品開發意見。其中的一位專家是合格的營養師，他是營養學家，在受歡迎的嬰兒中心網站上為 Plum Organics 公司撰寫贊助文章，吸引了許多家長關注，這些正是嬰兒食品的目標市場。

另外，由選擇舒適公司為其睡眠密碼床開辦創意影響者的活動，其中有一組很特別，是由職業治療師（occupational therapists, OTs）所組成的健康照護專業人士，他們為患有嚴重身體障礙的個人提供治療。職業治療師通常會收到產品的宣傳資料，像是 Moen 公司的浴缸扶手，讓有身體殘疾的人士可以更容易、更安全地沐浴。但職業治療師是睡眠專家嗎？這不打緊。他們的病人多半會看重他們的意見，而所有的健康照護專業人員也常常會聽到病人抱怨有睡眠障礙的問題。那麼，職業治療師可以提供什麼建議來幫助病人睡得更好呢？

很顯然，如果你是選擇舒適公司，你會希望職業治療師鼓勵病人考慮使用睡眠密碼床。首先，是讓治療師親自試用睡眠密碼床。所以選擇舒適公

司提供特別的促銷活動，鼓勵治療師為他們自己的房間添購智慧型床墊。接下來，治療師需要工具來完成隱性推薦。沒問題，就像大多數的專業人士一樣，職業治療師有自己的協會和訂閱期刊。從這些來源可以得到姓名和住址的檔案資料，讓公司得以開始建構職業治療師的行銷資料庫。一旦職業治療師表示對某型號的睡眠密碼床有興趣，就會收到一個推薦工具包。這個工具包的一些重要元素包括展示影片和「處方箋」，因此治療師可為客戶填寫睡眠密碼床的建議型號。選擇舒適公司的行銷人員無法掌控治療師對其病人所說有關智慧型床墊的內容，但是可以把這些材料交到他們手上，如果治療師認為這些是合理的，那他們就會支持並推薦，這就是影響力行銷的本質。

　　將影響力行銷視為是消費者、影響者和品牌對話的系統性散播，通常他們是部落客或是影音部落客，屬於市場行家和擁有大量社群媒體關注的意見領袖。影響力行銷方案經常由這些專業人士主導，因為這些專業人士是該領域的專家，對其他不同領域的人通常會有潛移默化的影響。

　　任何領域的專業人士都非常嚴肅地看待自己的角色。因此，針對他們的影響力方案都必須很仔細地操作。為專業人士制定專案時必須記住幾個重點。首先，時間就是金錢，所以任何方案只要是浪費時間和不去執行，都是浪費金錢。但是，鼓勵專業人士試用產品的策略則是非常有價值的。其次，需要提供專業人士可以增加知識的訊息幫助他們學習品牌的重要利益，以及增加客戶對他們專業知識的認知。例如，健康照護專業人員比由名人代言更能透過臨床研究解決其擔憂。另外，針對專業人員的方案需要長期投入，要讓他們成為產品的推薦者，首先必須建立信任，任何行銷人員都必要展現其耐心和堅持，才能贏得信賴和建立與消費者的關係。

17-2b 點對點方案

　　通常點對點方案較專業人員方案有不同的論調。點對點方案的概念，是給予影響力者有趣或具啟發性的話題。相對於專業人士看重的是「知識的訊息」，點對點方案所強調的，則是「社交的訊息」。點對點方案最重要的指導原則，是「做一些卓越的事」讓人們談論你的品牌。製造品牌的話題或是讓品牌在消費者間如病毒般流傳開，是點對點方案的重點。此外，還有為公司

的品牌培養「連結者」的過程。現在就讓我們詳細檢視這些點對點現象。

話題（嗡嗡）式行銷和病毒式行銷

在點對點的影響領域裡的兩大熱門概念，就是話題和病毒式行銷。本質上，這兩者要刺激口耳相傳，因為目標對象可能較不受傳統的廣告和行銷工具影響。**話題（嗡嗡）式行銷（buzz marketing）**可以定義為建立一個事件或經驗，而產生對品牌話題的討論。當公司行銷活動獲得媒體的廣泛報導並成為家家戶戶、朋友間、同事間或同學間談論的來源時，話題式行銷就發生了。話題式行銷可以像傳統口碑行銷一樣面對面談論，或是透過數位頻道，如社群媒體的電子口碑行銷（eWOM）。如前所述，這是當消費者以正面或負面的方式，在數位平台上討論品牌、公司或組織（例如：聊天室、社群媒體網頁、網路評論等）。口碑行銷與電子口碑行銷最主要的差異是，網路口碑通常要比傳統面對面的談論更具能見度（也就是有更多的人看到、聽到或讀到）。

在第 13 章談到病毒式行銷（viral marketing）是提及藉由數位、社群媒體或行動媒體管道（如：部落格、臉書、推特等）行銷到消費者，亦或透過公司的行銷而促使個人接觸品牌。當數位媒體的口碑行銷活動達到高點時，就會發生病毒式行銷。如果消費者對新的購買物感到興奮，常常會在臉書上發布評論，或向親友發送大量推文。研究者還指出，大約有 30% 的線上口碑行銷是受到傳統媒體的刺激──特別是消費者談論最近看到的電視廣告。一項由多芬發起的病毒式傳播活動，是在講述一位鑑識藝術家，根據女性模特兒們對她們自己臉部的描述而繪出的素描，然後將這些素描與之後看到真人的臉所繪的素描進行比較。不久便開始病毒式傳播出去，截至目前為止，此影片在 YouTube 網頁上已有超過 6,750 萬人觀看過。這就是病毒式傳播的本質。話題和病毒式行銷策略兩者背後的相同概念是，瞄準少數、精心挑選、引領潮流的人作為影響者或連結者，由他們進行口碑傳播。

話題和病毒式行銷兩者都相當依賴消費者間的接觸；通常方案的案例都是設定在大城市，諸如：紐約、倫敦和洛杉磯，因為在這裡可以發現創造流行的人。一群穿著時髦，極具吸引力的自行車騎士停下車來，猜怎麼著，他們似乎真的有興趣認識你，並堅持招待你一杯冰拿鐵。對話遲早轉到在陽光

下閃爍的偉士牌機車上，他們急切地拿出筆記本為的就是要抄下最近的偉士牌經銷商的住址和電話號碼。騎摩托車、喝拿鐵的模式都在偉士牌工資預算中，主要是透過與時髦咖啡常客對談和友誼來建立摩托車的話題。

讓話題進入下一個階段

宣傳的噱頭可視為是話題的建造者，此外並無新意。在1863年，巴納姆（P. T. Barnum）為馬戲團兩位明星精心策劃了一場婚禮，以提高馬戲團的進場人數。這場馬戲團婚禮的特別之處是，新郎和新娘都只有3英呎高。巴納姆知道如何製造話題，只是他不知道這麼說它。

不過你可能會預期，這裡有許多可以區分老派的宣傳噱頭和現代影響力行銷。就某方面而言，幫助顧客運用影響力行銷方案時，組織需要很有經驗也很老練，像是諾斯李奇和凱勒伊集團（Keller Fay Group）。例如：凱勒伊集團開發一種追蹤系統，可以估算每天發生口碑行銷對話的次數。由安迪·塞爾維茨（Andy Sernovitz）創立的口碑行銷協會（Word of Mouth Marketing, WOMMA），是學習建立話題的藝術和科學的重要來源。安迪·塞爾維茨認為，影響力行銷的五項重要關鍵因素是談話者、主題、工具、談話內容和追蹤等。

培養連結者

廣告商在點對點的行銷中，對於分辨和培養點連結者很感興趣，就像唐娜（Donna）。唐娜是一位外向率直的母親，在電話客服中心工作，在那裡她可以記住約300名員工的姓名。她喜歡談論逛街購物和許多不同的品牌。她似乎總是有很多有她喜歡品牌的特別優惠折價券，因此她的同事都稱她為折價券女王。唐娜就是一個連結者，是聲樂點影響力方案（Vocalpoint influencer program）60萬名註冊者之一，該方案是由寶僑公司發起。

的確，你這位健談的隔壁鄰居，似乎認識每一個人，喜愛親自和在社群媒體上談論她喜愛的品牌，她可能就是大型社群網站極度渴望的連結者。一旦連結者的資料庫像聲樂點開始發展，那麼給予連結者可以談論話題則變得至關重要，這就是他們享受的部分。最後，要讓消費者談論像是碗盤清潔劑等產品，並不是件簡單的事。寶僑管理者指出：「我們在背後做了大量讓他們

有理由去關切的研究。」就如同專業人員方案，你無法強迫某人推薦你的品牌，但是你可以分辨出誰擁有龐大的社群網路，但他們不會為了分享無聊的故事或欺騙的訊息而破壞與其他人的關係，你必須提供他們有興趣的話題。

發展連結者的資料庫，找到談話的開場白，追蹤線上和線下的話題，這就是影響力行銷的新時代，並且這過程中，加入一點巴納姆的天賦也沒什麼壞處。口碑行銷曾經是一塊非常神秘的領域，現在則變得愈來愈通俗易懂，某方面也變得更科學。像 BzzAgent 和 Influenster 就是這種改變的合理產物，他們的資料庫有大約 300 萬消費者。BzzAgent 已經招募代理商，準備為你的品牌建立話題。依據該公司的網頁，當你成為公司的代理商後，你就要告訴其他人你喜歡的產品，試用新產品，然後「以面對面的對話和透過像臉書、推特及部落格等網站，分享你真實的體驗想法，並讓其他人開始談論。請記住，始終都要揭露你是 BzzAgent 的代理商，並保留垃圾郵件。Bzz 不適合過長、重複或是不真實的貼文」。

✎ 話題的透明度

努力培養連結者和影響者所衍生的一個議題，是影響者需要遵從適用的法令和規定並確保透明度。當品牌有提供影響者免費（或付款）的樣品，用以交換社群媒體的話題時，美國聯邦貿易委員會要求要披露這一點。有影響力的機關認識到透明度的重要性，並將此規則傳達給他們資料庫上的所有人。例如 BzzAgent 的聲明：「BzzAgent 與廣告商合作，他們付費讓我們將他們的產品以免費試用的方式發送給我們的網路會員或代理商。聯邦貿易委員會的指導原則是，要求我們對代理商清楚表明並揭露他們所收到的物品是免費的。」

LO 5

17-3 企業廣告

企業廣告（corporate advertising）並不是用來促銷某一特定品牌的利益，而是想要建立對公司整體有利的態度。各個備受推崇且成功的公司，利

用企業廣告提升公司的形象並影響消費者的態度。這種對企業廣告的看法正受到全世界的青睞。一些具有聲望的公司像是奇異公司、豐田汽車、惠普公司都有投資企業廣告的活動。Elkay 公司是高級的水槽和水管管路製造商，投放了一個企業廣告活動，要注意的是該企業廣告內容是如何完美地符合該公司廣告的描述。Elkay 公司並未特別展示任何一項產品，但是這個有趣又吸引人的廣告，主要是用來吸引大眾對 Elkay 公司的名稱和其產品線的一般性質的注意。

17-3a 企業廣告的目標和範圍

由全世界組織所執行的全部廣告中，企業廣告具有相當重要的影響力。企業每年投資在媒體的廣告活動費用多達數十億美元。有趣的是，大部分由消費品製造商發起的企業活動都是選購品類別的公司，如家電或汽車銷售商來負責。研究也發現，大型公司比小型公司更普遍地使用企業廣告。推測這些大型公司有更廣泛的傳播方案和更多可投資在廣告上經費，使這些公司得以運用公司廣告活動。蘋果公司是歷史上另一個依賴廣告活動的公司，用以支持其旗下眾多的次品牌。蘋果公司企業廣告的策略典型的作法，是僅出現蘋果公司的商標和標語，但並未提及產品的特色。隨著個人產品的增多，蘋果公司也準備為其眾多產品分別進行品牌活動。

雜誌和電視非常適合企業廣告，儘管正如蘋果告示板所展示的，其他媒體也能夠完成這項工作。在雜誌上出現的企業廣告，有利於針對特定目標群體傳達形象或與議題相關的訊息。雜誌也提供長篇文宣的版面，但這通常用於達成企業廣告目標和優質重現企業活動以增添積極的氣氛。電視是企業活動熱門的選項，因為電視所提供的創意機會，可以傳達強而有力和有情感的訊息。IBM 公司在企業活動中長期使用雜誌和電視兩種媒體刊登廣告，旨在強調公司是創新者的形象。值得注意的是，在廣告中 IBM 利用公司的創新技術展現對未來的願景，這是一個形象非常正面的企業活動。當然，企業廣告主會使用他們自己的網站（有時是微型網站）作為其企業活動的一個部分。

企業廣告的目標應該要聚焦。實際上，企業廣告在公司希望達到什麼目標時，其用途與積極式公共關係相似。以下是一些企業活動可能性：

- 在消費者、股東、金融界和一般大眾當中建立公司的形象
- 提高員工的士氣或吸引新進員工
- 傳達組織對社會、政治或環境議題的看法
- 面對競爭時，公司的產品有更好的定位
- 在組織的整體廣告與品牌整合行銷傳播策略上發揮作用，為更多品牌專屬的活動提供一個平台

值得注意的是，企業廣告並不總是針對消費者。企業廣告的目標對象廣泛，包括：投資者、合作夥伴、供應商、監督機關和政府官員及其他閱聽眾。

17-3b 企業廣告的類型

企業廣告有三種基本類型主宰組織經營活動：形象廣告、宣導廣告和善因廣告。下面各節將分別討論每一種類型，之後會討論綠色行銷，可視為是這三者中的一項特例。

企業形象廣告

大部分企業廣告都著重於提升公司在消費者、員工和一般大眾等重要成員當中的整體形象。雀巢公司廣告包含鳥巢的商標，其標語「好食品，好生活」（Good Food, Good Life），或是福特公司的標語為「向前邁進」（Go Further），其目標都是要提升公司整體形象。

提升公司的形象並不會對銷售產生立即影響，不過正如在第 4 章所看到的，態度在消費者決策過程中扮演著重要的角色。當公司能夠提升整體形象時，這很可能影響到消費者選擇品牌的傾向。思考一下 BNSF 鐵路公司（BNSF Railway）藉由贊助公共電視和播出 30 秒的企業廣告來重新擦亮其形象的方式。這種廣告結合品牌與連結國家悠久豐富的歷史，從鐵路早期的發展開始，乃至於現今用於運輸貨物促進經濟發展的先進系統。企業廣告塑造了 BNSF 公司的公眾形象並保持在事業決策者心中優先考慮的品牌形象。

宣導廣告

宣導廣告（advocacy advertising）試圖在重要的社會和政治議題上，建立組織的地位。宣導廣告主要是要影響公眾對公司關注議題的看法。一般而

言,宣導廣告的議題會直接與組織企業的運作有關。以海尼根啤酒為例,該公司正在推動適度的飲酒以制止酗酒,並讓適度的飲酒不只可以接受,而且還很「酷」。這個廣告活動,不但結合了傳統和社群媒體元素,直接與海尼根啤酒產品連結,同時也解決社會所關切的議題。

善因廣告

善因廣告(cause-related advertising)是將公司與重要社會福利或社會問題相連結,例如減少貧窮、增加識字率、節約能源、保護環境和防制藥物濫用,並以公司所進行的善因行銷部分開始。善因廣告的目標是透過結合公司與其成員所關切的社會重要議題,以提升公司的形象;當公司將真正面臨與其業務相關的議題時,這種做法往往最有效。就像奇異公司在廣告中表明要「為更多的人帶來更好的健康」,強調公司會以其科技產品改善人們健康的承諾。這個活動有助於公司行銷人員建立社會意識,同時也幫助社會處理重要的問題。

善因廣告愈來愈普遍,其原因有以下幾個:第一,研究支持這種明智的支出。總部位於波士頓的品牌策略公司 Cone,在進行的一項消費者調查中指出,有 91% 的受訪者說:他們對支持公益的企業有更好的印象,也表示:他們相信企業支持公益原因可能是要轉換品牌。其他研究顯示:企業支持公益能夠轉變為品牌偏好,消費者將依此重要的資格判斷企業的動機。如果企業的支持被認為是虛偽的,那麼企業在善因廣告上的支出則都浪費了。

愈來愈多企業承擔社會責任去做正確的事,並在過程中使他們的品牌與眾不同,正如第 1 章所討論的目標導向行銷(purpose-driven marketing)的定義。例如,惠而浦公司(Whirlpool Corporation)是基石棲息(Habitat Cornerstone)的合作夥伴,在卡崔娜颶風之後協助所需的大規模重建工作。代表惠而浦公司並管理捐獻和志工計畫的傑夫‧泰瑞(Jeff Terry)談到這項工作經驗:「第一次做這項工作,會改變你的生活」。當然,惠而浦公司參與這個專案為公司帶來許多有利的宣傳,但是這項專案的民眾心中似乎也做了正確的選擇。

公司參與善因行銷的範圍持續擴展。寶路公司(Pedigree)透過致力為流浪動物尋找家園的承諾,提供流浪動物之家免費的食物和專款支持,而建立

了狗飼料品牌。金寶湯公司、雅芳（Avon）和優沛蕾（Yoplait）為支持乳癌治療的研究，而進行資金籌措專案。家得寶公司透過其「明智地用水」的活動，在極度需要的地區推動水資源保護；Nick at Nite 資助發起一項稱為「全國家庭日晚餐」的活動。為了促進家庭有更多共度的時光，Nick at Nite 網絡進行這項方案，並在 Nick at Nite 家庭日晚餐時間關閉，以顯出他們對這項方案的重視。這些案例說明可以發起各種各樣的方案來支持一個善因活動。

綠色行銷

綠色行銷（green marketing）是指企業為支持環境事業或方案所做的溝通工作。這類工作包含漆柏嵐（Timberland）使用百分之百的環保材質鞋盒，以及寶僑贊助的「黎明拯救野生動物」（Dawn Saves Wildlife）計畫，而奇異公司的「生態想像」（Ecomagination）活動更是另一個備受矚目的典範。在這項企業募款活動中，奇異公司認為在尋求有效解決空氣汙染和依賴石化燃料等問題上，這是個很好的商業策略，而這些廣告商也證明走向環保是最佳的企業策略。調查結果顯示，消費者最關心的是環境議題，也是目前最棘手的問題，看來綠色行動會持續好一段時間。

然而，有些公司會利用廣告與品牌整合行銷傳播發布某些產品或服務對環境有益的誤導性或可疑性的聲明，這種作法稱為「**漂綠**」（**greenwashing**）。對漂綠產品或服務有疑慮的消費者，可到綠標籤（Green Seal）等組織團體查詢是否有認證，也可到 EnviroLink 網站上看看現在有誰真正在做對環境有益的事。在此希望你也能加入綠色潮流的行列，就如大青蛙科密特（Kermit the Frog）所說的：「成為綠色並不是一件容易的事」。